软件架构师手册

约瑟·因格纳(Joseph Ingeno) 著

米 庆 于 洋 译

东南大学出版社
SOUTHEAST UNIVERSITY PRESS
·南京·

图书在版编目(CIP)数据

软件架构师手册 /(美)约瑟·因格纳
(Joseph Ingeno)著;米庆,于洋译. —南京:东南
大学出版社,2022.7
书名原文:Software Architect's Handbook
ISBN 978-7-5641-9973-9

Ⅰ.①软… Ⅱ.①约… ②米… ③于… Ⅲ.①软件设
计-手册 Ⅳ.①TP311.5

中国版本图书馆 CIP 数据核字(2021)第 273988 号
图字:10-2020-532 号

软件架构师手册

著　者:Joseph Ingeno
译　者:米 庆 于 洋
责任编辑:张 烨　责任校对:子雪莲　封面设计:毕 真　责任印制:周荣虎
出版发行:东南大学出版社
地　址:南京市四牌楼 2 号　邮编:210096　电话:025-83793330
网　址:http://www.seupress.com
电子邮件:press@seupress.com
经　销:全国各地新华书店
印　刷:常州市武进第三印刷有限公司
开　本:787 mm×980 mm　1/12
印　张:30
字　数:588 千
版　次:2022 年 7 月第 1 版
印　次:2022 年 7 月第 1 次印刷
书　号:ISBN 978-7-5641-9973-9
定　价:138.00 元

本社图书若有印装质量问题,请直接与营销部联系。电话(传真):025-83791830

译 者 序

很荣幸能够负责《软件架构师手册》这本书的翻译工作。事实上,本书的翻译比我们预想的要难,因为其涉及面非常之广,包括架构的各种模型、方法论、规范。甚至不限于架构本身,还囊括了诸多与架构设计有关的底层细节和深层机理。其中的很多方法和模型在国内并没有被广泛认知,因而也缺乏公认的中文翻译。

为了保证专业词汇翻译的准确性,我们在翻译过程中查阅并参考了大量相关资料,力求在不偏离原文内容的原则下,运用通顺、流畅的语句将原文转化为合理准确的中文表达,同时尽量不做过多的个人判断,以保留原作者的思路和行文模式。

本书以浅显易懂的语言梳理了架构设计领域的重要知识,力求将抽象的理论具体化、复杂的问题简单化。本书正如其名,是一份架构设计的手册或指南,可放于桌边随时翻阅查询,也希望通过阅读本书,能够唤起读者对架构设计的兴趣,并深入阅读其他相关资料。

当然,这并不意味着本书所有内容都是浅尝辄止的。很多架构模式都是建立在一些已有的原则和假设之上,为了能够将每种架构模式的设计理念和适用场景讲述清楚,本书花费了大量篇幅介绍架构底层的开发原则和基本思想。而读者要做的,是保持耐心,顺着原作者的思路一步一步去探究各种架构模式的全貌。

如果你是一名软件开发的初学者(比如学生),可以通过本书了解软件架构的基础知识以及软件架构师这一角色的职责;如果你是一名新入职场的软件开发工程师,可以通过本书了解各种架构模式,以及成为一名优秀的软件架构师需要具备哪些知识;如果你已经是一名软件架构师,但架构设计的知识仅仅来源于实践中的摸索,本书可以为你搭建科学、系统的知识体系,使你的职业生涯更进一步。

本书主要由北京工业大学信息学部讲师米庆以及腾讯科技（北京）有限公司技术管理于洋翻译。参与本书翻译工作的还有北京工业大学都柏林学院软件工程专业本科生胡庆飞、康钟祺、郝逸群、康靖童、贾天成。本书翻译工作的顺利完成离不开每一个人的努力，在此一并表示感谢。

翻译本书的过程也是译者不断学习的过程。但由于时间仓促以及译者水平有限，书中内容难免存在错误和遗漏。若有疑问，读者可以通过发送电子邮件至 miqing@bjut.edu.cn 与我们联系，欢迎一起探讨，共同进步。

米 庆 于 洋

2022 年 4 月于北京

编 著 者

关于作者

Joseph Ingeno 是一名软件架构师,曾负责监督多个企业级软件的开发。在他的职业生涯中,曾为不同行业设计并开发软件。他熟悉多种技术和框架,在开发 web、移动和桌面应用程序方面有着丰富的经验。

Joseph 毕业于迈阿密大学(University of Miami),获得计算机信息系统的理学硕士学位和工商管理学士学位,之后又在布兰迪斯大学(Brandeis University)获得软件工程硕士学位。

他拥有多项认证,包括微软认证解决方案开发专家(Microsoft Certified Solutions Developer)和 IEEE 计算机协会的专业软件工程专家认证(Professional Software Engineering Master Certification)。

特别感谢我的妻子 Sally 和我的家人,感谢他们在本书的写作过程中给予的理解和耐心。

我还要感谢 Priyanka Sawant,Ketan Kamble,Ruvika Rao,Gaurav Aroraa,Anand Pillai,Denim Pinto,以及 Packt Publishing 的每一个人,感谢他们在本书的写作过程中给予的支持。

关于审稿者

Gaurav Aroraa 拥有计算机科学硕士学位。他是微软 MVP,印度计算机协会终身成员(Computer Society of India,CSI),IndiaMentor 的顾问成员,认证的 Scrum 培训师/教练,ITIL-F 的 XEN,PRINCE-F 和 PRINCE-P 的 APMG。同时,他是一名开源软件开发人员,TechNet Wiki 的贡献者,Ovatic Systems Private Limited 的创始人。在他 20 多年的职业

生涯中,指导了数千名学生和行业专业人士。除此之外,他为世界各地的研究学者和大学撰写了 100 多篇白皮书。

我要感谢我的妻子 Shuby Arora,我的女儿 Aarchi Arora,以及 PACKT 团队。

Anand B. Pillai 是一名专业技术人员,在软件开发、设计和架构方面拥有 20 年的经验。多年来,他曾就职于安全、搜索引擎、大型门户网站、大数据等领域的众多公司。他是 Bangalore Python Users' Group 的创始人,也是《Python 软件架构》(PacktPub,2017 年 4 月)一书的作者。Anand 目前是早期法律技术初创公司 Klarity Law 的工程副总裁。他和家人幸福地居住在印度班加罗尔。

Packt 正在寻找像您这样的作者

如果您有兴趣成为 Packt 的作者,请访问 authors. packtpub. com,马上申请。我们已经与数千名像您一样的开发者和技术专家合作,帮助他们在全球技术社区分享他们的见解。您可以申请一个正在招募作者的热点题目,也可以提交您自己的想法。

前 言

现代软件系统是复杂的,因此软件架构师是一个很有挑战性的角色。本书的写作目的一方面是帮助软件开发人员过渡为软件架构师,另一方面是帮助现有的软件架构师获得成功。此外,本书能够帮助读者理解软件架构师与软件开发人员之间的区别,以及成为一名合格的软件架构师需要具备哪些条件。

作为一本全面的软件架构指南,本书首先解释了软件架构涉及哪些内容、软件架构师这一职位的职责,以及您需要了解哪些知识。软件架构师必须同时具备技术和非技术技能,并且必须具备知识的广度和深度。

接下来,本书逐步涵盖非技术主题,比如理解组织业务的重要性、在组织环境中工作,以及为软件系统收集需求。然后,本书深入探讨了一些技术主题,比如软件质量属性、软件架构设计、软件开发最佳实践、架构模式、如何提高性能以及安全注意事项。

阅读本书后,您应该能够熟悉软件架构相关的诸多主题,并理解如何成为一名软件架构师。技术和实践可能会随着时间的推移而改变,但是本书能够为您奠定坚实的基础,建立成功的软件架构师职业生涯。

本书的目标读者

本书的目标读者是想要学习如何成为一名成功的软件架构师的高级开发人员和软件架构师。读者应该是有经验的软件开发专业人员,他们希望在自己的职业生涯中取得进步,并成为一名软件架构师。本书涵盖了广泛的主题来帮助读者了解软件架构师这个角色需要做些什么。

本书涵盖的内容

第 1 章"软件架构的含义",首先介绍软件架构的定义,然后介绍软件架构的构成,以及为什么它对软件系统很重要。此外,本章详述了软件架构师的角色,包括软件架构师的职责以及他们应该掌握的知识。

第 2 章"组织中的软件架构",重点关注组织中的软件架构,首先介绍不同类型的软件架构师角色以及软件开发方法。然后介绍非技术性主题,比如项目管理、职场关系和风险管理。此外,也会涉及软件产品线的开发和架构核心资产的创建。

第 3 章"理解领域",介绍作为一名软件架构师需要了解的业务知识。涵盖了诸如熟悉组织的业务、**领域驱动设计(domain-driven design, DDD)**以及如何高效地从利益相关者那里抽取软件系统的需求等主题。

第 4 章"软件质量属性",首先介绍软件质量属性以及它们对软件架构的重要性。然后介绍一些常见的软件质量属性,包括可维护性、易用性、可用性、可移植性、互用性和可测试性。

第 5 章"设计软件架构",探讨软件架构设计的重要主题。首先介绍架构设计所涉及的内容及对软件系统的重要性。然后讨论架构设计的不同方法、驱动因素,以及在过程中可以利用的设计原则。

此外,本章还介绍了软件架构设计的各种系统化方法,包括**属性驱动设计(attribute-driven design, ADD)**、微软的架构和设计技术、**以架构为中心的设计方法(architecture-centric design method, ACDM)**和**架构开发方法(architecture development method, ADM)**。

第 6 章"软件开发原则与实践",介绍可用于构建高质量软件系统的已证实的软件开发原则与实践。包括松耦合和高内聚等概念,以及 KISS、DRY、信息隐藏、YAGNI 和**关注点分离(Separation of Concerns, SoC)**等原则。

本章还介绍了 SOLID 原则,包括单一职责、开/闭、里氏替换、接口隔离和依赖倒置原则。本章结尾部分会介绍一些帮助团队成功的主题,包括单元测试、设置开发环境、结对编程和审查交付。

第 7 章"软件架构模式",讨论了最有用的软件架构设计概念之一。学习可用的架构模式,

而何时恰当地应用它们则是软件架构师的一项关键技能。本章详细介绍了许多软件架构模式,包括分层架构、事件驱动架构(EDA)、Model-View-Controller（MVC）、Model-View-Presenter（MVP）、Model-View-ViewModel（MVVM）、命令查询责任隔离（CQRS）和面向服务的架构（SOA）。

第 8 章"现代应用程序架构设计",介绍部署在云端的现代应用程序的软件架构模式和范例。本章详细介绍了单体架构、微服务架构、无服务器架构和云原生应用程序。

第 9 章"横切关注点",重点介绍系统中很多部分都会使用的功能。解释了如何在应用程序中处理横切关注点。所涉及的主题包括使用**依赖注入（DI）**、装饰模式和**面向切面编程(AOP)**实现横切关注点。本章还介绍了不同的横切关注点,包括缓存、配置管理、审计、安全、异常管理和日志记录。

第 10 章"性能注意事项",对性能进行了详细介绍。描述了性能的重要性和改进性能的技术。讨论了服务器侧缓存和数据库性能等主题。本章还介绍了 web 应用程序的性能,包括 HTTP 缓存、压缩、资源最小化和捆绑资源、HTTP/2、**内容分发网络（CDNs）**、web 字体优化和关键渲染路径。

第 11 章"安全性注意事项",涵盖了软件应用程序安全性的关键主题。提出了**机密性、完整性和可用性(CIA)**等安全概念和威胁建模。本章为读者提供了创建设计安全的软件的各种原则和实践。

第 12 章"软件架构的文档化和评审",重点介绍软件架构文档化和软件架构评审。描述了软件架构文档的各种用途,并解释了如何使用 UML 来记录软件架构。本章讨论了各种软件架构评审方法,包括**软件架构分析方法（SAAM）、架构权衡分析方法（ATAM）、主动设计评审（ADM）**和**主动中间件评审（ARID）**。

第 13 章"DevOps 和软件架构",介绍了 DevOps 的文化、实践和工具。本章还介绍了持续**集成(CI)、持续交付(CD)**和**持续部署**等关键的 DevOps 实践。

第 14 章"遗留应用架构设计",使读者了解如何使用遗留应用程序。遗留应用程序的广泛使用使得这个主题对于软件架构师来说非常重要。本章讨论了如何重构遗留应用程序以及如何将它们迁移到云。本章还讨论了如何使遗留应用程序的构建和部署流程现代化,以及如何与它们集成。

第 15 章"软件架构师的软技能"，主要介绍了成为一个有效的软件架构师应具备的软技能。在描述了什么是软技能之后，本章继续讨论诸如沟通、领导、协商和使用远程资源等主题。

第 16 章"演进架构"，讲授了如何设计软件系统使其有能力适应变化。本章解释了变化的不可避免，因此软件架构师应当设计可随时间进化的软件架构。本章解释了一些可以处理变化的方法，并介绍了适应函数的使用，以确保架构在经历变化时能够继续满足其所需的架构特征。

第 17 章"成为更好的软件架构师"，向读者强调了职业发展的过程是一个持续的过程。在成为一名软件架构师之后，必须不断寻求新的知识并精进自己的技能。本章详细介绍了软件架构师可以进行自我提升的方式，包括持续学习、参与开源项目、撰写自己的博客、花时间教学、尝试新技术、继续编写代码、参加用户小组和会议、对自己的工作负责、关注自己的健康。

充分利用本书

虽然读者应该具备软件开发的经验，但是开始阅读本书并不需要先决条件，您需要了解的所有信息都包含在各个章节中。阅读本书不需要掌握任何特定的编程语言、框架或者工具。书中用于展示各种概念的代码片段均是用 C♯ 编写的，它们非常简单，不需要您具有 C♯ 编程经验。

下载彩色图片

我们为您提供了一个 PDF 文件，其中包含了本书所使用的截图/图表的彩色图片，敬请下载：

> https://www.packtpub.com/sites/default/files/downloads/SoftwareArchitectsHandbook_ColorImages.pdf

约定用法

在本书中有诸多文本方面的约定用法。

CodeInText：表示文本中的代码字、数据库表名、文件夹名、文件名、文件扩展名、路径名、虚拟 URL、用户输入和 Twitter 句柄。这是一个例子："现在我们可以在 GetFilePath 方法中使用这个常量。"

通常，一个代码块展示如下：

```
public string GetFilePath()
{
    string result = _cache.Get(FilePathCacheKey);
    if (string.IsNullOrEmpty(result))
    {
        _cache.Put(FilePathCacheKey, DetermineFilePath());
        result = _cache.Get(FilePathCacheKey);
    }
    return result;
}
```

当我们希望您注意代码块的特定部分时，相关的行或项将以粗体展示：

```
public string GetFilePath()
{
    string result = _cache.Get(FilePathCacheKey);
    if (string.IsNullOrEmpty(result))
    {
        _cache.Put(FilePathCacheKey, DetermineFilePath());
        result = _cache.Get(FilePathCacheKey);
    }
    return result;
}
```

粗体：表示一个新的术语，一个重要的词，或您在屏幕上看到的单词，比如菜单或对话框中出现的单词。这是一个例子："在直接依赖图中，编译时**类 A 引用类 B，类 B 引用类 C**"。

 警告或重要提示以此图标展示。

 提示或诀窍以此图标展示。

联系我们

我们随时欢迎读者的反馈。

一般反馈：发邮件到 feedback@ packtpub.com 并在邮件主题中提及本书名称。如果您对本书有任何疑问，请发邮件到 questions@ packtpub.com。

勘误表：虽然我们已经尽最大努力确保内容的准确性，但错误仍时有发生。如果您在书中发现错误，请及时向我们报告，我们将不胜感激。请访问 www.packtpub.com/submit-errata，选择对应书籍，点击勘误表提交链接，并输入详细信息。

盗版：如果您在互联网上发现任何形式的盗版，请向我们提供地址或网址，我们将不胜感激，请通过 copyright@ packtpub.com 联系我们。

如果您有兴趣成为一名作者：如果您擅长某个主题，并且有兴趣撰写或投稿一本书，请访问 authors.packtpub.com。

评论

请留言评论。您已经阅读并使用了这本书，为什么不在您购买本书的网站上留下一个评论呢？ 其他读者可以看到您公正的评论，从而决定是否购买。我们可以在 Packt 了解您对我们产品的看法，作者也可以看到您对本书的反馈。

如需了解更多信息，请访问 packtpub.com。

目　　录

1

软件架构的含义

想要全面了解软件架构必须先从它的定义开始。本章阐述了为什么软件架构在软件项目中起着如此重要的作用,以及拥有一个良好的架构设计所能带来的益处。

此外,理解受软件架构影响的利益相关者以及团队成员也很重要。本章将详细介绍软件架构师的角色,软件架构师应该掌握什么知识,以及这个角色是否适合你。

本章将涵盖以下内容:

- 什么是软件架构?
- 为什么软件架构很重要?
- 软件架构的受众是谁?
- 软件架构师的角色是怎样的?

什么是软件架构?

到底什么是软件架构?根据你的知识和经验,你可能有自己的认知,事实上,现在已经存在很多不同的定义。如果你在网上搜索或者询问朋友和同事,你会得到各种不同的答案。定义本身就是偏主观的,也会受到定义给出者的观点和认知的影响。尽管如此,依然有一些核心概念对于软件架构是不可或缺的,在我们研究更深入的主题之前,非常有必要建立一些对软件架构的共识。

对软件使用*架构*这个词源于它与建筑行业的相似之处。当这个术语第一次被使用时,瀑布式软件开发方法是非常盛行的,它规定了在编写任何代码之前都要完成大量前瞻性的设计工作。类似于建筑的架构,在建造之前需要大量规划,软件也是如此。

在现代软件设计中,建筑业和软件业的关系不再那么密切。现在的软件方法论更多集中于开发高适应性的软件应用,使得软件即使随着时间的推移也较容易修改,从而减少对严格的前瞻规划的需求,而软件架构则是由那些不太容易在后期做出更改的早期设计决策构成的。

ISO/IEC/IEEE 42010 标准定义

软件架构有一个标准定义,这是由国际标准化组织(**International Organization for Standardization, ISO**)以及电气和电子工程师协会(**Institute of Electrical and Electronics Engineers, IEEE**)共同努力的成果。作为一个国际标准,ISO/IEC/IEEE 42010 系统和软件工程的架构描述将软件架构定义为:

"一个系统在其所处环境中的(系统的)基本概念或属性,其内容包括它的元素、关系以及它的设计和演进的原则。"

该标准提出了以下要点:

- 软件架构是软件系统最基本的组成部分。
- 软件系统处于一个特定的环境中,它的架构也要考虑其所运行的环境。
- 架构描述对架构进行了文档化的记录,并向利益相关者传达了特定的架构是如何满足特定系统的需求。
- 架构视图是从架构描述中创建出来的,每个视图涵盖了利益相关者的一个或多个关注点。

软件架构的构成

在《软件架构实践,第 2 版》(*Software Architecture in Practice, 2nd Edition*)一书中,给出了软件架构的定义:

"一个程序或计算系统的软件架构是指该系统的一个或多个结构,这些结构包括软件元素、这些元素的外部可见属性以及它们之间的关系。"

以上定义指出软件系统是由一个或多个结构组成的,正是这些结构的组合形成了整个软件架构。一个大型的软件项目可能有多个团队参与其中,每个团队会负责一个特定的结构。

软件架构是一种抽象表示

软件架构是软件系统的一种抽象表示。软件系统的结构由元素组成。软件架构关注的是如何定义结构、它们的元素以及这些元素之间的关系。

软件架构关注元素的公共特性,以及元素之间是如何交互的。对于元素而言,通常以公共接口的形式实现。架构并不涉及元素的实现细节。元素的行为不一定会被非常详尽地记录下来,重点是理解元素的设计和编写,以保障元素之间的合理交互。

软件架构只关注重要的东西

《设计模式:可复用面向对象软件的基础》(*Design Patterns:Elements of Reusable Object-Oriented Software*)一书的联合作者、计算机专家 Ralph Johnson 曾说过:

"架构只关注重要的东西,无论那是什么。"

软件项目千差万别,投入软件架构特定部分的设计量、时间、关注度和文档量也各不相同。最终,软件架构只由塑造了该系统的那些重要设计决策组成,由那些对系统的质量、寿命和有用性至关重要的结构和组件构成。

软件架构由一些为软件系统做出的最早期的决策和一些最难更改的决策组成。在现代软件开发中,架构应该预见到变化,并且应该被设计成能最大限度地适应和演进这种变化。我们将在第 16 章*"演化架构"*中讨论演化架构。

为什么软件架构很重要?

我们为什么要关心软件架构呢? 有时候开发人员就是想直接上手开始编程。

软件架构是软件系统的地基。和其他类型的工程一样,地基对于它上面所建造的东西有着极其深远的影响。因此,对系统的成功开发和最终维护而言,架构都起着至关重要的作用。

软件架构是一系列的决策。一些最早期的决策来自架构的设计,这些决策极其重要,因为它们会影响到后面的决策。

软件架构之所以重要还有另一个原因:所有的软件系统都要有一个架构。即使它只有一个单一元素组成的单一结构,也是存在架构的。有些软件系统并没有正式的设计,有些没有形成正式的架构文档,但即便是这些系统仍然是具备架构的。

软件系统的规模越庞大复杂性越高,你就越需要一套经过深思熟虑的架构来取得成功。只要操作得当,软件架构就能提供诸多益处,能极大地提升软件系统成功的机会。

由软件系统架构所奠定的坚实基础会带来许多好处。让我们深入地了解一下这些好处。

定义满足需求的解决方案

软件力求满足所有功能性、非功能性、技术性和操作性的需求。与包括领域专家、业务分析师、产品负责人和最终用户在内的利益相关者密切合作,可以让需求被识别和理解。软件架构则定义了满足这些需求的解决方案。

软件架构是软件的基础,因此缺少可靠架构的软件系统会更难满足所有的需求。糟糕的架构将导致系统的实现无法满足质量属性的可度量目标,而且这种架构通常更难以维护、部署和管理。

启用和抑制质量属性

软件架构要么支持质量属性,要么抑制质量属性。质量属性是一个系统的可测量和可测试的属性。质量属性的例子包括可维护性、互操作性、安全性和性能。

相对于一个软件系统中功能性需求方面的特性,质量属性则属于软件系统的*非功能性*需求。质量属性本身以及质量属性如何满足系统的利益相关者都是至关重要的,而软件架构在确保质量属性得到满足方面扮演着非常重要的角色。软件架构的设计可以牺牲一些质量属性,聚焦其他质量属性。质量属性之间也可能存在冲突。一个软件架构,只要设计得当,就能实现与质量属性相关的经过商定确认的需求。

赋予你预测软件系统质量的能力

在查看软件架构及其文档后,你是能够预测该软件系统的质量的。基于质量属性制定架构决策可以更容易地满足这些需求。你应该尽可能早地在软件开发过程中考虑质量属性,因为后期进行更改来满足这些属性会更加困难(代价也更大)。通过预先考虑这些问题,并运用建模和分析技术,我们就可以确保软件架构能满足软件的非功能性需求。

如果到了软件系统的实现和测试阶段才能预测出这个软件系统能否满足质量属性,那么成本高昂、旷日持久的返工可能在所难免。软件架构使得你能够预测软件系统的质量,并避免昂贵的返工。

简化利益相关者之间的沟通

软件架构及其文档是一个你与他人交流并解释软件架构的途径。在我们讨论诸如项目的成本和用时等内容时,它可以作为讨论的基础。我们将在介绍组织中的软件架构时进一步探讨这个主题。

软件架构又是足够抽象的,这让许多利益相关者能够在很少甚至没有指导的情况下,对软件系统有大致了解。尽管不同的利益相关者在理解架构时有不同的关注点和优先级,但提供一套通用的语言和架构设计工具仍然能帮助他们理解软件系统。这对于大型、复杂的系统更加有价值,否则这些系统将非常难以充分了解。要对软件系统提出需求以及其他的早期决策时,一个正式的软件架构扮演了非常重要的角色,它能使得协商和讨论更加顺畅。

管理变更

软件系统的变更是不可避免的。市场、新需求、业务流程的更改、技术进步和缺陷修复等都可以成为变更的催化剂。

有些人认为软件架构对敏捷性形成了阻碍,更希望架构在没有预先设计的情况下自然浮现。然而,一个好的软件架构其实更有助于实现和管理变更。变更可分为以下类别:

- 局限于单个元素。
- 涉及一组元素,但不需要架构调整。
- 需要架构调整。

软件架构使你能够管理和理解进行某些变更需要什么。此外,一个良好的架构还能降低复杂性，从而使大多数的更改可以局限于单个元素或少数几个元素，而非进行架构的调整。

提供可重用模型

一个搭建好的架构可以在组织内被再次应用于生产线上的其他产品，特别是当这些产品有类似的需求时。我们将在下一章讨论一个组织的产品线、架构的重用以及重用的好处。目前只需了解，只要一个软件架构被完成、被文档化、被理解并成功应用，它就可以被重用。

当代码被重用时，可以节省资源，包括时间和金钱。更重要的是，得益于重用，代码已经经过了测试和验证，使得软件质量也可以得到相应提升。单是质量的提升就可以转化为资源的节省。

当一个软件架构被重用时，重用的不仅仅是代码。所有塑造了原始架构的早期决策也都得到了重用。任何对于架构必要需求（尤其是非功能性需求）所投入的思考和努力可能也适用于其他产品。没必要重复地为这些决策付出劳动。从原始架构设计中获得的经验同样也可以用于其他软件系统。

只要软件架构被重用，那么不仅是软件产品，软件架构本身也将成为组织的一个资产。

实施实现约束

软件架构能为实现引入约束，并限定设计的选择。这能有效降低软件系统的复杂性，并能防止开发人员做出错误的决策。

如果某一元素的实现符合所设计的架构，那么可以说它遵守了架构隐含的设计决策。运用得当的软件架构，使得开发人员能够完成他们的目标，同时还能预防他们在实现上犯错误。

改进成本和工作评估

项目经理经常会问这样的问题：工作什么时候完成？要花多长时间？要花多少成本？他们需要诸如此类的信息来正确地规划资源并监控进度。软件架构师的众多职责之一是提供这类信息、帮助确定必要的工作任务并对任务做出评估，从而协助项目管理工作。

软件架构设计本身会影响实现所需任务的类型。因此,任务的工作分解也依赖于软件架构,而软件架构师可以通过创建任务协助项目管理。

项目管理评估的两种主要方法如下:

- **自顶向下方法**:这种方法从最终的可交付成果和目标出发,将它们分解成更小的工作组合。

- **自底向上方法**:这种方法从特定的任务出发,将它们组合到工作组合中。

对于某些项目,项目经理可能会偏向采用自顶向下的方法,而执行具体任务的开发人员则可能会采用自底向上的视角。软件架构师凭借其具备的经验和知识,这两种方法都能使用。而结合这些方法,从两种视角共同审视任务,则可以得到最合理的工作评估。

项目经理、软件架构师和开发人员一同协作提供评估,将会很有助益。团队成员相互讨论直到达成共识才能取得最准确的评估。在建立共识的过程中,团队中的某个人会提出其他人之前没有考虑过的见解,从而使每个人都重新考虑各自的立场,甚至可能会修正原有的评估。

软件架构能反映出软件系统精准的需求,这样可以避免在关键需求遗漏时所必需的昂贵返工。此外,经过深思熟虑的架构能降低系统的复杂性,让软件可以被轻松地推敲和理解。降低复杂性还可以使得成本评估和工作量评估更加准确。

培训团队成员

系统的架构及其文档可以对团队开发人员起到培训的作用。通过了解系统的各种结构和元素,以及它们应该如何交互,可以知晓实现功能的正确方式。

一个软件开发团队也可能会经历变动,比如新成员的加入或者原有成员的离开。团队新成员通常需要时间融入和适应。一个设计周全的架构可以使新的开发人员更容易地过渡到团队当中。

软件系统的维护阶段可能是软件项目中耗时最长、成本最高的阶段之一。与开发阶段引入新团队成员类似,不同的时间段由不同的开发人员研发系统是非常常见的,当然也包括那些维护它的开发人员。而可靠的架构可以于教学和引导新的开发人员,这是一个重要的优势。

软件架构不是银弹

Frederick P. Brooks 所著的《人月神话》(*The Mythical Man-Month*)是软件项目管理领域影响最深远的著作之一。书中包含了各种关于软件工程的文章。虽然这本书已经出版很久，一些参考引用现在也已经过时，但它还是提供了很多关于软件开发的发人深省的建议，这些建议是不受时间影响的，即使在当下也仍然适用。

"无论是在技术上还是管理技巧上，没有任何一项单独的发展可以保证在未来十年内在生产力、可靠性和简洁性方面有任何数量级的提升。"

Fred Brooks 1986 年写的《没有银弹：软件工程的本质性与附属性工作》(*No Silver Bullet—Essence and Accident in Software Engineering*)这篇收录于该书的 20 周年纪念版中的文章，是以这句话开头的。它所传达的思想就是软件开发中没有银弹。

软件架构同样不是银弹。尽管我们已经讨论过软件架构为何如此重要的诸多理由，但是没有一个特定的架构或组件的组合方式可以作为银弹。不能把它想成是解决所有问题的神奇方法。正如我们稍后将了解到的那样，软件架构是关于不同的、有时甚至是相互冲突的需求之间的折中。每种架构方法都有必须权衡和评估的优缺点。没有一种方法可以被视为万能的银弹。

软件架构的受众是谁？

当我们创建一个软件架构时，究竟是为谁创建的？在一个软件系统中有着各种各样的利益相关者，比如系统的终端用户、业务分析人员、领域专家、质量保障人员、管理人员、那些可能参与系统集成的人员、运维人员等，这些利益相关者都会在某种程度上受到软件架构的影响。某些利益相关者能够接触到，并且有兴趣对软件架构及其文档进行审查，而另一些则不会。其中一些利益相关者是软件架构的间接受众，因为他们关注该软件系统，而架构正是软件系统的基础，这使得他们成为架构的间接受众。作为一名软件架构师，除了服务于直接受众之外，你还需要服务于这些间接受众。例如，终端用户可能是最重要的利益相关者之一，并且应该是你的主要关注点，软件架构必须支持相关实现以满足终端用户的需求。

当谈及软件架构的受众时,我们不能忽略在该软件上工作的开发人员。作为一名软件架构师,你需要为这些开发人员考虑,因为他们的工作受到软件架构的直接影响,他们才是那些每天与软件打交道的人。

软件架构师的角色是怎样的?

我们已经了解了什么是软件架构、它的重要性以及能够带来的好处,并且理解了有各种各样的利益相关者都会受其影响。现在,让我们审视一下软件架构师这个角色,是什么使得一个人成为软件架构师?成为一名软件架构师又意味着什么?

当然,软件系统可以在没有软件架构师的情况下进行开发,事实上,你可能参与过一些没有软件架构师的项目。在没有软件架构师的情况下,某些项目依旧成功了,而另一些项目可能因此失败了。

如果没有人承担软件架构师的工作,最终可能会由团队中的某一人做出相关的架构决策,这个人有时被称为**偶然的架构师**。尽管他们没有被授予软件架构师的头衔,但是他们承担相同的职责,并且需要做出类似的决策。有时候,在没有软件架构师的情况下,架构设计会由多位开发人员协作给出。

软件系统越小、越简单,你越可能在没有软件架构师的情况下获得成功。然而,当一个项目规模越大和/或越复杂,你越需要一个人来担任正式的软件架构师角色。

软件架构师是技术领导者

软件架构师是软件项目的技术领导者,无论出现任何挑战,都必须致力于项目,并为管理人员、客户以及开发人员提供技术指导。因此,软件架构师经常担任技术以及非技术资源之间的联络人。

尽管软件架构师有多种职责,但其中最重要的是对软件系统的技术方面负责。也就是说,当软件架构师与他人协作时,作为技术领导者,软件架构师对该软件系统的架构、设计方案以及文档负有最终责任。

软件架构师需要履行多种职责

软件架构师需要承担不同类型的职责,然而并非所有的职责都是技术性的。软件架构师需要结合个人的经验、知识和技能(包括技术性的和非技术性的)来完成这些职责,他们必须对软件架构设计、架构模式以及最佳实践有着深刻的理解。

软件架构师应当能够预见可能出现的问题并设计出能够克服这些问题的架构。具体的,软件架构师应当能够降低风险并评估不同的解决方案,以选出最合适的方案来解决某一特定的问题。虽然软件架构师的一些技能和职责与高级开发人员类似,但他们是完全不同的。软件架构师肩负着更大的责任,并且人们期望软件架构师能够给项目带来更大的提升。

高级开发人员对他们在项目中使用的技术有着非常深入地了解,他们精通软件系统涉及的语言、工具、框架和数据库。而软件架构师不仅需要具有这些深入的知识,还必须具有更加广泛的知识,他们需要熟悉组织中没有使用过的技术,从而为架构设计做出明智的决策。

理想情况下,软件架构师具有广泛的知识,了解一个问题的多种解决方案,并且能够权衡各方案的利弊。对于软件架构师而言,理解某一解决方案为什么*不能*用与理解其为什么可以用一样重要。

象牙塔中的软件架构师

如果你的角色是软件架构师,请尽量避免成为一名**象牙塔中的软件架构师**。象牙塔中的软件架构师指的是一个人,无论是在对待自己职位的方式上,还是在组织的工作流程上,都是与他人隔离的。

一个在象牙塔中工作的软件架构师很可能会创建一个基于完美环境的架构,而这个环境是无法反映真实场景的。此外,他们很可能无法与那些基于架构进行实现的开发人员密切合作。

软件架构师越是独自工作,越是与利益相关者和其他开发人员隔离开来,就越有可能脱离这些人的需求。所造成的结果是,他们设计的软件架构并不能满足不同利益相关者的不同需求。

软件架构师应当亲身实践。事实上,软件架构师的职责包括参与软件生命周期的多个阶段,而亲身实践可以避免脱离实际。例如,软件架构师可以与团队一起完成一些编码工作,以便更多地参与其中。或者以身作则,用自己的代码作为他人的参考,也是一种亲身实践的方法,同时还可以磨炼自己的技能。

采取参与的方式可以帮助你了解开发人员可能面临的问题和困难,以及架构的不足之处。从战壕中领导比从象牙塔中领导要有效得多,而且更有可能获得团队成员的信任和尊重。如果一个软件架构师脱离团队或者提供了错误的信息,即使架构师没有感觉到,他们作为领导者的威信也难免会降低。

象牙塔中的架构师是居高临下的指挥者。事实上,软件架构师应当用个人的经验和知识来指导他人,而非说教。这是一个教学相长的机会,团队成员通过你的指导得到提升,相应的,他们也会为你的架构设计提供有价值和远见的反馈。

一个组织不应该有任何将软件架构师与利益相关者分离的流程和/或组织层级。软件架构师不应该脱离技术实现,这会使他们远离技术和技能,而当初正是这些技术和技能使他们成为优秀的软件架构师。

软件架构师需要掌握什么知识?

软件架构师应当掌握各方面的技能和知识,其中包括一些非技术性的职责,比如:

- 发挥领导作用;
- 协助项目管理,包括成本和工作量评估;
- 指导团队成员;
- 协助选择团队成员;
- 理解业务领域;
- 参与需求的收集和分析;
- 与各种技术性的和非技术性的利益相关者沟通;
- 对未来的产品有清晰的愿景。

在技术方面,软件架构师应当熟悉的内容包括:

- 理解非功能性需求以及质量属性;

- 能够有效地设计软件架构；
- 理解软件开发的模式和最佳实践；
- 对软件架构模式及其优缺点有着深入地理解，并且知道如何取舍；
- 了解如何处理横切关注点；
- 确保满足性能与安全性需求；
- 能够对软件架构进行记录和审查；
- 理解 DevOps 及其部署流程；
- 了解如何集成并使用遗留程序；
- 能够设计适应变化和随时间演化的软件架构。

无需不知所措

如果你是第一次担任软件架构师的角色，或者你所要加入的团队已经在一个现有的软件系统上工作了一段时间，那么自然而然地，你会对不了解的一切感到不知所措，你需要一些时间来了解你所需要了解的一切。

随着经验的积累，每次启动新项目时你会更加从容。就像任何事情一样，丰富的经验会使你在面临新的挑战时更加轻松自如。你也会明白，对于每个软件系统都需要花费一些时间来熟悉它所涉及的业务领域、人员、过程、技术、细节和复杂之处。

软件架构师的角色适合你吗？

如果你在意你正在开发的软件及其利益相关者（包括软件的终端用户和开发人员），那么可以说，你在意构建软件所需的重要设计决策，这也意味着你在意它的架构。自己去做重要决策是很有挑战性的，但正是因此，这一过程也是很有乐趣和意义的。

软件架构师需要与各种各样的利益相关者进行沟通，有时还需要充当管理人员、技术人员和非技术人员之间的桥梁。如果这不是你想要参与的事情，那么成为一名软件架构师可能不是最好的选择。

软件架构师对技术充满激情，他们需要对所使用的技术有着深刻的理解，并通过不断地练习和参与项目来保持技能的熟练。软件架构师必须拥有广泛的知识，即使是没有在项目中使用过的技术也需要熟悉。此外，必须能够跟上语言、工具和框架等领域的快速变化。了解这一系列技术将使你在面对某一问题时,能够选择出最佳的解决方案。

软件架构师应当乐于学习和尝试新技术,因为软件架构师需要持续不断地学习。作为一个分享智慧经验的人,一个团队中的领导者,你应当享受指导和教育他人的乐趣。事实上,让周围的人在工作过程中获得进步也是你工作的一部分。

所有的软件应用都有一个目的,优秀的软件架构师会尽一切努力确保所开发的软件应用能够最大限度地达到这个目的。如果这是你所在意的事情,那么软件架构师这个角色可能很适合你。

总结

软件架构代表着一个系统的结构、结构中所包含的元素以及这些元素之间的关系,它是一个软件系统的抽象表示。软件架构之所以很重要,是因为所有软件系统都包含一个架构,而这个架构正是软件系统的基础。

使用软件架构有很多好处,比如可以启用或禁用质量属性,预测软件系统的质量,简化与利益相关者的沟通,并且更容易进行修改。此外,软件架构还提供了一个可以在多个软件产品中重用的模型,通过施加实现上的约束来降低复杂性以及最小化开发人员的错误,提升成本/工作量评估的准确性,并可以起到培训新团队成员的作用。

软件架构师是技术领导者,对技术决策、架构及其文档负有最终责任。软件架构师需要履行多种职责,并且需要掌握各种各样的知识,包括技术性的和非技术性的。尽管这个角色很有挑战性,但是如果你在意你正在开发的软件及其利益相关者,那么软件架构师也是一个非常有益的角色。

在下一章中,我们将探索组织中的软件架构。大多数软件架构师都在组织中工作,因此了解在组织中开发软件的动态机制是很重要的。下一章将详细介绍以下内容:组织中的各种架构师角色,所使用的软件开发方法,项目和配置管理工作,如何处理职场关系,基于架构重用构建软件产品线等。

2

组织中的软件架构

在之前的章节中，我们已经了解了软件架构以及软件架构师需要承担的职责。在本章中，我们将在组织的大环境下对它们进行更加深入的探讨。

开发软件系统是为了满足一个组织的业务目标，而软件架构师隶属于这个组织。因此，该组织的业务目标、开发目的、利益相关者、项目管理及进度都在很大程度上影响着软件架构师的工作。

本章主要介绍软件架构师在组织中工作时应该熟悉的内容。我们将共同探索几种组织中常见的软件架构师角色，以及他们采用的软件开发方法。你也会学习到如何对项目进行管理以及如何处理组织中的职场关系。

风险管理和配置管理是在组织中从事软件项目开发的两个重要方面。此外，我们还会了解软件产品线的概念，以及如何利用架构重用构建核心资产，从而使软件产品的构建更快、更高效、质量更高。

本章将涵盖以下内容：

- 软件架构师的类型；
- 软件开发方法；
- 项目管理；
- 职场关系；
- 风险管理；

- 配置管理；
- 软件产品线。

软件架构师的类型

软件架构师的角色因组织而异，你可能听说过各种与之相关的职位，例如：

- 企业架构师；
- 解决方案架构师；
- 应用架构师；
- 数据架构师/信息架构师；
- 基础设施架构师；
- 安全架构师；
- 云架构师。

在某些组织中，会由一个或多个架构师来兼任这些角色，他们可能使用软件架构师这一头衔，或者上述任一头衔。而在其他组织中，会由不同的人担任不同的架构师角色。一些公司会将他们的软件架构师组织到同一个团队中。他们会在架构任务上与该团队协作，同时也会与其他团队一起设计并完成软件产品。

本书并不只聚焦于某一种类型的软件架构师，而是详细讲解技术类的问题，因此本书适合所有类型的架构师阅读。本书介绍的许多技术、非技术和软技能是各种类型的架构师都需要的。即使组织中区分了架构师的不同类型，他们的职责和使命也会有所重叠。接下来就让我们详细了解各种软件架构师角色，以及他们通常意味着什么。

企业架构师

企业架构师（Enterprise Architect）负责一个组织总体的技术解决方案和战略方向。他们必须与各种利益相关者合作，从而了解组织的市场、客户、产品、业务领域、需求和技术。

企业架构师需要确保技术解决方案与组织的业务和战略目标相吻合。他们需要从一个整体的视角来确保他们的架构设计（以及其他架构师的设计）与整个组织保持一致。

他们应该对技术有着深入且广泛的理解，能够提出正确的建议并设计出合适的架构。他们还必须具有远见,以确保解决方案既满足现有需求,又符合未来预期。

除了高级架构设计文档之外,企业架构师还需要与其他架构师(比如应用架构师)合作,以确保解决方案满足所有预定的需求。企业架构师提出并维护组织中的最佳实践,比如设计、实现和策略等方面。对于拥有多个软件产品的组织,他们将分析所有产品以确定能够对架构进行重用的地方。

企业架构师可以为其他架构师和开发人员提供指导、建议和技术方向的引领。

解决方案架构师

解决方案架构师(Solution Architect)会将需求转换为一个可行的架构。他们与业务分析人员及产品负责人密切合作,以便最好地理解需求,从而设计出满足这些需求的解决方案。

解决方案架构师为待解决的问题选择最契合的技术。他们可能会与企业架构师协同工作,如果组织中不存在企业架构师,他们就需要承担起这一职责,在设计解决方案时考虑组织的总体战略目标以及架构原则。

解决方案架构师的设计可以在多个项目中重用。在一个组织中,重用架构组件或者架构模式是很常见的。在一个拥有不同架构师角色的大型组织中,解决方案架构师是企业架构师和应用架构师之间的桥梁。

应用架构师

应用架构师(Application Architect)负责一个或多个应用以及它们的架构。应用架构师要确保一个应用的设计能够满足该应用的需求。他们可以作为技术人员和非技术人员之间的联络人。

大多数情况下,应用架构师会参与软件开发过程中的所有步骤。他们会为应用程序推荐解决方案和技术,并评估解决问题的其他方法。因此这个角色需要紧跟技术的发展并知道什么时候应用这些新技术。在适当的时候,他们也要了解组织中的各种应用如何工作以及如何集成。

应用架构师要确保开发团队在实现过程中遵循最佳实践和标准。他们负责领导并指导团队成员,也可能参与设计和代码的审查。应用架构师也需要与企业架构师协作,确保为单个应用程序设计的方案与组织的总体策略一致。

数据架构师/信息架构师

数据架构师(Data Architect)负责设计、部署和管理组织的数据架构。他们主要关注数据管理系统,以确保组织的数据被正确的人在正确的时间、正确的地点访问。

数据架构师负责组织中所有内部的或外部的数据源,以确保组织的数据需求得到满足。他们设计和构建模型来决定数据的存储、使用以及如何与组织中的各种软件系统集成。数据架构师还要确保数据的安全,制定数据备份、归档和恢复的流程。

数据架构师通过监控环境来维护数据库的性能,承担识别和解决各种问题的任务,包括生产环境中的问题。数据架构师可以协助开发人员进行数据库的设计和编码工作。

有些组织中还存在着**信息架构师(Information Architect)**。尽管数据架构师和信息架构师这两种角色是有关联的,甚至可能是由同一个人担任的,但这两种角色之间确实存在着巨大的差异。

数据架构师关注数据库和数据结构,而信息架构师则关注用户。他们关注的是用户对于数据的需求,以及数据对用户体验的影响。他们最感兴趣的是数据被使用的方式,以及数据会被用来做什么。

信息架构师致力于提供友好的用户体验,确保用户能够轻松地与数据交互。他们需要设计出令用户仅凭直觉就能找到所需信息的方案。信息架构师会通过可用性测试收集用户的反馈信息,以决定怎样改良数据系统。他们会与用户体验设计师等人合作制定合适的策略改善用户体验。

基础设施架构师

基础设施架构师(Infrastructure Architect)致力于组织的基础架构设计和实现。这种架构师负责基础设施环境以满足组织的业务目标需求,并提供硬件、网络、操作系统和软件解决方案。

基础设施必须能够支持组织的业务流程和软件程序。因此,基础设施架构师需要了解基础设施组件,例如:

- **服务器(Servers)**：用于云环境或本地环境的物理或虚拟服务器；
- **网络单元(Network Element)**：路由器、交换机、防火墙、电缆和负载平衡器等；
- **存储系统(Storage System)**：数据存储系统例如**存储区域网(SAN)**和**网络附加存储(NAS)**；
- **设施(Facilities)**：基础设备的物理位置，并确保电力、冷却和安全需求得到满足。

基础设施架构师对企业软件的交付提供支持，包括设计和实现基础设施的使用方案，以及将新的软件系统与现有的或全新的基础设施进行集成。一旦投入生产，他们还必须确保以往的软件系统仍然可以满足需求，并在最佳水平上运行。基础设施架构师可能会提出改进基础设施的建议，比如使用新技术或新硬件。

为了满足企业的需求，他们监管并分析诸如工作负载、吞吐量、延迟、容量和冗余等指标，以便达到合理的平衡点并满足所需的性能水平。他们也会使用相应的服务及管理工具辅助基础设施的管理。

信息安全架构师

安全架构师(Security Architect)负责组织中的计算机和网络安全。他们构建、监督和维护安全方面的实现。安全架构师必须对组织中的系统和基础设施有着充分的了解，以便能够设计出安全的系统。

安全架构师会进行安全评估和漏洞测试，以识别和评估潜在的威胁。安全架构师应该熟悉安全标准、最优防御方法以及对抗已识别威胁的技术。他们需要识别现有的和发展中的软件架构中存在的安全漏洞，并推荐消除这些漏洞的方案。

安全组件就位后，安全架构师将参与测试，以确保它们按预期运行。当安全事故发生时，安全架构师要参与事故解决，并且在事后进行事故分析。分析的结果将用于设置对应的措施，以确保类似的事故不会再出现。

安全架构师负责监督组织的安全识别程序，并帮助制定组织的安全准则与规程。

云架构师

由于对软件进行云部署已经成为一种常态，组织很有必要聘用具有相关知识的专人负责云部署。**云架构师(Cloud Architect)**就是组织中负责云计算策略和计划的人，他们负责部署软件系统的云架构。事实证明,拥有专人负责云架构的组织能够更好地利用云技术带来的便利。

云架构师的职责包括选择最契合需求的云供应商和模型(例如 SaaS、PaaS 或 IaaS),并为尚未迁移到云的应用程序创建云迁移计划,其中包括对迁移过程的协调。他们还可能参与设计新的云原生应用程序,这种程序是一种基于云构建的应用程序。

云架构师负责云的管理,并创建管理准则和规程。他们会使用相关工具及服务来监管云部署。云架构师的特性通常意味着他们要与云服务提供商协商合同,以确保**服务水平协议**(**service-level agreements, SLAs**)得到满足。

云架构师应该对安全问题有着深刻的理解,比如如何保护部署到不同类型的云或者云混合系统中的数据。他们常常会与安全架构师合作,当然,如果组织中不存在安全架构师,云架构师就需要承担起相应的职责,以确保部署到云的系统是安全的。

对于还没有完全迁移到云的组织,可能会因为组织内部对云战略有所抵触而导致计划流产,因此,云架构师的任务之一就是引导组织的理念变革。云架构师通过宣传使用云的诸多好处来影响人们的行为,最终改变人们的固有观念。

软件开发方法

在组织中工作的软件架构师,通常需要采用组织选定的软件开发方法。在某些情况下,软件架构师会参与决定使用哪种软件开发方法。无论哪种情形,软件架构师都会在组织的流程里提供输入,这赋予了他们对流程提出改进意见的能力。

因此,了解常用的软件开发方法是必需的。一个软件项目可以使用各种不同的软件开发方法,每一种都有其优缺点。如今,敏捷开发方法得到了广泛应用,但即使在敏捷开发方法中,也存在众多变体。

不幸的是,很多软件项目并没有采用合适的软件开发方法。因此,在选择之前,应该充分考虑哪一种才是最适合当前项目的。在接下来的章节中,我们将介绍两种经典的软件开发方法:瀑布模型和敏捷开发。

瀑布模型

瀑布模型是一种顺序的软件开发方法,在整个生命周期中必须按序完成各个阶段。瀑布模型的优点如下:

- 简单易懂。
- 能给予利益相关者时间、功能和成本方面的预期。
- 由于每个阶段都会生成文档,所以最终能够产出关于系统的各种文档。这些文档对于维护人员是非常有用的,还能够帮助新员工快速了解系统,并将员工离职的损失降到最低。

瀑布模型流程图如图 2-1 所示:

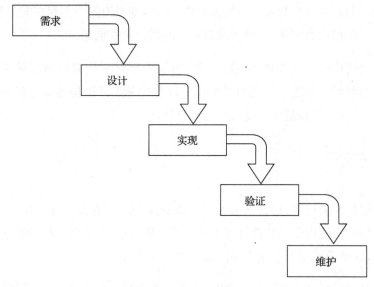

图 2-1　瀑布模型

瀑布模型的阶段

以下是瀑布模型中最常见的阶段:

- **需求**(Requirements):在这一初始阶段中,将对利益相关者的需求进行采集与分析,并形成需求文档。
- **设计**(Design):此阶段将创建技术设计规格说明,详细阐述满足需求的技术方案。

- **实现(Implementation)**：此阶段将基于技术设计规格说明进行实际的代码编写。
- **验证(verification)**：此阶段将进行测试，以确保产品可以正常运行，并且需求都得到了满足。
- **维护(Maintenance)**：一旦软件上线，就进入了缺陷修复和功能增强这一阶段。

瀑布模型中的某些阶段可能会有不一样的名称。例如，用编码(*coding*)代替实现(*implementation*)，或者用测试(*testing*)代替验证(*verification*)。一些组织甚至向瀑布模型中添加了一些阶段，比如在进入设计阶段之前可能有一个单独的分析阶段，或者在验证阶段之后增加了部署阶段。

虽然瀑布模型已经过时，但是如果以下情况为真(通常并不会)，瀑布模型仍然可以被采用：

- 团队已经非常了解项目的业务领域、业务规则；
- 所有需求已经被充分理解，并且对需求进行更改的概率很低；
- 已确定项目的工作范围；
- 团队充分理解所采用的技术和架构，并且这些同样不会发生更改；
- 项目规模不大，复杂度不高；
- 利益相关者可以接受在项目前期看不到该软件的可运行版本；
- 项目有严格的时间框架或明确的交付期限。

瀑布模型的缺点

瀑布模型有很多缺点。第一，直到编码完成才会开始测试，因此在项目早期不会有任何测试反馈。第二，用户直到项目结束才能看到软件的可运行版本，这也意味着缺乏用户的及时反馈。第三，用户仅凭需求文档很难想象产品的样子，所以可能会遗漏一些重要的需求，尽管使用原型和线框图可以尽量避免这一问题，但与每一个阶段都能提供软件可运行版本的迭代开发相比仍然不尽如人意。

如果在开发过程的后期发现需求中存在遗漏或错误，那么对其进行更改将十分棘手，往往会导致成本和时间的超支。假如软件的开发时间所剩无几，那么由于瀑布模型在最后阶段才会进行测试，测试的时间将被大幅压缩，最终影响软件的质量。

如果需求不确定，或者对需求的理解不够透彻，那么瀑布模型的严格性将会是一个严重的问题。在软件开发的过程中，变化是不可避免的，所以即使是一些变数极少的项目，瀑布模型过于严格的流程仍会给项目带来问题。

对于不适合传统瀑布模型的项目,开发人员迫切地需要一个更为灵活的生命周期模型,敏捷开发应运而生。由于传统模型的缺点以及敏捷开发的优势,敏捷方法在现代软件开发中越来越流行。

敏捷软件开发方法

敏捷软件开发方法是由软件开发专业人员基于他们的实际开发经验创建的。敏捷开发解决了传统方法的很多弊端,因此越来越流行。

目前有许多敏捷软件开发方法,例如:Scrum、Kanban、极限编程(Extreme Programming,XP)和 Crystal。它们各有不同,但在本质上,都注重于灵活地应对变化,并试图在流程不足和流程过多之间找到一个平衡点。

敏捷开发的价值与原则

敏捷方法具有很高的价值,并遵循着一定的软件开发原则。这些都被记录在敏捷宣言(Agile Manifesto)和敏捷软件的十二条原则(12 principles of Agile software)中,由创建了敏捷软件开发方法的思想领袖们编写。以下是敏捷宣言的四大核心价值观:

- 个体和互动高于流程和工具。人本身比流程和工具更重要,因为开发人员才是真正了解需求并进行开发的实体。如果团队认为流程和工具比人更重要,那么其对需求变更的响应能力通常较低。
- 工作的软件高于详尽的文档。传统方法侧重于编写大量文档,但事实上,满足需求且能工作的软件比较重要。文档只要够用就好,且优先级绝不应该比软件本身高。
- 客户合作高于合同谈判。敏捷开发强调了在软件开发过程中与客户合作的重要性。让客户参与其中显然更容易满足他们的需求。
- 响应变化高于遵循计划。传统的软件开发方法高度重视前期规划并极力避免与之偏离。而敏捷开发拥抱变化,包括开发过程中的需求变更。短迭代允许在任意时刻添加和更改需求,只要该需求有价值且满足客户的利益。

迭代方法（iterative methodology）

与顺序的瀑布模型不同,敏捷方法是迭代的(图 2-2):

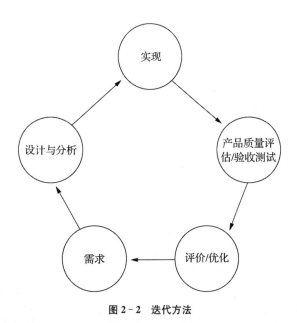

图 2-2 迭代方法

软件是逐步构建的,每次迭代只会完成需求的一部分。相比于一次性交付完整的软件,敏捷方法会在每次迭代结束时交付一个软件的可运行版本。每个迭代都会进行编码与测试,这是一个持续反馈的过程,如果需要进行某些改变,那么很快就能看到效果。

适应而非预测变化

敏捷方法是适应性的(*adaptive*),而非预测性的(*predictive*)。瀑布方法会通过前期规划来预测未来的变化,而敏捷方法则注重于在变化发生后适应变化。

预测软件未来的情况是非常困难的,而且随着时间的推移,需要考虑的东西也会越来越多。而敏捷方法允许在前期规划完成后进行变更,用户和测试人员的反馈可以立即得到响应,并纳入后续的迭代中。

每日站会（Daily stand-up meetings）

如果你的团队打算采用敏捷软件开发方法,就应该考虑在日程中加入每日站会。在 Scrum

框架中,这种会议被称为 **daily scrum**。实施的方法非常简单,在每天工作开始之前举行一次简单的例会,在会议中各个成员汇报进度并明确今日任务。

会议通常有一个主持者(**facilitator**),这一角色应该定期轮换,因为站会的目的是让成员之间加强交流,而不应该是向一个固定的主持者汇报。

在站会中,每个人通过回答以下三个问题来展示进度:

- 我昨天完成了什么?
- 我今天要做什么?
- 在工作中面临着哪些困难?

站会应该保持简短,如果发现某个问题引发了深入讨论,主持者应该立即中止,并另找时间进行讨论。

站会的优点如下:

- 每个人都能够了解团队中其他人的任务。
- 当团队成员陈述一个问题时,整个团队都能够了解这个问题。站会为团队成员提供了一个互相帮助的机会,团队中的其他人可能知道如何解决这个问题。此外,其他团队成员可能也面临着同样的问题,即使现在没有,也能够在未来遇到类似问题时有能力解决。
- 站会能让团队更加团结。比起没有交流的埋头工作,通过站会进行定期交流能让团队更有凝聚力。

项目管理

软件架构师需要在软件系统的整个生命周期中协助项目管理,其中就包括评估各项任务所需的工作量。评估的过程以及参与人员因组织而异,但通常情况下,软件架构师都需要基于专业知识和经验提供建议。

软件项目评估的重要性

软件项目评估的重要性不容小觑,评估与计划是项目成功与否的重要影响因素。

项目评估并不简单,必须考虑诸多因素。因此,团队应当协同合作得出准确的评估,因为项目管理高度依赖于评估结果。评估结果将用于组织工作和计划发布,不准确的评估和糟糕的项目计划往往是导致软件项目失败的最主要原因。

重视评估

有时评估是非常不正规的,你可能会被要求在尚未进行任何分析的情况下进行评估。这时,你需要引起所在组织对评估的重视,使之愿意为评估投入时间和精力,而不是当场进行即兴评估,这与随机猜测没有区别。

如果你在毫无准备的情况下被要求评估一项任务,而你又不太想这样做,那么可以与对方进行沟通,询问是否可以晚些回复他们。这将为你争取一些时间,从而在评估之前进行适当的分析。如果你当场进行评估,那么结果通常是不准确的,你也会后悔自己的决定。

评估已经被理解的任务比较容易,具有挑战性的往往是那些涉及未知因素的任务。面对这样的情况,尽量多花时间进行分析,如果必要,可以创建一个概念验证(**proof of concept**,**POC**)。POC 将解决方案原型化,以帮助你更好地理解所涉及的工作,或者该解决方案是否可行。

做一个现实主义者(甚至是悲观主义者)

参与评估的人可能是乐观主义者、现实主义者或者悲观主义者。当你是一个乐观主义者,或参与评估的大多数人都很乐观时,就应该有意识地让自己变得现实,甚至悲观一些。多想想可能存在的问题,确保在评估时没有遗漏任何内容。由此可见,想要得到一个有效的评估,不仅需要架构师的学识和经验,还需要适当的方法。

考虑团队和环境因素

当你规划项目时,还需要考虑环境因素,例如组织现有的基础设施(设备和器材)、组织的文化、组织流程的成熟度以及项目可以使用的工具。

你也要考虑到团队的技术水平和经验,不仅包括开发人员,还包括团队中的每个人,比如业务分析人员和 QA 测试人员。这一因素可能包含很多变数。你可能不知道谁将被分配哪些任务,那么建议在项目计划期间考虑团队的整体技能水平,以及优势和劣势。

无论你的组织决定采用哪种方法,都要一直使用它,并随着时间的推移,根据使用效果和所收集的反馈,逐步改进该方法,这样会产生更好的结果。

项目计划的变更

一切都能按计划进行是最好的,但实际上,各种各样的因素都会导致项目落后于计划。对于这种情况,你必须与项目管理者一起讨论怎样才能使项目按期完成,或者是否可以调整项目的时间表。

软件的交付日期也可能被提前,这可能是由于组织内部的决策,或者外界因素的影响:比如出现了新的商机、有了新的客户,或者你的组织被邀请参加一个重要的贸易展览会进行软件演示。当出现这种情况时,团队可能需要根据情况的紧急性和管理层的意见,尽一切努力适应新的计划表。

此外,即使你采用了可以预测变化并帮助团队适应变化的敏捷软件开发方法,你也需要遵守项目的截止日期。

如何让项目如期进行

让我们来看看有哪些方法可以让项目如期进行,或者适应新的截止日期。

加班

一种方法是让团队工作更长的时间,完成更多的任务。然而,随着工作时间的增加,团队的士气和工作效率都会下降。

想激励团队加班,可行的方法是支付额外的报酬或者安排调休。当然,这需要管理层的批准。并且一旦涉及额外的报酬,就必须考虑项目预算。事实上,在有承包商参与的项目中,往往需要支付更多的加班费。

删减内容

团队可以重新审视项目。如果发现任何多余的内容,可以通知项目管理者将其移除。另外,用于给项目"镀金"的额外功能也应该被舍弃、推迟或删减。

如果没有发现多余的内容,可以与利益相关者,比如领域专家、业务分析师、用户和产品所有者协作进行需求变更,考虑删除或推迟某些低优先级的功能。

增加人力

另一种常见的让项目如期进行的方法是增加人力。然而,这种方法并不一定会加快项目的完成,反而可能导致项目花费更长的时间。正如布鲁克斯法则所述(Brooks' Law from *The Mythical Man-Month*):……对于已经延期的软件项目,增加人力只会使它变得更慢。

当在项目中增加人力后,成员间的交流也会成倍增加。这不仅花费了更多的时间在沟通上,还会因沟通不当造成更多错误。总的来说,项目越大,所产生的缺陷也会越多(无论是在需求、设计还是实现上)。

如果团队打算增加人力,需要确保在初期给新成员足够的指导。要想让他们在最短的时间内发挥作用,这些投入是必需的。

重新分配资源

有时候,问题的关键不在于增加人力,而在于让合适的人做合适的工作。有的人可能对某个任务更加了解,完成效率更高。这时,一个与团队紧密合作的软件架构师就能够为项目管理提供宝贵的意见,以更好地进行资源重分配。

如果发现有人在做不重要的工作,软件架构师可以给他们分配更重要的任务。因为当项目落后于计划时,每个人都需要先完成最重要的任务。

如果有需要线性处理的任务(这种任务可能会拖慢整个项目),可以考虑如何重新分配任务以便能够并行地处理它们。

找出问题所在

试着弄清楚项目为什么会延期。解决问题的第一步是找出问题,在向项目管理者提出建议之前,尽一切努力找出导致项目延期的主要问题。

可以考虑听听团队成员的意见,他们往往可以提出有价值的意见。当然,这种意见不应该是互相的埋怨和指责。

如果是因为一些不必要的安排导致了项目延期,可以进行调整或消除。例如,一些无用的例会占用了宝贵的时间,可以减少这类会议的举办频率甚至将其取消。

如果是由外界造成的,也应该试着采取相应的措施以缓解外界影响。

尽早行动

无论如何都不应该缩短软件的测试时间,测试不足很可能会导致项目失败。不满足需求和/或包含缺陷会将整个项目置于危险之中,通过缩短测试时间来赶进度一定得不偿失。

因此,尽早行动就是最好的方法。多与项目管理者沟通,使他们对项目的当前状态有一个详细的了解。利用你的经验为团队识别警告信号和潜在陷阱。不要拖延对潜在问题的行动,越早意识到问题的存在,你就有越多的方法解决它。

职场关系

在组织中,几乎每个人都或多或少需要处理职场关系。从下面的饼状图(图 2 - 3)可以看出,大多数人认为最好对所在组织的职场关系有所了解:

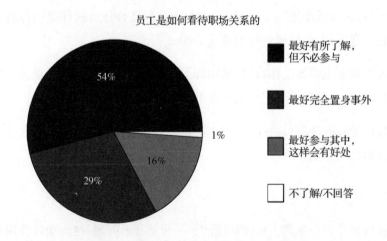

图 2 - 3　展示员工如何看待职场关系的饼状图

作为一名软件架构师,你会比普通开发人员更多地接触职场关系。因为软件架构师要与众多的利益相关者进行沟通,并且沟通的频率会非常高。

在一个组织中,员工往往来自不同背景、有着不同的目标和态度,聚集在一起为组织的目标而努力。很多因素都会影响人们的动机,从而导致职场斗争。

当你想完成某事时,你可能需要组织中其他人的帮助。你采取的不同行动可能会导致你消耗、获得或欠下人情。可见,在一个组织中工作时,具备一些职场技巧是非常重要的。

我比较愿意专注于构建优秀的软件,而不是处理职场关系,但这往往是不可避免的。以下是一些处理好职场关系的方法。

了解组织的目标

充分了解组织的战略目标和方向,尽可能地将你的目标与组织的目标保持一致。这样与他人冲突的可能性就会降低,因为与你有冲突的人很可能也与组织的目标相悖。

了解所在组织的盈利方式和投资方向是非常有用的。如果你正在为你的项目寻找资源,例如新的团队成员、设备和某些工具的许可,那么可能需要组织的投资。组织希望从投资中获得回报,所以你必须能够解释这些投资是如何与组织的目标相一致的。

解决他人的担忧

在组织中,利益相关者可能会向软件架构师表达对于软件产品或过程的各种担忧。虽然这些担忧的优先级和重要性各不相同,但都应该尽快解决。

如果一个问题没有得到解决,可能会引起组织中的其他问题。换言之,这个问题有可能会造成远超预想的麻烦。当利益相关者表达自己的担忧时,要确保对方知道你倾听、理解了他们的担忧,并会采取适当的行动。即使不打算采取任何行动,也需要提供合理的解释,让对方知道自己的担忧被认真地考虑过。

帮助他人达成目标

如果有机会,尽量帮助组织中的其他人达成他们的目标或解决他们的问题。你们都在同一个组织工作,只要其他人试图实现的目标与你的价值观或公司的目标不冲突,就尽可能地帮助他们。

帮助他人时不要期望得到回报,你不会想给大家留下一个"唯利是图"的印象。如果你帮助你的同事,你会受到友好的对待。在你需要时,也会有很多人乐意提供帮助。

适时妥协

作为一名软件架构师,你会经常与他人讨论、协商,甚至发生冲突。但无论哪种情况,当你发现自己已然无法得到想要的东西时,要愿意妥协,并知道何时妥协。

妥协的一个原因是当你缺乏谈判筹码的时候,如果不妥协,你可能无法达成诉求或目标的任何部分。在这种情况下,妥协是有意义的,因为你仍然可以从交易中得到一些东西。此外,如果当前的妥协从长远来看是有好处的,比如现在放弃一些东西可能会在未来的某个时刻得到回报,那么妥协也是有意义的。

从一开始就要做好妥协的准备,要积极思考这个问题对你来说有多重要,以及在什么情况下可以妥协。要学会倾听对方关于这个问题的看法,理解对方的立场可以为你提供额外的观点,或者至少帮助你找到一个可以接受的中间立场。

注意文化差异

许多组织在世界各地都有办事处和客户,也可能会将工作外包给其他国家。在与不同国家的人打交道时,要考虑到文化差异。不同的文化有着不同的语言体系和处事风格。花点时间去了解他们的文化,以便交流更顺畅,避免误解。

软件风险管理

风险是潜在的问题,在设计和开发软件时会涉及很多风险。组织及其员工有着不同的风险容忍级别,无论这个级别是怎样的,组织都应该有一个**风险管理(risk management)**计划。

作为一名软件架构师,你需要协助项目经理管理风险。如果不加以管理,这些风险可能会导致成本/时间超支、返工,甚至是整个项目的失败。

协助风险管理的第一步是能够识别风险,团队应该提出并记录潜在的风险。利用软件架构师的知识和经验,你应该可以识别出其他人(比如利益相关者、项目管理者和其他团队成员)无法识别的风险。

一些常见风险如下：

- **功能性风险（Functional risks）**：不正确的需求，缺少终端用户和业务分析师的参与，与组织的业务目标冲突。
- **技术性风险（Technical risks）**：项目的复杂程度、规模，团队不熟悉的新语言/工具/框架，对供应商和分包商等外部组织的依赖。
- **人员风险（Personal risks）**：团队成员缺乏经验和技能，无法为项目配备足够的人员，团队成员效率低下。
- **财务风险：（Financial risks）**：缺乏足够的项目资金，**投资回报率（return on investment，ROI）**难以满足。
- **法律风险（Legal risks）**：需要遵守政府法规，法律需求变更，合同变更。
- **管理风险（Management risks）**：缺乏适当的经验和技能，不正确的计划，缺乏沟通，组织结构问题。

一旦发现了风险，就应该对其可能造成的影响和发生的可能性进行评估（图 2-4）。对项目来说，影响大、发生可能性高的风险是最关键的。

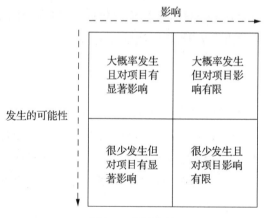

图 2-4　风险分析

在评估风险之后，组织可能会要求软件架构师协助制定风险管理计划。可用于处理风险的技术主要有四种：**风险规避（risk avoidance）**、**风险转移（transferring the risk to another party）**、**风险缓解（risk mitigation）**和**风险接受（risk acceptance）**。

风险规避

处理风险的一种方法是**风险规避**,即以某种方式改变项目,从而完全消除风险。一个典型的例子是,项目团队正在考虑使用不熟悉的编程语言和/或技术,这样的选择会带来一些潜在的重大风险。

例如,由于学习新技术,项目需要耗费比预期更长的时间,或者发现所选的技术无法实现团队想要的特性。处理这种风险的方法是选择团队已经熟悉的并且能够满足项目需求的技术,从而有效地规避风险。

但是请记住,并不是所有的风险都可以避免,因为在试图规避一个风险的同时,往往会带来其他风险。而且,有时为了抓住机遇,适当的冒险是必要的。这些因素都应该在决定是否规避风险时考虑清楚。

风险转移

风险管理的另一种方法是将**风险转移**给另一方。例如,当团队雇佣了分包商来实现某些功能,比如网站界面的设计与开发时,分包商可能无法按时交付或交付的成果达不到一定的质量标准。处理这种风险的方法是将其转移给分包商,通过在合同中加入惩罚机制,如果交付延迟或没有达到预期的质量水平,就会触发该机制。

风险缓解

还可以使用**风险缓解**来处理风险,以降低风险发生的可能性。假设一个软件项目最近雇佣了一个新的团队成员,新成员不像其他人一样经验丰富,可能由于需要学习而延误了工作,或者由于缺乏对技术标准和业务领域的了解而导致工作成果不符合要求。缓解这种风险的方法是为新员工指派一位导师,导师会为新成员答疑解惑并负责审查他的工作。

风险接受

风险接受是处理风险的另一种方式,即简单地接受风险以及任何可能的后果。例如,你的公司和另一家公司都在开发一款新的软件以抢占市场。理想情况下,你的产品应该是第一个上市的,但由于你起步较晚,有可能做不到。如果不能第一个进入市场,可能会导致市场份额的损失。但是,在分析了风险之后,你决定放慢开发速度以换取更好的产品质量,并接受不是第一个进入市场的后果。

需要注意的是,通过缓解或转移的方式来解决风险可能会产生额外的风险,这必须作为风险分析的一部分加以考虑。在上一个例子中,如果公司决定通过更快地完成产品来缓解风险,那么可能会产生额外的风险,比如需求被遗漏或者质量受到影响。

配置管理

作为组织中的软件架构师,你也需要参与配置管理。在很多组织中,都有一个**软件配置管理(software configuration management,SCM)**团队。此外,一些项目也可能配有专门的SCM团队。对于小型项目,这可能是单独的一个人,也可能是由负责其他任务的团队成员兼任。

软件配置管理团队的职责包括识别配置项(软件、文档、模型、计划),实施变更控制过程,以及管理用于构建的流程和工具。在第 14 章中,我们将深入研究自动化构建和**持续集成(continuous integration,CI)**。

变更管理

组织会实施一个正式的变更控制过程来处理软件产品的变更,通常会涉及软件系统的所有方面,比如需求、源代码和文档的变更。提出变更的原因有很多,包括纠正问题(软件中的缺陷)、功能性变更(业务规则的更改),或者向软件添加新功能。

制定变更控制流程的目的是确保所进行的更改是恰当的,并将实施更改时的工作量、难度以及中断降至最低。

一些变更控制流程会涉及**变更控制委员会(change control board,CCB)**。CCB 由一组被选出的利益相关者组成,他们会分析提议的变更并决定是否实施这些变更。作为一名软件架构师,你很可能是该委员会的一员。你需要基于自己的知识和经验帮助委员会:

- 评估提出的变更,以决定是否应该在项目中实施该变更;
- 根据重要性和严重性(如果它是一个缺陷的话),对提议的变更进行优先级排序;
- 评估实施该变更所需的工作量。

组织可以采用几种不同的方法进行变更管理,软件架构师应该熟悉所在组织的流程。作为一名软件架构师,你可以更改现有的流程,或者从头构建一个新的流程。

其中,最正式的方法是让 CCB 全权审查所有变更,不管变更有多大或有多复杂。这一方法的优点是多人参与变更决策。让更多人意识到要发生的变更,并给予他们讨论的机会,有利于做出正确的决定。特别是在大型、复杂的系统中,单个人很难甚至不可能意识到某一变更引发的所有技术和功能方面的后果,让多人参与变更决策肯定会有所帮助。但不幸的是,这一过程将耗费大量的时间,不仅包括花费在决策上的时间,有时召开会议让大家聚在一起也会浪费时间,这使得 CCB 很容易成为瓶颈。此外,如果出现大量需要及时处理的变更提议,让 CCB 全部进行审查是不现实的。

变更管理的第二种方法与第一种方法恰好相反。在这种方法中,没有变更控制委员会,将由开发人员全权决定所有变更。这种方法的优点是可以大幅提高速度。另外,授权开发人员可以给他们带来一定的信心和满足感。然而,这种方法的缺点也十分显著,一个变更只有一个人在考虑,也就是说,一个变更的质量将完全取决于进行变更的开发人员,这可能会产生有害的影响。一些新人或者缺乏经验的开发人员决定做出的变更可能会导致更多的问题。正如前文提到的,即使是有经验的开发人员,在大型系统中也很难意识到某一变更的所有后果。对于较小的缺陷,交由个人并无不妥,但是对于一些较大的更改,这很可能是一个重大问题。

变更管理的第三种方法试图在第一种和第二种之间达成一种平衡。在这种方法中,CCB 只负责审查那些最重要或最复杂的变更。虽然这样不会有第二种方法的速度,也不会像第一种方法那样全面,但是至少会审查那些可能造成严重问题的变更,并且 CCB 不会成为其他变更的瓶颈。让 CCB 审查所有变更不切实际,但同样的,你也不能放弃所有的审查。一种可能的方法是,CCB 审查大部分的增强和高优先级/重要性的缺陷,但不审查低优先级/重要性的缺陷(分析师、开发人员和测试人员在处理缺陷时仍然可以审查所有的修复)。是否交由 CCB 审查实际上更多地取决于变更的大小和复杂程度,以及将要受到影响的功能有多重要,而不是取决于它是缺陷还是增强。有时,缺陷修复比增强更复杂,因此要试着把所有因素考虑进去。

也许变更管理的最佳方法,也是最实用的方法,是始终使用 CCB 进行审查,但创建多种级别的 CCB。组织可以赋予它们不同级别的权限,具有较小影响的变更可以在低级别的

CCB 得到审批,而具有较大影响的变更则被升级到高级别的 CCB。当有多种 CCB 可选时,选择哪个有时会取决于项目的当前阶段(即距离发布还有多久),当项目接近发布时,关注的焦点通常会由灵活性转变为稳定性和对变更的控制。

软件产品线

日益增长的竞争压力和开发软件系统的复杂性,使得组织需要尽可能地提高生产效率。而实现这一目标的方法之一就是创建**软件产品线**(software product line)。包括软件开发在内的很多行业,都成功地使用了**产品线工程**(product line engineering, PLE)。

产品线是指一个公司针对特定需求或市场推出的一系列产品。由于这些产品同属于一个品牌,因此使用了其中一个产品的顾客很有可能购买该品牌的其他产品。

组织可能有多个已完成的软件产品和/或正在开发的软件产品。这些软件产品可能以类似的方式工作,具有类似的功能需求和/或非功能需求,以及类似的外观/用户体验。

如果没有进行任何类型的重用,同样的功能可能会被重复开发多次。当在组织中担任软件架构师时,你应该基于核心资产构建软件系统以寻求架构重用。为一种软件产品设计的架构可能也适合另一种软件产品。复用架构组件并形成通用解决方案,可以在不同软件产品中解决相似的问题。

除了构建软件之外,组织可以收购软件或者其他拥有软件产品的组织。收购的软件可以与现有的产品线合并,现有的软件也可以合并到收购的组织中,形成一个新的产品线。

软件产品线的好处

在软件产品线中使用战略性的、有计划的架构重用的好处包括:

- 减少开发工作;
- 降低成本;
- 提高生产力;
- 提高产品质量;
- 缩短上市所需时间。

组织的核心资产

构建软件产品线的目标是拥有可重用的组件,即**核心资产**(core assets)。常见的被称为核心资产的可重用组件包括:

- 需求分析;
- 领域模型和分析;
- 软件架构设计;
- 测试计划和测试用例;
- 工作计划、时间表、预算;
- 流程、方法、工具;
- 员工的学识、技能和经验;
- 用户指南和技术文档。

在构建核心资产时,需要记住,它们将被产品线中的多个产品使用。每个产品各有不同,考虑到这一点,在构建核心资产时应该加入**变化点**(variation points)。变化点提供了应对不同软件之间差异的方法,并允许团队为特定的产品定制其核心资产。

一旦编制了核心资产,重用它们只需要很少的工作量、时间和成本。因此,构建软件系统时应该要求团队重用合适的核心资产,并通过可变点对系统进行定制。

产品线工程的风险

尽管产品线工程可能会带来诸多好处,但是也要意识到存在的风险。转向这种方法需要为整个组织选用一种新的技术战略,并且需要充分的调整和管理方面的支持。

开发团队需要清楚有哪些核心资产可用,以及变化点是什么,以便能够正确地使用它们。同时,产品线的范围也要设置合理,不能太宽泛也不能太狭隘。

当组织决定在同一条产品线中创建所有产品,就需要软件架构师和开发团队的正确实施,以及适当的组织管理。如果组织决定将收购的软件产品加入到一个软件产品线中,那么合适的技术和管理资源是必需的。此外,也需要投入精力识别和利用这些产品中的公共组件。

没有准备好完全采用这种方法的组织可能会遭遇失败。

总结

在组织中担任架构师时,你应该了解各种类型的软件架构师角色。不同的角色在职责和义务方面既有相似之处,也有不同之处。如果你被要求使用选定的软件开发方法,那么熟悉它及其实践是很重要的。如果你可以自主选择软件开发方法,请确保对所有候选有足够的了解,以便根据项目的需求选择最合适的方法。

软件架构师利用他们的专业知识和经验,与项目管理者一起对各项任务进行评估、计划,并在整个生命周期内对项目进行控制和监管。

因为要与众多利益相关者和管理层进行沟通,职场关系是软件架构师不得不处理的问题。

组织希望软件架构师参与风险管理,识别出潜在的风险并提出可行的方法。软件架构师还要与软件配置管理团队协作构建开发环境,并为变更管理提供输入。

架构师还需要考虑引入软件产品线,以利用它提供的诸多好处,并通过重用架构组件更快更好地创建软件产品。

在下一章中,我们将研究软件需求以及它们对软件架构的影响。为了设计合适的解决方案,软件架构师应该了解所在业务领域和需求。此外,我们还将学习需求工程,包括如何从利益相关者那里提取和总结需求,以及架构的质量属性。

3

理解领域

从开发人员或其他角色转变为软件架构师需要大幅扩展自己的知识范围,其中最重要的就是对于领域的理解。想要高效地找到问题的解决方案需要对领域和软件需求有着深刻的理解。

本章将首先介绍领域的基础,包括通用的业务知识并理解组织所在的业务领域。然后介绍**领域驱动设计(domain-driven design,DDD)**这一重要的概念,以及怎样利用它帮助团队处理复杂的事情,并针对现实世界中的概念构建解决方案。本章还将介绍不同类型的软件需求,以及从关键的利益相关者那里抽取软件需求的技术。

本章将涵盖以下内容:

- 培养商业智慧;
- 领域驱动设计;
- 需求工程;
- 需求抽取。

培养商业智慧

虽然作为一名软件架构师需要渊博的技术知识,但仅凭技术知识无法获得成功,对组织业务的全面理解也是非常重要的。想要设计出合适的架构,你需要深入理解待解决的业务问题以及所在组织面临的商机。一个没有达到目标的软件即使技术层面做得再好也是无用的。

在设计软件架构时，必须同时考虑**业务**(business)、**用户**(user)和**软件系统**(software system)三者的目标(图 3-1)，以确保架构设计的正确性：

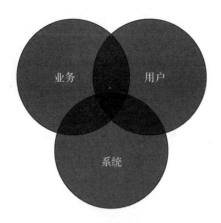

图 3-1 培养商业智慧

每个领域都有着各自的目标，这些目标可能会相互重叠或相互影响。例如，业务目标设定了一个紧急的发布时间，这意味着没有足够的时间进行有效的需求分析或质量保证测试，最终将会严重影响用户目标。当目标之间存在冲突时，就需要在架构设计时找到一个平衡点。

熟悉基本的业务主题

理解业务并熟练地掌握其术语将有助于你成为一名更好的架构师。虽然你可能只对技术感兴趣，但作为架构师，你会比其他角色(比如软件开发人员)更多地受益于业务知识。软件架构师需要与各种利益相关者沟通，理解相关的业务术语能够确保你与利益相关者形成基本的共识。

想要设计出一个满足业务目标的软件架构，正确地理解业务是必不可少的。对财务、运营、管理和市场营销等主题有基本的了解，将有助于你理解软件能够为组织带来什么样的价值。业务决策通常会基于软件项目的**投资回报率**(return on investment，ROI)和成本效益分析制定，掌握类似的概念将有助于架构师参与讨论。

获得这些知识的方法之一是通过正规的教育。如果不可行，还有很多其他方法，比如通过一些免费的在线课程获得对于业务主题的基本理解,或者可以阅读相关的书籍。

了解所在组织的业务

在掌握了基本的业务知识之后,就需要清晰地了解所在组织的业务。这是成为一名成功的软件架构师的关键,也是区分只有技术知识的合格架构师和顶级架构师的分水岭。

一个好的起点是了解所在组织的产品和服务,以及它们能为客户提供的价值。换言之,组织的盈利方式是怎样的?如果你是某个产品的软件架构师,那么就需要特别关注该产品。并且可以花点时间了解组织的各种业务流程。

你应该了解组织所处的市场及其发展趋势。明智的做法是熟悉所在组织的竞争对手。你应该找出以下问题的答案:

- 你的竞争对手有什么不同之处?
- 它们有什么相似之处?
- 你的竞争对手的优点和缺点是什么?

最重要的是,花时间了解组织的客户。你设计的软件产品是提供给客户的,对组织来说他们才是最重要的。他们的业务是什么?他们如何使用你的产品和服务?为什么他们会选择你的产品和服务而不是竞争对手的?

一旦你熟悉了所在组织的业务、它运作的市场、它的产品/服务,以及它的客户,那么你已经开始全面了解所在组织的领域了。

领域驱动设计

了解软件应用程序所处的领域,是为将要构建的解决方案设计合适的架构所必需的。领域决定着软件的主题和知识体系。

领域驱动设计(**domain-driven design, DDD**)这一术语是 Eric Evans 在《领域驱动设计:软件核心复杂性应对之道》(*Domain-Driven Design:Tackling Complexity in the Heart of Software*)一书中创造的。DDD 是一种软件开发方法,其目的是通过专注于领域使软件变得更好。它包含一组成功的可用于解决问题和构建软件的概念和模式。

DDD 对于具有复杂模型的大型软件应用程序特别有用,它可以帮助你解决很多复杂的问题。即使在为应用程序设计架构时没有选择 DDD,一些 DDD 相关的概念仍然会对你有所帮助。熟悉这些概念是有好处的,因为本书的其他章节可能会引用它们,而且你在工作中也很可能会遇到它们。

鼓励并改善沟通

DDD 的好处之一是它鼓励并且改善了沟通,包括所有团队成员之间的沟通。此外,DDD 特别强调与领域专家沟通的重要性。

领域专家(domain expert)或**主题专家**(subject matter expert,SME)是在特定领域拥有专业知识的权威人员。理解软件应用程序的领域是非常有益的,而领域专家可以帮助整个团队获得这种理解。

除了鼓励与领域专家的沟通之外,DDD 还引入了通用语言的概念,以改进团队成员和利益相关者之间的交流。

什么是通用语言?

开发团队可能对领域没有很好地理解,并且可能不熟悉利益相关者(包括领域专家)所使用的术语和概念。在讨论功能和技术设计时,不同的人可能使用不同的术语。利益相关者(包括领域专家)在讨论自己的领域时,会使用他们自己的术语,并且可能对于技术术语不太理解。因为不同的人可能会使用不同的术语来描述特定领域的相同概念,这将导致花费更长的时间用于交流,甚至可能造成误解。

在《领域驱动设计:软件核心复杂性应对之道》一书中,Eric Evans 对这个问题进行了描述:

"日常讨论用语和代码(软件项目中最重要的产品)中的术语是不同的。即使是同一个人在口语和写作中也会使用不同的语言。所以,领域中最深刻的表达往往在口语中短暂地出现,而在代码甚至文档中均无法表达出来。

翻译会使交流变得生硬,使知识积累变得缓慢。

然而,这些方言没有一种可以成为通用语言,因为没有一种能够满足所有的需求。"

团队中可能有一些成员熟悉领域术语,并可以充当其他成员的*翻译*,但是他们很可能成为沟通的瓶颈。

为了减少这种类型的风险,Eric Evans 创造了**通用语言(ubiquitous language)**的概念。它是一种基于领域模型的、所有团队成员和利益相关者之间都可以使用的共同语言(图 3 - 2)。

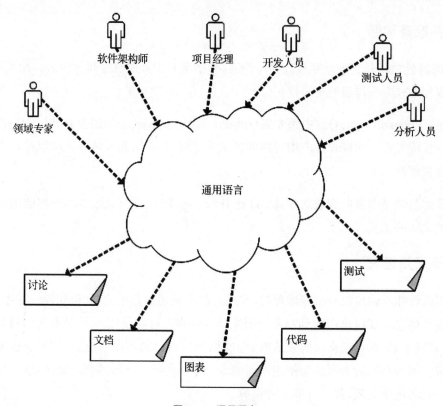

图 3 - 2　通用语言

开发一种通用语言需要时间,并且会随着团队对领域理解的变化而演化。领域专家应该利用他们对领域的理解找出不能正确表达含义的术语。此外,每个人都应该尽力发现语言中的不一致和含糊之处,以进一步改进通用语言。

尽管这需要花费一定的精力,但一旦你拥有了一种通用语言,它将简化沟通,并使参与项目的每个人都可以更好地交流。由于每个人都同意并能够理解相关术语,翻译也不再被需要。重要的是必须在整个项目中一致地使用通用语言,包括在**讨论(discussions)**期间和所有的项目工件中,比如**文档(documentation)**、**图表(diagrams)**、**代码(code)**和**测试(tests)**。

实体、值对象和聚合

DDD 的基本模块包括实体、值对象和聚合。对它们建模时也应该使用通用语言。

实体

实体是由其标识而非属性定义的对象。它们是可变的,因为可以在不改变其标识的情况下更改属性值。如果两个对象的属性值相同,但是唯一标识不同,则不可以认为它们相等。

例如,有两个人(*Person*)对象,它们的姓氏和名字属性都具有相同的值,但是它们仍然代表两个不同的对象,因为它们具有不同的标识。这也意味着即使更改一个人(*Person*)对象的属性(比如姓氏)的值,它仍然可以代表同一个人。

值对象

与实体不同,值对象是描述某些特征或属性的、没有标识的对象。它们是由属性的值定义的,是不可变的。如果两个对象的属性被赋予了相同的值,则可以认为它们相等。

例如,使用笛卡尔坐标表示图形上的点的两个对象具有相同的 x 值和 y 值,则可以认为它们相等,并将其建模为同一个值对象。

聚合和根实体

聚合是实体和值对象的分组,它们将被视为一个整体。在分组时会定义一个边界。如果没有聚合,复杂的领域模型将变得难以管理,因为实体及其依赖关系的数目会越来越大。检索和保存一个实体及其所有依赖对象会变得非常困难并且容易出错。

聚合的一个例子是订单对象,它包含一个地址对象和一组订单项目对象。即使地址对象和订单项目对象都是独立的对象,但在数据检索和变更时,它们将被视为一个整体。

将领域划分为多个子域

DDD 的一种实践是将领域模型划分为多个子域。领域是软件解决方案所针对的整个问题空间,而子域是其中的一个分区。这种方法对于大型领域特别有用,因为不可能直接构建一个庞大而笨重的领域模型。

每次只专注一个子域可以降低复杂性,使整个工作更容易理解。不要试图一次性解决太多问题,将领域划分为子域是一种分而治之的方法。

例如,学生信息系统可以划分为联系人管理、招生、经济援助、学生账户和学术等多个子域。

会有一或多个子域被指定为**核心域(core domain)**,核心域通常是对组织至关重要的一部分领域。如果领域中的一部分能将组织与竞争对手区分开来,那么它很可能是核心域之一。核心域是使得软件值得编写的原因,而不是购买市场中现成的软件或将其外包。

项目中的领域专家可以帮助确定核心域,并将领域划分为多个子域。

什么是有界上下文?

领域模型是基于领域的概念模型,包含行为和数据,代表了实现业务目标的整体解决方案的一部分。**有界上下文(Bounded contexts)**是 DDD 中的一种模式,表示领域模型中的分区。与子域(领域的分区)类似,有界上下文是*领域模型*的分区。与子域的作用类似,创建分区和边界也可以降低整体的复杂性。

一个有界上下文可以映射到一个单独的子域,但情况并非总是如此。一个子域的领域模型可能需要多个有界上下文来生成该子域的整体解决方案。

例如,如果我们为在线销售服装的企业创建一个软件系统,我们要允许客户注册时事通讯以获取交易和折扣信息。此外,应用程序还需要为客户提供下订单及支付的功能。

在这两部分功能中,有些概念是共享的,有些则不是。如果不同的开发团队,或者单个团队中不同的开发人员分别处理这两部分功能,那么很可能意识不到重叠的部分。即使存在重叠的部分,这两部分功能之间应该共享什么或者不应该共享什么?这正是有界上下文适用的情况。领域模型适用于特定的上下文,因此我们可以通过定义各种上下文来消除一些存在的歧义。

在本例中,我们可以为市场营销创建一个有界上下文(**市场营销上下文,Marketing Context**),为订单处理创建一个有界上下文(**订单处理上下文,Order Processing Context**)。每个有界上下文可能具有独特的实体。例如,**订单处理上下文(Order Processing Context)**有订单项目的概念,但是**联系人管理上下文(Contact Management Context)**则没有。然而,两个有界上下文都有**客户(Customer)**的概念。**客户(Customer)**在两个有界上下文中指的是同一个概念吗？我们可以先将它们分开，再回答这个问题（图 3 - 3）。

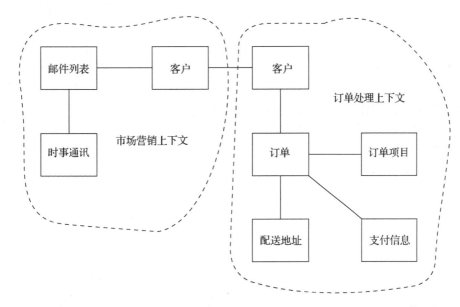

图 3 - 3   市场营销上下文和订单处理上下文

在市场营销上下文中，**客户（Customer）**实体拥有的全部信息是标识（唯一标识符）、名字、姓氏和电子邮件地址。但是，在订单处理上下文中，**客户（Customer）**实体需要额外的信息，比如配送地址和支付信息。

你可以创建一个**客户（Customer）**实体，但将其用于不同的上下文，这样可能会增加复杂性，也可能导致不一致。例如，支付信息验证仅适用于**订单处理上下文（Order Processing Context）**，而不适用于**市场营销上下文（Marketing Context）**。但是，**订单处理上下文（Order Processing Context）**中**客户（Customer）**所需的行为，不可以阻止在**市场营销上下文（Marketing Context）**中创建**客户（Customer）**，而其中只需要名字、姓氏和电子邮件地址。

我们将在本书后面的章节中讨论**单一职责原则（single responsibility principle，SRP）**，其基本思想是每个类应该只负责功能的单个方面。**客户（Customer）**实体现在还很小，但是它是可以快速增长的。如果它被用于多个上下文中，并试图完成太多不同的职责，那么就将破坏 SRP。

每个模型的上下文都应该被清楚地定义，并且在不同的有界上下文之间有明确的边界。创建它们是为了让所有团队成员,或者团队之间,能对每个上下文的内容有着相同的理解。虽然使用的示例很简单,但大型领域模型通常拥有很多实体和上下文,而且很难立即弄清楚在不同上下文之间哪些是独有的、哪些是共享的,以及应该如何交互。

DDD 和有界上下文的概念可以很好地用于微服务,我们将在本书后面的章节中进行介绍。现在,我们已经理解了 DDD 的概念,接下来让我们详细讨论一下需求。我们需要与领域专家和其他利益相关者协同合作,在进行设计之前理解需求。

需求工程

为了对领域建模并设计出合适的架构,需要获取正在构建的软件的需求。**需求工程(Requirements engineering)**包括确定利益相关者所需要的功能,以及开发和维护时必须遵循的相关约束条件。具体的,它包括抽取、分析、记录、验证和维护软件系统需求时涉及的所有任务。作为一名软件架构师,你将参与这些任务,因此熟悉它们是很有帮助的。

软件需求的类型

软件需求分为很多种,而软件架构师应该对各种类型都有足够的了解。软件需求的主要类型包括:

- 业务需求;
- 功能性需求;
- 非功能性需求;
- 约束。

接下来让我们详细了解每种类型。

业务需求

业务需求(Business requirements)代表了构建软件的组织的高级业务目标。这种类型的需求定义了软件将要解决的业务问题或将要处理的业务机会。

业务需求可能还包括来自市场的需求。组织需要确保自己的产品没有遗漏竞争对手提供的功能。此外,还希望提供竞争对手没有的功能,或者是对相同的功能进行改进(例如更短的响应时间),从而将自己与竞争对手区分开来。因此,业务需求往往影响着软件系统的质量属性。

功能性需求

功能性需求(Functional requirements)描述了软件的功能。换言之,软件系统必须做什么。功能性需求从行为的角度详细说明了软件系统应该具备的能力。其所描述的功能和能力可用于帮助利益相关者执行他们的任务。

功能性需求包括软件与其环境的交互。通常由输入、输出、服务和包含在软件中的外部接口组成。

需要注意的是,需求有着各种各样的来源,例如:

- **组织需求**(Organizational requirements):基于组织政策和流程的需求;
- **法律需求**(Legislative requirements):非功能性需求,详细说明了软件必须遵循的所有法律和法规;
- **道德需求**(Ethical requirements):软件道德层面的所有需求,比如隐私或安全方面的考虑;
- **交付需求**(Delivery requirements):与软件的交付和部署相关的需求;
- **标准需求**(Standards requirements):软件开发或运行时必须遵循的标准的需求;
- **外部需求**(External requirements):来自外部的需求,例如外部系统必须与正在设计的软件系统进行集成的需求。

非功能性需求

非功能性需求(Non-functional requirements)是为了使解决方案有效而必须满足的条件,或者是必须考虑的约束。业务分析人员和利益相关者通常在捕获功能性需求方面做得很好,但并不那么注重非功能性需求。然而,非功能性需求是需求工程的重要组成部分。项目的成功与否很大程度上取决于非功能性需求以及它们是否得到满足。

在设计架构时,软件架构师必须确保非功能性需求能够得到满足,非功能性需求会对架构设计产生重大影响。因此,它们对软件架构师非常重要。软件架构师需要积极地从利益相关者那里抽取非功能性需求并确保它们得到满足。

质量属性是非功能性需求的一个重要子集,包括各种*属性*(*ilities*),比如可维护性、易用性、可测试性和互用性。我们将在下一章深入探讨这些不同的质量属性。

约束

约束(**Constraints**)是对解决方案的某种类型的限制,可能是技术性的,也可能是非技术性的。项目中的一些约束可能已经被捕获并被划分为功能性或非功能性需求,也有可能被显式地分类为约束。但无论如何,已经被界定为约束的条件必须得到满足。通常,约束是不可更改的,即使软件架构师也无权控制。但是,如果你有充足的理由认为某个约束应该被更改或删除,那么在某些情况下,你可以提出自己的意见。

约束会涉及软件项目的很多方面。以下是一些典型的约束:

- 组织可能已经与特定的供应商签订了协议,或者已经购买了某种技术或工具,所以项目必须使用它们;
- 可能有一些软件必须遵守的法律法规;
- 里程碑或软件的最终交付可能有一个不可更改的截止日期;
- 管理者分配给项目一定数量的资源,或者项目必须使用某种外包资源;
- 如果开发团队已经存在,并且精通某种编程语言,那么组织很可能会选择使用这种编程语言。

与其他类型的需求一样,在设计任何解决方案时都应该考虑约束。

需求工程的重要性

需求分析的重要性怎么强调都不为过。正确的需求分析对于项目的成功与否至关重要,因为它会影响所有的后续阶段。如果需求分析没有正确地完成,很可能会在后期时需要额外的工作,这将导致时间和成本的超支。

在软件的生命周期中,遇到此类问题的时间越晚,需要花费的成本就越高,纠正这些错误所需的时间也就越长。当需求问题是在生命周期的后期发现时,在某些阶段(如设计和开发阶段)已经产生的可交付成果可能需要重构。在《代码大全,第 2 版》(*Code Complete*,*2nd Edition*)中,Steve McConnell 解释道:*原则是尽可能在引入错误之时就将其找到。因为缺陷在软件食物链中停留的时间越长,造成的损害就越严重。*

正确的需求分析的好处包括：

- 减少返工；
- 减少不必要的功能；
- 降低优化的成本；
- 开发的速度更快；
- 开发的成本更低；
- 更好的沟通；
- 系统测试评估更准确；
- 用户满意度更高。

管理者必须理解需求工程的重要性以及它能带来的好处。如果他们对此并不熟悉，作为架构师就必须尝试与他们进行沟通，以便需求工程得到足够的重视并被合理地规划。

软件需求必须可度量可测试

在定义软件需求时，应当保证需求的完整性（所有的需求都被定义）以及一致性（需求是清晰的，并且彼此不矛盾）。每个需求都应该是明确的、可度量的、可测试的。这意味着，在编写需求时就应该考虑如何对其进行测试。需求需要足够具体，以便能够被验证。

负责定义需求的业务分析人员和其他利益相关者必须在编写需求时确保其可度量可测试。作为一名软件架构师，如果你看到了不满足这些条件的需求，就应该立即指出，以便对它们进行修改。

如果一个需求是可度量的，它应该提供特定的值或限制。如果一个需求是可测试的，那么必须存在一种实用的、经济的方法来确定该需求是否得到满足。此外，必须可以编写测试用例来验证需求是否已经得到满足。

例如，考虑这样一个需求：*网页必须及时加载*。这个需求究竟表示什么意思？利益相关者可能与开发团队对于如何满足该需求有着不同的理解。所以，在编写需求时应该加入某些具体的限制，比如将上述需求更改为：*网页必须在两秒内完成加载*。

尽可能与利益相关者达成共同的理解和期望，以便在交付最终产品时没有意外。

软件需求对架构的影响

作为一名软件架构师,想要设计出满足需求的架构,完整的、已验证的需求至关重要。需求,特别是质量属性,极大程度上影响着架构设计。

然而,不同的需求对架构的影响程度是不同的。有些可能对架构没有任何影响,而有些则起着决定性的作用。你必须能够识别出可能影响架构决策的关键需求。

很多时候,影响软件架构设计的需求是质量属性,因此需要对它们格外注意。另外需要注意,在定义需求时遗漏质量属性是很常见的情况。利益相关者可能只在乎功能性需求而忽略了质量属性,或者即使他们定义了某些质量属性,也是以一种不可度量、不可测试的方式定义的。

软件架构师需要付出额外的精力来理解对于利益相关者来说很重要的质量属性,以及使得它们可测试的值,进而更好地定义并记录这些质量属性。在下一节中,我们将学习如何从利益相关者那里抽取需求(包括质量属性)。

需求抽取

或许你听说过*已知的已知*(known knowns)、*已知的未知*(known unknowns)和*未知的未知*(unknown unknowns)。它们被用来描述那些我们已经了解的、那些我们意识到但并不了解的和那些我们完全不知道所以没有考虑到的事物。

理想情况下,开发团队对软件项目的需求和业务领域已经有了深入的了解。然而情况并非如此,在项目开始时,开发团队并没有这样的了解。即使是最了解需求的人,比如一些利益相关者,也可能在一开始不知道自己想从软件中得到什么。

因此,你很可能同时面对已知和未知的需求。作为需求工程的一部分,你需要尽可能多地获取关于所构建的软件系统的需求的知识。在设计软件时尽量消除*未知的未知*,并尽可能考虑到所有的需求。

需求工程的第一步是从利益相关者那里抽取需求,这被称为**需求收集**(requirements gathering)或**需求抽取**(requirements elicitation)。需求收集似乎意味着简单地收集容易发现的需求,但其实它涉及的远不止这些。通常,从利益相关者那里*抽取*需求是必要的,因为并非所有的需求都是利益相关者已经考虑好的。需求抽取是一个积极主动的过程,而不是一个被动的过程。

正如 Andrew Hunt 和 David Thomas 在《程序员修炼之道》(*The Pragmatic Programmer*)一书中指出的那样:

"需求很少浮于表面。通常,它们被深埋在各种假设、误解和政治之中。"

需求抽取技术

从利益相关者那里获取信息需要投入相当的精力,但是有一些经过验证的技术可以帮助你获取它们。每种技术各有优缺点,所以需要根据你的情况选择最有效的方法。不要忘记,你还可以结合使用多种技术,这种方式往往会产生最好的效果。

访谈

抽取需求的一种方法是与利益相关者进行**访谈(interviews)**。访谈可以正式进行,也可以非正式进行。每个访谈环节可以有一人参加或一个小组参加。但一定要保证参加人数不要过多,否则你可能无法从每个利益相关者那里获取最大量的信息。

在访谈时,可以由一人或多人进行提问,并应该指定至少一人进行记录。可以采用开放式的问题激发讨论并从中获取信息,也可以采用封闭式的问题验证某些事实。

与所有需求抽取技术一样,访谈的成功与否取决于受访者的学识以及他们的参与意愿。最好采访不同类型的利益相关者,以确保获得不同的观点。在整理访谈结果时,需要考虑到他们的知识和经验。注意,访谈并不总是达成共识的好方法,因为并非所有的利益相关者都在场,但访谈确实可以有效地获取信息。

需求研讨会

需求研讨会(Requirements workshops)是最常见、最有效的需求抽取方法之一。可以用于收集需求并确定优先级。邀请一组利益相关者参加会议,在会上收集他们的反馈。进行此类讨论的目的是对软件应该如何工作以及需要做什么形成更高层次的清晰的理解。

每个需求研讨会都需要设置一个清晰的议程。每次讨论的范围各不相同,但你可能更希望针对某个业务流程或者软件的特定部分进行讨论。应该指定一个能主持会议的协调者,并由专人负责记录。

需求研讨会的持续时间可能不同,取决于讨论的范围,短则一个小时,长则几天。研讨会的时长设置应当与讨论的范围相匹配。

你可以从需求研讨会中获取相当多的信息。但是要确保参与人数适当。如果有太多的人,可能会拖慢会议的进程,一些人可能没有机会分享他们的想法。与之相反的是,如果没有足够的人参与,那么你可能无法收集到足够的信息。

让所有利益相关者同一时间集中到同一地点是很困难的。如果你无法这样安排,可以考虑就同一个主题举办多次研讨会。

头脑风暴

头脑风暴会议(Brainstorming sessions)是从团队中自发地获取想法并进行记录的过程。这是一种有趣且颇有成效的获取系统需求的方法。在举办会议时一定要确保邀请了利益相关者。如果有很多利益相关者,可以考虑举办多次会议,并将每次会议的出席人数控制在5~10人之间。

在邀请利益相关者时,确保邀请了不同类型的利益相关者。因为他们通常会有不同的观点,并且可能提供其他人没有考虑到的想法。

头脑风暴会议应该有明确的目标,每个会议的目标不应该太宽泛。你可以通过一次头脑风暴会议,获得软件系统中特定功能的需求。

尽量保证会议的环境轻松、舒适,从而让与会者更加自如地分享他们的想法。应该指定一个协调者,协调者需要鼓励与会者参与讨论,特别在会议开始时,一些参与者可能羞于说出自己的想法。作为软件架构师,你可以提出第一个想法,以此抛砖引玉,鼓励团队产生更多的想法。

不应该对任何想法进行批判,这会降低其他人的参与意愿。虽然不存在错误的想法,但有时一些想法可能与会议主题无关。如果讨论偏离了主题,协调者应该限制讨论并将其引导到正确的方向。

无论是协调者还是其他人都应该做笔记,最好是在一块白板上,这样每个人都可以看到之前提出的想法。对于远程会议,可以通过共享屏幕来可视化之前的想法。

会议应该有一个时间限制,以便每个人都知道会议何时结束。如果一切顺利并且没有更多的想法产生,会议可以提前结束。

观察

观察(Observation)是在利益相关者所处的工作环境中,观察他们执行与软件项目相关的任务的一种技术。当需要理解当前进程时,它特别有用。观察者可能会注意到其他需求抽取技术没有捕获的需求。利益相关者可能会忘记某些需求,甚至可能不知道他们正在做的事情是一个需要被记录下来的需求。通过观察实际执行工作的过程,你有时可以收集到非常重要的信息。

观察可以以被动的方式进行,也可以以主动的方式进行,这取决于被观察者的意愿和开展的效率。如果是被动的方式,观察者就不应该打扰利益相关者的正常工作,做到不问或少问问题。如果是主动的方式,那么观察者可以与利益相关者进行对话,并在他们工作时提出问题。

这种技术也有缺点,观察一个人的日常工作是很费时的,并且很可能会打扰被观察者的工作。所以你只能在有限的时间内进行观察。

即使花费了大量的时间进行观察,你也无法看到所有可能的场景,而那些不经常发生的场景对于软件的需求是很重要的。

你不应该仅仅使用这一种技术,但是可以将其作为其他技术的补充,因为它可以发现很多其他需求抽取技术无法捕获的重要需求。

焦点小组

可以组织**焦点小组(Focus groups)**来抽取需求。这种方法比头脑风暴更加正式,需要邀请一组参与者提供反馈。这种技术通常用于有外部用户的大型公共应用程序。在这种情况下,被邀请的参与者通常是用户或者组织外部的专家。

通常由主持人组织会议。被选中的主持人应该擅长管理焦点小组,因此需要雇佣专人担任该角色。主持人提出问题,鼓励所有参与者参与讨论。主持人应该在会议期间保持中立。

焦点小组提出的问题通常是开放式的,可以很好地促进讨论。回答通常是口头的,而非书面的。在这种环境下,我们可以观察到非语言交流和群体互动等情况。焦点小组的参与者也可以从其他人的回答中获得灵感。这种方法比单独进行访谈要快。

尽管有很多优点,但这种技术也有一些缺点。焦点小组有从众心理的风险,有可能个人听到了群体中其他人的反馈而改变了自己的想法。有些人会犹豫是否要在小组中分享他们的想法。此外,聘用专业的主持人也需要一定的资金支持。

调查问卷

可以创建**调查问卷(Surveys)**并将它们发给利益相关者以获取信息。调查应该有明确的目的。与其创建一个涵盖许多主题的大型问卷,不如创建多个小型问卷,每个问卷只覆盖业务流程或软件应用程序的一部分,这样可能更有效。因为有些人不喜欢填写冗长的调查问卷。

调查问卷中的每个问题都应该是经过深思熟虑的,清晰而简洁。虽然问卷可以有开放式的问题,但通常都是封闭式的。这使得参与者更容易填写,更重要的是,有利于对答案进行分析。如果你想在问卷中加入开放式的问题,请记住,这将需要花费更多的精力分析其答案。

文档分析

文档分析(Document analysis)是利用现有的文档来获取有关项目的信息和需求。文档可能涵盖相关的业务流程或现有的软件系统。如果有一个正在使用的现有的系统,它可以作为新系统需求抽取的起点。文档的类型可以是技术文档、用户手册、合同、工作说明、电子邮件、培训材料以及任何可能有用的东西。

文档甚至可以是**商业现货(commercial off-the-shelf,COTS)**的软件包手册。可能存在一些现有的软件能够提供部分或全部你需要实现的功能,通过分析该软件的文档,就可以获得你的软件系统的需求。

在利益相关者无法参与其他需求抽取技术时,文档分析是特别有用的。

原型

原型(Prototyping)是一种需求抽取技术,它为利益相关者构建在某种程度上可以使用或者至少可以看到的原型。对于注重视觉的人来说,拥有一个原型可以激发他们关于需求的思考。

原型的缺点是需要花费时间来构建。然而,使用一些现代技术可以很快地构建原型。也可以选择简单地创建软件的可视图,而不是一个可以使用的原型。对于 Web 应用程序,可以创建线框图作为页面的可视化表示,让用户可以看到 Web 页面的布局和结构。

原型所需要演示的范围可以依需而定。它可以演示整个应用程序,也可以只专注于某个特定的功能。原型可以与其他需求抽取技术相结合,这样既可以验证需求又可以发现一些尚未被讨论的内容。

原型也可以在一个不同的层次使用,比如直接产出软件的可运行版本。在软件的方向和目的还没有被完全确定的情况下,也许因为利益相关者不知道从哪里开始,或者他们想法过多但彼此之间不能达成一致,这时可以开发一个初始原型。如果你使用的是敏捷开发方法,那么可以进行一些初始迭代,每个迭代都会产出一个可以与利益相关者共享的软件的可运行版本。

一旦有具体的东西可以看和使用,就可能激发利益相关者新的想法和需求。每个人都可以看到什么是有效的,同样重要的是,也可以看到什么是无效的。如果使用得当,随着重构和后续迭代的进行,软件将逐步成型,需求也将变得更加明显。

逆向工程

逆向工程(Reverse engineering)是一种分析现有代码以确定需求的方法。类似于文档分析技术,它假设存在能够分析的工件。然而在设计一个新的软件系统时,情况并非总是如此。同时,它还需要访问代码的权限,以及具有技术技能的人来分析代码并从中提取需求。

这是一种极度耗时的技术,但它可以作为其他技术都不可行时的最后手段。例如,如果你找不到利益相关者,或者你找到的利益相关者并不了解情况,那么很多其他技术都是不可行的。如果还缺少文档,那么也无法进行文档分析。

这种方法并不仅仅是在其他技术都不可行时的最终方案。如果使用得当,它也会是一种强大的需求抽取技术。例如,当利益相关者的视角受限,可能无法考虑到软件需要做到的所有事。如果存在一个现有的系统,查看其代码是确定需要发生什么的一种好方法。

接触合适的利益相关者

即使掌握了所有的需求抽取技术,从合适的利益相关者那里抽取需求仍然十分困难。你可能会发现自己无法接触到某些利益相关者。或者由于各种各样的原因,某些利益相关者不能提供帮助,或者根本不想参与项目。

由于需求分析的重要性,你必须努力接触这些利益相关者。这可能需要与管理者沟通以获得可用的联系渠道。如果你们为同一个组织工作,这可能不成问题,但是许多利益相关者都是组织外部的。项目的成功可能依赖于此,因此你需要将此情况上报给组织的管理者,或者利益相关者的组织的管理者。

总　结

作为一名出色的软件架构师,你应该理解自己所构建的软件的领域。对基本的业务主题和组织业务具备深刻的理解是成为问题领域专家的基础,才能为该问题领域设计解决方案。

DDD 是一种经过验证的领域建模方法。创建一门通用语言可以简化并促进软件项目中成员之间的交流。此外,与领域专家一起工作,也有助于对该领域的学习和理解。

还有一些其他的实践可以降低复杂性,并帮助你和你的团队掌握复杂的领域,比如将领域划分为多个子域,或者在领域模型中创建有界上下文。

成功构建软件的关键之一是正确的需求工程,包括如何从利益相关者那里高效地抽取需求。了解软件的需求对于设计合适的解决方案至关重要。

在下一章中,我们将进一步探讨软件需求中一个重要的类型:质量属性。构建高质量的软件需要软件架构师对质量属性的细节有着深入的理解,尤其是那些对利益相关者来说非常重要的质量属性。

4

软件质量属性

质量属性对于软件架构师来说是极其重要的，因为它们会影响架构决策。在本章中，我们将首先解释什么是质量属性，以及为什么需要在整个软件开发生命周期中考虑质量属性。其中有些质量属性很难被测试，所以我们还将探讨如何去测试它们。接下来，我们将详细讨论一些常见的软件质量属性，比如可维护性（maintainability）、易用性（usability）、可用性（availability）、可移植性（portability）、互用性（interoperability）和可测试性（testability）。在阅读本章之后，你会了解一个软件系统需要考虑哪些因素来满足这些质量属性。

本章将涵盖以下内容：

- 质量属性；
- 可维护性；
- 易用性；
- 可用性；
- 可移植性；
- 互用性；
- 可测试性。

质量属性

质量属性（Quality attributes）是一个软件系统的属性，同时也是一个软件系统的非功能性需求的子集。与其他需求一样,它们应该是可测量和可测试的。软件质量属性是描述软件系统质量和度量系统适用性的基准。一个软件系统由质量属性的组合构成,它们被满足的程度反映了软件的整体质量。

质量属性能够对架构设计产生重大影响,因此软件架构师对它们有着浓厚的兴趣。质量属性可以影响软件系统的多个方面,比如它的设计、可维护性的程度、运行时的行为以及总体用户体验。

在设计架构时,必须知道软件质量属性是可以互相影响的,一个属性的满足程度可以影响其他属性的满足程度。识别质量属性之间的潜在冲突是非常重要的。例如,实现超快性能的需求可能与实现极端可伸缩性的能力互相冲突,具备高级别的安全性可能会降低易用性。

我们需要对这种权衡进行分析,在其中寻求一种平衡才能构建一个可接受的解决方案。每一个质量属性的优先级也是整体设计中的一个因素。

外部或内部

质量属性有内部的,也有外部的。内部质量属性可以由软件系统本身度量,并且对开发团队可见。因此它们在开发期间和开发之后都是可度量的。内部质量属性是软件系统的一个切面,比如**代码行数**(lines of code, LOC)、内聚级别、代码的可读性,以及模块之间的耦合程度。

这些属性反映了软件系统的复杂性。虽然内部质量属性对用户不是直接可见的,但它们也会影响系统的外部质量属性。更高水平的内部质量通常会带来更高水平的外部质量。

外部质量属性是外部可见的特性。因此,它们能够被终端用户观察到。这些质量属性是根据软件系统与其环境的关系来度量的。与内部质量属性不同的是,外部质量属性必须要在部署软件的可运行版本之后才能进行测试。外部质量属性的例子包括系统的性能、可靠性、可用性和易用性。

质量属性和 SDLC

在整个**软件开发生命周期**(Software Development Life Cycle,SDLC)中,质量属性都是应该

被考量的因素。在需求工程阶段就要开始考虑质量属性,确保它们被完整和正确地捕获。在前一章中,我们讨论了需求可测量和可测试的重要性。在质量属性方面,这一点应该被进一步强调,因为有一些质量属性可能是非常难以衡量的。质量属性必须是可测量和可测试的,这样才能确定软件系统是否能够满足利益相关者的需求。

软件架构的设计必须确保能够满足质量目标。在测试期间必须验证质量属性,以确保软件系统满足需求。

测试质量属性

那我们应该使用什么样的测试技术来验证质量属性呢?除了最简单的软件应用程序之外,测试软件质量属性以及受其影响的所有可能场景都是非常具有挑战性的。为了测试不同的属性,必须使用各种各样的测试技术。比如下面这些你可能会用到的测试技术:

- 手动测试软件的可用性;
- 为性能测试建立基准并使用工具进行测试;
- 执行代码审查和计算代码度量以测试其可维护性;
- 执行自动化单元测试以确保系统按预期运行。

每种测试技术都有其优缺点。有一些软件质量属性是非常难以评估的,所以有时可能需要结合多种测试技术才能有效地测试一个质量属性。如果资源是无限的,那我们可能会做非常详尽的测试,但是项目通常会受到成本和时间的限制。因此,有时需要在测试量和可用时间之间取得平衡。

尽可能多地将测试自动化是能够在短时间内完成测试同时又能将测试覆盖率最大化的关键。自动化测试可以按需执行,也可以作为持续交付过程的一部分(例如作为自动化构建的一部分)。在开发团队持续对代码进行更改的过程中,也能够确保它们仍然满足质量属性目标。

现在我们对质量属性有了更多的了解,接下来让我们来详细讨论一些常见的属性(性能和安全性将在第 10 章*"性能注意事项"*和第 11 章*"安全性注意事项"*中讨论)。

可维护性

可维护性(Maintainability)关注软件系统维护的便利性。软件系统的维护就是当软件生效后再对其进行更改。为了在时间推移中保持软件的价值,维护是不可或缺的。

在现实世界中变化是永恒的。有时变化是可预期的,也可以被计划,有时则不是。无论哪种方式,软件系统的变更都是不可避免的。在认识到变更是不可避免的之后,构建可维护的系统就变得十分重要。

几十年前,软件项目的大部分成本都花费在软件开发阶段。然而这些年来,成本比率已经从开发转向了维护。如今,系统生命周期内的大部分成本通常是用于维护。采取一切手段来降低这些成本,能让软件整个生命周期内的开销大不相同。

易于维护的代码可以让维护工作更快完成,从而有助于降低维护成本。当开发人员编写代码时,他们不仅要考虑软件的最终用户,还要考虑那些将来要维护它的人。

即使是由最初的开发人员在后期负责维护自己的代码,也要考虑到这个开发人员可能会离开组织。此外,开发人员可能需要在一段时间后重新使用自己的代码,却已经忘记了代码的复杂之处。在某些情况下,开发人员甚至忘记了这些代码最初是他们自己开发的! 可维护代码对任何需要维护代码的人都有利,包括最初的开发人员。

可维护性还会影响软件系统进行逆向工程的难易程度。有时可能需要对软件系统进行逆向工程,以便将其迁移到更新的技术上。一个具有高可修改性的架构将更容易被理解和推理,从而更容易进行逆向工程。

软件维护的类型

实施软件维护的原因多种多样,比如纠正缺陷、设法提高质量或者满足新的需求。据此,软件维护工作可分为以下几种类型:

- 改正性维护;
- 完善性维护;
- 适应性维护;
- 预防性维护。

改正性维护

改正性维护(Corrective maintenance)是指分析和修复软件缺陷的工作。虽然它不是维护工作唯一的类型,但它是人们在维护工作中接触最多的类型。缺陷可能在内部发现,也可能在产品中被用户发现。缺陷的严重性和优先级取决于漏洞的性质。

严重性表示缺陷对软件操作的影响程度。组织对严重性有不同的分类系统,*危险(critical)*、*高(high)*、*中(medium)*和*低(low)*这种分类方式是最常见的。

缺陷的优先级将决定它被修复的次序。通常,优先级越高,修复得越快。和严重性一样,组织对优先级也有着不同的分类系统。其中最常见的一种是*高(high)*、*中(medium)*、*低(low)*,另一种常见的是P0、P1、P2、P3、P4,其中P0的优先级最高。P0缺陷是最危险的并被认为是*阻碍(blockers)*。软件只有将所有P0缺陷都修复了才有可能发布。

可维护性可以通过分析和修复特定缺陷所花费的时间来度量。更高的可维护性可以让这些修复任务在更短的时间内完成。

完善性维护

当软件需要实现新需求或变更旧需求时,就需要进行**完善性维护**(Perfective maintenance)。这些变更主要集中在软件的功能上。比如对软件系统的改进就属于完善性维护。

具有较高可维护性的软件可以使得完善性维护更轻松,因此总维护成本也会更低。

适应性维护

适应性维护(Adaptive maintenance)是让软件系统适应软件环境变化所需的工作。例如,让软件系统适配新的**操作系统**(operating system, OS)或同一个操作系统的新版本,或者使用新的**数据库管理系统**(databasemanagement, DBMS)。

软件系统适配软件环境变化所花费的时间是软件可维护性的度量标准之一。

预防性维护

预防性维护(preventive maintenance)的目标是通过质量的提升来预防未来可能出现的问题。这包括改进软件系统的质量属性,例如提升可维护性和可靠性。

进行预防性维护可以使将来的维护更容易。这方面的一个典型例子是重构软件组件来降低系统的复杂性。

可修改性

可修改性（Modifiability）是可维护性的一个方面。可修改性是指在不引入缺陷或降低质量的前提下对软件进行更改的难易程度。很多原因都可能导致软件的更改，因此可修改性是一个比较重要的质量属性。

有些软件在运行中可以使用几年甚至几十年。代码不可避免地会因为前面提到的各种类型的维护而需要修改。从变更被确定到变更被部署完成所需的时间是衡量系统可修改性的标志。

在当今世界，敏捷软件开发方法是最常见的方法。而这类软件项目都会拥抱改变。不仅是开发新功能时，项目的每一次迭代都可能涉及对现有代码的改动。提升可修改性不仅对维护过程有利，对软件的整个开发过程也是有益处的。

可扩展性和灵活性

可扩展性（Extensibility）和**灵活性（Flexibility）**是与可维护性相关的附加特性。可扩展性的好坏反映了扩展或增强软件系统功能的难易程度。被设计为可扩展的软件系统通过对后续功能的预测来兼容软件未来的成长性。

灵活性与此类似，但主要关注更改软件自身功能的难易程度，这样可以使得软件的使用方式与最初的设计不同。可扩展性和灵活性都是用于衡量实施完善性维护难易程度的指标。

修改范围

对软件的修改不尽相同，而修改的范围是影响变更实施难易程度的重要因素。修改越大、越复杂，完成它所需的工作量就越大。

除了规模之外，如果涉及架构级别的变更，也会增加相关工作的级别和体量。对于大型的变更，甚至可能需要对某些组件及其交互进行大规模的重构。

可维护性的设计

为了设计一个具有可维护性的软件架构,必须降低实施变更的难度。而要让变更的实施更加容易,在很大程度上意味着降低架构及其组件的复杂性。

高复杂性会让软件系统更难理解、测试和维护。因此,复杂性级别是一些质量属性(包括可维护性)的预测度量。

有证据表明,更复杂的模块也更容易隐含错误。更糟糕的是,这些模块通常更难以测试,这意味着更有可能出现未检测到的错误。

尽管在开发期间为了降低复杂度而进行测评并设计架构,可能需要耗费更多的时间(以及更多的金钱),但是获得了更高的质量和可维护性,从长远来看是可以节约成本的。

一些可用于降低复杂性、提升可维护性的方法有:

- 减小规模;
- 提高内聚性;
- 降低耦合性。

减小规模

越大的模块通常越复杂,并负责越多的逻辑功能。因此,模块越大就越难以被更改。你在设计时应当设法减小单个模块的大小。想实现这一点的话,常见的一个办法是将一个模块拆分为多个模块。

提高内聚性

内聚表示模块中的元素之间的关联程度。软件设计应当极力避免一个模块中存在太多不相干的元素,以此来提高内聚性。高内聚可以降低复杂性,并使包括可维护性在内的诸多质量属性得以实现。高内聚通常与松耦合相关。

降低耦合性

耦合是指不同模块之间互相依赖的程度。软件设计应当追求松耦合,让不同的模块相互独立或基本独立。如果需要对高耦合模块进行更改,那么其他的模块也很容易受到影响且需要更改。松耦合可以降低复杂性,并使包括可维护性在内的诸多质量属性得以实现。松耦合通常与高内聚相关。

可维护性的度量

一些**软件度量**(software metrics)可以帮助度量软件的复杂性,因此也可以用来度量软件的可维护性。尽管度量复杂性和可维护性有些困难,但是有一些软件度量可以为软件的复杂性和可维护性水平提供一定的见解。

代码行数(LOC)

代码行数(lines of code,LOC)是一种软件度量,也称为**源代码行数**(source lines of code,SLOC)。这种度量方法通过统计代码的行数来代表软件系统的规模。

通常,代码行数较多的软件系统比代码行数较少的软件系统更复杂,也更难维护。然而,只有在代码行数存在量级层面的差距时,在不同的软件系统之间比较代码行数才有意义。例如,如果一个软件系统有 50 000 行代码,而另一个软件系统有 48 000 行代码,那就很难确定哪个软件更容易维护。但是,如果要比较一个有 10 000 行代码的软件系统和一个有 100 000 行代码的软件系统,就有可能做出有价值的判断。

开发工具和**集成开发环境**(integrated development environments,IDEs)都可以用于统计代码行数,只是统计的方法不尽相同,到底哪种方法最有用还存在争议。此外,如果一个软件系统使用了多种语言,在统计代码行数时也会有一定的挑战。

代码行数主要有两种统计方法:物理 LOC 和逻辑 LOC。物理 LOC 通常是所有源代码行的计数(不包括注释行)。而逻辑 LOC 只考虑编程语言语句的实际数量,以统计*有效*的代码行数。虽然物理 LOC 更容易统计,但它更容易受到诸如行间距和其他格式因素的影响。

圈复杂度

圈复杂度(cyclomatic complexity)是一种定量的软件度量,可以反映软件模块的复杂性。它是由 Thomas J. McCabe 提出的,因此有时也被称为 McCabe 圈复杂度。它会测量通过一个模块或细节设计元素的线性独立路径的数量。圈复杂度越高,说明软件越复杂。

圈复杂度存在多种不同的计算方法，最常见的一种是使用以下公式：

$$CC=E-N+2P$$

对上述公式的解释如下：

- $CC =$ 圈复杂度；
- $E =$ 图的边数；
- $N =$ 图的节点数；
- $P =$ 图中连通部分的数量。

给定一个通过阅读代码所创建的控制流图，或者只是阅读代码而无需创建控制流图，你首先需要统计节点和边的数量。节点表示单独的代码块，其中的语句都是顺序执行的，没有跳转。边表示节点之间的控制流。

例如，我们有一段简单的表示 if/then/else 结构的伪代码：

```
if(N1)
  then N2
  else N3
end if
  N4
```

它的控制流图如图 4-1 所示：

本例中只有一个入口点（**N1**）和一个出口点（**N4**），因此只有一条路径（P = 1）。本图共有四条边和四个节点，因此圈复杂度为：4 － 4 ＋ (2×1) = 2。

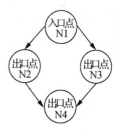

圈复杂度值大于 10 通常表示模块很复杂，这使得它们更容易出错，也更难测试。团队应当去重构复杂的模块，以降低其圈复杂度。

图 4-1 控制流图

继承树的深度（DIT）

继承树的深度（depth of inheritance tree，DIT） 是一种针对面向对象编程的代码度量。DIT 测量类层次结构中一个节点和根节点之间的最大长度。下面是一个简单的类层次图（图 4-2）：

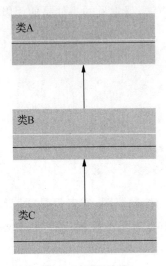

图 4-2 类层次图

在这个例子中,**类 C** 继承于**类 B**,**类 B** 继承于**类 A**。**类 A** 的 DIT 是 0,**类 B** 的 DIT 是 1,**类 C** 的 DIT 是 2。DIT 的数值越高,说明复杂度越高,同时也意味着有更多的属性和方法被继承,这说明代码通过继承得到了重用,但是对其行为的预测就更加困难。DIT 的数值越低,说明复杂度越低,但是也意味着通过继承实现的代码重用就越少。

继承是面向对象编程中一个强有力的概念,在设计时应该努力实现代码重用。因此,DIT 不是越低越好。必须在代码重用和系统复杂性之间取得一种平衡。一般而言,如果 DIT 大于 5,就需要分析其原因,有可能需要通过重构来降低复杂度,使得继承树不会如此之深。

易用性

易用性(Usability) 表示用户使用软件系统执行所需任务的容易程度。用户满意度与易用性水平直接相关。如果一个软件系统易于使用并能提供良好的用户体验,就更有可能使用户满意,用户对软件系统整体质量的评价也会更高。提高易用性可能是提高软件系统质量的最简单也是最省钱的方法之一。

易用性是一个重要的质量属性,因为易用性不足的软件会降低用户的生产力。更糟糕的是,用户可能根本不想使用该软件。如果软件是一个网站,它很难使用、难以导航、加载缓慢或难以阅读,用户就会开始使用其他竞品软件。

让用户高效地完成任务

易用性强的软件系统可以让用户高效地完成任务。一旦用户学会了如何使用该系统,他们执行操作的速度就反映了软件系统的易用性。

易学性

易学性(Learnability)是指新用户能否快速地学习如何有效使用软件系统。它是在 ISO/IEC 25010 中定义的,这是一系列针对产品质量特性的标准。易学性反映了用户学习如何使用软件系统的容易程度。除了新用户之外,易学性还包括老用户学习添加到系统中的新功能的容易程度。

如果一个软件系统是易用的,通常它的易学性水平也会比较高。系统应该是直观的,这样就不需要花费大量的时间或精力来学习该软件系统的某些功能。

提供有用的反馈

易用的软件系统通过防止用户犯错、最小化错误的影响以及提供反馈来帮助用户。有用的反馈包括:

- 当验证失败时,提供适当的验证和有用的信息;
- 向用户提供友好的、内容丰富的信息;
- 工具提示(*译者注:当鼠标停止在某一个工具元件时,界面对用户的提示信息*);
- 对于长时间运行的进程的反馈,比如进度条,异步操作成功或由于某种原因失败时的通知。

可访问性

可访问性(Accessibility)是易用性的一个方面,它提供了一些特性,使残疾人或有障碍人士可以有效地使用软件。这包括考虑视力(部分或完全失明、色盲)、听力(耳聋或重听)和身体(不能打字或不能使用鼠标)等方面的损伤。

针对可访问性的设计可能包括以下内容:

- 软件在只使用键盘(无鼠标)时可用;
- 提供对辅助性技术的支持,比如屏幕放大镜、屏幕阅读器、文本语音转换软件、替代键盘和定点设备;
- 确保非文本内容(例如控件、基于时间的媒体和验证码)具有文本性的替代方案;
- 设计导航,帮助用户更好地浏览软件;
- 为用户提供足够的时间阅读和使用网页或屏幕(例如,允许用户调整或关闭时间限制,并在自动更新或滚动内容时,为用户提供暂停或停止内容的能力);
- 在使用颜色时考虑色盲的情况;
- 确保控件和输入字段的制表符选中顺序(tab order)是合乎逻辑的。

在这个领域成功的一个关键是在需求、设计和易用性测试过程中引入有障碍人士的参与。他们的反馈对于衡量软件系统的可访问性非常有帮助。

在需求工程期间需要考虑易用性

在需求工程期间,使用之前学习过的需求抽取技术"观察"(observation)来观察用户是如何进行工作的。这包括他们经历的流程以及当前使用的软件(如果该软件与正在构建的软件相关的话)。通过这种技术,你可以收集到对用户有效的内容,同样重要的是,可以了解到哪些内容是无效的。

还有其他的需求抽取技术能够提供关于易用性的信息,比如可以向用户提问的"访谈"(interviews)。需求抽取的结果可用于创建与易用性相关的需求。

易用性测试

一旦软件的可运行版本可以测试了,就应该立即进行**易用性测试**(**usability testing**)。一些用于需求抽取的技术也可以用于获得关于易用性的反馈。例如,安排用户操作该软件并使用它执行任务,同时观察哪部分能正常运行,以及可能存在哪些痛点(*译者注:痛点是用户未被满足的、急需解决的需求*)。也可以通过"访谈"和"焦点小组",从用户那里获得反馈,了解他们喜欢和不喜欢这个软件的原因。

有吸引力的视觉设计

软件系统的美观或视觉外观,也是易用性的一部分。应用程序的外观可能对用户产生很大的影响,所以应该花时间确保应用程序的设计在视觉上是对用户有吸引力的。

对于 Web 应用程序,有很多设计选择可用于提高易用性。在设计 Web 应用程序时,可以考虑以下几点:

- 重视可读性,包括使用标题、适当的间距、易读的字体、有吸引力的颜色、适当格式的文本;
- 确保所有页面的布局都是经过深思熟虑的;
- 避免过多的文字,保持内容简洁;
- 确保导航和菜单不会过于复杂,否则用户很难找到他们想要的东西;
- 确保所有链接可用;
- 提供工具提示,比如在超链接上使用 title 属性,通过弹出帮助文本让用户了解更多关于链接的信息;
- 在整个应用程序中保持颜色、图标、字体和标题/术语的一致性;
- 在用户必须等待响应时显示进度指示器,比如等待动画或完成百分比指示器。

下面是在设计 Windows 桌面应用程序的用户界面时需要考虑的一些事情:

- 设计适当的控件间距,使彼此之间不会太近或太远;
- 根据所包含的内容适当地调整窗口和控件(比如按钮、下拉菜单、网格和列表视图)的尺寸;
- 如果将窗口设置为可调整大小的,调整时内容可能会被截断,需要确保在窗口变大时显示更多的内容;
- 如果内容在特定尺寸下不再可用,需要考虑设置最小窗口尺寸;
- 为每个控件和控件组添加标签;
- 确保窗口包含的控件的制表符选中顺序是正确的;
- 指定快捷键(单个键或组合键),使得用户可以快速执行使用频率高的命令;
- 分配访问键(与 *Alt* 键一起使用的字母数字键),使得用户可以快速激活命令;
- 确保窗口标题、控件、标签和内容的大小写正确;

- 提供有用的工具提示；
- 在整个应用程序中保持颜色、图标、字体和标题/术语的一致性；
- 在进行长时间运行的流程时，向用户提供有关系统状态的反馈，比如显示进度条；
- 应用程序应该在适当的时候向用户显示有用的信息，比如确认、警告和错误提示。

提供良好的帮助系统

设计一个高易用性的系统，也意味着它的设计能够让用户很容易地学会如何使用它。一个全面的、最新的帮助系统可以使得应用程序更容易学习。无论你开发的是桌面应用程序还是基于 Web 的应用程序，都要确保有一个足够宽泛的、对用户有用的帮助系统来支持给定的应用程序。根据软件、使用人员和使用方式的不同，一个完整的帮助系统可能包括工具提示、在线帮助、产品手册、教程、**常见问题**（frequently asked questions, FAQs）、知识库/论坛、培训事件和提交支持案例的方式。

帮助系统并不是保障应用程序易用性的主要途径。在其他因素方面，应用程序也应该是直观和易于使用的。但是，一个良好的帮助系统确实对提高易学性和易用性起到了*补充*作用。

软件必须有用，而不仅仅是易用

请记住，不管软件的易用性如何，它都必须具备实用性。为了使系统具备实用性，它必须提供用户需要的功能。具有易用性很好，但为了让软件*有用*，它也必须具备实用性，要让用户能够完成他们的目标，软件也必须为这一目的服务。

软件系统是否满足了用户的需求？它是否对用户有用？即使软件系统提供了很好的视觉体验，如果没有实用性，也是没有意义的。

可用性

可用性（Availability）描述了软件系统按照需要工作的程度。换言之，是指用户需要时，软件系统能够正常运行，并且没有因故障和修复而发生计划外停机的可能性。

它通常用 9 来度量，使用 9 的个数代表可用性级别（比如 99.9%、99.99% 或 99.999%）。

根据时间计算可用性

可用性计算公式如:

$$可用性 = \frac{MTBF}{(MTBF + MTTR)}$$

$MTBF$ 是平均故障间隔时间(mean time between failures),即系统两次故障之间间隔的平均时间。$MTTR$ 是平均修复时间(mean time to repair),即排除故障并修复系统回到其运行状态的平均时间。在计算系统的停机时间时,只考虑计划外停机。

为了实现高可用性,即 5 个 9 (99.999%)的可用性,你的软件系统在一年内只能停机 5 分 15 秒或更短!表 4-1 显示了一些可用性计算示例:

表 4-1 可用性计算示例

可用性	每年停机时间	每月停机时间	每周停机时间
99.0%	3.65 天	7.2 小时	1.68 小时
99.9%	8.76 小时	43.2 分钟	10.1 分钟
99.99%	52.6 分钟	4.32 分钟	60.5 秒
99.999%	5.26 分钟	25.9 秒	6.05 秒

最高的可用性水平并不一定是最理想的,因为到某一点时,收益就会递减。考虑到每增加一个 9,就需要对可用性进行大规模的改进。这在时间和金钱方面都是有代价的,也可能对软件产生负面的影响,因为它将限制花费在其他事情上的时间和精力,比如发布新功能。

事实上,用户很可能无法区分 99.99% 和 99.999% 的可用性。例如,对网站或移动应用程序来说,还有很多其他的影响因素,比如用户的设备和用户所处的网络,这些因素可能都不像软件系统那样可靠。

软件架构师和利益相关者需要进行权衡,实现高级别的可用性所能带来的好处以及因此所增加的成本,以确定哪个可用性级别是最合适的。

根据请求成功率计算可用性

如果你的软件是全球分布式的,比如利用 Amazon、Microsoft 或 Google 等公司提供的云服务,那么你可能会体验到非常高的可用性,至少在任何给定的时间段内都会有一些流量。因此,像之前那样根据时间计算可用性可能就没有什么意义。

另一种计算方法是根据请求成功率来计算可用性。计算方式如下:

$$可用性 = \frac{成功请求}{总请求}$$

软件系统会有各种各样的请求,其中一些请求比其他请求更重要,通过查看所有请求能够很好地估计意外停机时间。

基于时间的可用性计算考虑了故障持续的总时间,包括修复软件系统的时间。但是,它不能区分两次 30 分钟的故障和一次 1 小时的故障,而基于请求成功率的计算方法能够区分。这两种方法可以从不同方面对软件可用性进行度量,从而使你更全面地了解情况。

故障、错误和失效

可用性还包括软件系统如何处理和克服故障,从而使意外停机的时长在一段时间内不超过指定值。

系统**故障(fault)**存在于代码的某处,是软件系统的一种特征,它可能单独导致系统失效,也可能与其他故障一起导致系统失效。**错误(error)**是由一个或多个故障引起的软件系统的错误状态。系统**失效(failure)**是指用户使用的软件系统没有按照预期的方式运行。系统失效是由一个或多个故障引起的。

为了处理、克服故障并防止失效,我们可以尝试进行故障检测、故障恢复或故障预防。

故障检测

软件系统必须首先检测到故障,才能从故障中恢复。以下是一些可用于故障检测的技术。

Ping/echo reply 命令

在这种故障检测方法中,一个组件充当系统监视器,向另一个组件发送**互联网控制消息协**

议（Internet Control Message Protocol, ICMP）回显请求（即它 Ping 了该组件），然后等待 ICMP回显应答。如果目标在预定时间内没有响应 Ping 命令，那么作为系统监视器的组件将报告其他组件失效。

心跳

这种技术需要一个组件周期性地发送一条消息（心跳）来表明它正在正常运行。如果监听组件没有在预定时间内接收到心跳消息，它将认定该系统发生了故障，并采取适当的处理措施。

时间戳

这种故障检测方法的重点是捕获不正确的事件序列。它使用时间戳，或者只使用一个数字序列，如果序列的顺序不正确，就报告故障。

表决

可以使用表决的方式来报告故障。其中一种方法是**三模冗余（triple modular redundancy, TMR）**，有时也称为三重模块冗余。它利用三个组件执行相同的流程。

表决逻辑会对结果进行比较，最终产生单个输出。如果三个组件能够产生相同的输出，那么一切是按预期进行的。如果三个组件中有两个组件的输出相同，那么它们可以通过投票否决第三个组件来纠正故障。第三个组件则会被报告为故障。

可用性测试/可用性检查

这种故障检测技术使用测试来评估一个过程的结果是否合理和可行。如果判断结果不可行，则会报告一个故障。这种测试很简单，并非为了测试各种各样的问题。它只用于快速检测明显的故障。

状态监测

状态监测是一种通过检查软件系统中的状态，以发现故障或可能出现故障的情况的方法。当检测到问题时，就可以处理此故障。

状态监测的一个好处是,它可以在故障发生之前,或者至少在它变成更大的问题之前检测到这个故障。

自测

软件系统可以纳入自测功能,使其组件也能够自行检测故障。这种测试有时被称为**内置自测**(built-in self-test,BIST)或**内置测试**(built-in test,BIT)。如果使用这种技术,那么软件组件或组件的组合将按照某种逻辑进行开发,这种逻辑使它们能够进行自测,从而正确地运行。

自测可以由正在被测试的组件启动,也可以由充当系统监视器的独立组件启动。如果测试失败,则报告故障。

故障恢复

一旦检测到故障,就可以采取策略试图从故障中恢复。以下是一些故障恢复的方法。

异常处理

当检测到异常时,软件系统可以利用异常处理机制。具体如何处理异常由语言、框架和异常的类型决定,但是处理方法非常多,可以简单地返回一行错误代码,也可以返回包含有用信息的错误类的实例,比如错误代码、信息、堆栈跟踪等。

软件可以使用异常信息从故障中恢复,例如纠正异常的原因并重新尝试操作和/或向用户显示有关该问题的有用信息。

重试策略

*瞬时故障*是由一些临时状况(比如网络连接问题、服务暂时不可用、服务超时或基础设施级别的故障)而引发的错误。

重试策略可用于在遇到瞬时故障时尝试重试操作。可以根据导致错误的组件的性质调整重试策略,比如规定重试操作的次数以及两次操作之间的间隔时长等内容。

一些常见的重试间隔类型包括:

- **定时间隔(Regular intervals)**：在每次重试之前,软件系统等待相同的时间。
- **递增间隔(Incremental intervals)**：软件系统在第一次重试之前等待很短的时间,而后续重试的等待时间递增。例如,重试尝试可能发生在 2 秒、6 秒、12 秒,以此类推。
- **指数回退(Exponential backoff)**：软件系统在第一次重试之前等待很短的时间,而后续重试的等待时间呈指数级上升。
- **即时重试(Immediate retry)**：可以即时重试,但是即时重试不应该多次进行。如果一个即时重试失败,那么后续尝试应该使用其他间隔类型之一。
- **随机化(Randomization)**：上述任何一种间隔类型都可以与随机化结合使用,以防止客户端的多个实例同时发送重试尝试。

不同程度的冗余

从故障中恢复并实现可用性的一种方法是使用故障转移机制。可以根据情况提供不同级别的冗余。

在 *主动/热备用* 环境中,每个组件都配备有另一个使用相同输入且执行相同进程的组件。如果一个组件失效,另一个组件可以随时接管。故障转移通常是透明的,因为组件的恢复几乎是瞬间完成的。

在 *被动/温备用* 环境中,只有活动组件接收输入并执行进程。同时,活动组件为备份组件提供定期的状态更新。被动冗余方法的可用性不如 *主动/热备用* 高,但是操作成本较低。根据向备份提供状态更新的频率,恢复时间可以以秒或分钟为单位。

使用 *冷备用* 方法时,冗余组件会一直处于停机状态,直到需要时才会启用。出现故障的组件将停止工作,直到被修复或替换为止。与热备用或温备用相比,使用冷备用需要花费更多的时间将冗余组件投入运行,恢复时间甚至可能需要几个小时。

回滚

回滚技术可以将系统返回到尚处于良好状态的检查点。这就需要以某种方式持久化检查点。一旦系统回滚,就可以再次进行常规操作。这种方法可以与主动冗余或被动冗余一起使用,以便在回滚后将失效的组件重新激活。

优雅降级

优雅降级是一种故障恢复方法,通过使其中一些功能不可用,以防止整个系统的失效。如果故障阻碍了软件系统的整体运行,可以放弃某些功能以支持其他功能。例如,如果系统的资源不足,可以考虑停止一些功能以保留最关键的功能。

忽略故障行为

另一种简单的故障处理方法是直接忽略故障。如果已经知道某个来源的特定类型的故障可以忽略,那么系统可以干脆无视该故障继续运行。

故障预防

检测故障并从故障中恢复的另一种方法是从一开始就防止故障的发生。有很多策略可以用来做预防故障。

从服务中删除

故障预防的一种方法是从服务中删除有问题的组件。如果预期出现故障,可以在软件运行中移除特定组件。当它可以运行时再将其恢复。

事务

事务可以用来预防故障。流程中的多个步骤可以捆绑在一个事务中,如果其中一个步骤失败了,就可以撤消整个捆绑。这种方法可以防止数据以不正确的状态保存,或者防止多个进程在试图访问或更改相同数据时出现竞争情况。

增加能力集

软件系统中组件的*能力集*决定了它可以处理的状态和条件。组件的容错级别和它能够处理的情况取决于构成其能力集的逻辑集合。组件可以被修改以处理更多的情况,从而减少抛出的异常。

例如,如果一个方法不能处理参数的 *null* 值,那么就有可能抛出异常,从而导致系统失效。可以通过修改代码处理 *null* 值,增加软件的能力集并预防故障。

异常预防

这种策略指的是以一种可以预防异常的方式编写代码。例如,方法可以对参数执行边界检查并很好地处理它们,从而防止抛出异常。

可移植性

可移植性(Portability) 描述了将软件系统从一个环境转移到另一个环境中的效率和有效性。影响可移植性的因素包括适应性、可安装性和可替换性。

适应性

适应性(adaptability) 是指软件系统能够适应不同环境的程度,比如适应不同的硬件、操作系统或其他操作特性。

为了测试适应性,必须进行功能测试,以确保软件系统能够在所有目标环境中运行所有的功能。

可安装性

可安装性(installability) 是指在特定环境中安装或卸载软件系统的难易度。安装过程应该易于理解,并且可以提供配置选项。例如,在安装过程中可能会提示用户配置安装位置、数据库连接信息以及软件的其他配置选项。

可安装性的另一个方面是软件如何处理更新/升级过程。软件系统应该提供一个友好、可用的更新过程,方便用户将软件升级到最新版本。更新过程应该清理旧版本,可能需要先进行自动卸载。

可安装性还包括卸载应用程序的功能。软件在被卸载之后,应当将该软件以及所有相关组件完全从机器上删除。还应该删除所有不再被需要的文件夹。

另一个可供考虑的提升可安装性的方法是,允许用户在安装、更新或卸载过程中随时取消这些操作。理想情况下,如果用户中止进程或进程失败,则该进程将自动清除。

可安装性的测试必须确保与安装、更新和卸载软件相关的所有功能都能正常工作并且不会出现错误。还应该测试所有的配置选项都能正常工作,并检查进程如何处理安装或更新软件时可用磁盘空间不足的问题。

可替换性

可替换性(replaceability)是指在相同的环境中,一个软件系统是否有能力取代另一个与它功能相同的软件系统。或者只是替换软件系统中的一个或多个软件组件。

可替换性的一个很好的例子是在软件系统升级时,客户希望系统具有高度可替换性,以便从旧版本升级到新版本时能够平稳过渡。

可替换性的测试应当确保在替换之后软件系统仍能正常工作。所有相关功能都应该被测试到,以验证其工作是否符合预期。

国际化与本地化

国际化(Internationalization)和**本地化(Localization)**也是可移植性的一部分,包括调整软件系统以适用于不同的语言、文化差异,以及满足不同地区的其他需求。

作为一名软件架构师,应该知道软件是否存在国际化/本地化的需求,从而在设计中考虑它们。即使目前没有这类需求,但是团队有向国际扩展业务的目标,那么该软件最终还是会在世界的不同地区被使用。如果是这种情况,仍然需要在设计初期考虑到这一点,因为在后期增加这类功能会非常困难。

国际化是指在设计软件时允许本地化并支持不同的语言、文化和地域。在这种情况下,国际化通常缩写为 **i18n**,其中 18 是国际化一词中 i 和 n 之间的字母数。有时也会用**"全球化"(globalization)**一词来代替"国际化",那么缩写就会变成 **g11n**。

国际化的一个重要工作是,软件应当设计成不需要修改任何代码就可以在日后适应不同的地域。例如,所有可翻译的字符串,包括标题、消息、工具提示以及其他内容,都应该放在资源文件中。代码可以在需要这些内容时引用资源文件。之后在本地化应用程序时,可以针对不同的地区翻译这些字符串,而不需要更改任何代码。

需要实现国际化的应用程序应当使用 Unicode 作为字符集,因为它支持世界范围内所有书面语言的所有字符。如果开发团队为不同的语言使用不同的字符集,那么应用程序的本地化会变得困难得多。Unicode 有助于显示任何需要支持的语言的字符，而且因为每个字符都有独特的编码，所以可以用统一的方式对数据进行排序、搜索和操作。

一旦应用程序准备本地化，则需要考虑以下事务：

- 将标题、消息、工具提示以及其他内容翻译成另外一种语言；
- 确保在翻译后用户界面能够正常地容纳文字（例如单词的间隔和样式可能会有差异）；
- 即使是使用同一种语言的国家，单词的拼写也可能会有所变化，比如 aeroplane/airplane，capitalise/capitalize，organisations/organizations；
- 由于语言和文化的差异，可能需要重写某些内容，避免出现错误或误解；
- 文本是从左向右读还是从右向左读；
- 电话号码的差异；
- 重量和尺寸的差异；
- 不同的日期/时间格式，比如 6/1/2019 应该被理解为 6 月 1 日还是 1 月 6 日；
- 时差（UTC）；
- 数字的格式，比如十进制标记符号、数位分隔符和数位分隔方式；
- 货币流通上的差异，比如货币符号以及货币符号应该出现在货币价值之前还是之后；
- 法律要求。

维护可移植性

一旦软件系统可以移植到不同的环境中，维护其可移植性就很重要了。在维护软件时自然会对软件进行修改，而这些修改可能会影响可移植性。

在进行修改时，必须考虑它是否会影响可移植性。在测试时，必须验证所做的所有更改都不会对可移植性产生任何负面影响。

互用性

互用性（Interoperability）是指一个软件系统能够交换和使用来自另一个软件系统的信息的程度。为了使两个系统以一种可行的方式进行互用，它们必须具备相互通信的能力（语法互用性），并且能够以一种正确且有意义的方式解析交换的信息（语义互用性）。

互用性一词与集成(integration)相关,有时也可以互换使用。

互用性面临的挑战

在原软件系统或新软件系统之间提供互用性有诸多难点。在处理与互用性相关的需求时,请牢记以下潜在的误区:

- 即使一个软件系统在开发与另一个软件系统的互用性时遵循某个特定的标准,也可能由于解析标准的方式不同而无法满足既定需求。
- 在维护与遗留系统的兼容性时,两个软件系统之间的互用性有时会因为遗留系统直接或间接地介入而降低或被搁置。通常组织都不希望对遗留系统进行修改。
- 有时对互用性的测试可能会不够充分,导致某些问题的遗漏。
- 有时即使已经知道存在某些互用性相关的问题,软件系统仍然会进行发布。
- 即使两个软件系统之间已经实现了互用性,这两个系统发布新版本后对互用性的维护也会困难重重。互用性被破坏的情况并不少见,因此需要持续地维护。
- 互用性可能会产生法律方面的问题,因此在与其他系统进行互用时,要注意任何可能影响系统的法律问题。如果这两个软件系统属于不同的组织,那就特别需要注意,如果它们在不同的管辖范围内运行,比如两个不同的国家,那就更加需要注意。与医疗保险信息流通相关的隐私和安全法规就是一个典型的例子。

定位其他系统进行信息交换

为了实现两个软件系统之间的互用性,消费者系统必须能够定位另一个系统,并且两个系统能够以一种语义上有意义的方式进行信息的交换。

消费者系统可能需要在运行时发现其他系统,也可能不需要。如果需要的话,则通过一个或多个属性(例如 URL)搜索已知的目录服务,从而实现对系统的定位。值得注意的是,在定位过程中可能存在 n 个间接步骤。例如,在找到一个位置之后,它可能会再指向另一个位置,如此循环往复,直到发现服务为止。

一旦系统被定位,就需要处理响应。该服务会向请求者回发响应,或将响应转发到另一个系统,或向任何正在监听的对其感兴趣的服务广播该响应。

为了让两个系统能够交换信息,就需要使用诸如编排和接口管理这样的互用性策略。编排涉及指挥和操控被调用的服务,确保其按正确的顺序执行必要的步骤。

为了管理接口以促进信息的交换,可以添加或移除功能以提升互用性。有时功能会被添加到接口中,用于支持数据交换,这方面的例子包括与数据缓存相关的功能。此外,如果不希望将某些功能暴露给其他系统,也可以从接口中移除这些功能。例如,如果我们不希望任何外部客户端具有删除数据的功能,则可以从接口中移除该功能。

互用性标准

当互用性涉及来自不同组织的软件系统时,一个实现互用性的方法就是遵循共同的标准。该标准可以由两个组织共同制定,使之成为合作契约的一部分,也可以是现有的行业标准、国家标准、国际标准或开放标准。

在某些情况下,整个行业会共同制定一个标准。这个标准可以是全新的,也可以是以一些既有标准为基础的。然后就可以在开发和测试的过程中遵循和使用该互用性标准。

还可以从通用标准的另一个方面提升互用性,即使用通用技术,比如就数据交换格式和通信协议达成一致。例如,可以统一使用 **JavaScript 对象表示法**(JavaScript Object Notation,**JSON**)作为数据交换格式,使用**安全超文本传输协议**(Hypertext Transfer Protocol Secure,**HTTPS**)作为 Web 传输协议。

互用性测试

除了对必然产生互用的两个系统进行单元和系统测试之外,在两个系统之间进行集成测试也是非常重要的。必须执行此项测试以确保消费者系统能够定位到其他系统,并且两者能够正确地交换信息。

测试环境应该尽可能地接近生产环境。请记住,即使两个系统都遵循特定的互用性标准并通过了基于此标准的一致性测试,也还是有可能出现互用性方面的问题。有些问题可能直到两个系统在一起测试时才能被发现。

可测试性

可测试性(Testability)是指软件系统在其给定的上下文中对测试的支持程度。可测试性水平越高,对软件系统及其组件的测试就越容易。如果组件不容易测试,这可能表明软件的设计并不理想,导致实现过于复杂。软件系统中很大一部分开发成本与测试有关,因此如果软件架构能够在可测试性方面发挥作用,那么对于成本的节约将是非常显著的。

可测试性较高的软件系统意味着更易于测试,测试的效率和有效性也得到了提高。测试效率的提高是因为创建和执行测试所需的时间和工作量减少了。测试有效性的提高是因为在软件系统中发现缺陷的可能性更大,而且更有可能提早发现。

能否尽快发现缺陷对于软件系统的整体质量水平有着巨大的影响。不仅因为缺陷有可能导致产品无法投产,而且缺陷发现得越早,修复的成本也会越低。

下面列举了一些影响可测试性的因素:

- 可控性;
- 可观察性;
- 可隔离性;
- 自动性;
- 软件的复杂性。

可控性

可控性(**Controllability**)表示对被测试组件状态的可控制程度。被测试组件有时被称为**被测系统**(**system under test,SUT**)或**被测组件**(**component under test,CUT**)。对组件状态的控制包括能够指定组件的输入以及这些输入执行其功能的级别。

在设计组件时,应该设法提升它们的可控性,从而提升其可测试性。

可观察性

可观察性(**Observability**)表示被测试组件状态可被观察的程度,包括对输入和输出的观察,以此判断组件是否正常工作。

如果所使用的测试框架无法观测到组件的输入和输出,那么组件就不是可观察的,也就无从确认其结果是否正确。

在设计组件时,应该设法提升它们的可观察性,因为这与可测试性直接相关。

可隔离性

可隔离性（Isolability）是指组件可被隔离的程度。目标是在不依赖其他组件的情况下测试特定功能片段（比如单元测试）。这让我们能在一个已完成的组件上创建和执行测试，即使其他组件尚未完成。

我们要尽量避免编写大量未经测试的代码，因为我们希望尽可能快地获得反馈。如果发现了问题，那么对于具备可隔离性的组件，也更容易确定问题的位置和原因。

提升可隔离性可以提升组件的可测试性。

自动性

自动性（Automatability）是指一个过程或行为可以被自动化的程度。如果一个系统具备自动性，那么可以为该系统创建和执行自动化测试。自动化测试使用可以自动执行的已编写好的测试。这些测试可以在任意时刻运行，比如在代码提交之前或者在构建开始之前。如果自动化构建已经就位，那么自动化测试可以作为该过程的一部分执行。

自动化测试可以对系统中是否出现新的缺陷给予快速反馈。正如前面提到的，在缺陷刚被引入的时候发现它是非常有益的。在设计软件系统时，应当尽力提升自动性，因为自动化测试能够进一步提升可测试性。自动化构建和自动化测试将在第 13 章*"DevOps 和软件架构"*中进行深入探讨。

软件的复杂性

与其他质量属性一样，软件的复杂性在可测试性中扮演着重要角色。减少依赖并隔离各个模块（可隔离性）能有效降低软件的复杂性。

在讨论可维护性时，我们提到可以通过减少模块中的代码行数、提高内聚和降低耦合来最小化架构元素的复杂性。提升可维护性的技术同时也提升了元素的可控性，这对可测试性有着直接和正面的影响。

除了组件的*结构复杂性*之外，还有*行为复杂性*。不确定性就是一种行为复杂性。如果我们测试的某些算法是不确定的，这意味着即使输入相同，它在每次执行时也会表现出不同的行为。这与确定性算法正好相反，后者如果有着相同的输入，那么每次执行时都会产生相同的行为。

非确定性代码更难以测试,因此第一步应该是识别软件系统中所有非确定性的区域。对于这些区域,如果可能的话,最理想的方法是重构逻辑以使其具有确定性,或者将其逻辑模拟为确定性的。

在实际中经常看到的一个例子与测试和当前时间相关。在大多数编程语言中都有获取当前日期和时间的方法,这样做可以使你的代码与运行环境紧密结合。因为我们每次获取当前日期和时间时,结果都是不同的,因此它是非确定性的。如果存在使用该数值的逻辑,同时该逻辑还会影响单元测试,那么测试结果将由于该数值的不确定性而各式各样。可以重构此逻辑把调用封装起来,将当前日期和时间获取到其他类中,从而将依赖项注入需要此逻辑的类中。此时,测试框架可以模拟依赖项,对调用获取当前日期和时间的返回结果进行指定。

然而,在某些情况下,重构逻辑使其具有确定性可能是无法实现的,也无法将其模拟为确定性的逻辑。例如,有一个需要与外部组件交互的多线程系统,而该外部组件又以一种非确定性的方式触发事件。

测试文档的重要性

考量可测试性的一个重要方面是执行测试的难易程度,而当前的测试人员很有可能不是最初编写这些测试用例的人员。作为可测试性的一部分,测试的可重用性和可维护性由于质量测试文档的存在得到了提升。尤其在处理大型系统时,很难记住与特定场景相关的所有业务规则和可选路径。

在敏捷软件开发方法中,过多的文档被视为一种项目风险,而非降低风险的手段。项目团队的目标是在文档化方面保持高效,且只编写必要的内容。此外,自动化测试应该通过测试类的类名、方法名和注释等信息实现一定程度的自文档化。

然而,除了自动化测试之外还有许多不同类型的测试需要执行,有些测试可能非常复杂。这种复杂性可能是业务逻辑上的复杂、测试输入输出的复杂或某些测试需要特定数据抑或是需要确保对各种业务场景的充分覆盖。这时编写某种形式的测试文档就会非常有帮助。

资源很可能随着时间改变。员工可能会离开组织,测试人员可能随着时间的推移被分配了不同的任务,一个功能不一定是由单一的测试人员负责的。而测试文档可以确保不同的测试人员在一段时间内都能有效使用测试用例,它使这些变迁更加平稳,从而无需牺牲软件质量。

此外,开发部门将包括测试在内的开发工作外包的情况越来越普遍。我们不仅需要处理外包资源的变化,也要处理可能需要从内部资源转移到外包资源的测试,反之亦然。

对设计和测试等工件进行文档化是非常有用的,这使得新进资源能够快速跟上进程。这一过程基本符合*部落知识*的概念,即将之前学到的内容传达给其他人。具有良好文档的项目通常具有更高级别的组织成熟度,而且对于项目的成功大有贡献。

如何成为一名优秀的测试人员?

既然已经谈到了可测试性,我们再谈一下成为优秀的测试人员应该具备的特征。作为一名软件架构师,你可能需要为测试人员提供指导。优秀的测试人员能够以一种更加高效、有效和彻底的方式执行任务。

高效的测试人员可以有条理地完成任务,这种高效性使得他们更快地编写测试用例、更快地发现缺陷。他们不是在使用软件的过程中偶然发现了缺陷,而是采用了一种系统化的方法。

高效的测试人员之所以高效,是因为他们会特别关注用户在软件的发布版中关心的问题。发现缺陷的过程包括记录问题并将其提交给开发人员,以便修复问题。

优秀的测试人员在工作中是非常仔细的。他们会对测试活动进行规划并将测试用例文档化。测试人员会尽可能全面地测试软件的所有功能,并考虑各种场景。他们会使用不同的输入值,并测试边缘用例。边缘用例是指包含极端输入值的场景,比如取值范围内的最小值或最大值。

优秀的测试人员的另一个特征是能够理解软件的行为、环境和能力。因为测试人员不可能测试所有的输入和场景,因此一个高效的软件测试人员必须理解软件的行为。这包括软件正在做什么以及什么事情可能导致它失效。

软件通常是在一个与各种输入和输出交互的环境中运行。有与人交互的**用户界面(user interface,UI)**,也有内核接口(操作系统)、软件接口(比如数据库系统)和文件系统接口(比如与访问、读取和写入文件相关的错误）。一个优秀的测试人员必须考量软件的整体运行环境。

最后，测试人员必须了解软件的能力。尽管基础功能的数量有限（例如，接受输入、产生输出、存储数据和执行计算），但是这些基础功能可以组合成更加复杂的功能。一个合格的测试人员应该考虑到所有情况，以最大限度地提升发现缺陷的可能性。

总结

软件架构师应当特别关注质量属性，因为它们会影响软件的架构。软件必须满足特定的质量属性，因此需要以一种可度量可测试的方式定义它们。

尽管一些利益相关者会更加关注功能，但包括质量属性在内的非功能性需求才是决定软件系统能否成功的主要因素。一些比较重要的质量属性包括可维护性、易用性、可用性、可移植性、互用性和可测试性。

我们已经理解了质量属性以及它们对软件架构的影响，接下来可以开始探索软件架构设计。架构设计包括为功能性需求、质量属性和约束创建解决方案而进行的决策。在下一章中，我们将学习架构设计包含哪些内容、可以在设计中使用的设计原则，以及架构设计的过程。

5

设计软件架构

软件架构设计是构建成功的软件系统的关键步骤，本章将探讨什么是软件架构设计，以及它在软件项目中的重要性。

架构设计主要有两种方法：自顶向下方法和自底向上方法，每种方法各有优缺点。在本章中，我们将学习如何为特定的项目选择最佳的方法。设计软件和架构非常具有挑战性，为此，我们还将学习设计原则以及如何在设计中利用现有的解决方案。

架构设计过程能为软件架构师提供指导，以确保设计满足需求、质量属性场景和约束。本章将介绍架构设计过程中通常会包含的活动，以及四种常见的过程：**属性驱动设计（attribute-driven design，ADD）、微软的架构和设计技术（Microsoft's technique for architecture and design）、以架构为中心的设计方法（architecture-centric design method，ACDM）和架构开发方法（architecture development method，ADM）**。

本章还将介绍如何使用架构待办事项来确定工作的优先级，以及跟踪架构设计的进度。

本章将涵盖以下内容：

- 软件架构设计；
- 软件架构设计的重要性；
- 自顶向下方法和自底向上方法；
- 绿地软件系统和棕地软件系统；
- 架构驱动；

- 利用设计原则和现有的解决方案；
- 记录软件架构设计；
- 使用系统化方法进行软件架构设计；
- 属性驱动设计（ADD）；
- 微软的架构和设计技术；
- 以架构为中心的设计方法（ACDM）；
- 架构开发方法（ADM）；
- 跟踪软件架构设计的进度。

软件架构设计

软件架构设计需要做出决策以满足功能需求、质量属性和约束。这是一个解决问题的过程，这个过程最终将产生一个架构设计。

软件架构设计需要定义并记录组成解决方案的结构。软件系统的结构是由元素以及元素之间的关系组成的。通过接口暴露的元素的属性和行为应该被视为设计的一部分。设计可以让你理解元素是如何运作和交互的。元素的私有实现在架构上并不重要，也不需要作为设计的一部分来考虑。

软件架构设计通常迭代地进行，直到初始架构达到开发团队可以开始工作的程度。初始架构在设计完成之后，也可以随着开发的进行继续演变。例如，为了满足新的需求或质量属性，可能会增加额外的设计迭代来对架构进行重构。

软件架构设计是一个创造性的过程。软件架构师需要利用自己的创造性为复杂的问题提出解决方案。这可能是软件项目中最有趣和最有价值的部分了。

做出设计决策

软件需求集由一系列必须解决的设计问题组成，比如提供特定的业务功能、遵守特定的约束、满足性能目标或提供特定级别的可用性。这些设计问题可能有很多方法都可以解决。你需要考虑所有方法的优缺点，以便选出最合适的一种。

软件架构设计的核心内容是做出能够解决问题的设计决策，以确保解决方案能够顺利实施。作为软件架构师，你将引领决策的制定过程。

这是一个协作的过程,最好的设计方案通常吸纳了来自多人的知识和反馈,比如其他软件架构师和有经验的开发人员。此外,联合设计和评审有助于产生可靠的软件架构设计。

设计的结果是用于塑造软件架构的一系列决策。设计将被记录在可用于解决方案实现的工件中。

软件架构师应该记住,为一个设计问题做出的决策可能会影响另一个设计问题,这就是为什么软件架构设计是一个迭代的过程。一个设计问题的决策可能对于另一个问题而言不是最优的,但是整体的解决方案必须是可接受的,且要满足所有的需求。

完美是优秀的敌人,这句格言来源于法国哲学家伏尔泰(Voltaire)等人的思想,同样适用于软件架构设计。一个完整的设计可能并不完美,因为需要满足相互冲突的需求,为了满足这些需求必须做出一定的权衡。如果设计能够满足所有的需求,那么它就是一个好的设计,即使它并不完美。

软件架构设计术语

在进一步讨论之前,我们首先定义一些术语,这些术语将在详细描述软件架构设计过程时用到。根据组织和团队的不同,这些术语可能会有所不同。不管使用什么术语,重要的是所有团队成员都能够理解并且一致地使用它们。

根据本书的目的,我们将使用的术语包括结构、元素、系统、子系统、模块和组件。

结构

结构指的是元素的分组和元素之间的关系。任何复杂的、由元素组成的东西都可以称为结构。在之前定义软件架构时,我们将其描述为由结构、它们的元素以及这些元素之间的关系组成。

元素

元素是一个通用术语,可以用来代表系统、子系统、模块或组件。如果我们想以一种通用的方式指代软件应用程序的某些部分,我们可以将其称为元素。

系统

软件系统代表整个软件项目,包括它的所有子系统。一个系统由一个或多个子系统组成。它是软件架构设计的最高抽象级别。

子系统

子系统是组成更大系统的元素的逻辑分组。可以通过多种方式形成子系统,比如按功能切分系统。

子系统可以代表独立的软件应用程序,虽然这不是必须的。整个软件系统可以由多个子系统组成,其中任意数量的子系统都可以是独立的应用程序。这些独立的应用程序也可以是外部开发的应用程序。

将一个较大的软件系统分成多个子系统可以降低复杂性,并且更好地管理软件开发。在某些情况下,可能会为每个子系统组建一个或多个开发团队。每个子系统由一个或多个模块组成。

模块

模块和子系统一样,是元素的逻辑分组。每个模块都包含在一个子系统中,由其他模块和/或组件组成。它们通常聚焦于单一的逻辑责任。

负责某一子系统的开发团队,将同时负责组成该子系统的模块。

组件

组件是某些明确定义的功能的执行单元。它们通常封装自己的实现,并通过接口展示属性和行为。

组件是最小的抽象级别,通常涉及较小的范围。组件可以组合在一起形成更复杂的元素,比如模块。

软件架构设计的重要性

软件架构是软件系统的基础。架构设计对于软件的质量和长期的成功至关重要。合适的的设计决定了需求和质量属性能否得到满足。

一个好的软件架构设计对于构建有用的软件是非常重要的,相关原因有很多。在本节中,我们将探讨以下原因:

- 软件架构设计是对架构做出关键决策的过程;
- 逃避设计决策可能导致技术债务;
- 软件架构设计将架构传达给其他人;
- 设计为开发人员提供指导;
- 软件架构设计的影响并不局限于技术部分,还会影响到项目的非技术部分。

做出关键决策

在软件架构设计期间的关键决策决定了需求(包括质量属性)能否被满足。软件架构可以启用或禁用质量属性,因此设计决策对于能否满足这些属性至关重要。

一些初期的决策是在设计过程中做出的。如果需要变更这些决策,那么在编码开始之前进行变更会更加容易,成本也更低。

逃避设计决策可能导致技术债务

关键决策是在设计过程中做出的,因此,推迟设计决策或根本不做出决策都是有代价的。推迟或逃避某些设计决策很可能导致技术债务。

技术债务(technical debt)与金融债务类似。在架构设计的上下文中,技术债务指的是由于现在做出的或者没有做出的决策,导致未来需要耗费额外的工作成本和精力。

除了推迟或避免决策之外,我们还可能在明知会产生一些技术债务的情况下做出决策。作为一名软件架构师,即使存在更好的解决方案,我们可能还是会采用更容易的方案,这就难免会导致技术债务。与金融债务一样,技术债务并不总是一件坏事。有时候,会为了眼前的利益而付出一些代价。例如,设计一个更好的长期解决方案可能会耗费更多的时间和精力,那么你可能会决定采用一个耗费更少时间的解决方案,以便让软件尽快投入生产,从而抓住市场机会。

准确地衡量技术债务的影响是很难的。请记住,除了以后可能需要耗费时间和精力来弥补现在所做的或避免做的决策之外,技术债务还会产生其他负面影响。例如,一个有瑕疵的设计,会导致较差的可修改性和可扩展性,还可能会阻碍团队交付其他功能。这是一项应该算到技术债务中的额外成本。

在决定是否承担技术债务时,软件架构师需要考虑上述所有因素。

将架构传达给其他人

你可以将软件架构设计的结果传达给其他人,会有各种各样的人对架构的设计感兴趣。

设计会提升成本和工作量的评估,因为它会影响实现软件所需的工作。了解将来工作的性质,以及完成项目需要哪些类型的工作,将有助于项目经理制订计划。预估成本、工作量和将要满足的质量属性对于完成项目计划书也很有帮助。

为开发人员提供指导

软件架构设计通过引导项目实施以及提供项目技术细节方面的培训,为开发团队提供指引。

设计对于编码任务非常重要,因为它在一定程度上约束了实现方式。了解软件架构设计可以帮助开发人员了解可用的实现方法,并最小化做出错误实现决策的可能性。

软件架构设计还可以用作开发人员的培训。在项目开始时,开发团队需要了解已经做出的设计决策,以及所设计的结构。此外,为组件创建详细的设计并实现它们也需要对架构设计有着深刻的理解。如果有新的开发人员加入团队,也可以使用架构设计作为入职培训的一部分。

影响项目的非技术部分

软件架构设计之所以如此重要的另一个原因是,设计决策不仅会影响架构,还会影响软件项目的其他方面。例如,某些架构设计决策可能会影响工具和许可证的购买、团队成员的雇佣、开发环境的组织，以及软件最终将如何部署。

自顶向下方法和自底向上方法

软件架构设计有两种基本方法。一种是自顶向下的方法，另一种是自底向上的方法。这两种策略不仅适用于软件架构设计，还适用于其他领域。接下来让我们了解更多细节。

自顶向下方法

自顶向下方法（top-down approach）是从整个系统的最高层开始，从上到下进行分解，逐步获得更多的细节。起始点是最抽象的，随着分解的进行，设计变得更加详细，直到达到组件级别。

虽然组件的详细设计和实现细节不是架构设计的一部分，但组件的公共接口是设计的一部分。公共接口能够帮助我们推断组件是如何交互的。

自顶向下方法通常是迭代进行的，分解程度不断提升。在领域已经被充分理解的情况下，这一方法非常有效。

这种系统的方法很受企业的青睐，因为它可以处理复杂的大型项目，并且设计方法是有计划的。系统的架构设计方法对企业很有吸引力，因为它有助于进行时间和预算评估。然而，严格的自顶向下方法在现代软件架构中已经不那么常见了，因为它需要大量的前期架构设计。

自顶向下方法的优点

使用自顶向下方法有很多好处。首先，它是一种设计和分解的系统化方法，能将系统分解成更小的部分。其次，当系统被分解时，就很适合进行分工。在拥有多个团队的大型项目中，工作就可以在各个团队之间进行分配。

随着分解的进行，可以为单个团队成员创建任务。这将有助于任务分配、日程安排以及预算编制方面的项目管理。这种规划能力对企业很有吸引力。组织中的管理团队可能倾向于甚至会坚持使用自顶向下的方法。在本书前面的章节中，我们介绍了作为软件架构师，你是如何被要求协助项目评估的，而自顶向下的方法将帮助你更准确地完成这项工作。

尽管这种方法在小型和大型项目中都能使用，但它对于大型项目尤其有用。通过将系统分解为更小的组件，大型项目可以变得易于管理，因为每个组件的大小和复杂性都被降低了。

自顶向下方法的缺点

严格的自顶向下方法会带来**大量预先设计**（big design up front，BDUF）的风险，有时也被称为**大预先设计**（big up-front design，BUFD）。软件是复杂的，很难预先创建整个架构。架构中的设计缺陷或缺失的功能可能直到流程的后期，即组件被设计或实现时才能发现。如果在一些工作已经完成之后，需要在架构的较高级别中进行更改，那将是非常困难的。

在领域已经被充分理解的情况下，自顶向下方法是最有用的，但情况并不总是如此。很多项目都是在领域没有被完全理解的情况下开始的。即使理解了领域，利益相关者和用户有时也不清楚软件应该做什么，以及它应该如何工作。

如果多个团队合作一个项目，每个团队负责一个特定的子系统或模块，那么使用自顶向下方法的话，知识共享和重用将会很困难。因为每个团队都独立于其他团队工作，这种方式有它的优点，但是这并不能促进代码或知识的共享。软件架构师需要识别能够重用的部分，将它们抽象出来并传达给团队。缓解这个问题的另一种方法是为团队之间提供交流机会和协作工具。

如果打算使用自顶向下的方法，请注意不要成为一名象牙塔中的架构师。如果你设计了架构的高层，然后将其交给开发人员进行低层的详细设计，那么就很容易和工作脱轨。在组织和项目允许的情况下，尽量与团队保持联系，确保你熟悉正在实现的功能，当需要更改架构时，这将帮助你做出正确的决策。

自底向上方法

与自顶向下方法相比，**自底向上方法**（bottom-up approach）从解决方案所需的组件开始，逐步向上设计直到较高的抽象级别。就像搭积木一样，各种组件可以一起使用构成新的组件并最终创建更大的结构。这个过程将一直持续，直到满足所有的需求。

与从高层结构开始的自顶向下方法不同，自底向上方法没有预先的架构设计。随着工作的推进，架构才慢慢*显现*。这一过程有时被称为*紧急设计*或*紧急架构*。

自底向上方法不需要深刻地理解领域，因为团队每次只关注领域的一小部分。随着团队对问题领域以及解决方案的了解越来越多,系统会逐步完善。

自底向上方法的优点

自底向上方法的一个优点是简单。团队只需要关注独立的部分,并且在一个迭代中只构建所需的部分即可。

这种方法很适合与敏捷开发方法搭配使用。在能应对变更的迭代方法中,可以进行重构从而添加新功能或更改现有功能。每次迭代都以软件的一个可运行版本结束,直到最终构建了整个系统。推荐使用敏捷实践,比如自动化单元测试和持续集成,以得到更高质量的软件。

自底向上方法避免了进行大量预先设计(这种设计可能是对解决方案的过度设计)。敏捷社区中的一些人认为,大量预先设计是在浪费时间,而紧急设计或**不预先设计(no design up front,NDUF)**是更有效的。

自底向上方法允许开发团队在流程的早期就开始编码,这也意味着测试可以更早进行,包括自动化单元测试以及由团队成员(比如 QA 分析师和其他用户)进行的人工测试。在过程中尽早获得反馈使得团队能够尽早发现任何必要的更改。

这种方法促进了代码重用。因为团队在给定的时间内只关注有限数量的组件,使得识别重用变得更加容易。

自底向上方法的缺点

自底向上方法(或者紧急方法)低估了变更的代价。敏捷方法和实践提供了一种能够预测并适应变更的方法。然而,根据变更的性质,重构软件架构设计的成本可能会非常高。

没有初始架构的自底向上方法可能导致较差的可维护性。使用自底向上方法必须进行重构,问题也会随之产生。如果团队不积极进行重构,随着时间的推移,现有问题会变得更加严重。

在使用此方法时,我们可能还不知道工作所涉及的范围。这使得计划和评估整个项目非常困难,这种情况对于企业软件来说是不可接受的。

自顶向下方法的缺点之一是设计缺陷可能不会在早期被发现,从而导致代价高昂的重构。

当然,仅仅因为自底向上方法不进行初始设计,并不能确保它在后期不会有设计缺陷。有可能直到架构 *显现* 后,某些设计缺陷才会变得明显。

应该使用哪种方法?

在决定是自顶向下还是自底向上的方法对软件项目更有利时,有一些因素需要考虑。软件架构师可能会发现,如果下列情况中有不止一项是符合的,那么使用自顶向下方法更加合适:

- 项目规模很大;
- 项目很复杂;
- 企业软件是为组织设计的;
- 团队规模大,或者有多个团队将合作同一个项目;
- 领域已经被充分理解。

如果下列情况有不止一项属实,那么使用自底向上方法可能更加合适:

- 项目规模很小;
- 项目不是很复杂;
- 企业软件不是为组织设计的;
- 团队规模小,或者只有一个团队;
- 领域尚未被充分理解。

采用极端的方法,比如在前期做大量架构设计或者根本不做架构设计,通常都是不理想的。尽管会有一些情况促使你选择自顶向下或者自底向上的方法,但是作为软件架构师,你也可以考虑将这两种方法结合使用。通过这种方式,可以认识到两种方法的好处,同时最大限度地减少问题。

在项目的开始阶段,自顶向下方法不会立即开始编码,而是至少花一些时间来考虑设计的总体结构。高级架构设计可以提供一些用于进一步设计和开发的结构。

高级架构设计可用于定义和组织团队,并为项目管理者提供细节,从而进行资源分配、日程安排和预算计划。作为一名软件架构师,你可能会被要求提供关于这些项目管理活动的输入,而有一个高层架构可以帮助你完成这些任务。

那些提倡严格的自底向上方法（在这种方法中架构随着实现的推进而逐渐显现）的人，通常认为软件架构阻碍了敏捷性和对软件进行变更的能力。然而，正如在第 1 章"软件架构的含义"中提到的，一个好的软件架构实际上有助于进行和管理变更，它能够帮助你理解进行特定变更所需的条件。

使用自顶向下方法进行部分设计并不意味着大量的前期设计。你可以只关注架构上重要的设计问题，一旦建立了高级架构，就可以开始采用自底向上方法，然后设计和实现基于高层架构的组件和模块。

架构设计的质量并不仅仅依赖于选择正确的方法。必须在设计过程中做出正确的设计决策，因为自顶向下和自底向上的方法都可能导致糟糕的架构设计。使用自顶向下方法创建的设计可能会错过关键需求，从而导致代价高昂的架构重构。使用自底向上方法创建的设计可能需要大量的重构，同时团队需要弄清楚软件系统应该如何构建。

没有一种方法是适用于所有情况的。每个项目、组织和团队都是不同的，因此采取哪种方法的决策也会不同。即使采用混合的方法，前期架构设计的数量也会不同，所以关键在于决定需要多少设计，这是软件架构师面临的挑战。优秀的架构师最终会了解到对于给定情况需要做出多少设计才是最合适的。

绿地软件系统和棕地软件系统

当设计过程开始时，首先要考虑的一个问题是，你在设计一个绿地系统还是一个棕地系统。**绿地（greenfield）**和**棕地（brownfield）**这两个术语在很多领域中都有使用。事实上，这类似于建筑工程，项目可以从*绿地*（未开发的土地）或者*棕地*（以前开发过但目前未使用的土地）开始进行。

绿地系统

绿地软件系统（greenfield software system）指的是一种全新的、从头开始进行的软件应用程序，不存在任何先前工作的限制。绿地系统适用于已经被充分理解的领域，或者一个全新的领域。

已经被充分理解的领域指的是一个成熟的领域，创新的可能性是非常有限的，比如 Windows 桌面应用程序、标准移动应用程序和企业 Web 应用程序。你需要构建的软件已经有了现成的框架、工具和示例架构。通常而言，已有应用程序的软件架构可以用作指导。

你很有可能为一个已经被充分理解的领域开发软件，其好处是，你可以利用那些构建过类似应用程序的人的知识和经验。

一个新领域的绿地系统也是一个新的软件应用程序，不需要考虑任何先前的工作。成熟领域的绿地系统和新领域的绿地系统之间的区别在于，新领域尚未被充分理解，需要更多的创新。

与成熟领域不同，对于一个新领域，可能找不到那么多的支持信息。你需要花费时间构建原型来测试你的解决方案，而不是过多地依赖于已有架构或大量的知识库。

对于新领域，首先设计一个 *一次性原型* 是有帮助的。这通常是软件系统某些部分的原型，你可以对其进行测试，例如从用户那里获得反馈或测试质量属性。这将帮助你了解如何为新领域提供可行的解决方案。

一次性原型不是为了长期使用而构建的，因此使用一次性这个术语，所以诸如可维护性和可重用性之类的属性不是此类原型的重点。如果你正在使用新的技术，或者还不熟悉的技术，原型是试验解决方案的好方法。

棕地系统

棕地软件系统(brownfield software system)是一种已有的软件系统。如果对系统的变更影响到了架构，则需要重新进行架构设计。为了纠正缺陷、实现新功能或更改现有功能，修改有时是必要的。

架构变更也可以在已有软件上执行，在不改变任何功能的情况下以某种方式进行改进。例如，可以重构现有软件系统的架构以改进特定的质量属性。大多数情况下，在棕地系统上的工作不会涉及整体架构的大规模更改，除非需要进行重大返工。

对于棕地系统的软件架构设计来说，第一个关键步骤是理解现有架构。你需要了解总体结构、元素以及这些元素之间的关系。从这一角度来看，这样的设计方式与经过一些迭代后建立起初始架构的绿地系统并没有太大的不同。

我们将在第 14 章"*遗留应用架构设计*"中进行探讨。

架构驱动

架构驱动(architectural drivers)指的是需要为软件系统做出的、在架构方面具有重要意义的考虑。它们*驱动*和指导软件架构的设计。架构驱动描述你正在做什么以及为什么要这样做。软件架构设计需要满足架构驱动。

架构驱动是设计过程的输入,包括:

- 设计目标;
- 主要功能需求;
- 质量属性场景;
- 约束;
- 架构关注点。

设计目标

设计目标(design objectives)关注架构设计的目的。换言之,对于所讨论的特定软件设计,背后的原因是什么?

设计目标会影响设计,因此是架构驱动之一。一个常见的设计目标是在开发之前为解决方案设计架构。总体目标是促进满足需求的解决方案的实现。

这种类型的设计目标可能是针对绿地系统或棕地系统的。正如我们之前探讨过的,不同系统之间的差异可能会导致你关注不同的设计目标。

为开发而设计软件架构并不是设计目标的唯一类型。作为一名软件架构师,你可能会参与项目提案。对于这样的售前活动,设计目标可能集中于软件的功能、可能的交付时间框架、工作任务的分解,以及提议的项目的可行性。如果这是设计的目标,那么这种类型的初始设计就不会像为开发而设计那样详细。

若是为了项目提案,则不需要像准备开发时那样详细。你可能会被要求在短时间内完成一个项目提案的设计,以满足特定的销售期限。此外,直到销售完成,你可能都不会获得资金或时间进行全面的设计。

类似的,软件架构师可能需要创建一个原型。这可能是为了项目提案,也可能是为了测试一个新的技术或框架,或者是为特定问题的某些解决方案创建一个**概念证明**(proof of concept,POC),或者是探索如何有效地满足某个质量属性。与项目提案一样,如果设计目标是创建原型,那么软件架构设计的重点和范围将与为开发所做的不同。

在开始进行软件架构设计时,务必将设计目标作为架构驱动牢记在心。

主要功能需求

在架构设计中,另一个重要的输入是需要被满足的**主要功能需求**(primary functional requirements)。主要功能需求指的是对组织的商业目标至关重要的需求。在*第 3 章"理解领域"*中,我们探讨了核心领域,它是使软件值得编写的领域的一部分。一些主要功能需求来自核心领域,这是组织与竞争对手的区别所在。

尽管满足功能需求是软件架构设计的目标,但请记住,并非所有功能都受到架构的影响。虽然一些功能受到架构的高度影响,但是其他功能可能可以利用不同的架构一样完成交付。

即使在功能不受架构直接影响的情况下,功能需求也可能因为其他原因成为一种架构驱动,比如需要在以后对功能进行修改。软件架构会影响软件的可维护性和可修改性。

质量属性场景

质量属性是软件系统的可度量属性。它们是非功能性需求,比如可维护性、易用性、可测试性和互用性。我们一直在强调质量属性的重要性,因为它们对软件系统的成功至关重要,并且软件架构决策会对它们产生影响。

这使得质量属性成为软件架构设计中的主要架构驱动之一,所做的设计决策将决定能够满足哪些质量属性。作为架构驱动,质量属性通常在特定场景的上下文中进行描述。

质量属性场景(quality attribute scenario)是对软件系统应该如何响应特定刺激的简短描述。场景使质量属性可度量、可测试。例如,*性能*这一质量属性或者声明特定功能应该快速响应这一需求,是不可度量或测试的。一个与性能相关的有效质量属性示例如下:*当用*

户选择登录选项时,应在两秒内显示登录页面。

确定质量属性场景的优先级

在开始架构设计过程之前,应该首先确定质量属性场景的优先级。在设计架构时,了解每个质量属性场景的优先级是很有帮助的。除了能够进行相应的规划,例如首先关注高优先级的质量属性之外,在启用某些质量属性时可能会有所权衡。理解优先级将帮助你做出更好的设计决策,不论是关于质量属性还是任何需要做出的权衡。

可以根据两个标准对质量属性场景进行排序:它们的商业重要性和与场景相关的技术风险。可以使用**高(H)**、**中(M)**、**低(L)**进行等级评定。

利益相关者可以提供基于商业重要性的排名,而软件架构师通常提供基于技术风险的排名。一旦排名完成,每个质量属性都会有两种排名的组合。

如果每个质量属性场景都被分配了一个唯一的数字,则可以将它们列在一个表中,如表 5-1 所示:

表 5-1　每个质量属性场景分配一个唯一的数字

商业重要性/技术风险	L	M	H
L	6,21	7,13	15
M	3,10,11	14,16,17	1,5
H	4,18,19,20	2,12	8,9

越靠近表格右下方的质量属性场景具有越高的重要性。最重要的是那些拥有(H,H)排名的,这表明它们在两种标准上都排名最高。初始设计迭代可以优先关注这些场景,而后续设计迭代可以考虑在剩下的质量属性场景中比较重要的那些,比如(H,M)和(M,H),直到所有的质量属性场景都被考虑到。

约束

约束(constraints)是施加在软件项目上的必须由架构满足的决策。它们通常无法更改,且可以影响软件架构设计,因此是架构驱动的一种。

约束通常在项目开始时就确定了,可以是技术约束,也可以是非技术约束。技术约束的例子包括需要使用特定的技术、能够部署到特定类型的环境,或者使用特定的编程语言。非技术约束的例子包括需要遵守某一规定或项目必须在特定期限内完成。

约束也可以根据内部或外部进行分类。内部约束来自组织内部,你可能对它们有一定的控制。相反,外部约束来自组织外部,你可能完全无法控制。

与其他架构驱动一样,在设计中需要考虑约束,将其作为设计过程的输入。

架构关注点

架构关注点(architectural concerns)是软件架构师的兴趣所在,因为会影响软件架构,所以属于架构驱动的一种。就像功能需求和质量属性对于利益相关者来说是重要的设计问题一样,架构关注点对于软件架构师来说也是重要的设计问题。

架构关注点需要被视为设计的一部分,但并不是功能需求。在某些情况下,它们可能被视为质量属性而不是架构关注点,或者架构关注点可能引发新的需要满足的质量属性场景。

例如,软件架构师可能会关注与软件植入或日志记录相关的问题。如果这些没有被记录为质量属性的一部分,比如可维护性,那这个架构关注点可能会引发一个新的质量属性。

优秀的软件架构师能够根据他们正在设计的软件类型识别潜在的架构问题。架构关注点也可能来自以往的架构设计,因此要注意,架构变更也可能会引发新的关注点。

利用设计原则和现有的解决方案

为具有一定复杂性的项目从头设计软件架构是一项具有挑战性的任务。为此,软件架构师在设计架构时可以使用许多工具。

项目面临的设计问题可能已经被其他人解决,相比于*重新发明轮子*,你可以在你的架构设计中利用这些解决方案。这些架构设计原则和解决方案有时被称为**设计概念**,是用于设计软件架构的基本构建模块。

选择一个设计概念

设计概念有很多,因此软件架构师需要知道哪些设计概念适用于哪类问题,然后在候选方案中选择最合适的一个。可能还会存在需要组合多个设计概念来创建解决方案的情况。

根据所处的架构设计阶段和问题的性质,某些设计概念将比其他设计概念更有意义。例如,在创建架构的初始结构时,参考架构是有用的,但是在设计的后期,当考虑一个特定的质量属性场景时,可能会使用一个策略。

软件架构师通常基于自己的知识和经验或借鉴团队成员的知识和经验来确定哪些设计概念是可用的,并遵循最佳实践。

在已经确定的多个候选方案中选择一个设计概念时,你需要权衡利弊以及每个候选方案的成本。在选择设计概念时,要记住所有的项目约束,因为约束可能会限制你的选择。

你可以使用的一些设计概念包括软件架构模式、参考架构、策略和外部开发的软件。

软件架构模式

在设计软件架构时,你所面临的一些设计问题可能已经被其他人解决了。**软件架构模式**(**software architecture patterns**)为重复出现的架构设计问题提供了解决方案。模式的发现是通过观察人们如何成功地解决问题,然后记录这些模式以便重用。如果软件应用程序具有相同的设计问题,则可以在架构设计中利用这些模式。

当软件架构师遇到可以通过模式解决的问题时,他们应该尝试利用其他人的工作和经验。具有挑战性的部分是了解哪些模式是可用的,以及哪些模式适用于你正在解决的问题。

对于任何设计模式,你都不应该强行使用它。只有当一个架构模式真的能够解决你面临的设计问题,并且它是在给定上下文中的最佳解决方案时,才应该使用该模式。

我们将在第 7 章*"软件架构模式"*中更详细地探讨。

参考架构

参考架构(**reference architectures**)是最适用于特定领域的架构的模板。它由软件架构的设计工件组成,提供推荐的结构、元素和元素之间的关系。

参考架构的好处

对于需要某种特定设计的系统,参考架构可以解答许多常见的问题。它们对软件架构师非常有帮助,因为它们为问题域提供了经过测试的解决方案,并减少了设计软件架构的复杂性。无论是在技术环境还是商业环境中,都证明了参考架构是特定问题的可行解决方案。

使用参考架构使得团队可以更快地交付解决方案,并且错误更少。因为重用架构提供了很多好处,比如更快地交付解决方案、减少设计工作量、降低成本以及提高质量。

对于软件架构师来说,学习并利用以往的软件项目经验是非常有价值的,可以帮助我们避免某些错误,并且可以防止由于未使用已证明的方法而导致的代价高昂的延迟交付。

根据需要重构参考架构

没有使用参考架构的设计可能需要多次迭代才能产出最终结果,使用了参考架构也是如此。需要根据参考架构做出一些设计决策。

在架构设计的迭代过程中,可以对参考架构进行重构,以满足正在设计的软件应用程序的特定需求。需要重构的程度取决于参考架构在多大程度上满足功能和质量属性需求。

参考架构可以在不同的抽象级别上创建。如果你想使用一个参考架构,但它不是你需要的抽象级别,那么你仍然可以从中学习,并在设计自己的架构时将其作为指导。

对于已经被充分理解的领域,可能有很多参考架构供你使用。相反,如果你正在为一个新领域的新系统设计解决方案,那么能够使用的参考架构就很少,甚至没有。即使是这种项目,你也能找到可以利用的参考架构,即使它只是设计的一部分。与使用更合适的参考架构相比,它可能只需要更多的细化和重构。

当你引入一个参考架构时,你同样引入了该参考架构需要解决的问题。如果一个参考架构处理特定的设计问题,那么你也需要做出有关该问题的设计决策,即使你没有与之相关的特定需求。这个决策很可能是从你的架构中移除参考架构中的某些内容。

例如,如果参考架构将植入作为横切关注点,那么你需要在设计期间做出关于植入的设计决策。

创建自己的参考架构

一旦组织拥有了完整的软件架构(它可能使用了参考架构,也可能没有),那么它本身就可以成为参考架构。当组织需要创建新的软件应用程序时(可能是作为软件产品线的一部分),它可以使用现有产品的架构作为参考架构。

使用自己组织的参考架构就像使用其他参考架构一样。这样做可以获得很多好处,但是在特定的应用程序中使用它们时可能需要进行一定的重构。另一个好处在于,参考架构可能和你的领域已经非常契合。

策略

策略(tactics)是会影响质量属性场景的行之有效的技术。它们专注于单个质量属性,因此比其他设计概念(比如旨在解决大量设计问题的架构模式和参考架构)更简单。

策略为满足质量属性提供了选项,并且需要使用其他设计概念(比如架构模式或外部构建的框架)和代码,以完成策略。

让我们回顾一些在探讨质量属性时涉及的策略,例如:

- 通过增加内聚性和减少耦合来降低组件的复杂性,从而满足可维护性的质量属性场景;
- 通过向用户展示友好的提示性信息来提升场景的易用性;
- 在流程中实现重试策略,以处理可能的瞬态故障,从而提升可用性的质量属性场景;
- 通过确保软件的升级过程能够正确地清理掉旧版本,从而提升可安装性,满足可移植性的质量属性场景。

外部开发的软件

当设计软件架构时,你要为许多设计问题做出设计决策。其中一些设计问题已经有了外部开发的解决方案。相比于再构建一个内部解决方案来解决特定的设计问题,你大可以利用已经在组织外部开发的软件。

外部开发的软件(externally developed software)可以有不同的形式,比如组件、应用程序框架、软件产品或平台。有许多外部开发的软件,例如用于日志功能的日志库、用于创建用户界面的 UI 框架,或者用于服务器端逻辑的开发平台。

购买或构建?

软件架构师需要做出的决策之一是经典的*购买或构建*。当你需要一个特定设计问题的解决方案时,你将需要决定是购买它还是构建它。当使用*购买*一词时,我们指的是使用外部构建的东西,而不一定是用钱购买。根据正在寻找的解决方案类型,可能有许多免费的解决方案可供使用,包括那些开源的解决方案。

在决定是使用外部开发的解决方案还是内部构建解决方案时,你必须首先了解你试图解决的问题,以及该问题的范围。你需要研究外部开发的软件是否能够解决该设计问题。如果这个问题是你的组织特有的,那么可能没有任何合适的软件可用。

你还应该了解组织是否拥有或者能够获得资源来构建、维护和支持一个解决方案。如果该解决方案打算由项目团队内部构建,那么必须有足够的资源(包括时间)来构建它。

构建的优/缺点

内部构建的优点是该解决方案对你的组织是独一无二的,并且是量身定制的。组织能够掌控该解决方案,包括源代码的完整所有权。这将允许组织以任何方式修改它。组织完全有权利进行需要的变更或添加功能。

自行构建的另一个好处是可以有竞争优势。如果该解决方案能够提供一些竞争对手目前没有的特性,那么构建并拥有该解决方案可以为组织提供战略优势。

构建的缺点是需要时间和资源,并且最终的结果可能不像外部开发的解决方案那样具有稳健的特性集。例如,如果你需要将分布式的、可伸缩的、企业级的全文搜索引擎作为应用程序的一部分,那么不使用已有的经过验证的解决方案,而选择自己构建可能是不切实际的。

购买的优/缺点

使用外部开发的解决方案有其自身的优点。首先,能够节省时间,因为不需要花费任何精力进行开发。其次,如果该解决方案已经经过测试并在生产中使用,那么它的质量可能很高。最后,来自其他软件用户的反馈能够暴露出尚未修复的问题。

外部解决方案可能会不断改进,以达到更高的质量或者引入新特性。相关的支持和培训可能是你的团队能够利用的。

然而,使用外部开发的解决方案也有缺点。使用这样的解决方案可能会有成本。根据许可证类型的不同,你可能无法访问源代码,并且可能在如何使用解决方案方面受到限制。如果你不能修改解决方案,意味着该解决方案的功能将由其他人控制,它可能并不完全符合你的需求。此外,如果解决方案存在问题,或者你需要以某种方式对其进行更改,那么你就需要依赖外部组织。

研究外部软件

为了找出是否存在能够解决当前问题的外部软件,或者为了从多种可能的候选方案中选择一个合适的外部解决方案,需要进行一些研究。

软件架构师应该考虑以下几点:

- 它是否解决了设计问题?
- 软件的成本是否可以接受?
- 软件附带的许可证类型是否与项目的需求兼容?
- 软件是否易用? 团队有没有可以使用该软件的资源?
- 软件能否与项目中将要使用的其他技术集成?
- 软件是否成熟,是否提供稳定的版本?
- 软件是否提供了可能需要的技术支持,无论是有偿支持还是通过开发社区?
- 软件是否知名,组织是否可以轻松地雇用熟悉它的员工?

创建一个或多个使用候选解决方案的原型是评估和比较它们的好方法。也可以使用概念验证(POC)来确保这是一个可行的解决方案。

我应该使用开源软件吗?

在寻找能够解决设计问题的外部解决方案时,一种方法是找到能够满足需求的**开源软件**(**open source software,OSS**)。OSS 是由社区编写的,旨在供社区使用。

开源软件具有良好的可用性,并且适用范围广泛,对于各种问题都有很多可用的解决方案。现在将开源解决方案作为软件应用程序的一部分是非常普遍的。有些组织不允许使用开源软件,但是如果你的组织允许,那么你应该考虑将其作为给定任务的可行解决方案。

选择开源软件时要考虑的一个问题是与之相关联的许可证。许可证规定了可以使用、修改和共享软件的条款和条件。较为流行的是一组由**开放源代码促进会**（**Open Source Initiative, OSI**）批准的许可证。一些由 OSI 批准的许可证包括（按字母顺序排列）：

- Apache License 2.0；
- BSD 2-clause*简版*或 *FreeBSD* 许可证；
- BSD 3-clause*新版*或*修订*许可证；
- 共同开发和发布许可证；
- Eclipse 公共许可证；
- GNU 通用公共许可证（GPL）；
- GNU Lesser 通用公共许可证（LGPL）；
- MIT 许可证；
- Mozilla 公共许可证 2.0。

不同许可证的条款和条件存在差别。例如，你的应用程序可以使用带有 MIT 许可证的开源软件，并且你可以选择在不开源自己代码的情况下发布你的应用程序。

相反，如果你的应用程序使用了带有 GNU 通用公共许可证的软件，那么你的应用程序必须开源之后才能发布。即使此应用程序是免费的，并且你没有以任何方式更改你正在使用的开源软件。如果你的软件仅供内部使用，并且没有发布，那么应用程序可以保持私有和闭源。

使用开源软件的优点

使用开源软件有很多好处，这也是它流行的原因。使用开源解决方案与使用购买的解决方案有许多共同的优点。你不需要花时间构建解决方案，它可能已经提供了一组稳健的特性，而且可能是经过很多其他用户测试和验证的解决方案。

与必须购买的软件不同，开源软件是免费可用的，因此可以节省成本。你只需要记住软件附带的许可证即可。

如果某开源软件是一个受欢迎的解决方案，并且拥有活跃的社区，那么它可能会通过缺陷修复和增加新特性的方式不断得到改进。这项工作对你是很有利的，因为很多人都在使用和处理相关代码，其中的缺陷能够很快被发现和修复。这就是*"李纳斯定律"*背后的思想，该定律是以 Linux 内核的创始人 Linus Torvalds 的名字命名的。李纳斯定律是说，只要有足够的眼球,或者有足够的人去查看代码,所有的缺陷都是浅显的。换言之,当很多人查看代码时,问题将很快被发现,并且被修复。

尽管有些人认为开源软件由于代码的可用性而不太安全,但有些人认为它反而更安全,因为有 *很多人* 在使用、查看和修改代码。

开源软件的另一个优点是可以访问源代码。如果有必要,你的开发团队可以修改它,就像使用内部解决方案一样。

使用开源软件的缺点

尽管开源软件有不少优点,但是你也应该考虑它的一些缺点。即使这个软件是免费的,但使用它还是有成本的。比如需要花时间将解决方案集成到软件系统中,并为此付出相应的成本。如果必须以任何方式修改开源软件以适应项目的需要,那么也会有与该工作相关的成本。

如果软件非常复杂,并且团队中没有人知道如何使用该软件,那么就需要进行一些培训。学习如何使用开源软件也是需要时间的。

即使是一个拥有活跃社区的流行开源项目,也无法保证该软件能一直获得支持。软件总是有过时的风险。如果该项目被放弃,你将无法依赖他人修复缺陷或开发新功能,除非开发团队自己执行这些工作。

开源软件项目的安全性降低的一个原因是没有人积极地维护它。即使项目还没有被放弃,也没有人必须阅读它的代码。通常而言,程序员写的代码要比读的代码多。一些安全漏洞的存在表明,关键的安全漏洞很可能在一段时间内无法被发现。

尽管有李纳斯定律,但源代码随时可用这一事实带来了一定程度的安全风险。有恶意的人可以分析源代码以识别安全漏洞并利用它们。

记录软件架构设计

架构设计的一个重要部分是记录设计,包括在过程中做出的很多设计决策。这些通常是以绘制架构视图和记录设计依据的形式进行的。

绘制架构设计

软件架构通常是以创建架构视图的形式来记录的。架构视图是软件架构的文档化表示,可用于将架构传达给各种利益相关者。通常需要为一个架构创建多个视图,因为软件架构太复杂,无法用单一的、全面的模型来表示。

通过视图对软件架构进行正式的文档化将在第 12 章 *"软件架构的文档化和评审"* 中介绍,这些通常不会作为设计过程的一部分。在架构设计期间,主要创建草图形式的非正式文档。草图可以记录结构、元素、元素之间的关系,以及使用的设计概念。

这些草图不一定需要使用任何正式的符号,但它们应该是清晰的。虽然没有必要把所有东西都画出来,但至少应该画出重要的决策和设计元素。可以使用白板、纸或者建模工具绘制这些草图。

在设计过程中通过创建草图来记录设计,将有助于你在稍后创建架构视图。如果你已经有了非正式的草图,那么创建正式文档时会更容易。

在设计时记录设计还可以确保在创建架构视图时不会忘记任何设计细节。后期会对架构进行分析和验证,以确保它满足功能性需求和质量属性场景,因此在设计期间记录细节是很有帮助的,这些细节可以用来解释架构设计是如何满足需求和质量属性的。

如果你无法画出设计的某一部分,你就必须考虑可能的原因。也许架构没有被充分理解,架构太复杂,没有认真思考如何表达架构,或者有的部分你并不清楚。如果是这种情况,你应该重新审视设计,直到你能够画出草图。如果你能够毫不费力地、清晰地绘制出在迭代中创建的设计草图,你的用户就能理解它。

记录设计依据

软件架构设计需要做出许多设计决策,软件架构师应该将这些决策及其设计依据一起记录下来。虽然设计草图可以解释设计的内容,但是并没有给出任何设计依据。

设计依据(design rationale)解释了在软件架构设计期间所做决策背后的原因和合理性。设计依据还可以包括*未做出*的决策的文档,以及为已做出的决策所考虑的候选方案。对于每一个未被选择的候选方案,都可以记录其原因。

在设计过程中或完成后记录设计依据都是有用的。编写设计依据的软件架构师有机会展示他们的想法和论点,也可能暴露他们思维中的缺陷。

一旦设计依据被记录下来,任何想知道为什么做出特定设计决策的人都可以现在甚至在一段时间后参考它。即使是参与设计决策的人,包括软件架构师,也可能会忘记特定决策背后的依据,届时就可以参考这个文档。

设计依据的编写应该参考所设计的具体结构和将要满足的具体要求。一些软件设计工具提供的功能可以帮助软件架构师获取设计依据。

一个完整的设计依据提供了软件架构设计过程的历史记录。设计依据有很多用途,比如设计评估、设计验证、知识传递、设计沟通、设计维护、文档编制和设计重用。

设计依据用于设计评估

设计依据可以用来评估不同的软件架构设计及其设计选择。各种不同的设计可以相互比较,并且可以了解一种设计在什么情况下会被选择。

设计依据用于设计验证

软件架构设计验证的目的是确保设计的软件系统符合预期。它会验证软件架构是否满足需求(包括质量属性),是否按预期工作。设计依据可以作为验证的一部分。

设计依据用于设计知识传递

设计依据可以用于将知识传递给团队成员,包括在开发期间或软件进入维护阶段之后加入的新成员。

团队成员可以通过检阅设计依据来了解设计决策及其背后的原因。如果最初的软件架构师和其他协作设计软件架构的人已经无法以其他方式提供资料,设计依据将是最有用的。

设计依据用于设计沟通

在不同的时候,与不同的利益相关者交流软件架构的设计是非常必要的。设计依据提供的信息增加了整体交流的价值。

此外,评审软件架构的人可以使用设计依据了解特定设计决策背后的原因。

设计依据用于设计维护

在软件项目的维护阶段,了解软件架构设计决策的依据是很有帮助的。当软件的某个部分在维护阶段需要进行变更时,设计依据可以帮助确定软件的哪些方面需要修改。

设计依据还可以用来识别软件中的弱点,以及软件中可以改进的地方。例如,基于特定的设计决策,可以启用或禁用质量属性,并且如果因为某些变更将改变这些决策,团队成员可以知道这些决策背后的原因。

设计依据还将列出未被选择的设计方案,让那些考虑修改的人能够避开之前被拒绝的设计方案,或者至少了解这些方案被拒绝的原因,以便做出更加明智的决策。

设计依据用于设计文档

软件架构必须被记录为文档,而设计依据是该文档的重要部分。如果文档只显示设计,那么那些看文档的人只能知道设计了 *什么* ,但不知道 *为什么* 会这样设计。他们也不会知道已经考虑过哪些候选方案,以及为什么这些候选方案被拒绝。

设计依据用于设计重用

软件架构重用涉及使用 *核心资产* 创建多个软件应用程序,允许跨多个软件产品重用架构组件。当组织试图提高效率时,可以重用架构组件以构建多个软件产品作为 *软件产品线* 的一部分。

了解设计依据可以促成成功的架构重用。它可以帮助设计人员理解应用程序的哪些部分可以重用,还可以提供一些关于组件可以在何处进行修改,以便在应用程序中重用的见解。由于软件产品之间的差异,可重用组件通常包含 *变化点* ,或者可以修改的地方,以便组件能够在特定的软件产品中使用。理解设计依据将有助于设计师正确地使用组件,并防止做出有害的修改。

使用系统化方法进行软件架构设计

如果你打算花一些时间来设计软件系统的架构，而不是让它在实现特性之后逐渐*显现*，那么你应该采用一种系统化的方式。

软件架构师需要确保他们正在设计的架构能够满足架构驱动，采用系统的方法有助于实现这个目标。在《设计软件架构：实用方法》（*Designing Software Architectures，A Practical Approach*）一书中，关于使用架构设计过程的描述如下所示：

"*问题是，如何真正执行设计？执行设计以确保驱动得到满足需要一个原则性的方法。所谓'原则性的'，指的是一种考虑了所有相关方面以产生合适设计的方法。这种方法提供了必要的指导，以确保驱动得到满足。*"

作为软件架构师，使用既有的架构设计过程将指导你如何设计一个满足功能需求和质量属性场景的架构。有很多设计过程可以用于软件架构，虽然它们彼此之间有区别，使用的术语也不同，但它们也有一些基本的共性。

软件架构设计的通用模型

在 Christine Hofmeister，Philippe Kruchten，Robert L. Nord，Henk Obbink，Alexander Ran 和 Pierre America 的论文《来源于五种工业方法的软件架构设计通用模型》（*A general model of software architecture design derived from five industrial approaches*）中，比较了五种不同的架构设计方法，并基于它们的共同点提出了架构设计的通用模型。拥有一个通用模型可以帮助我们理解在软件架构设计过程中通常会执行的活动类型，并使我们可以比较不同过程的优缺点。

可以发现，大多数架构设计过程包含如下活动：分析架构驱动，设计满足架构驱动的候选解决方案，评估设计决策和候选解决方案，以确保它们是正确的。

在《来源于五种工业方法的软件架构设计通用模型》中定义了三个主要的设计活动（图 5-1）：**架构分析（Architectural Analysis）**、**架构合成（Architectural Synthesis）**和**架构评估（Architectural Evaluation）**。

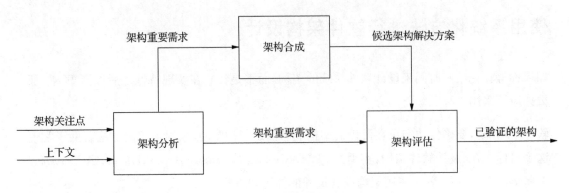

图 5-1　主要的设计活动

架构分析

在**架构分析**（architectural analysis）阶段，将识别架构试图解决的问题，这些被称为**架构重要需求**（**architecturally significant requirements, ASRs**），因为它们会影响架构的设计。但是，并不是所有需要考虑的设计问题都是需求。我们必须处理所有架构驱动，包括设计目标、主要功能需求、质量属性场景、约束和架构关注点。

架构分析的输出是一组架构驱动，它们将作为架构合成的输入。

架构合成

基于在架构分析活动中确定的一组架构驱动，将在**架构合成**（architectural synthesis）活动中设计解决方案。正是在这一活动中，我们将利用诸如架构模式、参考架构、策略和外部开发的软件等设计概念，并将它们与结构、元素和元素之间的关系相结合。通过这一活动，为架构驱动集构建了解决方案。

架构合成活动的输出是针对特定问题的一个或多个候选解决方案。

架构评估

在**架构评估**（architectural evaluation）阶段，将评估在架构合成活动中设计的候选解决方案，以确保它们解决了预期的问题，并且做出的所有设计决策都是正确的。

在架构评估活动结束时，每个候选解决方案或者验证通过，或者验证未通过。我们将在第

12 章 "软件架构的文档化和评审" 中介绍如何评审软件架构。

架构设计是一个迭代的过程

在架构设计中发现的另一个重要的相似之处是它也是一个迭代的过程。设计一个软件架构过于复杂,无法一次性处理所有架构驱动。

架构的设计需要经过多次迭代,直到解决了所有架构驱动。每次迭代都是从选择架构驱动开始的。如果候选解决方案在架构评估阶段验证通过,那么这些设计决策将集成到总体架构中。

如果没有其他架构驱动需要解决,那么验证通过的架构就算是完成了。如果存在尚未解决的架构驱动,那么将开始新一轮的迭代。

选择架构设计过程

我们已经了解了在软件架构设计期间发生的基本活动,我们应该使用哪一个活动呢?存在许多不同的软件架构设计过程,比较设计过程的一种方法是检查设计过程的活动和工件:

- 设计过程的活动和工件是什么?
- 是否有你认为不必要的活动/工件?
- 你觉得缺少什么活动/工件?
- 设计过程的技术和工具是什么?

你可以将设计过程中的活动和工件与通用模型中的活动和工件进行比较。设计过程中的一些活动和工件可能在通用模型中有对应的部分,尽管可能使用的名称不同。设计过程中的活动和工件可能在通用模型中没有,通用模型中的活动和工件也可能在设计过程中没有。

在进行比较之后,你应该对每个设计过程以及它们的优缺点有了大致的了解。可以利用这些知识来选择最适合你的项目的方法。

软件架构师可以修改设计过程,使其更适合项目的需求,但这样的修改应该经过深思熟虑。如果在分析和选择一个设计过程之后,你觉得不需要其中的某一活动/工件,那么可以删除它。

相反,如果你看到一个设计过程缺少活动和/或工件,可以通过修改过程加上它。你可以利用技术、工具,甚至是另一种设计过程来补充你所选的设计过程中缺少的东西。

到目前为止,我们一直在使用通用术语讨论架构设计过程,现在让我们探索三个具体的过程,分别是 ADD、微软的架构和设计技术以及 ACDM。

属性驱动设计(ADD)

属性驱动设计(Attribute-Driven Design,ADD)是一种系统的软件架构设计方法。它是一种迭代的、有组织的、循序渐进的、可以在架构设计迭代中遵循的方法。

该方法在设计过程中特别关注软件的质量属性。因此,使用 ADD 的一个主要好处是,你可以在设计过程的早期阶段开始考虑质量属性。

在软件架构设计中启用一个质量属性可能会影响其他质量属性。因此,质量属性之间必须做出权衡。通过使用 ADD 方法关注质量属性,你可以在设计过程的早期阶段开始考虑这些权衡。

ADD 方法只关注架构设计,并不涵盖整个架构生命周期。换言之,ADD 方法不包括收集架构驱动、记录架构,或者在架构设计完成后进行评估。但是,可以将 ADD 与其他方法结合使用来填补这些空白。

ADD 是一种应用广泛的软件架构设计方法,已经成功应用于各种软件应用程序。属性驱动设计过程主要有八个步骤(图 5 - 2):

步骤 1——检查输入信息

ADD 过程的第一步是检查属性驱动设计的输入信息。在开始设计之前,需要确保我们清楚理解正在解决的整体设计问题。

输入是我们前面讨论过的架构驱动,包括:

- 设计目标;
- 主要功能需求;
- 质量属性场景;
- 约束;

• 架构关注点。

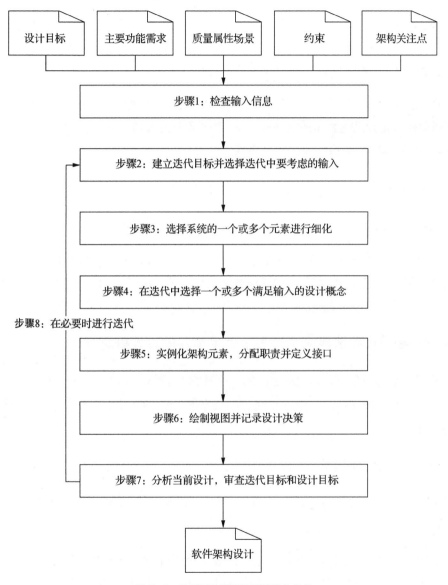

图 5 - 2　检查属性驱动设计的输入信息

如果软件系统是棕地系统,或者并非绿地系统架构设计的初始迭代,那么至少已经有了一部分架构。必须将现有架构视为迭代输入的一部分。

步骤 2——建立迭代目标并选择迭代中要考虑的输入

在检查输入后,就会进行一次或多次设计迭代,每个迭代都从*步骤 2*开始。如果你使用的是敏捷方法,那么将会进行多次迭代,直到架构完整并且设计目标完成。敏捷方法是首选,而且更普遍,因为很难一次性为所有架构驱动提供解决方案。

在每个迭代开始时,我们要为该迭代建立设计目标。我们要回答的问题是:*此次迭代中我们试图解决什么设计问题?* 每个目标将与一个或多个输入相关联。与目标相关的输入,或者架构驱动会被确定,并将作为迭代的主要关注点。

步骤 3——选择系统的一个或多个元素进行细化

基于我们所要创建的解决方案的迭代目标和架构驱动,我们必须选择将要拆分的各种元素。

如果你的项目是一个绿地系统,且这是第一次迭代,那么你将从最高级别的系统分解开始。如果这不是第一次迭代,那么系统在某种程度上已经被分解了。因此,你要在此次迭代中,选择关注一个或多个现有的元素。

步骤 4——在迭代中选择一个或多个满足输入的设计概念

一旦选择了元素进行分解,我们需要选择一个或多个设计概念用于满足迭代目标和输入(架构驱动)。设计概念指的是设计原则和解决方案,比如架构模式、参考架构、策略和外部开发的软件。

步骤 5——实例化架构元素,分配职责并定义接口

基于步骤 4 所选择的设计概念进行分析,以得到被分解元素的职责细节,以及这些元素的公共接口。

被分解的每个元素(父元素)可能会产生一个或多个子元素。我们将父元素的职责分配给各种子元素。父元素的所有职责都要考虑,无论它们在架构上是否重要。

步骤 6——绘制视图并记录设计决策

绘制视图以记录所设计的解决方案,便于进行交流。在此步骤中,将记录特定迭代期间所

做的所有设计决策,以及设计依据。

在这一步骤中创建的工件可以是简单的草图,而不必是正式的、详细的软件架构视图。在 ADD 流程中,架构视图的创建是在之后进行的。但是在这一迭代中所做的设计决策应该反映在草图中,之后可以被用于正式的架构视图。

我们将在 第 12 章"*软件架构的文档化和评审*"中进行深入讨论。

步骤 7——分析当前设计,审查迭代目标和设计目标

在软件架构设计迭代的最后一个步骤中,软件架构师和其他团队成员应该分析当前的设计,以确保设计决策是正确的,并且满足迭代目标和为迭代建立的架构驱动。

该分析的结果决定了是否需要进行更多的架构设计迭代。

步骤 8——在必要时进行迭代

如果需要进行更多的迭代,那么下一个迭代应该从 *步骤 2* 开始。作为一名软件架构师,有时你会觉得需要进行更多的迭代,但有些事情会阻止你。例如,项目管理团队可能会认为没有足够的时间进行更多的迭代,并且架构设计过程已经完成。

如果没有进一步的迭代,那么软件架构设计就算完成了。

微软的架构和设计技术

另一个设计软件架构的系统化方法是**微软的架构和设计技术(Microsoft's technique for architecture and design)**。和 ADD 一样,它是一种迭代的、循序渐进的方法。该流程可以用于设计初始架构,如果有必要的话,也可以在之后对其进行细化。这个过程主要包括五个步骤(图 5 - 3):

步骤 1——确定架构目标

设计过程从确定你希望实现的架构目标开始。这一步骤的目的是确保设计过程有明确的目标,以便针对适当的问题设计解决方案。一旦设计迭代开始,需要确保我们清楚理解正在解决的整体设计问题。

各种架构驱动,比如设计目标、主要功能需求、质量属性场景、约束和架构关注点,结合起来形成了架构目标。软件架构师还应该考虑谁将使用这一架构。架构设计可能被其他架构师、开发人员、测试人员、运维人员和管理人员使用。因此,在设计过程中,还应该考虑可能查看和使用此架构设计的各类人员的需求和经验等级。与 ADD 一样,如果软件系统已经有了一个架构,可能是棕地系统或者已有的设计迭代,那么现有架构也是一个需要考虑的因素。

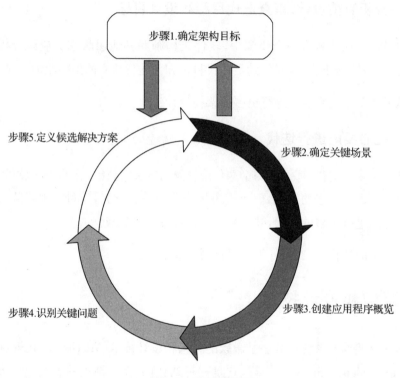

图 5-3　确定架构目标

步骤 2——确定关键场景

一旦确定和建立了设计目标,就将进行一次或多次设计迭代。*步骤 1* 只会出现一次,每个设计迭代都将从 *步骤 2* 开始。*步骤 2* 主要用于识别软件应用的关键场景。

在这个设计过程中,场景被定义为与软件系统的用户交互,而不仅仅是单个用例。关键场景是这些场景中最重要的,是应用程序获得成功所必需的。场景可以是一个问题、一个架构方面重要的用例(一个业务上很关键且具有高度影响的用例),或者涉及功能需求和质量属性之间的交叉点。再次强调,要记住质量属性可能需要权衡,因此场景应该考虑到这些因素。

步骤 3——创建应用程序概览

在此步骤中,将使用架构目标和关键场景创建应用程序概览。应用程序概览是架构完成后的样子,用于将架构设计与真实决策连接起来。

创建应用程序概览包括确定应用程序类型、部署约束、架构设计风格以及相关技术。

确定应用程序类型

软件架构师必须根据目标和关键场景确定哪种类型的应用程序是合适的。应用程序类型包括网页、移动软件、服务和 Windows 桌面应用程序。

一个软件应用程序也可能是多个类型的组合。

确定部署约束

在设计软件架构时,你需要考虑的约束是与部署相关的约束。你可能会被要求遵守组织的特定政策。此外,软件应用程序的基础设施和目标环境可能也是由组织决定的,而这样的约束是你必须解决的问题。

与软件应用程序和目标基础设施相关的任何冲突和问题越早识别出来,就越容易得到解决。

确定架构设计风格

架构设计风格,也称为架构模式,是对常见问题的通用解决方案。使用架构风格可以促进重用,即通过利用已有的解决方案解决重复出现的问题。

确定将在软件应用程序中使用的一个或一组架构设计风格,是创建应用程序概览的重要部分。我们将在第 7 章"*软件架构模式*"和第 8 章"*现代应用程序架构设计*"中详细讨论各种架构模式。

确定相关技术

现在,你可以为你的项目选择相关的技术了。这些选择将基于之前确定的应用程序的类型、架构风格和关键的质量属性。

除了针对特定应用程序类型的技术之外(例如,为 Web 应用程序选择 Web 服务器),还需要选择应用程序基础设施、工作流、数据访问、数据库服务器、开发工具和集成等类别的技术。

步骤 4——识别关键问题

这一步骤需要识别在架构中可能面临的重要问题。这些问题需要额外的关注,因为它们是最有可能出现错误的地方。

关键问题通常会以各种形式反映到质量属性或横切关注点上。我们在第 4 章*"软件质量属性"* 中了解了质量属性,并将在第 9 章*"横切关注点"* 中探索横切关注点。

根据所识别的问题分析质量属性和横切关注点,可以让你知道在设计中应该额外关注哪些地方。据此所做出的设计决策应该作为架构的一部分进行文档化。

步骤 5——定义候选解决方案

一旦识别了关键问题,就可以开始创建候选解决方案。根据此次迭代是否是第一次迭代,或者创建一个初始架构,或者改进现有架构以纳入当前迭代中设计的解决方案。

一旦候选解决方案集成到了当前迭代的架构设计中,就可以审查和评估该架构了。我们将在第 12 章*"软件架构的文档化和评审"* 中探讨更多细节。

如果认为架构设计需要更多的工作,那么就可以开始新一轮的迭代。这一过程将从*步骤 2* 确定下一个迭代的关键场景开始。

以架构为中心的设计方法(ACDM)

以架构为中心的设计方法(architecture-centric design method,ACDM) 是一种用于设计软件架构的迭代式过程。它是一种以产品为中心的轻量级方法,试图确保软件架构在业务和技术关注点之间保持平衡,并且试图使软件架构成为需求和解决方案之间的交叉点。

像所有的架构设计过程一样,ACDM 能为软件架构师设计架构提供指导。虽然它涵盖了软件架构的完整生命周期,但它并不是一个完整的开发过程。它的设计是为了与现有的流程框架相结合,因此可以与其他方法一起使用,以覆盖架构之外的活动。它不必取代现有的流程框架,而是可以对其进行补充。

ACDM 中步骤的数目和命名有一些小的变化,但本质上是相同的。让我们来了解一下 ACDM 的七个步骤(图 5 - 4):

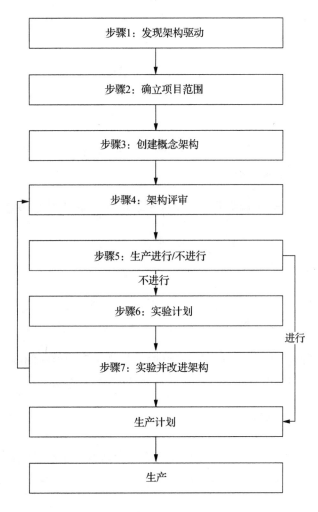

图 5 - 4　ACDM 的七个步骤

步骤 1——发现架构驱动

ACDM 的第一步是与利益相关者会面,以确定架构驱动,其中包括设计目标、主要功能需求、质量属性场景、约束和架构关注点。质量属性场景的优先级排序也属于这一步。

步骤 2——确立项目范围

在这个步骤中,将审查*步骤 1*中确立的架构驱动。首先,对收集到的信息进行合并,删除重复的架构驱动。

接下来,如果收集到的架构驱动中有不清楚、缺失或不完整的地方,那么就需要补充额外的信息。任何不可度量或不可测试的需求或质量属性场景也是如此。

如果需要补充任何说明或者附加信息,将在此步骤中从利益相关者处收集。

步骤 3——创建概念架构

使用架构驱动,可以创建一个概念架构。这是设计架构的第一次尝试。需要将组成架构的结构的初始表示创建并记录下来。

我们通常不会花很多时间在概念架构上,因为架构通常需要经过多次迭代与完善才能完成。

步骤 4——架构评审

在这个步骤中,将对已有的架构进行评审。评审可以在内部进行,也可以在外部与利益相关者一起进行,甚至可能安排多轮评审,这样内部和外部评审都可以进行。

评审的目的是确保所有的设计决策都是正确的,并发现架构的潜在问题。对于给定的设计决策,可以讨论候选方案,以及决策背后的权衡和依据,以确定是否采用了最佳的方案。

步骤 5——生产进行/不进行

一旦架构评审结束,就能决定架构是否已经完成且可以投入生产,或者是否需要进一步的改进。在 ACDM 上下文中,*生产*指的是实现,包括在元素的详细设计、编码、集成和测试中使用架构。

架构评审过程中识别出的任何风险都将在生产进行/不进行的决策中进行考虑。这个决策不一定是极端的全部进行或者全部不进行。可能只有部分设计需要进一步改进,在这种情况下,另一部分设计可以投入生产。

如果决策是可以进行生产,并且不需要进一步改进,那么过程将跳转到生产计划,并最终生产。但是,如果决策是不进行生产,那么过程将跳转到步骤 6。

步骤 6——实验计划

在这个步骤中,将对团队认为必要的实验进行计划。实验的目的可能是解决在架构评审期间发现的问题,更好地理解架构驱动,或者是在并入整体架构之前改进设计的元素和模块。

实验计划包括确定实验目标、估计工作量,以及分配需要的资源。

步骤 7——实验并改进架构

步骤 6 中计划的实验将在此步骤中进行,实验结果将被记录下来。根据实验结果,如果架构需要改进,那么就在此步骤中完成。

改进完成后,流程回到*步骤 4*,以进行下一轮的架构评审。

生产计划与生产

一旦架构设计迭代完成,并且架构已经准备好进入生产阶段,就可以执行生产计划了。再次强调,ACDM 上下文中的*生产*指的是在实现过程中使用架构。

在这个上下文中,生产计划包括对元素的设计和开发进行规划、安排工作,并为任务分配资源。项目管理团队以架构为基础创建工作计划。

一旦架构投入生产,就可以被开发团队用于元素的详细设计、编码、集成和测试。

架构开发方法(ADM)

架构开发方法(architecture development method,ADM) 是一种专门为企业架构设计的逐步进行的软件架构设计方法。ADM 是由许多软件架构从业者合力创建的。

就像我们已经介绍过的其他架构设计方法一样，ADM 是一个迭代的过程。不仅整个过程是迭代的，阶段之间和单个阶段内也是迭代的。每次迭代都是一次重新审视范围、定义的细节级别、时间表和里程碑的机会。

开放组架构框架（TOGAF）

ADM 是**开放组架构框架**（**The Open Group Architecture Framework，TOGAF**）的核心部分。TOGAF 是一个用于企业架构的框架，它提供了一个详细的方法、ADM 以及一组用于开发企业架构的工具。

TOGAF 由 *The Open Group* 维护，The Open Group 是一个全球工业联盟，通过使用开放和厂商中立的技术标准帮助组织实现业务目标。

TOGAF 架构领域

TOGAF 定义了企业架构的四个标准架构领域：业务、数据、应用程序和技术。这些领域有时被称为 BDAT 领域。

作为 TOGAF 的核心部分，ADM 也涉及了这四个架构领域，我们将在 ADM 的各个阶段中详细探讨。

TOGAF 文档

TOGAF 文档可以分为以下七个部分：

- **第一部分——介绍**：第一部分介绍了企业架构的概念、TOGAF 方法，以及 TOGAF 中使用的相关术语的定义。
- **第二部分——架构开发方法**：这部分详细介绍了**架构开发方法**（**ADM**），它是 TOGAF 的核心。我们将重点关注 TOGAF 的 ADM 部分。
- **第三部分——ADM 指南和技术**：这部分文档提供了应用 TOGAF 和 ADM 的指南和技术。
- **第四部分——架构内容框架**：在这一部分中，提供了关于 TOGAF 内容框架的信息，包括作为过程一部分的架构工件和交付物。
- **第五部分——企业连续体和工具**：这部分介绍企业的架构资源库，包括架构工件的分类和存储。

- **第六部分——TOGAF 参考模型**：在这一部分中，提供了各种架构参考模型，包括 **TOGAF 基础架构**和**集成信息基础设施参考模型**（Integrated Information Infrastructure Reference Model, III-RM）。
- **第七部分——架构能力框架**：最后一部分提供了在企业中建立和操作企业架构能力的指南，包括过程、技能、角色和职责。

ADM 的阶段

ADM 由多个阶段组成。在初始阶段中，组织为成功的软件架构实现做准备。在初始阶段后，还有八个阶段（图 5-5）：

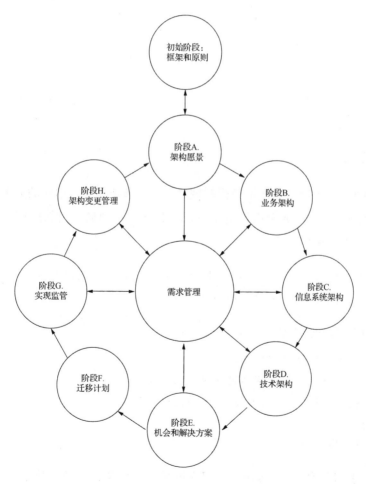

图 5-5 ADM 初始阶段后的八个阶段

每个阶段不断地对需求进行审查,以确保它们得到满足。组织可以根据自己的需要对过程进行修改或扩展,如果确定其他框架的交付物更合适,那么这些交付物也可以使用。

阶段 A——架构愿景

在 ADM 的这一阶段中,团队定义了企业架构的整体愿景,包括它的功能和业务价值。团队对诸如范围、业务目标、业务驱动、约束、需求、角色、职责和调度等各项内容达成一致意见。这些决策记录在架构工作声明中,是这个阶段的交付物。该文档通常包含以下内容:

- 架构项目要求和背景信息;
- 架构的项目描述和范围;
- 架构愿景的概述;
- 范围变更的流程;
- 项目的角色、职责和交付物;
- 验收标准和流程的细节;
- 项目计划和日程。

阶段 B——业务架构

业务架构是 TOGAF 中定义的四个架构领域之一。业务架构关注组织的业务和/或服务策略,以及业务环境。了解业务架构是在 TOGAF 其他三个领域(数据、应用程序和技术)上执行架构工作的先决条件。

这一阶段的目标是确定企业用于实现其业务目标和战略驱动的目标业务架构。为了创建能达到目标状态的路线图,需要执行以下四个步骤:

1. 了解架构的当前状态;
2. 细化并验证架构的目标状态;
3. 确定架构的当前状态和目标状态之间存在的差距;
4. 创建在当前状态和目标状态之间转换的路线图。

阶段 C——信息系统架构

数据架构和应用程序架构是 TOGAF 中定义的另外两个架构领域。数据架构关注组织的数据及其管理方式,而应用程序架构涉及企业的软件应用程序。

阶段 A 和*阶段 B* 的结果用于确定企业数据架构和应用程序架构所需的架构变更。

与*阶段 B* 一样,我们通过比较架构的当前状态和目标状态,确定两者之间的差距,以便为候选应用程序和数据组件创建架构路线图,这是缩小差距所必需的。

阶段 D——技术架构

技术架构是 TOGAF 中定义的另一个架构领域,涉及企业的基础设施组件,包括支持企业业务所必需的软硬件、数据和应用程序架构。

这一阶段的目标是开发能支持企业解决方案的目标技术架构。完成对企业当前基础设施能力的评估,并将其与期望的目标状态进行比较,以便确定它们之间的差距。由此可以为技术架构的目标状态创建路线图以及候选组件。

阶段 E——机会和解决方案

这一阶段的重点在于,当我们从目标架构的概念视图转向实现时,如何交付目标架构。在*阶段 B* 、*阶段 C* 和*阶段 D* 中创建的路线图会被整合到一个总体架构路线图中,在前面的阶段中创建的候选解决方案也会被组织到高级候选工作包中。

总体架构路线图(包括架构的当前状态和目标状态之间的所有差距)用于确定交付目标架构的最佳方法。

如果打算采用增量的方式,则要确定转换架构,以便能够持续地交付业务价值。

阶段 F——迁移计划

总体架构路线图和候选工作包用于规划架构的实现。软件架构师与企业的项目管理团队协作,以确定可用于该工作的现有的或者全新的项目。

企业现有的变更和项目管理过程可以用来规划必要的方案。

阶段 G——实现监管

这一阶段和下一阶段,与架构的实现并行进行。架构的开发使用企业现有的软件开发流程。

这一阶段通过协助和审查开发工作,确保软件架构师在实现过程中持续参与。软件架构师必须确保正在实现的架构满足架构愿景。

阶段 H——架构变更管理

在实现过程中,可能会出现需要作出决策的问题,比如需要对候选解决方案进行变更。

软件架构师参与企业的变更管理过程,对提出的变更做出决策。必须对架构的变更进行管理,并且必须持续关注,以确保架构满足需求和利益相关者的期望。

跟踪软件架构设计的进度

在软件架构设计过程中,你会希望跟踪设计的进度。跟踪进度能够让你知道有多少设计工作已经完成,以及还有多少工作没有完成。剩余的工作可以确定优先级,帮助软件架构师确定下一步应该做什么。除了跟踪进度之外,它还可以提醒你哪些设计问题还没有解决,这样就不会有任何遗漏。

管理人员用来跟踪进度的技术实际上取决于你的项目、软件开发方法和组织。如果你正在使用敏捷方法,比如 Scrum,那么很可能会用产品待办事项和冲刺待办事项来跟踪进度。

使用待办事项跟踪架构设计进度

产品待办事项(**product backlog**)包括产品特性和缺陷的完整列表。你应该考虑创建一个专用于软件架构的产品待办事项,它与其他产品待办事项是分开的。架构产品待办事项将包含项目、设计问题、需要做出的设计决策,以及针对架构设计的想法。

在每个冲刺之前,都要进行冲刺计划。团队从产品待办事项中选择他们在下一个冲刺中要处理和完成的项目。一旦为产品待办事项创建了任务,就可以为它们分配资源,然后跟踪进度。从产品待办事项中为一个冲刺选择的项目将被移动到冲刺待办事项中。一旦该项目完成,就可以将其从待办事项中删除。

在冲刺计划开始之前,应该确定产品待办事项的优先级,因为优先级可能会影响此次冲刺选择哪些项目。

确定待办事项的优先级

产品待办事项中的特性和缺陷应该由团队按优先级进行排序,这样有助于项目的规划,并可以使团队知道重点关注哪些项目。

确定待办事项的优先级不是一次完成的。随着架构待办事项的变化,优先级也可能随之变化。你可以根据需要多次调整架构待办事项的优先级。

产品待办事项的排序应该基于标准进行。在实践中用于确定待办事项优先级的一组标准被称为 DIVE 标准。

DIVE 标准

DIVE 是一个缩写词,表示对产品待办事项按优先级排序时,需要遵循的标准类型。它使用依赖关系(**D**ependencies)、风险保障(**I**nsure against risks)、业务价值(business **V**alue)和预估工作量(estimated **E**ffort)来确定优先级。

依赖关系

一些产品待办事项依赖于其他待办事项,因此需要先完成被依赖的项目。例如,如果项目 A 依赖于项目 B,那么 B 的优先级将高于 A。

风险保障

在确定待办事项的优先级时,希望能够预防风险,包括业务风险和技术风险。对潜在风险的考虑可能会使得团队将待办事项中的某些项目赋予更低或更高的优先级。

业务价值

产品待办事项的业务价值是确定优先级的重要标准。具有较高业务价值的产品待办事项应该具有较高的优先级。利益相关者可以帮助确定产品待办事项的业务价值。

预估工作量

在确定工作的优先级时,必须考虑产品待办事项的预估工作量,这主要是由日程安排或资源可用性等因素引起的。也可能会出现这样的情况:产品待办事项中的某一个项目需要耗费大量的工作量,而团队希望尽早处理该项目,以确保项目能按时完成。

动态变化的架构待办事项

与任何产品待办事项一样,架构待办事项不是静态的,它会随着架构设计的进展而变化。随着架构设计迭代的完成,可能会发现新的架构驱动,因此需要向待办事项中添加新的项目。

将项目添加到架构待办事项的另一个原因是发现了架构的问题。当设计被审查时,很可能会发现新的问题,因此需要做进一步的工作。

在做架构设计决策时,可能会创建新的架构待办事项。当做出一个设计决策时,这个决策可能会产生新的关注点。例如,如果确定一个应用程序将是 Web 应用程序,那么与安全性、会话管理和 Web 应用程序的性能相关的待办事项(如果它们还不存在的话)需要被添加到架构待办事项中。对架构待办事项的变更可能会促使你重新考虑待办事项的优先级。

应该将架构待办事项提供给任何需要了解设计进度的人。如果你对架构和项目的其余部分有单独的待办事项,请记住,这两种待办事项的受众可能是不同的。这实际上取决于项目,以及项目团队和其他利益相关者之间的参与程度和透明度。

在某些情况下,客户可以访问产品待办事项以跟踪功能,但团队可能希望保持架构待办事项的私密性。

总结

软件架构设计在软件架构的创建和成功中起着至关重要的作用。架构设计的核心内容是做出设计决策以产生设计问题的解决方案。其结果是一个可以被验证、被正式记录并最终被开发团队使用的架构设计。

有两种主要的架构设计方法,即自顶向下方法和自底向上方法。我们学习了应该在何时使用何种方法,以及如何结合两种方法效果最好。

架构驱动是架构设计过程的输入,能够指导架构设计,包括设计目标、主要功能需求、质量属性场景、约束和架构关注点。

设计一个软件架构是很有挑战性的，但是我们可以利用设计概念，例如软件架构模式、参考架构、策略和外部开发的软件，来帮助设计解决方案。

虽然在设计过程中不需要对架构进行正式的文档化，但是应该进行记录，比如绘制设计草图和记录设计依据。

遵循架构设计过程有助于软件架构师进行设计。有许多可用的架构设计过程，因此你必须做一些研究，以选择最适合你的项目的一种。架构设计过程可以用其他技术和过程进行修改和补充，以缩小与你想要使用的过程的差距。

我们需要一种能够确定优先级并跟踪架构工作进度的方法，比如一个专用于架构的待办事项列表。

在下一章中，我们将探索一些软件开发中的原则和最佳实践。其中一些可以用于软件架构，而另一些可能是你希望传达给你的团队并鼓励他们在实现中使用的概念。

6

软件开发原则与实践

软件架构师的主要目标之一是设计高质量的软件应用程序。有很多软件设计原则和最优实践惯例可以用来实现这一目标。

软件架构师可以在设计软件架构时应用这些原则和惯例,并鼓励开发人员在实现中也去使用它们。这些原则和惯例可以用于提高质量、简化维护、提升可复用性、发现缺陷以及让软件系统更易于测试。

本章将涵盖以下内容:

- 设计正交的软件系统,包括关注松耦合和高内聚;
- 通过遵循 KISS、DRY、信息隐藏、YAGNI 和关注点分离(SoC)等原则,使软件系统的复杂性最小化;
- SOLID,包括 SRP、OCP、LSP、ISP 和 DIP;
- 使用**依赖注入(DI)** 为类提供依赖关系;
- 使用单元测试来提高软件系统的质量;
- 确保开发环境可以轻松地被搭建起来;
- 结对编程的实践;
- 审查可交付物,包括代码审查、正式评审和走查。

设计正交的软件系统

在几何中,如果两个欧几里得向量垂直(形成 90 度直角),那么它们就是正交的。这两个向量在原点相遇,但不交叉。这样的两个向量是相互独立的(图 6-1):

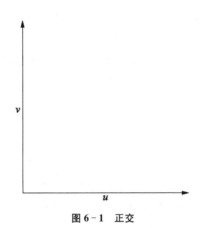

图 6-1 正交

设计良好的软件应当是正交的,因为它的模块是相互独立的。理想情况下,对软件系统中一个模块的更改不应必须对另一个模块进行更改。软件系统在其生命周期中会经历许多次变更,在设计阶段就能考虑到这些变更会带来诸多益处,包括让开发人员提高生产力,以及在进行变更时降低引入新缺陷的风险。设计正交系统可能需要较高的前期投入,但随着时间的推移,一个高度可维护可扩展的系统都将是十分值得的。

设计正交系统,能让系统间的各个元素之间都呈现出松耦合和高内聚的特点。那让我们更详细地了解一下耦合和内聚的概念。

松耦合

耦合(Coupling)是一个软件模块依赖于另一个软件模块的程度。模块之间的耦合是一种评估它们之间联系的紧密程度的方法,它可以是松散的,有时也被描述为低的或弱的,它也可以是紧密的,有时被描述为高的或强的。模块间耦合的程度反映了它们的设计质量。

紧耦合的软件模块会更加复杂,这不仅仅会降低了它们的可维护性还使得修改代码更加困难,因为紧耦合模块中的更改很有可能需要更改其他模块。这样会引入更高的风险,因为一旦软件模块被修改就更有可能导致其他的问题。

如果代码是低耦合的，那么进行并行开发也很容易。开发人员可以相互独立地各自处理应用程序的不同部分。

松耦合的模块与其他模块之间没有那么多依赖关系。而由于与其他模块之间紧密的相互依赖关系，对紧耦合模块的更改将花费更多的时间和精力。由于受变更影响的模块增多，开发人员进行修改所花费时间也会更长，测试人员测试变更所花费的时间也随之更长。紧密耦合还会降低可复用性。如果必须包含依赖模块才能复用的话，模块的复用就会非常艰难。

耦合的类型

耦合分为很多类型。下面是有关这些类型的详细信息，按照最紧密（最坏的情况）到最松散（最好的情况）的耦合顺序排列。应该注意的是，两个模块可能会同时以多种方式耦合在一起。在这些情况下，耦合类型由最坏或最紧密的耦合类型决定。

内容耦合

内容耦合（Content coupling）是耦合度最高的一种耦合。这种耦合极其糟糕甚至也被称为病态耦合。当一个模块直接引用另一个模块中的内部或私有信息时，就会产生这种耦合。比如一个模块访问或更改另一个模块中的私有数据时就存在内容耦合。

模块永远不应该被设计成具有这种类型耦合。如果模块具有内容耦合，则应该对其进行重构，使之具有适当的抽象水平。模块永远不应该直接依赖于彼此的内部运作。

公共耦合

公共耦合（Common coupling），也称为全局耦合，是一种高级别的耦合。这种类型的耦合是非常不理想的。尽管有时候这类耦合是不可避免的，但设计模块时应该尽量减少这种耦合的存在。

模块在共享相同的全局数据（比如全局变量）时呈现出公共耦合。在应用程序中共享配置数据是完全可以接受的。不过一般而言，如果要使用其他类型的全局数据，最好使用具有固定值的数据，比如常量，而不是使用在运行时值可能发生变化的变量。

外部耦合

外部耦合(External coupling)是又一种类型的高级别耦合。它存在于多个模块共享软件的相同部分的外部环境的时候。外部耦合出现的形式可能是必须使用外部数据格式、接口、通信格式、工具或设备。

有时,外部依赖是强制的和不可避免的,但是我们仍然应该设法限制具有这些依赖的模块的数量。这样做可以确保当外部依赖项发生变化时,只有有限数量的模块受到影响。

控制耦合

控制耦合(Control coupling)是一种适中类型的耦合。当一个模块通过传递信息的方式来控制另一个模块的内部逻辑时,这两个模块就呈现出了控制耦合。例如,一个模块将一个控制标志位传递给另一个模块,后者使用该标志位来控制自己的流。

这种类型的耦合基本是可以接受的,但是应该尽力地明示这些耦合,这样模块就可以一起进行测试。尽早检测到其中任何一个模块的问题都是有益的。

戳耦合(数据结构耦合)

戳耦合(data-structured coupling)其实是一种程度相当低的耦合类型。它也称为数据结构耦合,因为它发生在模块共用复合数据结构时。所谓复合数据结构,是指具有某种内部结构的数据,比如一条记录。

当复合数据结构在两个模块之间共用时,数据结构中的一些字段可能根本不会被用到。例如,一个模块将一个复合数据结构传递给另一个模块,然后该模块只使用其中的一个字段。

它与数据耦合类似,不同之处是共用的数据是复合数据类型,而不是原始数据值,并且不是所有共用的数据都会被用到。

数据耦合

数据耦合(Data coupling)发生在两个模块共享一些原始数据值的时候。这也是一种低级别的耦合类型。数据耦合的一种常见形态是,当一个模块调用另一个模块上的方法时,以方法参数和返回值的形式共享输入和输出。

当两个模块需要交互时,这是一种常见且可接受的耦合类型。与戳耦合不同的是,戳耦合可能不使用共用复合数据结构中的某些值。而数据耦合则会使用其中的所有参数。如果存在不需要的参数,就应该删除它们。

消息耦合

当一个模块调用另一个模块上的方法而不发送任何参数时,模块将呈现消息耦合。唯一的耦合是在方法的名称上。它是耦合的最低类型。

无耦合

当然,也存在模块之间无耦合的情况。那就是两个模块完全没有任何直接通信的情况。这是一种理想化的允许独立地实现、测试和维护两个模块的方式。

迪米特法则(LoD)/最少知识原则

迪米特法则(Law of Demeter,LoD),即最少知识原则(principle of least knowledge),是一种与松耦合有关的设计原则。如果想尽量减少软件模块之间的耦合,可以在设计软件时遵循这一原则。

该原则遵循一句习语:*只和你的朋友对话(only talk to your friends)*,该原则通过限制模块与其他模块的通信来保持低耦合。理想情况下,一个方法应该只在下列范围内调用其他方法:在同一个对象内、在传给它的对象中、在直接的组件对象中、在它创建或实例化的对象中或者在可访问的全局变量的对象中。

LoD 的另一个信条是,软件模块应该尽可能少地了解其他模块。这将确保它相对于其他模块的独立性,使其保持松耦合。关于有助于实现此目标的原则,请参阅 *隐藏信息* 部分。

松耦合设计

在设计和实现期间,软件架构师的目标应当是最小化模块之间存在的耦合量。模块应该设计得尽可能相互独立。

可以通过消除或减少不必要的依赖项来减少耦合。对于任何必须存在的耦合,它应该是所需的最低类型。松耦合能降低复杂性,能提升可维护性和可重用性。

耦合通常会影响内聚的水平,因此松耦合往往伴随着高内聚,而紧耦合往往伴随着与低内聚。

高内聚

内聚性(Cohesion)是指模块内的元素的整体性。它是一个模块内各元素之间关系的强度,以及它们在各自目的上的联合程度。内聚性是对模块内目的一致性的定性度量。

内聚有不同的类型,呈现的内聚程度越高越可取。高内聚模块具有单一的、定义良好的目的,同时也是更好的设计质量的一种反映。

低内聚的软件模块更难维护。如果一个模块包含多个不相关的功能,对它的更改很有可能需要对其他模块也进行更改。这样会在开发和测试上都耗费额外的时间和精力。低内聚模块的额外复杂性使得在修改它们时更有可能引入缺陷。它们也可能更难理解,因此更难修改。

低内聚的模块可重用性也会降低。具有低内聚性的、执行许多不同功能的模块不太可能被复用于其他场景中。协同成为一整个逻辑单元的模块具有明确的意图,也更容易被重用。

内聚的类型

模块中的内聚级别由内聚类型表示。让我们审视一下不同类型的内聚,顺序从最低的(最不可取的)到最高的(最可取的)。

巧合内聚

随意地把模块中的元素进行分组,就会出现**巧合内聚**(Coincidental cohesion)。各个的元素之间没有任何关系,这让它成为最低(最差)的内聚类型。有时在 *utilities* 或 *helpers* 类中,很多不相关的函数被堆放在一起,你就会发现这种类型的内聚。

应该避免巧合内聚,如果在模块中出现这种情况,则应该重构该模块。模块的每一部分都应该移动到一个存放它更合情合理的已有模块或新模块中。

逻辑内聚

当元素因为某种逻辑上的相关而被组合在一起时,模块呈现出**逻辑内聚**(Logical cohesion)。尽管逻辑内聚模块的功能可能从属于同一个整体类别中,但它们可能在其他方面有所不同。因此,这种类型的内聚仍被认为是低等级的。虽然这比巧合内聚要好,但这些类型的模块也并不是很内聚。

逻辑内聚的一个例子是包含一组为应用程序处理 I/O 函数的模块。虽然它们在逻辑上是相互关联的,但各种功能的本质却大不相同。如果每种类型的 I/O 都由单独的模块处理就更具内聚性。

暂时内聚

当模块的元素根据处理时机分组在一起时,就出现了**暂时内聚**(Temporal cohesion)。当不同的元素单纯地因为它们都需要在某个特定时间点执行就被组合在一起,就会出现暂时内聚,这是另一种低内聚。

暂时内聚的一个例子是将一组元素因为都与系统启动、系统关闭或系统错误的处理有关,就被组合到了一起。即使元素暂时是相关的,它们之间的关联也很弱。这使得模块更难维护和复用。

这些元素应该被分组到不同的模块中,每个模块都为单一的目的而设计。

过程内聚

当模块的元素因为它们总是按照特定的顺序执行而被组合在一起时,模块就呈现出**过程内聚性**(Procedural cohesion)。例如,客户下订单的支付处理可能需要按照特定的顺序执行以下步骤:

- 收集支付信息;
- 确认支付方式细节;
- 检查资金是否可用或是否有足够的可用额度;
- 在数据库中持久化该订单;
- 检查库存水平;
- 创建一个备份订单或因为库存不足取消一个订单;
- 发送要履行的订单;
- 向客户发送确认邮件。

尽管各个部分都通过执行的顺序联系在一起,但有部分活动彼此之间却是截然不同的。

这种类型的内聚力被认为是适中的。尽管这是一种可接受水平的内聚,但也并不理想。如果可能的话,可以执行重构来提高内聚水平。

通信内聚

通信内聚(Communicational cohesion)存在于模块的各个部分因为使用相同的输入和输出集而被组合在一起时。如果一个模块内的不同的元素是因为它们访问和修改相同的数据结构而被组合在一起,那么该模块将呈现出通信内聚。

例如,一个表示客户购物篮内容的数据结构可能被单独模块中的多种元素使用。这些元素会以此数据结构计算折扣、运费以及税费等。

这种内聚水平是适中的,通常也被认为是可接受的。

顺序内聚

顺序内聚(Sequential cohesion)存在于模块的不同部分因为其中一个部分的输出作为另一个部分的输入而被组合在一起时。这种类型的模块具有适中水平的内聚性。

顺序内聚模块的一个例子是负责格式化和验证文件的模块。格式化原始记录的活动的输出会成为另一个活动的输入,后者随后负责验证该记录中的字段。

功能内聚

当模块的元素因为一个单一的、定义明确的目的而被组合在一起时,就会产生**功能内聚**(Functional cohesion)。模块中的所有元素协同工作以实现这一统一目的。模块中呈现功能内聚是最理想的,也是内聚的最高类型。

功能内聚提高了模块的可重用性,并使其更容易维护。模块功能内聚的例子包括:一个模块负责读取特定文件,另外一个模块负责计算订单的运输成本。

高内聚设计

软件架构师应该设计高内聚的模块。每个模块都应该有一个定义明确的目的。而模块中所包含的元素则应相互关联并有助于实现这一目的。

如果模块中包含与其主要目的不直接相关的辅助元素,应当考虑将它们移动到与该元素具有相同目的的新模块或现有模块中。

内聚与耦合的关系主要表现为:高内聚伴随低耦合,低内聚伴随高耦合。

最小化复杂性

构建软件本质上就是复杂的,许多问题都是由复杂性导致的。软件的高复杂性会导致:

- 造成计划延误;
- 导致成本超支;
- 可能会导致软件以意想不到的方式运行或导致未预料的应用程序状态;
- 可能会造成安全漏洞或让安全问题难以被及时发现;
- 能作为其他某些质量属性呈现低水平的预测指标,例如较低的可维护性、可扩展性和可重用性。

在《人月神话》一书中,Fred Brooks 将软件工程面临的问题分为两类,即 *根本问题* 和 *次要问题*:

"所有软件活动包括根本任务——打造由抽象软件实体构成的复杂概念结构;次要任务——使用编程语言表达这些抽象实体,在空间和时间限制内将它们映射成机器语言。"

次要困难通常是软件生产中固有的问题。它们是软件工程师可以解决的问题,甚至有可能与他们正在着手试图解决的问题没有任何直接关系。编程语言、框架、设计模式、**集成开发环境**(integrated development environments, IDE)以及软件开发方法上的改进,都是这些年来在消除或减少次要困难方面取得成效的一些例子。

根本困难是你试图解决的核心问题,不能简单地去消除它们来降低复杂性。软件开发团队在根本复杂性上花费的时间往往远大于在次要复杂性上花费的时间。

我们试图管控和最小化复杂性,无论它是次要的或根本的。到目前为止,你能明显地看出,管控和最小化复杂性的重要性是在本书内反复出现的主题。它与软件的质量有直接的关系,因此也是软件架构师的主要关注点。

最小化软件的复杂性有助于消除或管控次要的和根本的困难。而与最小化复杂性相关的一些原则包括 KISS、DRY、信息隐藏、YAGNI 和 SoC。

KISS 原则——"Keep It Simple，Stupid"

KISS 原则是 *Keep It Simple，Stupid*（保持简洁和直白）的首字母缩写，它已经无数次地出现在各种上下文中，以传达这样一种理念：保持简单的系统通常运行得最好。这一原则也适用于软件系统的设计。软件开发团队应该努力不使他们的解决方案过于复杂。

这个缩略语包括多种变体，比如 *Keep It Short，Simple*（保持简短和简洁），*Keep It Simple，Stupid*（保持简洁和直白），*Keep It Simple，Straightforward*（保持简洁和直接），*Keep It Simple，Silly*（保持简洁和愚笨）。它们的含义大致相同，都是在阐述设计中简约的价值。

KISS 原则的起源

这一原则的创立通常要归功于已故的航空和系统工程师凯利·约翰逊（Kelly Johnson）。他还为洛克希德公司（Lockheed Corporation）（与马丁·玛丽埃塔 Martin Marietta 合并后称洛克希德·马丁公司 Lockheed Martin）设计飞机。

 尽管这个原则通常写作 *Keep It Simple，Stupid*，但凯利的原始版本中并没有逗号。*Stupid* 一词并不是用来指人的。

凯利向工程师们解释说，他们正在设计的喷气式飞机必须是一个经过基本训练的工程师用通用工具就能修理的东西。鉴于飞机可能需要在战斗情况下被迅速修复，你就能理解为什么要让设计必须去满足这种要求了。

在软件中应用 KISS 原则

简洁是软件系统非常需要的一个品质，这包括软件的设计和实现。使软件比实际需要更复杂会降低软件的整体质量。高复杂性会降低可维护性，阻碍了可重用性，并可能导致缺陷数量的增加。

在软件中遵循 KISS 原则的一些方法包括:

- 尽可能地消除重复(参阅 DRY-"Don't Repeat Yourself"小节);
- 去掉不必要的功能点(请参阅 YAGNI-"You Aren't Gonna Need It" 小节);
- 隐藏复杂性和设计决策(参阅"信息隐藏"一节);
- 尽可能遵循已知的标准,并尽可能地缩小偏差和意外。

即使在模块实现之后,如果你发现一个方法或类可以变得更简洁,还是应当寻找机会去重构它。

不要让它过于简单

但是为了追求简洁,我们也不能过分简化设计或实现。如果我们简化到了对满足需求功能或质量属性产生负面影响的程度,那就走得太远了。

在设计软件时,请牢记阿尔伯特·爱因斯坦的这句名言:*事情应该力求简单,但不能过于简单。*

DRY——"Don't Repeat Yourself"(不要重复)

DRY 原则表示不要重复,并努力减少代码库中的重复。重复是一种浪费,并且会使代码库不必要地变得更大、更复杂。这使得维护更加困难。当需要更改已复制的代码时,需要在多个位置进行修改。如果应用于所有地方的变更不一致,则可能引入缺陷。软件架构师和开发人员应该尽可能避免重复。

当设计违背 DRY 原则时,它有时被称为 WET(*Write Everything Twice*)(每件事都写两遍)解决方案(或者 *Waste Everyone's Time*)(浪费大家的时间)或者(*We Enjoy Typing*)(我们喜欢打字)。

复制粘贴的编程

在编写得很差的代码库中,代码的重复通常来自于**复制和粘贴编程**。当开发人员需要完全相同或非常相似的逻辑(存在于系统的其他地方)时,就会发生这种情况,因此他们复制(复制和粘贴)代码。这违反了 DRY 原则,降低了代码的质量。

复制和粘贴编程有时是可以接受的,并提供有益的作用。代码片段是可重用代码的小块,可以加速开发。许多 IDE 和文本编辑器提供代码段管理,使开发人员更容易地使用代码段。但是,除了适当的代码段应用程序之外,在多个地方复制和粘贴应用程序代码通常不是一个好主意。

魔法字符串

魔法字符串(Magic strings)是直接出现在代码中的字符串。有时,这些字符串因为需求而重复出现,这违反了 DRY 原则。这些字符串的维护可能会成为一场噩梦,因为如果想要更改字符串的值,就必须在多个地方更改它。当字符串不仅在同一个类中多次出现,还在多个类中使用时,问题会更加严重。

有很多魔法字符串的例子,如:异常消息、配置文件中的设置、文件路径的一部分或 Web URL。让我们看一个示例,其中魔法字符串值表示一个缓存键。这是一个很好的例子,因为在这种情况下,一个神奇的字符串可能会在同一个类,甚至在同一个方法中重复多次:

```
public string GetFilePath()
{
    string result = _cache.Get("FilePathCacheKey");
    if (string.IsNullOrEmpty(result))
    {
        _cache.Put("FilePathCacheKey", DetermineFilePath());
        result = _cache.Get("FilePathCacheKey");
    }
    return result;
}
```

此键被重复多次,增加了输入错误导致缺陷的可能性。此外,如果我们想要更改缓存键,我们必须在多个地方更新它。

为了遵循 DRY 原则,让我们重构这段代码,这样缓存键就不会重复。首先,让我们在类级别为魔法字符串声明一个常量:

```
private const string FilePathCacheKey = "FilePathCacheKey";
```

现在,我们可以在 GetFilePath 方法中使用这个常量:

```
public string GetFilePath()
```

```
    {
        string result = _cache.Get(FilePathCacheKey);
        if (string.IsNullOrEmpty(result))
        {
            _cache.Put(FilePathCacheKey, DetermineFilePath());
            result = _cache.Get(FilePathCacheKey);
        }
        return result;
    }
```

现在,字符串只在一个位置声明。如果你要在常量中放置一个神奇的字符串,你应该考虑该常量应该声明在哪里。考虑的一个因素是它的使用范围。在特定类的作用域内声明它可能是合适的,但在某些情况下,更宽或更窄的作用域将更有意义。

尽管在常量中放置一个神奇的字符串对于各种情况来说都很好,但它并不总是理想的。它还取决于字符串的类型及其用途。例如,如果字符串是验证消息,你可能希望将其放在一个资源文件中。如果有任何多语言需求,在资源文件中放置可翻译的字符串(如验证消息)将有助于将消息翻译成不同的语言。

如何避免重复

DRY 原则可以通过时刻保持警惕,在适当的时候采取行动来实现。如果你发现自己在复制和粘贴代码,或者只是编写与现有代码相同或相似的代码,那么请考虑一下你想要实现的目标,以及如何使其能够复用。

逻辑上的重复可以通过抽象来消除。这个概念被称为**抽象原则**(abstraction principle 或 principle of abstraction)。该原则与 DRY 原则一致,用于减少重复。在多个地方需用到的代码应该被抽象出来,然后需要它的位置可以通过抽象来追溯到它。有时我们需要重构代码,以使它具有足够的通用性以便代码复用,但这是值得付出心血的。因为一旦逻辑被集中化,如果将来需要修改这段代码,也许是要修复缺陷或以某种方式强化它,你将能够在单个位置进行更改而不影响其他的地方。

正如我们在魔法字符串的例子中看到的,可以通过将值放置在中心位置(比如声明常量)来消除值的重复。

如果流程中存在重复,则可以通过自动化减少重复。手动单元测试、构建和集成过程可以通过自动化这些过程来消除。测试和构建的自动化将在第 13 章 *DevOps 和软件架构* 中进一步讨论。

不要把东西弄得过于 DRY

当尝试遵循 DRY 原则时，要注意不要合并恰好以某种方式重复的实则完全不同的项。如果两个或更多的东西是重复的，它可能只是 *巧合地重复*。

例如，如果两个常量具有相同的值，这并不意味着为了消除重复，它们应该合并为一个常量。如果常数表示不同的概念，它们应该保持独立。

信息隐藏

信息隐藏（Information hiding）是一种提倡将软件模块设计成对软件系统的其余部分隐藏实现细节的原则。信息隐藏的概念是由 D. L. Parnas 在 1972 年发表的《用于将系统分解成模块的标准》（*On the Criteria to Be Used in Decomposing Systems into Modules*）一书中提出的。

信息隐藏将模块的内部工作与系统中调用模块的位置分离开来。不需要显示的模块的详细信息应该是不可访问的。信息隐藏定义了哪些属性可以访问，以及行为相关的约束。调用者与模块的公共接口交互，并且不受实现细节的影响。

遵守信息隐藏原则的理由有很多。

信息隐藏的原因

信息隐藏在各种等级的软件设计中都十分有用。只公开需要知道的细节减少了复杂性，从而提高了可维护性。除非你对内部细节特别感兴趣，否则你并不需要关心它们。

信息隐藏的另一个关键原因是将设计决策隐藏在软件系统其余部分中。如果设计决策发生变化，这尤其有益。通过隐藏设计决策，如果决策需要更改，则可以将必要的修改数量和范围降到最低。它提供了在必要时稍后进行更改的灵活性。

无论设计决策是使用特定的 API、以特定的方式表示数据，还是使用特定的算法，对于设计决策所必需的修改都应该尽可能地保持本地化。

需要暴露/隐藏什么？

你和你的团队应该认真考虑需要为模块公开的属性和行为（方法）。其他一切都可以隐藏起来。通过使用公共接口，我们可以定义想要提供的内容。

信息隐藏有助于定义公共接口。它迫使我们考虑什么是真正需要公开的，而不是偷懒暴露类的大部分内容。公共接口定义了实现必须遵守的契约，并允许其他人知道什么是可用的。由代码实现来决定*如何*完成相关需求。

YAGNI——"You Aren't Gonna Need It"

YAGNI 代表 *You Aren't Gonna Need It*（即你不需要它），或者 *You Ain't Gonna Need It*（即你用不着它）它是极限编程（XP）软件开发方法论的一个原则。XP 是最早的敏捷方法之一，并且在 Scrum 流行起来之前一直占主导地位。YAGNI 与 KISS 原则类似，它们都以更简单的解决方案为目标，而 YAGNI 则专注于删除不必要的功能和逻辑。

避免过度设计解决方案

YAGNI 背后的理念是，你应该只在需要时实现功能，而不是仅仅因为你认为可能将会需要它。XP 的联合创始人之一 Ron Jeffries 曾经说过：

"总是在你真正需要的时候去做，而不是在你预见到需要的时候去做。"

遵循 YAGNI 原则可以帮助你避免过度设计解决方案。你不想把时间花在未知的未来场景上。实现一个你认为最终可能需要的功能点的问题是，该功能点最终可能往往并不需要，或者其需求发生了变化。

未编写的代码等同于节省的时间和金钱。把时间和金钱花在你不需要的功能上，会把你本可以花在你需要的东西上的时间和金钱浪费掉。资源是有限的，把它们用在不必要的事情上是一种浪费。与代码重复的情况一样，向应用程序添加不必要的逻辑会增加其大小和复杂性，从而降低可维护性。

YAGNI 不适用的情况

YAGNI 应用于假定功能点，就像当前不需要的功能一样。它不适用于那些使软件系统在以后更容易维护和修改的代码。实际上，遵循 YAGNI 意味着你可能会在以后为了添加一个功能点而对系统做出更改，因此系统应该为此目的进行良好的设计。如果一个软件系统是不可维护的，以后进行更改可能会很困难。

事后看来，你可能会遇到这样的情况：早一点做出的更改可能会避免以后进行更昂贵的更改。如果变更与架构相关，那么对于软件架构师来说尤其如此。为架构制定的设计决策是最早做出的决策之一，如果以后不得不更改它们，可能会付出很多代价。

有时很难预测哪些变化应该在需要之前进行。然而，在大多数情况下，遵循 YAGNI 是有益的。即使在架构更改的情况下，良好的架构设计也会降低复杂性，使更改更容易进行。当需要更改时，更有可能减少更改的范围，甚至不需要进行架构更改。

随着软件架构师的经验越来越丰富，他们变得更加善于发现 YAGNI 原则的异常情况，即在需要更改之前应该进行的特定更改。

关注点分离(SoC)

关注点(Concerns)是软件系统提供的功能的不同方面。**关注点分离**(SoC)是一种设计原则，它通过对软件系统进行分区来管理复杂性，以便每个分区负责一个单独的关注点，尽可能减少关注点的重叠。

遵循这个原则需要将一个较大的问题分解为更小、更易于管理的关注点。SoC 降低了软件系统的复杂性，从而减少了进行更改所需的工作量，并提高了软件的总体质量。

当遵循 DRY 原则，并且逻辑不重复时，只要逻辑组织得当，SoC 通常是一个自然而然的结果。

SoC 是一个可以应用于软件应用程序中多个层面的原则。在架构层面，软件应用程序可以通过分离不同的逻辑(如用户界面功能、业务逻辑和底层逻辑)来遵循 SoC 原则。在这个层面上分离关注点的架构模式的一个例子是**模型—视图—控制器**(MVC)模式，我们将在下一章中介绍它。

我们可以在较低的层面应用 SoC，比如类。如果我们在软件系统中提供订单处理功能，那么验证信用卡信息的关注点就不应该与更新库存的关注点放在一起。因为它们是不同的关注点，所以不应该放在一起。在这个层面上，它与单一责任原则相关，我们稍后讨论这个原则。

Web 编程中按语言分离关注点的一个例子是**超文本标记语言**（HTML）、**层叠样式表**（CSS）和 **JavaScript**。它们相互补充，一个关注 Web 页面的内容，一个关注表示，一个关注行为。

遵循 SOLID 的设计原则

SOLID 的设计原则关注于创建更易理解、可维护、可重用、可测试和灵活的代码。SOLID 是五个独立的软件设计原则的首字母缩写：

- **单一职责原则**（Single Responsibility Principle）；
- **开/闭原则**（Open/Closed Principle）；
- **里氏替换原则**（Liskov Substitution Principle）；
- **接口隔离原则**（Interface Segregation Principle）；
- **依赖反转原则**（Dependency Inversion Principle）。

软件架构师们应该熟悉 SOLID 原则，并将它们应用到设计和实现中。但是这些原则只是指导方针。在运用它们时需要你来判断在什么时候以及在什么程度上运用这些原则。

现在，让我们更详细地探讨构成 SOLID 的五个设计原则。

单一职责原则（SRP）

单一职责原则（SRP）规定每个类应该只有一个责任，这意味着它应该只做一件事并把这件事做好。责任是改变的理由，所以每个类应该只有一个改变的理由。如果我们将因相同原因需要更改的函数组合在一起，并分离出因其他原因更改的函数，我们就可以创建遵循此原则的类。

如果一个类有多个职责，那么它很可能在更多的位置被调用。当其中一个职责被更改时，我们不仅会冒着将缺陷引入到同一个类中的其他职责的风险，而且会有更多的其他类受到影响。

通过遵循单一职责原则，如果我们需要更改特定的职责，那么这个更改将仅仅存在于单个类中。这就是创建正交软件系统的方法。

应用这个原则并不意味着每个类都应该只有一个公共方法。虽然它确实减少了类的大小,但我们的目标是让每个类都有一个单独的职责。实现单一职责有时可能需要多个公共方法。

这个原则与 SoC 原则相关,因为关注点是相互分离的,它有助于创建具有单一职责的类。遵循 DRY 原则也有助于我们遵守 SRP。通过删除重复的代码并将其放在单个位置以便重用,需要逻辑的类就不必重复它,因此也不必对它负责。

让我们看一个 SRP 的示例。它是用 C♯ 编写的,即使你不会用 C♯,你也能看懂它。我们有一个电子邮件服务,负责发送电子邮件。需要将信息记录到日志文件中,因此它还包含了文件系统的打开、写入和关闭日志文件的逻辑:

```csharp
public class EmailService : IEmailService
{
    public SendEmailResponse SendEmail(SendEmailRequest request)
    {
        if (request == null)
            throw new ArgumentNullException(nameof(request));

        SendEmailResponse response = null;

        try
        {
            // Logic to send email
            // Log info about sent email
            LogInfo("Some info message");
        }
        catch (Exception ex)
        {
            // Log details about error
            LogError("Some error message");
        }
        return response;
    }
    private void LogInfo(string message)
    {
        // Logic to write to file system for logging
    }

    private void LogError(string message)
    {
        // Logic to write to file system for logging
```

```
        }
    }
```

在这个简单的示例中可以看到，这个类有不止一个职责：发送电子邮件和处理日志。这意味着改变的理由不止一个。如果我们想要更改电子邮件的发送方式，或者不在本地存储日志，而是将日志存储到云端，这两种方法都需要对同一个类进行更改。

这违反了 SRP。让我们重构这个类，让它只负责一件事：

```
public class EmailService : IEmailService
{
    private readonly ILogger _logger;

    public EmailService(ILogger logger)
    {
        if (_logger = = null)
            throw new ArgumentNullException(nameof(logger));

        _logger = logger;
    }
    public SendEmailResponse SendEmail(SendEmailRequest request)
    {
        if (request = = null)
            throw new ArgumentNullException(nameof(request));

        SendEmailResponse response = null;

        try
        {
            // Logic to send email

            // Log info about sent email
            _logger.LogInfo("Info message");
        }
        catch (Exception ex)
        {
            // Log details about error
            _logger.LogError($ "Error message: {ex.Message}");
        }
        return response;
    }
}
```

现在,EmailService 类只负责发送电子邮件。日志记录的逻辑被抽象到一个接口中。这个依赖关系是通过类的构造函数注入的,实现负责日志记录的工作。

这个类现在只负责一件事,因此只有一个改变的理由。只有与电子邮件发送相关的更改才需要修改这个类。它不再违反 SRP。

开/闭原则(OCP)

开/闭原则(OCP) 指出,软件组件(比如类)应该能够对扩展开放,但对修改关闭。当需求发生变化时,软件的设计应该尽量减少所需的对现有代码的更改。我们应该能够通过添加新代码来扩展组件,而不必修改现有的代码。

当 Bertrand Meyer 博士在他的《面向对象的软件构造》(*Object Oriented Software Construction*)一书中第一次提出这个原则时,该原则强调实现继承作为解决方案。当我们需要新的功能时,我们可以创建一个新的子类,使得基类和所有现有的子类都可以保持不变。

软件工程师 Robert C. Martin,通常被称为 Bob 叔叔,在他的文章《开闭原则》(*The Open-Closed Principle*)和后来的《敏捷软件开发、原则、模式和实践》(*Agile Software Development, Principles, Patterns, and Practices*)中,通过强调使用抽象和接口的重要性,重新定义了该原则。使用接口,我们可以根据需求,从而更改实现。通过这种方式,我们可以改变行为,而不必修改依赖于接口的现有代码。

让我们看一个例子。在这个程序中,我们有一个 Shape 类,它继承了 Rectangle 和 Circle 类。通过使用 Canvas 类中的一些方法,我们可以绘制形状:

```
public class Canvas
{
    public void DrawShape(Shape shape)
    {
        if (shape is Rectangle)
            DrawRectangle((Rectangle)shape);

        if (shape is Circle)
            DrawCircle((Circle)shape);
    }
    public void DrawRectangle(Rectangle r)
    {
```

```
            // Logic to draw a rectangle
        }
        public void DrawCircle(Circle c)
        {
            // Logic to draw a circle
        }
    }
```

如果有一个新的需求：要求我们能够绘制一个新的形状，比如三角形，我们将不得不修改 Canvas 类。这个类并不遵循 OCP 原则，所以它面对修改时并不能关闭。

为了添加一个新形状，开发人员需要理解 Canvas 类。而对 Canvas 类做修改还需要重新做单元测试，并引入了破坏现有功能的可能性。

让我们重构这个糟糕的设计，使它不再违反 OCP：

```
    public interface IShape
    {
        void Draw();
    }
    public class Rectangle : IShape
    {
        public void Draw()
        {
            // Logic to draw rectangle
        }
    }
    public class Circle : IShape
    {
        public void Draw()
        {
            // Logic to draw circle
        }
    }
    public class Canvas
    {
        public void DrawShape(IShape shape)
        {
            shape.Draw();
        }
    }
```

Canvas 类现在小得多，每个形状现在都有对应的绘图实现。如果需要添加一个新形状，我们可以创建一个实现 IShape 接口的新形状类,而不必对 Canvas 类或任何其他形状进行任何更改。它现在对扩展开放,但对修改关闭。

里氏替换原则(LSP)

继承是面向对象编程(OOP)的四大支柱之一。它允许子类继承基类(有时称为父类),其中包括基类的属性和方法。当你第一次学习继承的时候,你可能已经学会了"是"关系。例如,如果 Car 是一个基类,并且 Vehicle 是该基类的子类,那么"Car 是一个 Vehicle"。

里氏替换原则(LSP)是一个面向对象的原则,它规定子类必须可以替换它们的基类,而不必改变基类。如果子类是从基类继承而来的,我们应该可以毫不费力地用子类替换基类。扩展基类的子类也应该能够在不改变基类行为的情况下达到这个目的。而当软件设计违反了 LSP 时,它会使代码变得混乱而难以理解。

对于给定的基类,或基类实现的接口,该基类的子类应该能够通过基类或基类的接口实现。基类的方法和属性应该对所有子类都有意义,并能够按照预期的方式工作。如果类工作时没有问题,并且其行为与预期相同,则子类可以替换基类。而如果软件设计违反了 LSP 原则,就不是这样了。尽管代码可以编译,但可能会出现意外行为或者运行错误。

说明 LSP 原则的一个经典例子是一个矩形类和一个正方形类。在几何学中,正方形是其中一种矩形,所以每个正方形都是矩形。唯一的区别是,对于一个正方形,所有的边都有相同的长度。

我们可以通过创建一个 Rectangle 类(一个基类)和一个 Square 类(一个继承自它的子类)来建模:

```
public class Rectangle
{
    public virtual int Width { get; set; }
    public virtual int Height { get; set; }

    public int CalculateArea()
    {
        return Width *  Height;
    }
}
```

```
public class Square : Rectangle
{
    private int _width;
    private int _height;

    public override int Width
    {
        get { return _width; }
        set
        {
            _width = value;
            _height = value;
        }
    }

    public override int Height {
        get { return _height; }
        set
        {
            _width = value;
            _height = value;
        }
    }
}
```

正如你从这个代码样例中看到的，Square 类重写了设置宽度和高度的代码，以确保它们保持相等：

```
Rectangle rect = new Rectangle
{
    Width = 5,
    Height = 4
};
Console.WriteLine(rect.CalculateArea());

Square sqr = new Square
{
    Width = 4
};
Console.WriteLine(sqr.CalculateArea());

Rectangle sqrSubstitutedForRect = new Square
{
```

```
    Width =  3,
    Height =  2
};
Console.WriteLine(sqrSubstitutedForRect.CalculateArea());

Console.ReadLine();
```

如预期的那样,rect 对象的面积将计算为 20,而 sqr 对象的面积将计算为 16。但是,sqr-SubstitutedForRect 对象的面积将计算为 4,而不是 6。由于这些类的设计只能应对当前情况,因此 Square 子类实际上无法替代 Rectangle 基类。

这段代码可以编译,但它违反了 SRP 原则,而且运算结果也是令人困惑的。这只是一个简单的示例,但是你可以从中了解其中的思想了。使用复杂的类层次结构,并且违反 SRP 原则,将会导致缺陷,其中一些可能很难解决。

接口隔离原则（ISP）

接口定义方法和属性,但不提供任何实现。实现接口的类提供了代码实现。接口定义了一个协议,而其客户端可以使用它们而不需要关心它们的实现细节。实现可以更改,只要接口没有发生突破性变化,客户端不需要更改其逻辑。

接口隔离原则(ISP)规定,客户端不应该被迫依赖于它们不使用的属性和方法。在设计软件时,我们喜欢更小、更内聚的接口。如果一个接口太大,我们可以在逻辑上将其分割为多个接口,以便客户端能够只选用它们感兴趣的属性和方法。

当接口太大并试图涵盖功能的太多方面时,它们被称为胖接口。当类依赖于具有它们不需要的方法的接口时,就违背了 ISP 原则。违反 ISP 原则会增加耦合,并使维护更加困难。

让我们来看一个示例,我们正在为销售图书的企业创建一个系统。我们为产品创建以下接口和类:

```
public interface IProduct
{
    int ProductId { get; set; }
    string Title { get; set; }
    int AuthorId { get; set; }
    decimal Price { get; set; }
}
```

```
public class Book : IProduct
{
    public int ProductId { get; set; }
    public string Title { get; set; }
    public int AuthorId { get; set; }
    public decimal Price { get; set; }
}
```

现在,让我们假设这个企业想要开始销售电影光盘。需要的属性非常类似于 IProduct,所以一个没有经验的开发人员可能会使用 IProduct 接口作为他们的电影类:

```
public class Movie : IProduct
{
    public int ProductId { get; set; }
    public string Title { get; set; }
    public int AuthorId {
        get = >  throw new NotSupportedException();
        set = >  throw new NotSupportedException();
    }
    public decimal Price { get; set; }
    public int RunningTime { get; set; }
}
```

而 AuthorId 对于电影光盘没有意义,但在本例中,开发人员决定将该属性标记为不支持。这是违反 ISP 的**代码异味**(code smells)之一。如果实现接口类的开发人员发现自己必须标记属性或方法不受支持或未实现,则可能需要隔离接口。

并且 Movie 类还需要表示电影的运行时间,这不是 Book 类所需要的属性。如果将其添加到 IProduct 接口,则需要修改实现该接口的所有类。这是另一种代码异味,表明接口的设计可能有问题。

如果我们要重构这段代码,使它不再违反 ISP 原则,我们可以分离 IProduct 接口,使单一的胖接口分离成多个更小和更内聚的接口:

```
public interface IProduct
{
    int ProductId { get; set; }
    string Title { get; set; }
    decimal Price { get; set; }
}
```

```
public interface IBook : IProduct
{
    int AuthorId { get; set; }
}
public interface IMovie : IProduct
{
    int RunningTime { get; set; }
}
public class Book : IBook
{
    public int ProductId { get; set; }
    public string Title { get; set; }
    public int AuthorId { get; set; }
    public decimal Price { get; set; }
}
public class Movie : IMovie
{
    public int ProductId { get; set; }
    public string Title { get; set; }
    public decimal Price { get; set; }
    public int RunningTime { get; set; }
}
```

我们可以看到 IProduct 接口只包含所有产品所必需的属性。IBook 接口继承自 IProduct，因此除了 IProduct 中的所有内容外，任何实现 IBook 的类都需要实现 AuthorId 属性。同理，IMovie 从 IProduct 继承并包含只有电影光盘才需要的 RunningTime 属性。

这样改变后，我们不再违反 ISP 原则，实现这些接口的类不必处理它们不感兴趣的属性和方法。

依赖倒置原则(DIP)

依赖倒置原则(DIP)是描述如何处理依赖关系和如何使编写的软件低耦合的原则。Robert C. Martin 和 Micah Martin 在他们的《C♯中的敏捷原则、模式和实践》(*Agile Principles*，*Patterns*，*and Practices in C♯*)一书中阐述了这个原则：

"高级模块不应该依赖于低级模块。两者都应该依赖于抽象。抽象不应该依赖于细节。细节应该依赖于抽象。"

例如，假设 A 类依赖于 B 类，B 类依赖于 C 类(图 6-2)：

在直接依赖关系图中,在编译时,类 A 引用了类 B,而类 B 又引用了类 C。在运行时,控制流将从类 A 到类 B 再到类 C。类 A 和类 B 必须实例化或*新建*它们的依赖关系。这样做将使得代码难以维护与测试,并且其耦合程度也将很高。对某个依赖项的更改可能还需要对使用这些依赖项的类进行更改。

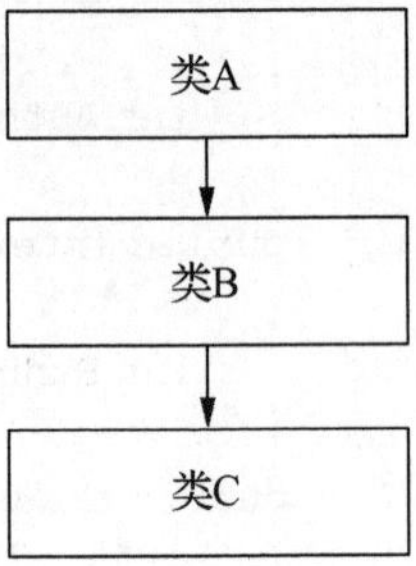

这种方法的另一个缺点是,由于依赖关系,代码不能进行单元测试。我们将不能为依赖项创建模拟对象,因为我们引用的是具体类型而不是抽象。所以,我们无法通过注入模拟对象来创建不依赖于其他类的真正意义上的单元测试。

图 6-2　类 A、B、C 的
依赖关系

这些类应该通过接口依赖于抽象,而不是依赖于低级别的类。接口不依赖于它们的实现。相反,实现依赖于接口(图 6-3):

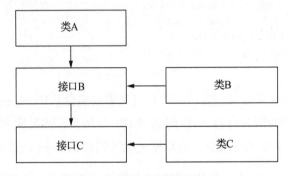

图 6-3　类 B、C 的实现依赖于接口

在依赖关系图中,**类 A** 在编译时依赖于抽象(接口 B),而抽象(接口 B)又依赖于抽象(接口 C)。类 B 和类 C 分别实现接口 B 和接口(图 6-4):

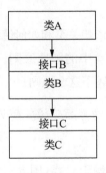

图 6-4　新的类 A、B、C 的依赖关系

在运行时,控制流通过接口,并且每个接口都有一个实现。

DIP 原则与控制反转原则密切相关,控制反转原则应用于依赖关系。

控制反转(IoC)

控制反转(IoC)是一种设计原则,在这种原则中,软件系统从可复用代码(如框架)接收控制流。在传统的面向过程编程中,软件系统会调用一个可复用的库。IoC 原则通过允许将可复用代码调用到软件系统中来反转这种控制流。

现在的开发人员非常熟悉在单个项目中使用各种框架,甚至同时使用多个框架,因此 IoC 原则并不再是一个新生事物了。尽管 IoC 的原则可以应用于比依赖项更多的方面,但它已经与依赖项的 IoC 密切相关。

这就是为什么 DI 容器最初被称为 IoC 容器,现在有时仍然被称为 IoC 容器的原因。依赖注入容器是提供依赖注入功能的框架,我们将很快介绍它们。

依赖注入(DI)

依赖注入(DI)是一种为类提供依赖关系的技术,从而实现依赖倒置。依赖关系被传递(注入)到需要它的客户端。在软件应用程序中使用依赖注入有很多好处。

DI 的益处

DI 原则删除了硬编码的依赖项,并允许在运行时或编译时更改它们。如果依赖项的实现是在运行时而不是在编译时确定的,则称为后期绑定或运行时绑定。只要我们对接口编程,实现就可以交换出来。

依赖注入允许我们编写松散耦合的代码,这会使应用程序更容易维护、扩展和测试。正如我们所知道的,当我们需要对代码进行更改时,松散耦合的代码允许我们对其中的一部分进行更改,而不会影响到程序的其他部分。

使用 DI 原则的软件应用程序的可测试性增加。而松散耦合的代码会更加易于测试。代码的编写依赖于抽象而不是具体的实现,因此可以使用单元测试框架模拟依赖关系。按照 LSP 原则,类不依赖于具体类型;它只依赖于接口。因此,我们可以通过使用接口和编写单元测试来为依赖项注入模拟对象。

使用 DI 原则可以简化并行开发。开发人员可以并行地处理功能的不同部分。由于实现是相互独立的,只要对共享接口达成一致,开发就可以同时进行。这对于有多个团队的大型项目尤其有益。每个团队都可以独立工作,并共享拥有必须集成功能的接口。

DI 模式

以下是一些可用于 DI 的模式:

- 构造器注入;
- 属性注入;
- 方法注入;
- 服务定位器。

下一节将详细介绍这些模式。

构造器注入

构造器注入(Constructor injection)是一种通过类的构造函数传递依赖关系的技术。这是注入依赖项的一种很好的方法,因为依赖项是显式的。如果没有依赖项,就不能实例化对象。

如果可以实例化一个类并调用它的方法,但是由于没有提供一个或多个依赖项而使功能不能正常工作,则类对其客户端是有欺诈性的。更好的做法是显式地要求依赖关系。

下面的示例展示了构造函数注入模式:

```
public class Employee : Person
{
    private readonly ILogger _logger;
    private readonly ICache _cache;

    // Dependencies are injected via the constructor,
    // including the base class
    public Employee(ILogger logger, ICache cache,
        IOrgService orgService)
        : base(logger, orgService)
    {
```

```
        if (logger = = null)
            throw new ArgumentNullException(nameof(logger));
        if (cache = = null)
            throw new ArgumentNullException(nameof(cache));

        _logger = logger;
        _cache = cache;
    }
}
public class Person
{
    private readonly ILogger _logger;
    private readonly IOrgService _orgService;

    // Dependencies are injected via the constructor
    public Person(ILogger logger, IOrgService orgService)
    {
        if (logger = = null)
            throw new ArgumentNullException(nameof(logger));
        if (orgService = = null)
            throw new ArgumentNullException(nameof(orgService));

        _logger = logger;
        _orgService = orgService;
    }
}
```

在这个示例中，你可以看到 Employee 类有三个依赖项：ILogger、ICache 和 IOrgService 的实例。Person 类是 Employee 的基类，它有两个依赖项：ILogger 和 IOrgService 的实例。

构造函数注入用于为这两个类提供所有依赖项的实例。在本例中，请注意 Employee 类将 Person 类需要的依赖项传递给它。Employee 和 Person 类都依赖于 ILogger，只有 Employee 类依赖于 ICache。Employee 类甚至不直接使用 orgService 实例，这就是它没有分配给类级别变量的原因，但是由于它的基类需要它，它是一个注入的依赖项，然后传递给它的基类（Person）。

注入的依赖项被分配给只读变量。在 C#语言中，readonly 关键字表示字段只能作为其声明的一部分或在构造函数中分配。除了带有构造函数注入的构造函数外，我们不会将依赖项的实例分配到其他任何地方，因此可以将其标记为 readonly。

在其后面有一个保护子句确保所需的依赖项不为空。如果是，则抛出异常。如果传入一个有效实例，则将其分配给一个私有变量，以便稍后在类的逻辑中使用该实例。

属性注入

属性注入（Property injection）允许客户端通过公共属性提供依赖项。如果需要赋予调用者提供依赖项实例的能力，例如覆盖默认行为，则可以使用此注入模式。

第一次调用 getter 时，如果依赖项还没有提供，则应该通过延迟初始化提供一个默认实例：

```
public class Person
{
    private IOrgService _orgService;
    public IOrgService OrgService
    {
        get
        {
            if (_orgService = = null)
            {
                // Lazy initialization of default
                _orgService = new OrgService();
            }
            return _orgService;
        }
        set
        {
            if (value = = null)
            {
                throw new ArgumentNullException(nameof(value));
            }
            // Only allow dependency to be set once
            if (_orgService ! = null)
            {
                throw new InvalidOperationException();
            }
            _orgService = value;
        }
    }
}
```

如果你希望通过 setter 只提供依赖项一次，则可以在 setter 中执行检查，就像示例中所做的那样。

对于延迟初始化，你将需要一种方法来获得默认实例。实例化或新建类中的依赖项并不理想。但是，可以通过其他方法提供默认值，比如构造函数注入。该属性将给予你在运行时提供不同实例的灵活性。

属性注入模式以隐式方式提供依赖关系。如果以前没有设置依赖项，而在 getter 中没有提供默认实例，并且逻辑需要依赖项才能正常工作，则可能会出现错误或意外结果。如果你打算在显式模式（如构造函数注入）上使用此模式，则应该以某种方式提供默认实例。

与构造函数注入的示例不同，请注意，用于保存依赖项的私有类级变量（_orgService）没有 readonly 关键字。为了使用属性注入，我们需要能够在变量声明和构造函数之外设置变量。

方法注入

方法注入（Method injection）类似于属性注入，不同的是依赖是通过方法而不是属性提供的：

```
public class Person
{
    private IOrgService _orgService;

    public void Initialize(IOrgService orgService)
    {
        if (orgService = = null)
            throw new ArgumentNullException(nameof(orgService));
        _orgService = orgService;
    }
}
```

服务定位器

服务定位器（Service Locator）模式使用 locator 对象，该对象封装逻辑以确定并提供所需依赖项的实例。尽管它会根据你的代码实现而有所不同，下面的这段代码是一个带有服务定位器的示例调用，导致基于指定接口提供实例：

```
var cache = ServiceLocator.GetInstance< ILogger> ();
```

使用服务定位器模式获取依赖关系被一些人认为是反模式,因为它隐藏了类的依赖关系。与构造函数注入(我们可以在公共构造函数中看到依赖关系)相反,我们必须查看代码,以找到通过服务定位器解析的依赖关系。以这种方式隐藏依赖关系会导致运行时或编译时的问题,并使代码更难复用。如果我们不能访问源代码,这种问题可能会更加严重,比如,如果我们使用的是来自第三方的代码,就可能出现这种情况。

DI 容器(依赖注入容器)

依赖注入容器(有时称为 **DI 容器**或 **IoC 容器**)是一个帮助构建 DI 模式的框架。它自动为我们创建并注入依赖项。

没有必要为了利用 DI 模式而使用 DI 容器。但是,使用依赖注入容器使处理依赖关系变得容易得多。除非你的应用程序非常小,否则利用依赖注入容器将消除手动执行依赖注入的重复繁重工作。如果你要编写一些通用代码来实现其中的一些自动化,那么当你可以使用为此目的而构建的现有框架时,你实际上是在创建自己的容器。依赖关系会深入 n 层,事情会很快变得复杂起来。

如果你选择使用 DI 容器,那么有各种各样的容器可用。虽然它们之间存在差异,但它们都具有一些类似的、基本的功能,这将促进依赖注入。它们中的许多还将附带其他高级功能点,你的需求将决定你使用哪些功能点。启动和运行 DI 容器来使用基本功能点通常是十分简单的。

帮助你的团队走向成功

软件架构师的众多目标之一就是帮助他们的团队取得成功,有很多种方法来达成这一目的。在这一节中,我们将介绍软件架构师可以用来帮助团队成员成功的一些方法。它们包括单元测试(确保开发环境易于设置)、结对编程和代码审查。

单元测试

测试是令开发人员反感的事情之一,即使它对于开发高质量的软件应用程序是必不可少的。开发人员应该尽早并且经常地进行测试,这是许多敏捷软件开发方法所强调的习惯。

如果编写和执行单元测试还不是组织的一个良好习惯,那么软件架构师应该建立这种习惯。在本节中,我们将介绍单元测试的一些基本细节。

什么是单元测试?

单元测试(Unit tests)是对软件系统的最小可测试单元(例如方法)进行测试,以确保它们能够正常工作。它在提高软件质量方面发挥着重要作用。软件系统中的功能被分解为离散的、可测试的行为,然后作为单元进行测试。

我们已经讨论过的一些原则,比如创建松散耦合的代码,遵循 DRY、SoC 和单一职责等原则,以及使用 DI 等技术,创建独立的代码并与依赖项解耦。这些功能点使得我们的代码是能够测试的,并且允许我们将单元测试集中在单个单元上。

单元测试的好处

对软件进行单元测试有很多重要的好处,比如提高软件的质量。通过良好的单元测试,可以在检入代码或尝试构建之前发现缺陷。通过尽早且经常地测试,可以在不影响其他代码的情况下修复错误。

使测试更加容易的一种方法是使用自动化单元测试。单元测试是自动化的理想选择。虽然开发人员希望在更改代码时或 check-in 代码之前手动执行单元测试,但单元测试可以作为某些流程(如构建流程)的一部分自动执行。我们将在第 13 章*"DevOps 和软件架构"*中更详细地讨论*自动化和构建过程*。

通过使用常规的单元测试,调试变得更加容易了,因为 bug 的来源可以缩小到最近的更改。单元测试也可以作为一种文档形式。通过查看单元测试,可以开始了解特定类提供了什么功能以及它应该如何工作。

一个好的单元测试的属性

满足很多条件才能做出好的单元测试。在编写单元测试时,请牢记以下原则。单元测试应该是原子性的、确定性的、自动化且可重复的、隔离且独立的、易于设置和实现的,并且速度快。

原子性

单元测试应该只测试关于一小部分功能的单一假设。这个假设应该关注被测试单元的一个行为,一个单元通常是一个方法。因此,需要多次测试来检查给定单元的所有假设。如果在单个测试中测试多个假设,或者在单个测试中调用多个方法,那么单元测试的范围就可能太大了。

确定性

单元测试应该是确定性的。如果没有代码更改,单元测试每次执行时都应该产生相同的结果。

自动化和可重复的

当单元测试的执行是自动化的并且是可重复的时候,单元测试的好处就体现了出来。这将允许单元测试作为构建过程的一部分执行。

隔离和独立的

每个单元测试都应该能够独立于其他测试并可以以任何顺序运行。如果测试是独立的,那么应该可以在任何时间执行任何单元测试。

单元测试不应该依赖于除了我们正在测试的类之外的其他任何东西。它不应该依赖于其他类,也不应该依赖于诸如连接数据库、使用硬件设备、访问文件系统上的文件或通过网络进行通信之类的东西。

通过测试框架和依赖注入框架,我们可以模拟单元测试的依赖关系。模拟对象是实例化的模拟对象,可能在测试/模拟框架的帮助下,模拟真实对象的行为。通过模拟被测试类的依赖项对象,我们可以保持单元测试独立于其他类。我们可以通过控制模拟对象,并根据一些输入指定它将返回什么。

易于设置和实现

单元测试应该易于设置和实现。如果不是,这就是代码异味,这是系统中的症状,可能预示着有更大的问题。问题可能在于被测试单元的设计方式或测试的编写方式。

虽然我们想要数量高的单元测试覆盖率,但是我们不希望开发人员花费过多的时间在单元测试上面。单元测试应该易于编写。

快速

单元测试应该快速执行。一个具有足够测试覆盖率的复杂软件系统将具有大量的单元测试。单元测试的执行不应该减慢开发或构建过程。基于单元测试的其他期望属性(例如原子性、隔离性和独立性),它们应该能够快速执行。

AAA 模式

AAA 模式是一种常见的单元测试模式。它是一种安排和组织测试代码以使单元测试清晰易懂的方法,它将每个单元测试方法分为三个部分:*安排*、*运行*和*维护*。

安排

在单元测试方法的这一部分中,你将为测试**安排**(Arrange)任何先决条件和输入。这包括初始化值和设置模拟对象。

根据你所使用的单元测试框架和编程语言,其中一些提供了一种方法来指定将在该测试类的单元测试执行之前执行的方法。这允许你在执行所有测试之前集中执行你想要执行的安排逻辑。

但是,每个单元测试方法都应该有一个安排部分,你可以在其中为特定的测试执行初始化的操作。

运行

单元测试方法的**运行**(Act)部分是你对被测试单元进行操作的地方,被称为**被测系统**(SUT)。逻辑应该调用被测试的方法,传入之前安排好的值,比如模拟对象。

断言

在单元测试方法的**断言**(Assert)部分中,你可以断言结果是你所期望的。它将验证方法是否按预期执行以及其行为是否与预期相符。

单元测试的命名规范

在命名单元测试类和方法时，应该遵循命名规范。这不仅保证了一致性，而且允许你的测试成为一种文档形式。单元测试揭示了意图，因为它们描述了预期的行为。如果提供了有意义的名称，那么每个人都可以通过查看名称了解测试类及其方法的用途。

单元测试类名称

测试类本身的命名以及它们所在的名称空间取决于项目对类所遵循的命名约定。但是，你应该考虑将 SUT 的名称放在类的名称中。例如，如果你正在测试一个名为 OrderService 的类，请考虑将单元测试类命名为 OrderServiceTests。

单元测试方法名称

单元测试方法应该被赋予有意义的名称，这些名称能够一目了然地提供它们的用途。单元测试方法名称可以罗列出以下特征，例如被测试的方法名称、关于测试的特定条件和输入的一些指示，以及测试的预期结果，都是有益于他人了解单元测试的目的。

例如，如果我们在 OrderService 类上测试 CalculateShipping 方法，我们可能会有以下测试方法的名称，如：

- CalculateShipping_NullOrder_ThrowsArgumentNullException；
- CalculateShipping_ValidOrder_CalculatesCorrectAmount；
- CalculateShipping_ExpeditedShipping_CalculatesCorrectAmount。

单元测试方法的确切命名约定由你来决定，但要保证前后一致，以便为将要查看它们的人提供有意义的信息。

单元测试的代码覆盖率

代码覆盖率是测试覆盖了多少源代码的度量。有许多工具可以帮助你计算代码覆盖率。软件架构师应该强调以彻底测试覆盖为目标的重要性，以确保所有代码路径都经过了测试。

请记住，在决定你是否有足够的覆盖率时，代码覆盖率百分比只是考虑的一部分。代码覆盖率百分比将让你知道覆盖的路径的百分比(就像在至少执行一次的路径中一样)。然而，这并不意味着涵盖了与功能相关的所有重要场景。代码覆盖率计算不考虑各种输入可能的值的范围，并且可能需要额外的测试来覆盖不同的情况。

保持单元测试的更新

单元测试是系统的一种文档形式，描述它的功能和预期的行为。软件架构师应该鼓励他们的团队不仅要定期执行单元测试，而且要使其保持最新。当需求变更或添加新功能时，需要更改或添加单元测试。

在进行更改之后，开发人员应该修改任何需要更改的测试，然后执行所有单元测试，以确保不会出现意外的后果。

在保持单元测试的更新方面，我曾经看到过很多人遗漏的一件事情，那就是 bug 修复。如果代码中发现了 bug，单元测试不会覆盖该种特定场景。所以应该创建一个或多个单元测试，将这种情况合并到测试中，以确保它保持固定，不会发生改变。这个概念可以用"bug只应该被发现一次"这句话总结。

对于变更的需求和新功能，勤于更新单元测试的团队有时也会错过这一点。作为软件架构师，你可以提醒你的团队注意这一点。从发现和解决 bug 中获得的知识应该记录下来。一旦在测试中记录了它，从此以后，测试将检查该类型的错误，以确保它永远不会再次发生。

设置开发环境

软件架构师应该回顾建立一个新的开发环境的过程，以便使它所花费的时间最小化。大多数团队都不愿意在本来就很紧张的时间表上增加额外的时间。因此这个过程不应该过于复杂。

新的开发人员可能加入团队，或者现有的团队成员可能需要开始在不同的机器上工作。通常情况下，建立一个新的开发环境，使开发人员能够开始编码需要花费过多的时间。虽然设置过程可能会有些复杂，但应该尽可能地简化。

确保授予新团队成员访问权限、安装必要的软件(例如开发工具)、从版本控制获得最新代码、编译代码和运行应用程序的过程是一个平稳的过程。有一些工具可以为物理和虚拟开发机器创建和部署环境映像。

有时我们需要做一些微妙的事情,比如对配置文件进行某些更改,以便让应用程序在开发设备上运行。这种类型的知识有时可能会成为**部落知识**(tribal knowledge),或者只有一些人知道但没有成文的信息。

这样做的目标是让开发人员尽可能快地投入工作,以便他们能够专注于工作中真正复杂的部分。如果某件事使这个过程变得困难,你需要检查其背后的原因,以便采取行动来改善它。也许你会发现从组织和技术角度改进此过程的方法。

提供 README 文件

组织内的所有项目都应该有一个很好的 README 文件。它可以使开发人员检查设置环境所需的步骤。README 文件应包括以下内容:

- 软件项目的简要描述;
- 说明需要安装哪些其他软件,例如开发工具,这包括需要安装的软件的位置,以及安装所需的任何许可密钥或其他信息;
- 任何必要的特殊配置,例如如何将应用程序指向特定的数据库;
- 有关如何连接到版本控制以执行操作(如获取最新代码库和签入更改)的信息;
- README 文件的创建日期和/或软件的版本号,以便读者知道他们所看到的版本是否正确;
- 任何有关证书的资料;
- 联系信息以获取更多帮助。

结对编程

结对编程(Pair programming)是一种敏捷的软件开发技术,在这种技术中,无论是技术设计还是编码,两个开发人员一起完成相同的工作。在编程的情况下,编写代码的人是驾驶员,而另一个观察的人是领航员。驾驶员和领航员的角色可以在规定的时间间隔(例如,一小时)交替,或者可以在两人认为合适的任何时候切换角色。无论角色是什么,每个人都应该是积极的参与者。

结对编程的好处

作为一名软件架构师,你很可能乐意在你的团队中使用这种技术,因为它会产生许多好处。

结对编程可以提高代码质量。有一双额外的眼睛在检查当前的工作,这可以让这对搭档注意到一些单独工作所发现不到的问题。此外,在其他人注视的情况下,编码者会更加谨慎地编码,这会使得整体代码质量更好。

在结对编程的过程中,协同工作以实现一个共同的目标是有益的。如果两个人有不同的技能集,可以让他们两人都承担工作,在这过程中他们也会互相学习。除了完成工作之外,两人之间的研讨可以起到类似于培训课程的作用。一起工作还有助于加强和传播诸如编码标准之类的知识。

结对编程将会让开发人员更加熟悉代码库。它为一个以上的人提供了了解系统的特定部分的机会。最后,如果必须对代码进行更改,那么将会有更多的人熟悉它,更改也会更加容易。结对编程倾向于创造一种共同拥有代码库的文化。

为了充分实现这一好处,轮换两个人是一个很好的方式,而不总是让相同的两个人组队。当组队轮转时,更多的知识将会被分享。

结对编程可以作为对缺乏经验的开发人员或项目新手的培训。使用这种技术为软件架构师或高级开发人员提供了指导他人的机会。

我们应该鼓励软件架构师参与结对编程。软件架构师应该与团队成员紧密合作,而不是成为一个与世隔绝的象牙塔架构师。通过在代码库中保持活跃,软件架构师将会沉浸在项目中。此外,软件架构师可以在与团队中的开发人员进行结对编程时分享他们的知识和经验。

在需要时使用结对编程

结对编程的使用并不一定是一个全有或全无的命题。尽管有些团队可能选择成对地完成他们所有的开发工作,但这并不是必须的。

结对编程可以随时进行。用结对程序来完成简单的任务可能并不合适。你可以选择在有特殊原因的时候这样做,例如由于不同的技能集,将两个互补的人放在一起,或者将软件架构师与新手开发人员配对,这样结对编程可以用来学习经验。

审查交付

软件架构师负责遵循组织的代码审查过程,可能会对整个过程产生影响。软件架构师应审查已完成的可交付的代码,以确保它们是正确的,并找出任何潜在的问题。

对于管理人员和软件架构师来说,在组织内建立一种文化是非常重要的,以便以积极的方式对待审查过程。对于团队成员来说,理解审查的目标是帮助彼此发现缺陷、互相学习和促进团队之间的交流是一件很重要的事。

可以用来审查可交付成果的方法包括代码审查、正式检查以及走查。

代码审查

代码审查(Code reviews)是对代码的评估,通常由同事之间执行。代码审查包括除了被审查代码的开发人员以外的一个或多个人,他们检查代码变更以发现问题。

代码审查的主要关注点是找到技术和业务逻辑缺陷。然而,代码也要检查其他事情,比如确保遵循编码的标准以及寻找优化的机会。

一个组织应该有一个适当的代码审查过程。一些 IDE、软件库和其他工具提供了促进协作性代码审查的功能。该过程通常包括以下内容:

- 作者请求一个或多个人员检查代码;
- 被请求的审查人员要么接受,要么拒绝审查请求;
- 审查人和作者之间会进行交流,以便交换意见和反馈;
- 发现的任何缺陷都要记录、指派(通常给作者)并纠正;
- 对缺陷的修复进行测试。

软件架构师应该在一定程度上参与代码审查。他们参与的程度可能因项目和组织的不同而不同,但是对于软件架构师来说,在这个级别上保持参与是有益的。

审查人员不应该在任何给定的时间内审查过多行的代码。一个普通的人一次只能处理这么多,一般来讲,大多数人处理超过 500 行左右的代码,他们的效率就会急剧下降。

在代码审查期间使用审查清单是很有帮助的。审查清单可以作为一个提醒,提醒你注意那些在过去被发现的问题。在审查过程中发现的缺陷需要被记录下来,这样问题就不会被忽略。

正式检查

正式检查(Formal inspections),顾名思义,是审查可交付成果的一种更结构化的方式。它是一种小组审查方法,并且在寻找缺陷方面相当有效。正式检查的主要目标是评估和改进软件系统的质量。

正式检查是指审查可交付成果(如设计或代码)以发现缺陷的会议。正式检查是提前安排好的,并邀请指定与会者参加会议。

正式检查的角色

在正式的检查中,被邀请的参与者被分配到他们将扮演的角色。角色包括领导/主管、作者、审查人和记录员/抄写员。以下是对所有角色的描述。

领导、主管(Leader/moderator):主管促进会议的进行,并负责获取富有成效的审查。他们确保会议以适当的速度进行。他们应该在必要时鼓励全体人员参与,并在会议结束后跟进行动。他们可能被要求做出会议总结或提供一份关于检查的报告。

作者(Author):作者是创建设计或编写代码的人,这些代码将在审查中被检查。在会议期间,他们的作用可能相当有限。他们可能被要求解释任何不清楚的东西,或者提供为什么看起来是缺陷的东西实际上不是缺陷的原因。

审查人(Reviewer):除了作者以外的一个或多个人可以作为审查人员。在会议开始之前,他们可以通过审查可交付成果来为正式检查做准备。在准备过程中所做的任何笔记都应该带到会议上,以便当时可以交流。

与其他类型的审查一样,对于审查人员来说,拥有一个审查清单是很有帮助的,上面标记了他们在审查中要关注的重点。审查员应该具有一定的技术能力,并且能够提供积极和消极的反馈。

记录员、抄写员:记录员或抄写员负责在会议期间做笔记。他们应该记录所有发现的缺陷以及下一步的行动安排。虽然记录员也可以是审查人,但主管和作者不应扮演记录员的角色。

检查会议及跟进

在实际的审查会议中,审查人员应该关注于识别缺陷,而不是解决方案。会议结束后,通常会产生一份检查报告,总结检查的结果。

在检查过程中发现的任何缺陷都应该放在待办事项列表中,或者分配给其他人来解决,比如作者。应采取后续行动,通常由主管进行,以确保任何行动项目都已完成。

走查

走查是一种非正式的审查方法。在走查中,可交付成果的作者主持一个会议,在会议中他们指导审查人员走查可交付成果。

与正式检查不同,参与者没有被分配特定的角色(除了主管/作者)。同时走查是灵活的,组织可以根据自己的需要选择组织走查的方式。

参与者可以通过提前查看可交付内容来为走查做准备。走查的重点是识别潜在的缺陷。尽管重点不是纠正发现的缺陷,但与正式检查不同,团队可以决定是否允许对可交付产品提出更改建议。与正式检查类似,管理层不应参与走查,以免影响会议。

在评估和改进可交付成果方面,走查已被发现不如其他审查方法有效。但是,它们允许更多的审查人员同时参与。这提供了一个从更多样化的群体中获得反馈的机会。

总结

尽管与其他类型的工程学科相比,软件工程是一门相对较新的学科,但是它已经积累了大量的原则和实践方法来创建高质量的软件系统。

通过本章我们了解到,要设计可以扩展的正交软件系统,同时最小化对现有功能的影响,我们需要松耦合和高内聚。为了在我们的软件应用程序中最小化复杂性,可以应用许多原则,如 KISS、DRY、信息隐藏、YAGNI 和 SoC 原则。

SOLID 设计原则,包括 SRP、OCP、LSP、ISP 和 DIP 原则,都可以用来创建更容易理解、可维护、可复用、可测试和灵活的代码。许多方法,例如单元测试、结对编程以及审查,都可以用来识别缺陷并改进软件系统的质量。

软件体系结构模式是可复用的解决方案，可用于解决重复出现的问题。在下一章中，我们将回顾一些常见的软件架构模式，以便你能够了解它们，并将它们适当地应用到你的软件应用程序中。

7

软件架构模式

软件架构模式是用于设计软件架构的最有用的工具之一。作为软件架构师,我们面临的许多设计问题其实早已有了成熟的解决方案。有经验的软件架构师应该对可用的架构模式了如指掌,并能够为给定的设计场景选择合适的架构模式。

本章首先介绍什么是软件架构模式以及如何运用它们。然后介绍了一些常用的架构模式,包括分层架构(layered architecture)、事件驱动架构(event-driven architecture,EDA)、Model-View-Controller(MVC),Model-View-Presenter (MVP),Model-View-ViewModel(MVVM)、命令查询职责分离(CQRS)和面向服务架构(service-oriented architecture,SOA)。

本章将涵盖以下内容:

- 软件架构模式;
- 分层架构(Layered architecture);
- 事件驱动架构,包括事件通知、事件承载的状态传输和事件溯源;
- Model-View-Controller;
- Model-View-Presenter;
- Model-View-ViewModel;
- 命令查询职责分离;
- 面向服务架构。

(译者注:相对于模块—视图—控制器这种名称,我们更倾向于保留被广泛使用的原文

Model-View-Controller。对于命令查询职责分离（The Command Query Responsibility Segregation）这种不被广泛使用的模式，会使用中文译名。）

软件架构模式

软件架构模式是对特定上下文中多次出现并且又被透彻理解的问题的解决方案。每个模式由上下文、待解决问题和解决方案组成。面临的问题可能是需要克服一些挑战，利用一些机会，或满足一个或多个质量属性。架构模式将知识和经验编纂成一个我们可以重用的解决方案。

使用架构模式能简化设计，让我们能使用那些已被证明能解决特定设计问题的解决方案，并且从中获益。当和其他熟悉架构模式的人一起工作时，引用一种模式就提供了一种速记方法，这种方法不用解释所有细节就能使用一个解决方案。因此架构模式在交流想法的讨论中是非常有用处的。

软件架构模式与设计模式很相似，不同之处在于前者的范围更广，并且应用于架构层面。架构模式倾向于更粗粒度的，并且聚焦于架构问题，而设计模式则更细粒度，并着重解决实现过程中出现的问题。

软件架构模式提供了一种软件系统的高层次结构和行为。它是一组在给定的上下文中多次已成功使用的设计决策。它们解决并满足架构驱动因素，因此，我们决定使用的架构模式才是真正意义上塑造架构的个性和行为。而每种模式又有各自的个性、优势和劣势。

软件架构模式提供了架构中的软件系统的结构和主要组件。它们能引入设计约束，以此降低系统复杂性并有助于规避错误。只要当软件架构模式在设计过程中被贯彻执行，软件系统的呈现品质就是可预测的。这就给了我们考察该设计是否会满足系统的需求和质量属性的机会。

运用软件架构模式

与设计模式非常相似的是，软件架构模式是在实践中屡获成功之后才形成的。作为一名软件架构师，你需要在合适的时机去发现和使用一种既有的架构模式。

大多数时候，你不用去发明或创造一个新的模式。有可能你会在一个全新的领域里面对挑战和问题,这个时候需要你去创造真正意义上全新的解决方案。然而,即使在这种情况下,这个解决方案也还不能成为一种模式。只有当它在实践中被重复,并成为特定上下文和问题的一种解决方案时,它才会成为一种架构模式。

软件架构模式可以应用于整个软件系统,也可以应用于其中一个子系统。因此,一个软件系统可以使用多种软件架构模式。这些模式可以组合起来去解决问题。

过度使用架构模式

虽然架构模式是一个非常有价值的工具,但也不要强行去使用某些特定的模式。设计方面和架构模式方面的一个常见错误是:即使并不适合也要去用。

开发人员或架构师可能在了解了某种架构模式后,就变得过分热衷于运用这种模式。他们去应用一种模式可能仅仅是因为他们比较熟悉这种模式。

更关键的应当是获取可用模式的知识,并去理解应该在哪些场景中应用这些模式。这些知识让软件架构师能去甄选并运用合适的架构模式。只有当一种软件架构模式确实是给定的设计问题和上下文的最佳解决方案时,才应该去使用它。

理解架构风格和架构模式之间的差异

您可能会遇到 *架构风格* 这个词汇,并将其含义与 *架构模式* 进行比较。在大多数情况下,这两个术语可以互换使用。

尽管如此,有些人还是会对两者进行区分,那么让我们花点时间来解释其中的区别吧。这两个词并不是完全界限分明的,因为取决于你在向谁发问,词汇的定义也会有所不同。架构风格的其中一种定义是,它是一组元素,以及用于这些元素的词汇表,这些词汇同时也可用于架构中。它通过限制可用的设计选择来约束架构设计。当一个软件系统遵循特定的架构风格时,我们也预期它会展现出特定的特性。

例如,如果我们要在一个应用程序的设计中遵循微服务的架构风格,而这种风格含有一个约束是各个服务之间应当相互独立,那么我们可以预期这样的系统也会具备特定的特性。遵循微服务架构风格的系统将能够独立地部署服务,为特定服务隔离故障,并能使用团队为该服务选型好的技术。

软件架构模式是在特定环境中常见问题的解决方案中对可用元素的一种特定安排。给定一个特定的架构风格，我们可以使用该风格中的词汇来表达我们希望如何用某种方式去使用该风格中可用的元素。如果这种安排是一个通用的、对特定环境中多次出现的问题的已知解决方案，那么它就是一种软件架构模式。

本书并没有对这两个术语着重做出区分，大部分使用了软件架构模式这一词汇，如本章的标题那样。

现在我们知道了什么是软件架构模式（以及风格），让我们开始探索一些常用的模式，从分层架构开始。

分层架构

在分解一个复杂的软件系统时，分层是最常用的手段之一。在分层架构中，软件应用会被划分为多个不同的垂直层次，每一层都构建在某个比之更低的层次之上。每一层都依赖于它下面的一个或多个层（取决于这些层是开放的还是封闭的），同时又独立于它上面的层。

开放层和封闭层

分层架构里的层可以被设计成开放的，也可以设计成封闭的。使用封闭层则要求从上一层流向栈里的请求必须经过当前层，不能绕过它。例如，在具有展现层、业务层和数据层的三层架构中，如果业务层是封闭的，展现层必须将所有请求发送给业务层，而不能绕过它直接向数据层发送请求。

封闭的层提供了隔离的作用，能让代码更容易被修改、编写和理解。这样各层能相互独立，对应用程序的一层所作出的修改就不会影响其他层中的组件。如果层是开放的，复杂性就会增加。可维护性会降低，因为这样多个层都可以调用到另一个层，增加了依赖的数量，修改也更加困难了。

尽管如此，在某些情况下使用开放层可能是更有利的。其中一种情况就是解决分层架构中的某些通用问题。在这种情况下，如果调用必须穿过每一层，甚至有一些层就是单纯地把请求原封不动地透传下去，那很多通信流其实是不必要的。

在我们的设有展现层、业务层和数据层的三层架构示例中，假设我们在业务层和数据层之间引入一个共享服务层。这个共享服务层可能包含业务层中的多个组件都需要的可重用组件。我们可以选择将其放在业务层之下,这样只有业务层才能访问它。

然而,现在从业务层到数据层的所有请求都必须经过共享服务层,即使并不需要从共享服务层获取任何信息。如果我们共享服务层设置成开放的,请求就可以直接从业务层发向数据层了。

对于软件架构师来说,在设计分层架构时需要理解的重要一点是,设置封闭层和实现隔离层确实是有益处的。但是,有经验的软件架构师知道什么时候开放一个层更合适。没有必要让所有的层同时都封闭或都开放。如果条件允许的话你可以有选择开放部分层。

层(Tier)与层(Layer)

在谈论分层架构的时候你可能听说过层(Tier)和层(Layer)两种不同的术语。在我们继续讨论分层架构之前,应该先理清这些术语。

层(Layer)是软件应用程序的逻辑上的分离,而物理层(Tier)则是物理上的分离。

当划分程序逻辑时,层次是一种组织功能和组件的方式。例如,在一个三层架构中,逻辑可以被划分为展现层、业务层和数据层。当一个软件架构被组织成不止一层时,它就被称为多层架构。不同的层不一定非要分布于不同的物理机器上。有可能在同一台机器上就部署了多个层次。

而物理层关注的则是功能和组件的物理位置。一个包含了展现、业务和数据的物理层的三物理层架构意味着这三层在物理上部署在三台独立的机器上,并且在这些独立的机器上各自运行。当一个软件架构被划分为多个物理层时,它被称为多物理层架构。

请记住,有些人会交替使用这两个术语。在与他人交流时,如果有必要区分,你就应该斟酌你的语言,当对方使用这两个术语中的一个时,你有可能需要与他人确认他们真实的所指。

分层架构的优点

使用分层架构有一些关键性的好处。这个模式通过实现关注点分离(Separation of Concerns,SoC)来降低复杂性。每一层都是独立的,你可以在不依赖其他层的情况下独立地理解这一层。在一个分层的应用程序中复杂性可以被抽象出来,从而让我们能去处理更复杂的问题。

在分层架构中层与层之间的依赖关系可以最小化,这进一步降低了复杂性。例如,展现层不需要直接依赖数据层,业务层也不依赖展现层。最小化依赖关系还让你能在不影响其他层的情况下替换掉某一层的实现。

分层架构的另一个优点是它可以使开发变得更加简单。这个模式对许多开发人员来说是非常常见和熟知的,开发团队就更容易去应用它。由于这个架构能够分离应用程序逻辑,它就能很好地适配组织在项目中雇佣资源和分配任务的人力数量。每一层都需要特定的技术栈,每一层可以分配合适的资源。例如,UI 开发人员开发展现层,而后端开发人员开发业务和数据层。

这种架构模式提升了软件应用程序的可测试质量属性。将应用程序划分为层并在层与层之间使用接口做交互,让我们模拟或打桩其他的层从而单独对一个层进行测试。例如,你可以在没有展现层和数据层的情况下对业务层中的类执行单元测试。业务层不依赖于展现层,而数据层可以被模拟或打桩。

如果多个应用程序都能重用同一层,那使用分层架构的应用程序自然就具备了更高级别的可重用性。例如,如果多个应用程序以相同的业务和/或数据层为目标,那么这些层就是可重用的。

当使用分层架构的应用程序被部署到不同的物理层时,还会有一些额外的好处:

- 随着更多的硬件可以被添加到每一物理层,应用的可伸缩性也得到了提升,从而提供了处理更多工作负载的能力。
- 当每层使用多台机器时,一个多物理层的应用程序可以体验到更高级别的可用性。持续运行时间会得到提升,因为如果某个层发生了硬件故障,其他机器可以进行接管。
- 每个独立的物理层的安全性得到了增强,因为不同的层之间可以放置防火墙。
- 如果一个层可以被多个应用程序重用,就意味着它对应的物理层也可以被重用。

分层架构的缺点

尽管分层架构被经常使用,也有充分的理由被经常使用,但是使用它们仍然是存在缺点的。尽管可以将每层设计的相对独立,但需求更改还是可能需要在多个层中进行更改。这种类型的耦合会降低软件应用程序整体的敏捷性。

例如,添加一个新的字段可能需要对多个层进行修改:要修改展现层以便展现新字段,要修改业务层以便去验证、保存和处理这些字段;数据层也需要被修改因为字段需要被添加到数据库中。这还可能会让部署复杂化,因为即使是这样的更改,一个应用程序也可能需要多个部分(甚至整个应用程序)都进行重新部署。

另一个小缺点是分层架构的应用程序需要更多的代码量。因为需要给层与层之间通信提供所必需的接口和其他逻辑。

开发团队必须努力地将代码放置在正确的层中,以免将逻辑泄露给一个本不属于它的层里。这方面的例子包括将业务逻辑的代码放入展现层,或将数据访问逻辑代码放入业务层。

虽然可以用分层架构设计出性能良好的应用程序,但如果你正在设计高性能的应用程序,你应该意识到让一个请求经过多层可能会降低效率。此外,从一层传递到另一层有时还需要转换数据展示方式。缓解这个劣势的一种方法是让一些层开放,但这也应该只在认为合适的时候才能这么做。

当分层架构被部署到多个物理层时还有一些额外的缺点:

• 分层架构的性能缺点刚才已经提到过,但当这些层被部署到单独的物理层时,通常上还会有额外的性能成本。使用现代的硬件这个成本可能很小,但仍然不会比在一台单独的机器上运行的应用程序快。
• 拥有多物理层架构还会带来更高昂的经济成本。应用程序使用的机器越多,总成本就越大。
• 除非软件应用程序的托管是由云提供商或者已经外包,否则就需要一个内部团队来管理一个多物理层应用程序的物理硬件。

客户端—服务端架构(Client-server architecture)(双物理层架构)

随着客户端—服务端软件系统的普及,分层架构变得非常流行。在使用客户端—服务端架构(也被称为两物理层架构)的分布式应用程序中,客户端和服务端可以直接相互通信。客户端请求服务端提供的资源或调用服务端提供的服务,服务端则响应客户端的请求。同时可以有多个客户端连接到一个服务端上(图7-1)。

应用程序的客户端部分包含用户界面代码,服务端则包含了数据库,传统上它一般是一个关系数据库管理系统(relational database management system,RDBMS)。客户端—服务端架构中的大多数应用程序逻辑都位于服务端,但也会有一些逻辑位于客户端内。部署于服务端的应用逻辑可能存在于软件组件中,或数据库中,或两者皆有。

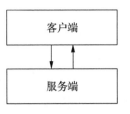

图7-1 客户端和服务端的关系

如果客户端包含相当大一部分的逻辑并且处理了很大一部分的工作负载,它会被称为胖客户端。当服务器承担这些职责时,客户端则被称为瘦客户端。

在某些客户端—服务端应用程序中,业务逻辑会分散在客户机和服务器之中。如果缺乏一致性的话,定位特定逻辑块的位置会变得特别困难。

如果一个团队不够勤勉的话,同一块业务逻辑可能会在客户端和服务端上重复出现,就违反了DRY原则。

在某些情况下,客户端和服务器也会需要相同的逻辑。例如,将数据提交给服务器之前,用户界面可能需要一段业务逻辑来验证这段数据。服务端可能也需要相同的业务逻辑,因此它也需要执行验证。如果把这种逻辑集中处理,可能需要在客户端和服务端之间进行额外的通信,而另一种方案(重复)又会降低可维护性。如果要更改业务逻辑,就必须在多个位置对其进行修改。

为应用程序逻辑使用存储过程

如果应用程序的逻辑确实需要存在于数据库中,那么它通常放置在存储过程中。存储过程是一组一个或多个结构化查询语言(SQL)语句,这些语句构成一个逻辑单元来完成某些任务。它可以组合地进行数据的检索、插入、更新和删除等操作。

在客户端—服务端应用程序中使用存储过程曾经很流行,因为它们的使用可以减少客户端和服务端之间的网络通信。存储过程可以包含任意数量的语句,还可以调用其他的存储过程。要执行存储过程所要做的只需要从客户端往服务端发起一个单独的调用。如果这个逻辑没有封装在存储过程中,则需要通过客户端和服务端之间的多次网络调用才能执行相同的逻辑。

存储过程会在第一次被执行时进行编译,同时会创建一个执行计划,数据库查询引擎可以使用该计划来优化其后续的调用。除了性能上的一些优点之外,使用存储过程还获得了安全方面的好处。用户和应用程序不再需要为存储过程所使用的底层数据库对象(如数据库表)授予权限。用户或应用程序都可以去执行存储过程,但却是存储过程实际控制哪些逻辑被执行和哪些数据库对象被使用。存储过程只要被编写和编译之后可重用性就会得到提升,还可以在多个位置被重用。

尽管使用存储过程有很多优点,但也存在缺点。与高级编程语言相比,存储过程可用于应用程序逻辑的编码结构是非常有限的。另外将一些业务逻辑放在存储过程中也意味着你的业务逻辑没有得到集中。

在现代应用程序开发中,业务逻辑是不应该放在存储过程中的。它属于数据层之外,独立于数据存储的机制,并应与数据层解耦。基于这一点,有些人将存储过程降级为简单的CRUD操作。但如果是这样的话,存储过程就没有什么优势了。

尽管应用程序逻辑不应该放在存储过程中,但在某些情况下仍然可以使用它。对于复杂的查询(例如带有复杂表连接和 WHERE 子句的 SQL 查询)以及需要多条语句和大量数据的查询,存储过程的性能优势可能会有用武之地。

N 物理层架构

对于 N 物理层架构,或者叫多物理层架构,架构中会同时存在多个物理层。这种分层架构类型最广泛使用的变体之一是三物理层架构。Web 应用的兴起同时伴随着架构从两物理层(客户端—服务端)向三物理层的转变。这种变化并非偶然。随着 Web 应用程序和 Web 浏览器的使用,包含业务逻辑的富客户端的应用程序就不再是理想的选择了。

三物理层架构将逻辑分为展现物理层、业务物理层和数据层(图 7-2):

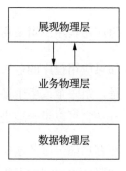

图 7-2　三物理层架构

展现物理层

展现物理层(presentation tier)为应用程序 UI 提供功能。它应该提供一个吸引人的视觉设计,因为它是应用程序中用户能看见并能可以与之交互的部分。在这一层给用户呈现数据,并从用户接收输入。在第 4 章"*软件质量属性*"中讨论过的可用性质量属性的各个方面都应该是展现物理层所关注的问题。

这一层应该包含用于渲染用户界面的逻辑,包括在适当的 UI 组件中放置数据、格式化数据从而进行合适的展现,并根据需要隐藏或显示 UI 组件。

它还应该提供一些基本的验证以帮助用户避免或最小化错误,例如确保对给定控件输入正确类型的数据,并且数据格式也要正确。开发人员应该注意不要将业务逻辑引入验证逻辑里,还要注意哪些应该由业务物理层处理。

展现物理层应该为用户提供有用的反馈,比如友好且有信息量的消息、提示、视觉反馈,比如在长时间运行的过程中出现进度条,以及异步操作后给用户关于操作完成或失败的通知。

软件架构师应该努力设计瘦客户端,这样可以让展现物理层中存在的逻辑量最小化。展现物理层中的逻辑应该聚焦于用户接口。没有业务逻辑的展现物理层会让其更容易测试。

业务物理层

业务物理层(business tier)有时也称为应用物理层,它为应用程序的业务逻辑提供实现,包括业务规则、验证和计算逻辑等内容。应用程序域的业务实体也被放置在这一层。

业务物理层的职责是协调应用程序并执行逻辑。它可以执行详细的流程并做出逻辑上的决策。业务物理层是应用程序的中心,充当展现物理层和数据物理层之间的中介。它为展现物理层提供服务、命令和可以直接使用的数据,并与数据物理层交互以检索和操作数据。

数据物理层

数据物理层(data tier)提供访问和管理数据的功能。数据物理层会包含用于持久存储的数据存储,例如 RDBMS。它为业务层提供服务和数据。

N 物理层架构有一些变种会超出了三层。例如,在一些系统中,除了数据层或数据库层之外,还有一个数据访问层或持久层。持久层包含用于数据访问的组件,如对象—关系映射(object-relational mapping,ORM)工具,而数据库层包含实际的数据存储,如 RDBMS。将这两个层分开的一个用意是,你可以将数据访问或数据库技术切换到其他不同的技术。

事件驱动架构

事件是指在软件应用程序中发生的、被认为重要的事情,这些事件可能被其他应用程序或同一应用程序内的其他组件所关注,比如状态变化。事件的例子如:一个采购订单的发生,或一个学生所学课程的字母型成绩的发送。

事件驱动架构(event-driven architecture,EDA)是一种分布式、异步的软件架构模式,它通过事件的生产和处理将应用程序和组件集成在一起。通过对事件的跟踪,我们就不会错过任何与业务域相关的重要内容。

EDA 是非常松耦合的。事件的生产者对事件的订阅者或订阅者所可能采取的行动以及造成的相应结果没有任何的了解。

SOA 可以作为 EDA 的一个补充,因为服务操作的调用可以基于事件的触发。反过来也可以,比如让服务操作来引起事件。

鉴于 EDA 自身异步的、分布式的处理,EDA 可能会相对复杂。与任何分布式架构一样,诸如缺乏响应能力、性能问题、事件中介和事件代理的错误(这些组件将在稍后描述)等情况,都可能引发各种问题。

事件通道

在介绍 EDA 的两种主要事件拓扑结构之前,让我们先了解一下事件通道(event channel)的概念,因为这两种拓扑都会用到事件通道。

事件消息包含事件的相关数据,并由事件生产者创建出来。这些事件消息会通过事件通道(事件消息流)传输给事件处理者。

典型的事件通道通常的实现有消息队列(message queues)——使用点对点通道模式,或消息主题(message topics)——使用发布-订阅模式。

消息队列

消息队列会确保对于一个消息有且仅有一个接受者。在事件通道上下文中,这意味着只有一个事件处理者可以从事件通道中接收到事件。这种消息队列往往是通过点对点通道模式来实现的。

点对点通道模式

当我们希望确保特定的消息只有一个接收者时,就应当使用点对点通道模式这种消息传递模式。如果一个通道有多个接收者想要同时消费多个消息,或者多个接收者都尝试消费同一条消息时,该事件通道会确保只有一个接收者能够成功。只要事件通道正在处理过程中,就不再需要在事件处理者之间再做任何协调工作。

消息主题

消息主题允许多个事件消费者去接收同一个事件消息。发布—订阅模式可用于消息主题的实现。

发布—订阅模式

发布—订阅模式(The publish-subscribe pattern),有时也被缩写成 pub/sub 模式,是一种为发送方(发布者)提供了一种向消息关注方(订阅者)广播消息的消息传递方式。

与点对点通道模式中的发布者直接向特定接收者发送消息的方式不同,发布—订阅模式下消息可以在不了解订阅者甚至根本没有订阅者的情况下被发送。类似的,它允许订阅者在不了解发布者甚至没有发布者的情况下对特定消息进行关注。

事件驱动架构拓扑

事件驱动架构的两种主要拓扑包括中介拓扑和代理拓扑。

中介拓扑

EDA 的**中介拓扑**使用单独的事件队列和一个事件中介将事件路由到相关事件处理者手

中。当处理一个事件需要多个步骤时,通常会使用这种拓扑结构。

使用中介拓扑,事件生产者会将事件发送到事件队列中。在 EDA 中可以有许多个事件队列存在。事件队列负责将事件消息发送到事件中介。所有这些事件(称为初始事件)都要通过一个事件中介。再由事件中介执行必要的编排(orchestration)(图 7-3):

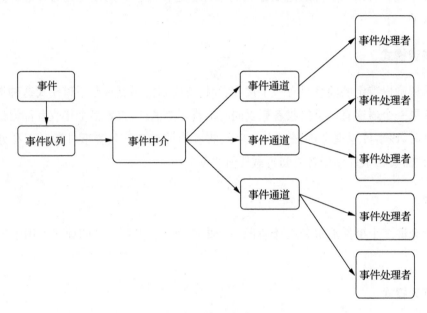

图 7-3　中介拓扑

在事件中介对从事件队列中接收到的每一个事件进行编排之后,会根据编排创建一个或多个异步处理事件。这些处理事件被发送到事件通道中,这个通道可以是消息队列也可以是消息主题。

由于涉及消息编排,消息主题更常与中介拓扑一起使用,消息主题允许存在多个事件处理者,执行不同的任务,来接收同一个消息事件。在前面的图 7-3 中可以看到,其中一些事件通道会把事件消息发送到多个事件处理者。

事件处理者监听事件通道来拾取事件,并依照各自的设计来处理消息。在本章后面介绍的事件处理风格(Event processing styles)一节中,我们将介绍事件处理者通常会使用的不同处理风格。

事件中介的实现

事件中介可以通过多种不同的方式实现。对于简单的编排，可以使用集成中心（integration hub）的方式。这种方式可以用特定领域语言（domain-specific language，DSL）定义用于事件路由的中介规则。不同于 C♯、Java 或者 UML 那样的通用目的语言（general-purpose language），领域特定语言能够为一个特定的领域编写表达式。

对于更复杂的事件编排，可以运用业务流程执行语言（Business Process Execution Language，BPEL）并配合 BPEL 引擎一起使用。BPEL 是一种基于 XML 的语言，用于定义业务流程及其行为。它经常与 SOA 和 Web 服务一起使用。

对于具有复杂编排需求（甚至可能包括人工交互）的大型软件应用程序，可能会选择实现一个使用了业务流程管理器（business processmanager，BPM）的事件中介。业务流程管理涉及了建模、自动化和业务工作流的执行。一些业务流程管理器使用业务流程模型（Business Process Model）和标记法（BPMN）来定义业务流程。BPMN 可以使用图形符号来进行业务流程的建模。用 BPMN 创建的业务流程图与 UML 中的活动图比较类似。

软件架构师必须要了解软件应用程序的需求，以便选择合适的事件中介实现。

代理拓扑

在代理拓扑（broker topology）中，由事件生产者创建的事件消息将进入事件代理（有时也被称为事件总线）中。事件代理包含事件流使用的所有事件通道。这些事件通道可以是消息队列、消息主题，或者两者的某种组合。

与中介拓扑不同的是，代理拓扑中没有事件队列。事件处理者负责从事件代理中拾取事件（图 7-4）。

当处理流相当简单并且不需要集中的事件编排时，代理拓扑将会是比较理想的选择。作为处理的一部分，**事件**从**事件代理**流到**事件处理者**时，也有可能有新的事件被创建出来。

可以在图 7-4 中看到，在某些情况下，事件会从事件处理者流回到事件代理。代理拓扑的一个关键就是把事件链接起来，以便能执行特定的业务任务。

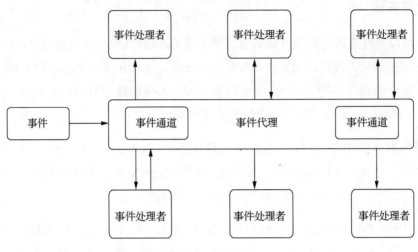

图 7-4　代理拓扑

事件处理风格

事件处理者是带有特定任务并包含了对事件进行分析和采取行动逻辑的组件。每个事件处理者都应该是独立的，并且与其他事件处理者松耦合。

只要事件消息触达了事件处理者，就有三种流行的处理事件的处理风格可选择：**简单事件处理**（simple event processing，SEP）、**事件流处理**（event stream processing，ESP）和**复杂事件处理**（omplex eventprocessing，CEP）。特定应用程序所需的事件处理风格取决于它所需的处理复杂性。EDA 也可以结合使用这三种风格。

简单事件处理（SEP）

在 SEP 里，值得关注的事件会立即被路由以启动下游的某种行动。这种类型的处理流程可用于实时工作流来缩短事件触发和结果产生之间的时间。

简单事件处理的功能还包括：将事件模式从一种形式转换为另一种形式、基于单个事件的数据体生成多个事件，以及用额外的数据补充事件数据体。

事件流处理（ESP）

ESP 包括了对事件数据流的分析，然后基于分析采取必要的操作。根据各种条件对事件进行筛选之后,要么对事件采取行动要么忽略该事件。这种类型的处理对于涉及决策的实时流处理非常适合。

ESP 的一个例子是股票交易系统,在股票交易系统里,当股票行情报告价格变化时,事件发生并进入事件流。算法会基于价格决定是否有必要创建买入或卖出的订单,并通知相应的订阅者。

复杂事件处理(CEP)

CEP 会执行分析以查找事件中的模式,来确定是否已经发生了一件更复杂的事件。复杂事件是指总结或代表了一组其他事件的事件。事件可以在多个维度上相互关联,例如因果关系、时间关系或空间关系。

与其他类型的事件处理相比,CEP 可以在更长的一个时间段内进行。这种类型的事件处理可以用于检测业务威胁、新机遇或其他异常。

使用 CEP 的一个功能示例是信用卡欺诈引擎。信用卡上的每一笔交易都是一个事件,系统将针对特定的信用卡检查一组这样的事件,试图找到可能表明欺诈已然发生的模式。如果检测到欺诈则相应的下游操作将被启动。

事件驱动功能的类型

EDA 可以意味很多不同的事情。在各种具有 EDA 的系统中通常可以找到三种主要类型的功能:事件通知(event notification)、事件携带的状态传输(event-carried state transfer)和事件溯源(event sourcing)。事件驱动的软件系统也可以运用这三者的组合。

事件通知

使用事件通知的架构里,当有事件发生时软件系统就会发送消息。这种功能在有 EDA 的软件系统中是最常见的。中介拓扑和代理拓扑都可以用来实现事件通知。

事件生产者和事件消费者之间只存在松散的耦合关系,发送事件消息的逻辑和响应事件的逻辑之间的关系也是如此。这种松耦合让我们能更改其中一个的逻辑的时候不会影响另一个。每个事件处理者组件都是单一用途且独立于其他事件处理者的,可以对它们进行修改而不影响其他事件处理者。

事件生产者和消费者之间的松散耦合也存在缺点,那就是很难看清事件通知的逻辑流。这增加了复杂性同时也让调试和维护更加困难。没有特定的声明语句可以查看什么样的逻辑会被执行。各种各样的事件消费者,包括软件系统中非事件通知生产者的事件消费者,都可以对事件作出响应。有时候,理解逻辑流的唯一方法是实时监控系统以查看事件消息流。

事件携带的状态传输

事件携带的状态传输是事件通知的一种变体。它的使用不像常规的事件通知那样常见。当事件消费者收到事件通知时,它可能需要从事件生产者获得更多信息,以便采取他们想要采取的行动。

例如,销售系统可能会发送一个新的订单事件通知,而配送系统可能会订阅这个类型的事件消息。然而,为了采取适当的行动,配送系统还需要了解关于订单的额外信息,例如订单中每行条目的数量和类型。这就需要配送系统以某种方式查询销售系统,比如通过 API 的方式。

尽管事件发布者可能不需要了解任何有关其订阅者的信息,但订阅者对生产者是耦合的,因为它需要了解生产者并有途径从生产者获得更多信息。

向生产事件通知的系统进行回调来获取更多数据以便处理事件,这样会增加网络的负载和流量。解决这个问题的一种方法是在事件里添加状态信息,让事件包含对潜在消费者足够的有用信息。例如,新订单的事件通知可以包含配送系统所需的每行物品的详情,这样回调就不再需要了。配送系统可以只保留其需要的订单详细信息的副本。

尽管有更多的数据需要被传递,但我们获得了更高水平的可用性和弹性。配送系统对于它已经收到的订单至少是可以正常工作的,即使订单系统暂时不可用。在接收到最初的事件通知后,配送系统就不再需要回调订单系统,如果从订单系统联系和接收数据的速度本就偏慢的话,益处就更加明显了。

然而,更高的可用性必然会降低一致性。在订单系统和配送系统之间某些数据的重复必然会降低数据的一致性。

事件溯源

系统可以使用数据存储来读取和更新应用程序的当前状态,但是如果想要了解使我们到达当前这一点的状态变迁的详细信息呢?利用事件溯源,系统中发生的事件(如状态更改)都被持久化到事件存储中。拥有所有发生事件的完整记录,让事件溯源可以充当真相的来源。重放事件日志中的事件可用于重建应用程序状态。

事件溯源的工作方式与数据库系统中的事务日志比较类似。事务日志能记录对数据库所做的所有修改。这让事务的回滚成为可能,还让我们能重新把系统状态恢复到某个特定的点,例如在故障发生之前的那一刻。

事件应该是不可变的,因为它们代表已经发生的事情。作为一个事件的结果,相应的行为已然在下游发生了。因此,如果事件可能在事件发生后产生变化,那么它可能会将您的系统置于一个不一致的状态。如果确实需要更新或取消事件,则应该创建一个补偿事件。补偿逻辑可以基于这些事件执行,并可以应用必要的业务规则来应用反向操作。这能确保事件存储仍然是真相的来源,而且我们可以重放所有事件来重建应用程序状态。

事件溯源的好处还包括它可以帮助系统的调试。它提供了一种获取事件并在系统中运行它们的能力,以此来查看系统将如何运行。这可以用来定位某些问题的原因。事件溯源还提供详细的审计功能。事件的完整记录让我们能够查看发生了什么,如何发生的,何时发生的,以及其他各种细节。

尽管事件溯源非常有用,但它确实给软件系统增加了一些额外的复杂性。应用程序的多个实例和多线程应用程序都可能需要把事件持久化到事件存储中。系统的设计必须确保以正确的顺序处理事件。

处理事件的代码和事件的模式可能随时间变化。因此必须要考虑到,能确保即使可能已经变更了事件模式,旧的事件仍然可以用当前逻辑重放。

如果事件序列的一部分包含了对外部系统的调用,则必须考虑将来自外部系统的响应也存储为事件。这能确保我们可以在不用再次调用外部系统的情况下也能准确地重放事件来重建应用程序状态。

Model-View-Controller 模式

Model-View-Controller (MVC)模式是一种广泛用于应用程序 UI 的软件架构模式。它特别适合于应用在 Web 应用程序中,同时也可以用于其他类型的应用程序,如桌面应用程序。

这种模式提供了一种构建用户界面的结构,并涉及对不同职责的分离。许多流行的 Web 项目和应用程序开发框架都应用了这种模式。一些典型例子包括 Ruby on Rails, ASP。NET MVC 和 Spring MVC。

MVC 模式由 Model、View 和 Controller 组成(图 7 - 5):

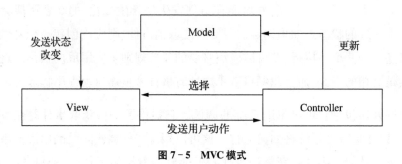

图 7 - 5　MVC 模式

Model,View 和 Controller 对用户界面各自负有不同的责任。下面让我们逐个仔细地了解它们每一个角色。

Model

Model 管理应用程序数据和状态。它的职责之一是处理进或者出数据存储(如数据库)的数据。Model 是独立于 Controller 和 View 的,这使得它们可以在不同的用户界面中被重用,同时也方便对它们进行独立测试。

Model 从 Controller 端接收指令来检索和更新数据。同时还提供应用程序的状态更新。在 MVC 的一些变体中,Model 是被动的,必须接收请来执行应用程序的状态更新。在其他变体中,Model 可能是主动的,并能将 Model 的状态更改通知推送到 View。

View

View 负责应用程序的展现。它是应用程序中对用户可见的那一部分。View 根据从 Controller 接收到的信息在适当的界面中向用户显示数据。如果 Model 直接向 View 提供应用程序的状态更新通知，View 也可以基于这些通知进行自我更新。

当用户操作 View 的时候，比如用户提供进行输入或其他一些操作，View 将把这些信息发送给 Controller。

Controller

当用户导航 Web 程序时，根据路由配置将请求路由到适当的 Controller。Controller 则在 Model 和 View 之间充当中介。

Controller 执行应用程序的逻辑来选择适当的 View，并向 View 发送它用来呈现用户界面所需的信息。View 将用户动作通知给 Controller，让 Controller 能够响应这些操作。Controller 还会根据用户的操作去更新 Model。

MVC 模式的优点

使用 MVC 模式可以实现关注点的分离。通过将展现与数据分离，可以更容易地更改其中一个而不影响另外一个。它还使每个部分更容易测试。但要实现完全的分离是很困难的。比如向应用程序添加一个新字段就需要对数据和展现方式都进行修改。

MVC 模式使展现对象更加可重用。将用户界面与数据进行了分离，这就让 UI 组件能够重用。这也意味着一个 Model 可以在多个 View 中被重用。

展现与业务逻辑以及数据的分离可以让前端或后端开发人员更加专精化。这也能加速开发进程，因为一些任务就可以并行进行了。举个例子，一个开发人员可以处理用户界面同时另一个开发人员可以去处理业务逻辑。

MVC 模式的缺点

如果你的开发团队没有为开发人员专注前端开发或后端开发做好配置的话，这就要求开发人员在对这两个领域都很精通（全栈开发人员）。那就需要精通多种技术的开发人员。

如果 Model 非常主动，并直接向 View 发送通知的话，那么频繁地更改 Model 可能会导致对 View 的过度更新。

Model-View-Presenter 模式

Model-View-Presenter(MVP)模式是 MVC 模式的一种变体。像 MVC 模式一样，它提供了 UI 逻辑和业务逻辑的分离。只不过在 MVP 模式中，Presenter 代替了 Controller。

MVP 模式中的每个 View 通常都有一个对应的接口(View interface)。Presenter 与 View 接口耦合。与 MVC 模式相比，View 与 Model 由于不再直接交互因此耦合更加松散(图 7 - 6)：

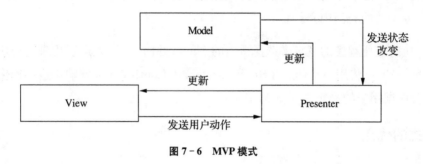

图 7 - 6　MVP 模式

Web 和桌面的应用程序都可以使用 MVP 模式。该模式的主要组件是 Model，View 和 Presenter。

Model

类似于 MVC 模式，Model 代表了业务模型和数据。它与数据库直接交互以检索和更新数据。Model 接收来自 Presenter 的更新消息，并将状态更改上报回 Presenter。

MVP 模式中的 Model 不再直接与 View 进行交互，而只与 Presenter 交互。

View

View 负责显示用户界面和数据。MVP 模式中的每个 View 都实现了一个接口(View interface)。当用户与 View 交互时，View 会发送消息给 Presenter 让其响应事件和数据。

Presenter 通过 View interface 与 View 松耦合。View 在 MVP 模式中会更为被动,它依赖于 Presenter 为之提供关于显示内容的各种信息。

Presenter

Presenter 是 Model 和 View 之间的中介。Presenter 会和它们两个都发生交互。每个 View 都有一个 Presenter 并会把用户行为通知给这个 Presenter。Presenter 负责更新 Model 并从 Model 中接收状态变更。

Presenter 将从 Model 中接收数据,并将数据格式化以供 View 进行显示,使之在展现逻辑中扮演一个主动的角色。Presenter 封装了展现逻辑,而 View 则扮演一个更为被动的角色。

与 MVC 模式中 Controller 可以与多个 View 交互不同的是,在 MVP 模式中,每个 Presenter 通常只处理一个 View。

Model-View-ViewModel 模式

Model-View-ViewModel(MVVM)模式是另一种软件架构模式,它与 MVC 和 MVP 比较相似的是,它们都具备了 SoC。对不同的职责进行划分可以使应用程序更容易维护、扩展和测试。MVVM 模式进一步把 UI 与应用程序的其他部分进行了分离(图 7 - 7):

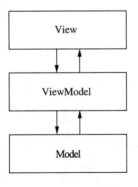

图 7 - 7 MVVM 模式

View 和 ViewModel 之间通常存在着有大量的交互,而数据绑定技术则为之提供了便利。

MVVM 模式适用于富桌面应用程序，尽管它也可以用于其他类型的应用程序，比如 Web 和移动应用程序。可以用来构建 MVVM 应用程序的框架的例子如 Window Presentation Foundation（WPF）。

MVVM 的主要组件是 Model、View 和 ViewModel。让我们更加详细地了解一下它们每一项。

Model

MVVM 模式中的 Model 扮演的角色与 MVC 和 MVP 类似。它代表了业务领域的对象和数据。Model 使用数据库来检索和更新数据。

在一个 MVVM 应用程序中，可以直接对 Model 的属性进行绑定。因此 Model 通常会发出属性更改的通知。

View

View 负责用户界面。它是应用程序中对用户可见的部分。在 MVVM 模式中，View 是主动的。其他模式中被动的 View 完全由 Controller 或 Present 操控，对 Model 一无所知，与之不同的是，在 MVVM 中，View 是知晓 Model 和 ViewModel 的。

虽然 View 负责处理它们自己的事件，但它们并不维护状态。View 必须将用户动作传递给 ViewModel，可以通过数据绑定或命令等机制来实现传递。MVVM 模式的一个重要目标是最小化 View 中的代码量。

ViewModel

MVVM 模式中的 ViewModel 与我们在 MVC 和 MVP 模式中提到的 Controller 和 Presenter 对象非常相似，它们都要在 View 和 Model 之间做协调工作。

ViewModel 为 View 提供显示和操控所用到的数据，还要负责与 View 和 Model 通信的交互逻辑。ViewModel 必须具备处理用户操作和处理 View 发送的数据输入的能力。ViewModel 还要包含在不同的 View 之间跳转的导航逻辑。

View 和 ViewModel 可以通过多种方法进行通信，例如数据绑定、命令、方法调用、属性以及事件。

命令查询职责分离

命令查询职责分离(Command Query Responsibility Segregation,CQRS)是这样一种模式:在这种模式里用来读取信息的 model 和用来更新信息的 model 是相互分离的。而在更传统的架构中,读取和更新数据都是由同一个对象完成的(图 7 - 8);

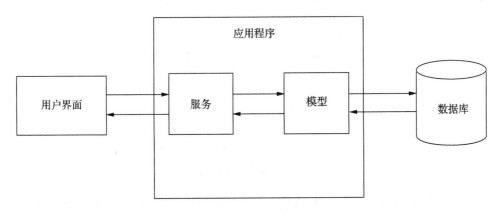

图 7 - 8 命令查询职责分离

为了能够用单个对象模型作为一个域类来满足所有业务目的,就必须要做出一些妥协。一个实体的唯一代表就必须支持所有的增删改查(create,read,update and delete,CRUD)操作,这就使得对象模型在所有这些情况下都比所必需的更大。

它们要包含对象在各种场景中所需要的所有属性。如果类已经不仅仅是一个**数据传输对象(data transfer object,DTO)**,那它还可能包含用于行为的方法。使用这种方式的话,类在所有需要使用它们的情况中都不是最理想化的,因为对数据表示的读和写的所需要的信息往往是不匹配的。由于每个类都要用于读和写的操作,这也让安全性和授权的管理更加复杂。

在协作域中,在同一块数据集上的多个操作可能会并行地发生。如果数据记录被锁定,或者由于并发更新而导致的更新冲突,则会存在数据争用的风险。读和写任务之间的工作负载也有所不同,这也意味着它们会有不同的性能和可伸缩性上的需求。

查询模型和命令模型

有一种方法可以解决查询和命令同时使用单一对象模型所带来的问题,那就是将两者分开。这个模式被称为CQRS,它产生了两个分离的模型。查询模型(query model)负责读取,命令模型(command model)负责更新(图7-9):

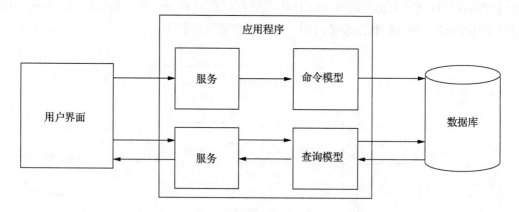

图7-9 查询模型和命令模型

查询对象只返回数据而不改变状态,而命令对象只改变状态而不返回数据。另一角度看待这个概念就是,问问题(查询)就不应该去改变答案。而想要实施一个会改变状态的操作,则应该使用命令。

当系统需要读取数据时,就要通过查询模型,而当系统需要更新数据时,则要通过命令模型。作为处理命令的一部分,系统也可能需要去读取数据,但除了完成命令所必需的工作外,数据的读取都应该通过查询模型。

虽不是必需的,但是如果想把CQRS被提升到下一个层次,查询和命令模型可以各自使用单独的数据库。这给了这两种模型各自独有的范式,可以针对其特定用途进行优化。如果使用单独的数据库,两个数据库就必须保持同步。一种保持同步的方法是通过使用事件。

通过事件溯源配合CQRS

尽管CQRS可以在不需要事件的情况下使用,但CQRS和事件确实可以相互补充,因此对于使用CQRS的系统来说,事件的使用也是很常见的。事件是一种高效传达状态变更的方式,以便查询模型能够保持最新的同时命令模型可以去更新数据。

正如我们在本章前面的事件溯源一节中所看到的,事件溯源涉及把发生在系统里的事件持久化,而存储的事件可以作为真相的记录。当命令模型更改系统状态时,可以触发事件从而让查询模型保持同步。

当查询模型和命令模型各自使用单独的数据存储时,保持查询模型和命令模型同步是非常必要的。此外,查询模型的数据存储还可能会包含一些针对特定查询进行了优化的非规范化数据。有了事件存储,我们就可以重播过去的事件,以重建系统的当前状态,这对于更新查询模型数据存储中的非规范化数据也是非常有用的。

CQRS 的优点

CQRS 非常适合于复杂的领域并且实现了关注点的分离,有助于最小化和管理复杂性。将系统分离为查询模型和命令模型可以使之更易维护、更易扩展、更灵活。还可以把开发团队组织成一个团队专注于查询模型,另一个团队专注于命令模型。

将命令和查询的职责区分开有助于提高性能、可伸缩性和安全性。可以专门针对每个模型来优化范式从而提高性能。查询模型的范式可以针对查询进行优化,而命令模型的范式可以针对更新进行优化。查询模型数据存储中的数据可以非规范化,从而提高应用程序执行查询的性能。

读操作和写操作之间的工作负载是不同的,使用 CQRS 可以独立地去扩展它们。使用 CQRS 还可以提高安全性,因为它比使用单个对象模型更容易去保证只有正确的类能更新数据。

使用 CQRS 能让安全性更容易实现和测试,因为每个类要么只用于读,要么只用于写,而不能同时用于读和写。这降低了无意中暴露数据和操作的可能性,这些数据和操作在指定的上下文中不应该对某些特定的用户可用。

CQRS 的缺点

对于只需要基本 CRUD 操作的系统来说,实现一个 CQRS 系统可能会引入不必要的复杂性。CQRS 系统本身复杂度更高,尤其是在与事件溯源结合的时候更是如此。因此必须要重点理解的一点是,CQRS 并不是所有的情况都适用。软件架构师应该意识到 CQRS 并不一定非要应用于整个软件系统。它也可以只应用于更大架构中的一些子系统,这样会有非常明显的益处。

虽然为查询模型和命令模型使用不同的数据存储可以提高性能和安全性,但你必须考虑到的是,在执行读操作时你可能正在读取过时的数据。

如果在 CQRS 系统中使用各自分离的数据库,用于读取的数据库必须与用于写入的数据库保持一致。软件系统要遵循最终一致性模型,在这个模型里如果没有对给定的事物进行新的更新,最终所有访问该事物的人都将获取到最新的数据。

无论系统是使用事件溯源还是其他机制来保持两者同步,在它们保持一致之前都还会有一些时间延迟,哪怕是很小的延迟。这就意味着,如果尚未应用对数据的最新更新,则读取的任何数据都可能是过时的。这与强一致性模型相反,在强一致性模型中,所有数据更改都是原子性的,只有在所有更改都成功执行,或者在发生故障的情况下所有更改都被撤销之后,事务才能够完成。

面向服务架构

面向服务架构(Service-oriented architecture,SOA)是这样一种架构模式:通过创建松耦合、可互用的服务共同对业务流程自动化来开发软件系统。服务是软件应用的一部分,它执行特定的任务,向同一软件应用的其他部分或其他软件应用提供功能。服务消费者的例子包括 Web 应用程序、移动应用程序、桌面应用程序和其他的服务。

SOA 实现了 SoC,SoC 是一种将软件系统切分成多个部分的设计原则,其中每个部分都会处理不同的关注点。我们在第 6 章"软件开发原则与实践"中讨论过 SoC。SOA 的一个关键点是,它将应用程序逻辑分解为可以重用和分发的较小单元。通过将一个大问题分解为更小的、更易于管理的问题并由服务来解决,系统复杂性就被降低了,软件的质量也随之提高了。

SOA 中的每个服务都封装了一段特定的逻辑。这段逻辑可能负责一个非常具体的任务、一个业务流程或子流程。服务的大小可以各异,而且一个服务还可以由多个其他服务组成来完成任务。

SOA 与其他分布式解决方案有什么不同？

将应用程序逻辑分发并将其拆解为更小、更易管理的单元，并不是 SOA 与以前的分布式计算最大的区别。当然，你也可能会认为最大的区别是 Web 服务的应用，但请记住，Web 服务对于 SOA 来说并不是必需的，尽管它们确实是配合 SOA 实现的完美技术。真正将 SOA 与传统的分布式架构区别开来的不是 Web 服务的使用，而是其核心组件的设计方式。

尽管 SOA 与早期的分布式解决方案非常相似，但它不仅仅是创建可重用软件的又一次简单尝试。只要实施得当，这些差异无疑可以为组织带来重要的新价值。从正确设计的 SOA 中可以获得诸多好处。

使用 SOA 的好处

使用 SOA 有诸多好处，包括：

- 提升业务和技术之间的一致性；
- 促进组织内部的联合；
- 允许支持组件的多样性；
- 提升内在的互用性；
- 与敏捷开发方法良好协作。

提升业务和技术之间的一致性

SOA 提升了业务和技术之间的一致性。业务需求的满足需要在技术解决方案中准确地对业务逻辑和业务流程进行表示。其中业务逻辑则以业务实体和业务流程的形式存在于带 SOA 的物理服务形式中。

这种业务和技术的一致促进了组织的敏捷性。变化基本上是所有组织都必须面临的事情，而变化的存在又可能归结于各种各样的因素，如市场力量、技术迭代、新的商机和公司合并。无论引起变化的原因怎样，SOA 都能通过服务抽象以及业务与应用逻辑的松耦合来为组织提供一定的灵活性。当确实需要变化时，这些变化可以更轻松地落地，同时业务与技术仍然能保持一致性。

促进组织内部的联合

SOA 对联合有促进作用。组织中的联合是这样一种环境：在这种环境中，软件应用和资源可以协同工作同时又能保持它们各自的自主性。这种联合让组织可以不再需要替换掉所有现存的必须协同工作的系统。只要有一个通用的、开放的和标准化的框架，遗留和非遗留的应用程序就可以协同工作。组织可以灵活地选择是否要替换某些系统，而且可以分阶段进行迁移。

允许支持组件的多样性

SOA 的另一个优势是支持组件的多样性。除了能让潜在的各种不同支持组件在组织中协同工作之外，组织还可以在内部使用不同的支持组件来组合出最佳的解决方案。虽然增加支持组件的多样性并不是 SOA 的目的所在，但如果引入新技术确实能带来好处的话，SOA 就能提供一种支持组件多样性的选择。

提升内在的互用性

SOA 为组织提供了更强的内在互用性。它让数据共享和逻辑重用成为可能。不同的服务可以被组装在一起，来协助实现各种业务流程的自动化。它可以允许现有的软件系统通过 Web 服务与其他软件系统集成。更高的互用性能促进其他战略目标的实现。

与敏捷开发方法良好协作

SOA 的另一个好处是它很适合敏捷软件开发方法。它会把复杂的软件系统被分解成具有小的、可管理的逻辑单元的服务，这一特性跟迭代的过程以及任务资源的分配过程非常契合。

你可能还会发现，SOA 的使用能让开发人员承担任务更容易，因为每个任务都能在规模上可控，也更容易被理解。尽管这对任何开发人员都是有益的，但对于初级开发人员，或那些刚接触一个项目，在功能和业务领域上可能没有太多经验的人来说，这个特性将尤其有帮助。

SOA 的成本效益分析

作为一名软件架构师，如果你确实在考虑将 SOA 应用于程序中，那你就需要解释清楚考虑它的原因。采用 SOA 是有一定成本的，不过有几点可以证实这些成本的合理性，还有一些方法可以降低这些成本。

对于某些组织来说，实现 SOA 的成本是有可能超过收益的，因此必须分两种情况考虑。对于某些组织来说实现 SOA 可能确实不太适合，但对另一些组织来说，只要适当设计 SOA 就将带来诸多好处，包括正向的投资回报等等。

采用 SOA 可能是一个循序渐进的过程。现代的 SOA 对联合的促进，使得创建 SOA 不一定非是一个全有或全无的过程。一个组织不需要一次性替换所有的现存系统。遗留的逻辑可以被封装并与新的应用程序逻辑协同工作。因此，SOA 的应用及其相关成本可以分布到一整段时间内。

采用 SOA 可以减少集成的花销。松耦合的 SOA 能够降低复杂性，从而降低集成和管理此类系统的成本。松耦合的服务会更加灵活，可以在更多的场景下被使用。

SOA 可以提升资产的重用。目前比较常见的是每个应用程序都独立构建，而随着时间的推移，这会导致更高的开发成本和更大的维护成本。然而，通过重用现有服务来创建业务流程的话，成本和上线时间都会相应减少。

SOA 提高了业务的敏捷性。所有组织都必须直面变化。无论什么样的变化原因，通过使用松耦合服务，组织的敏捷性都得到了提高，用来适配变化的时间和成本也跟着一起减少了。

采用 SOA 能减少业务风险和业务暴露。一个适当设计的 SOA 有助于业务流程的控制，有助于安全性和隐私政策的实现，还能提供数据审计跟踪，所有这些都可以降低风险。它对合规也同样非常有帮助。对不合规的惩罚可能会非常严重，而 SOA 可以为组织增加业务的可见性，从而降低法规变更所带来的风险。

SOA 面临的挑战

尽管采用 SOA 确实拥有诸多益处，但它也带来了一些新的复杂性和挑战。SOA 解决方案可以让组织做更多的事情,包括让更多业务流程自动化。但这可能会导致企业架构相对于老系统在范围和功能上更加膨胀。让软件系统承担更大范围的功能也会增加其复杂度。

在 SOA 中,可能会向软件架构中添加新的层,使得可能发生故障的区域变多,也让定位这些故障变得更加困难。此外,随着更多的服务被创建,必须要仔细管理新服务的部署和现有服务的升级,以便在特定的事务发生错误时能够进行有效的故障排查。

成功实施 SOA 的另一个挑战与技术无关,而是与人相关。SOA 是一种存在已久的成熟的架构风格。现有的技术能让组织去自动化各种复杂的业务流程。然而,人本身可能会成为 SOA 落地的一个挑战,因为专精技术和业务的人员对 SOA 并不熟悉,对它的含义也并不完全了解。而人们可能又是天生抗拒改变的,如果你的组织还没有使用 SOA,那就有必要做出改变了。想让 SOA 获得成功,就必须得到组织内部人员的支持。他们必须全心投入,而 SOA 是否成功取决于团队的文化和所有的团队成员,包括经理、软件架构师、开发人员和业务分析人员。

面向服务的关键原则

面向服务的解决方案需要设计成遵循特定关键原则。这些原则包括:

- 标准化的服务契约;
- 服务松耦合;
- 服务抽象;
- 服务可重用性;
- 服务自治;
- 服务无状态;
- 服务可发现性;
- 服务可组合性。

这些原则在 Thomas Erls 所著的《面向服务架构,第 2 版》(*Service-Oriented Architecture, 2nd Edition*)一书中有详细描述。面向服务的原则主要应用于面向服务的分析以及 SOA 系统的交付生命周期的设计阶段。

标准化的服务契约

每个服务都应该有一个标准化的服务契约,由技术接口和服务描述组成。即便我们希望服务是相互独立的,它们也必须遵守共同的协议,这样逻辑单元才能保持一定水平的标准化。

为了具备标准化的服务契约,特定服务清单中的所有服务契约都应该遵循一套设计标准。标准化能让互用性得以实现,同时让服务的目的更容易被理解。

服务松耦合

服务应该松耦合并相互独立。服务契约应该被设计成独立于服务消费者和服务的实现。

松耦合的服务可以更快更容易地被修改。把服务契约与其实现解耦能够让服务契约在被修改时对服务消费者和服务实现的影响最小。通过最小化服务之间的依赖关系,每个服务都可以独立地更改和进化,同时对其他服务的影响也能最小化。

服务抽象

服务契约应该仅包含必须披露的信息,而且服务实现也应该隐藏它们的细节。任何对有效使用服务不必要的信息都可以被抽象出来。

设计决策,比如用于服务的技术,也可以被抽象出来。这遵循了第 6 章*"软件开发原则与实践"*中提到的信息隐藏原则。如果一个设计决策需要在日后做出更改,理想情况是这个更改应该在保证影响最小的情况下实施。

服务可重用性

服务的设计应该考虑到可重用性,服务的逻辑应该独立于任何特定的技术或特定的业务流程。如果服务可以被重用到不同的用途,软件开发团队就会切实体会到生产力的提升,还能带动成本的节约和时间的节省。

服务可重用性能提高组织的敏捷性,因为组织可以使用已有的服务来响应新的业务自动化需求。可以将当前已有的服务进行组合,去创建针对新问题的解决方案,或者去利用新的机遇。可重用服务可以加速开发进程,从而让新产品或新特性更快速地上线。这些特性在某些情况下对项目可能是至关重要的。

为了可重用性而将任务分解为更多的服务需要更充分的分析,还可能引入更多的复杂性。然而,如果正确设计了可重用服务,就可以节省大量的长期成本。如果现有的服务就能满足刚提出来的需求,那就不应该投入资源去分解服务。

因为现有的服务已经是被测试过的,所以服务重用能提高软件的质量。这些服务甚至可能已经用在线上产品中了,如果这些服务有任何的缺陷,这些缺陷可能早就暴露过并被修正过了。

服务自治

服务应该被设计成自治的,与运行时环境保持更多的独立性。这种设计应该寻求让服务对运行时环境有更多的支配权。

如果服务的正常工作不太依赖于其运行时环境中那些它们无法控制的资源,那这些服务就能在运行时获得更好的性能和更高的可靠性。

服务无状态

服务设计应尽量减少状态管理,并且要把状态数据从服务中分离出来。

如果服务不去管理那些不必要的状态,资源消耗也可以降低,这就能让服务可靠地去处理更多的请求。让服务具有无状态性可以提高服务的可伸缩性和可重用性。

服务可发现性

服务必须是可被发现的。通过在服务中包含一致且有意义的元数据,服务的目的及其所提供的功能就能被知晓。而这些元数据需要服务的开发人员来提供。

服务应该能够被人手动搜索而发现,同时也应该能被软件应用程序编程式的搜索所发现。服务必须相互了解才能和彼此进行交互。

服务可组合性

服务应该被设计成可组合的。这是一种在任意数量的其他服务中使用某个服务的能力,而这些服务本身可能又是由其他的服务组成。

其他面向服务的原则也为服务的可组合性提供了便利。服务的可组合性与服务的可重用性密切相关。通过组合现有服务来创建解决方案的能力让组织获得了最重要的 SOA 优点之一：组织敏捷性。

SOA 交付策略

有三种主要的 SOA 交付策略：自顶向下、自底向上和敏捷。交付策略需要去协调应用程序、业务以及流程服务的交付。

这三种 SOA 交付策略与第 5 章"*设计软件架构*"中所介绍的软件架构设计主要方法相互呼应。

自顶向下策略

自顶向下的策略是从分析开始的。它以组织的业务逻辑为核心，并要求业务流程转变为面向服务的。如果正确使用自顶向下方法，就能构建出高质量的 SOA。对每个服务都要进行彻底的分析，从而最大限度地提高可重用性。

这种策略的缺点是需要在时间和金钱方面投入大量的资源。自顶向下策略必须进行大量的前期工作。如果一个组织有足够的时间和金钱能投入到该项目中，那么这个策略将是一个非常有效的策略。

另外需要注意的是，因为分析是在开始阶段进行的，所以可能会存在相当长的一段时间是无法产出任何成果。这对于某些项目来说不一定是一个可接受的选项。为了在 SOA 生命周期中能更有意义地执行面向服务的分析和设计步骤，至少应该要在一定程度上使用自顶向下的策略。

自底向上策略

与自顶向下相反，自底向上方法是从 Web 服务本身开始的。这些服务是以需求为基础被创建出来的。Web 服务是基于即时需求被设计和部署的。

使用自底向上策略的最常见的动力就是要与现有系统进行集成。组织希望在现有的应用程序环境中添加 Web 服务，以便与老系统进行集成。这就要创建一个封装型的服务用来暴露现有系统中的逻辑。

尽管这种方法在工业界中比较常见,但它并不是实现 SOA 的最有效方法。为了在后续创建一个更有效的 SOA,可能需要大量的努力和重构工作。用这种方式创建的 Web 服务可能还不具备企业级的应用水准。它们是为了满足某些特定需求而被创建出来的,所以如果设计得不够仔细的话,这些服务很有可能没有考虑整个企业的场景。

敏捷策略

第三种方法是敏捷策略,有时也被称为"各退一步"策略。它是自顶向下和自底向上方法之间的折中。在这种方法中,分析可以与设计和开发同时进行。一旦完成了足够的分析工作,设计和开发就可以开始实施了。在这些工作正在进行当中,还可以继续对其他功能进行分析。这种方法与迭代的、敏捷的软件开发方法能够很好地结合在一起。

这是一种左右兼顾的方法,因为只要设计得当就能呈现所有面向服务特性。该方法既能满足即时需求,又能保持架构的面向服务属性。

然而,随着更多分析的完成,这种方法可能需要重新审视已完成的那些服务。服务在经过后续分析之后可能会发现不一致,这就必须要对它们进行重构。

面向服务的分析

作为 SOA 项目生命周期中的一个阶段,面向服务的分析用于决定应该构建哪些服务以及每个服务应该封装哪些逻辑。分析是一个迭代过程,对于每个业务流程只会进行一次。

当一个团队致力于构建 SOA 时,就应该实施一些针对面向服务的分析形式,而不仅仅是标准的分析形式。有一种方式可以帮组织改进服务建模,就是将面向服务的分析和设计整合到他们的软件开发过程中。每个组织都有自己的软件开发方法,应当决定好如何更好地将服务建模融入到自己的流程里。

Thomas Erl 的 *Service-Oriented Architecture*,*Second Edition* 中详细介绍了面向服务的分析的三个步骤:定义业务自动化需求,识别现有的自动化系统,以及为候选服务建模。

定义业务自动化需求

面向服务的分析的第一步是为当前迭代中待分析的业务流程定义业务自动化需求。收集需求可以用组织常规的抽取和获取需求的方法即可。

有了这些需求，我们想要自动化的业务流程可以在一个较高的层面上被文档化。当我们为候选服务建模时也会用到业务流程的详细信息。

识别现有的自动化系统

只要为当前迭代建立了需求，那么面向服务的分析的下一步就涉及识别业务流程逻辑的哪些部分（如果有的话）已经被自动化了。

了解了现有系统里可能已经全部或部分自动化的业务流程之后，我们就可以确定业务流程的哪些部分仍然需要被自动化。这些信息将成为我们为候选服务建模时的一个输入。

为候选服务建模

最后一步，为候选服务建模，包括识别候选的服务操作并把它们组合成候选服务。要注意的一点是，这些候选操作和服务都只是抽象的，而且都是逻辑模型。在设计过程中，诸如约束和限制这样的一些其他因素也要予以考虑。最终的具体设计也可能与候选服务并不相同。

对候选服务建模应该是技术资源和业务资源之间的一个协作过程。业务分析人员和领域专家可以使用他们的业务知识来帮助技术团队定义候选服务。

服务的层和服务的模型

企业逻辑由业务逻辑和应用逻辑组成。业务逻辑是业务需求的实现，并且包含了一个组织的众多业务流程。这些业务需求包括约束、依赖、先决条件和后置条件。

应用逻辑是包含在技术解决方案中的业务逻辑的实现。应用逻辑可以通过外购的解决方案或自定义研发的解决方案实现，也可以是两者的某种组合。开发团队负责设计和开发应用逻辑。在技术解决方案中，性能需求、安全约束和供应商依赖关系等内容也要被考虑在内。

面向服务是与业务逻辑和应用逻辑密切相关的，因为 SOA 是表示、执行和共享该逻辑的一种方式。面向服务的原则也可以应用于业务逻辑和应用逻辑中。

服务的职责是实现面向服务架构所引入的概念和原则。软件架构中的服务层通常位于业务层和应用层之间。这使得服务可以去表现业务逻辑和抽取应用逻辑。正如一个组织的应用层中的不同应用程序可以用不同的技术实现一样,服务层中的服务也可以用不同的技术来实现。

抽象是 SOA 的最重要的特征之一,抽象也让其他的一些关键特性成为可能,比如组织敏捷性。只有对业务和应用逻辑进行抽象才有可能实现含有松耦合服务的面向服务解决方案,因此抽象是至关重要的。想实现合适的抽象级别并不是一件简单的任务,但如果拥有一个专门的团队也是可以达成的。通过创建抽象层或服务层,该团队可以研究出服务应该如何去呈现应用逻辑和业务逻辑,以及如何更好地促进敏捷性。

在服务建模过程中,固然是存在一些常见的服务类型。这些类型可用于对候选服务进行分类的服务模型。然后可以再根据这些服务模型将候选服务集合到一个服务层中。

三个常见的服务模型(和层)包括任务服务、实体服务和工具服务(图 7 - 10):

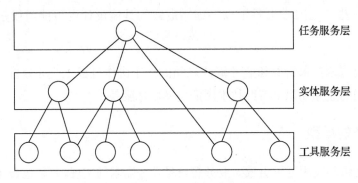

图 7 - 10　三个常见的服务层

任务服务

这类服务具有明确可知的功能上下文,这意味着它包含了业务流程逻辑,并且是为特定的业务任务或流程而创建的。任务服务不具备大的重用潜力。

任务服务通常会在其逻辑中组合多个服务,有时也被称为以任务为中心的业务服务或业务流程服务。

如果任务服务含有大量的编排逻辑或托管在一个编排平台中,那么它有时也被称为编排任务服务。编排逻辑会将多个服务的安排、协调和管理工作进行自动化处理来完成某项任务。

实体服务

这类服务具有一个不可知的功能上下文,这意味着它的逻辑并不和单个业务流程相绑定,并且是可重用的。实体服务是以业务为中心的服务,与一个或多个业务实体相关联。它们有时也被称作以实体为中心的业务服务或业务实体服务。

业务实体来自业务域,在为了敲定合适的实体服务所实施的分析中,如果能让团队中通透理解业务域和业务流程的人员参与进来将会是非常有帮助的。实体服务还可以在其逻辑中组合工具服务。

工具服务

工具服务跟实体服务一样,有一个不可知的功能上下文。它们可包含多种用途的逻辑,并且高度可重用。实体服务和工具服务之间的区别在于实用程序服务不与业务实体或业务逻辑相关联。

工具服务主要关注技术相关的功能,比如软件系统的横切关注点。常见的例子包括日志记录、缓存、通知、认证和授权。

面向服务的设计

一旦面向服务的分析完成,就可以开始面向服务的设计阶段。对需求的全面理解和在分析阶段对服务模型的运用有助于创建正确的服务设计。

在面向服务的设计阶段,使用在面向服务的分析期间衍生出来的候选逻辑服务,再进行物理服务的设计。在设计服务的实现之前,第一步是要设计物理服务接口。我们再做有关服务接口的决策时需要依据候选服务、需要满足的需求,以及标准化服务契约所需的组织和行业标准。只要建立好服务契约,就能进一步设计服务的逻辑和实现。

设计和实现服务接口是两个截然不同的步骤。我们应当首要关注服务契约,而服务契约是独立于它的实现的。而有些团队会并行地设计这两者,或者直接跳到开发阶段,让服务接口从被实现服务中浮现出来。

然而软件架构师则应该在实现之前多花些时间去考量服务契约。我们不仅需要确保服务契约满足需求,还需要遵循面向服务的关键原则,这些原则里服务契约应该与它们的实现松散耦合。只有在服务契约建立之后,我们才应该去考虑实现的设计。

服务接口设计

面向服务设计的主要目标之一,是根据在面向服务分析期间确定的服务候选衍生出物理服务接口定义。服务接口设计事关重大,因为设计阶段是第一次真正的技术被确定下来。

如果你能回想起面向服务的关键原则,那就需要把它们应用到服务接口的设计中。服务契约需要在服务清单里相互标准化。它们应该与它们的实现松耦合,将设计决策抽象出来,让接口可以只包含服务消费者所必需的内容。

服务接口设计标识了服务的内部和外部曝光信息。举个例子,订单投递服务既需要在内部使用,也需要在外部使用。这是同一个服务可能需要发布多个接口的例子。服务的每个接口可能暴露不同的操作,并且需要不同级别的安全性和身份验证。差异必须明确,并且每个接口的设计必须先于实现的设计。

除了对开发人员之外,服务接口在测试和质量保证中也扮演着非常重要的角色。测试人员需要服务接口来设计他们的测试。一旦知道了服务接口,就可以创建能调用被测试服务的测试工具。每个服务需要独立于其他服务进行测试,也需要在要使用该服务的其他服务中进行测试。

服务接口粒度

在面向服务的设计中,关于接口粒度的决策也是非常重要的。接口粒度可以对性能和其他关注点产生重大影响。通常,一个服务接口可以包含多个操作,同时一个服务的操作应该在语义上是相关的。

细粒度的服务操能为服务消费者提供更高的灵活度,但也会导致更多的网络开销,从而降低了性能。服务操作的力度越粗,则它们的灵活度就越低,然而它们确实减少了网络开销,也因此提高了性能。

软件架构师应该试图在服务数量和操作数量之间找到合适的平衡。你不应该将太多的操作组合到一个服务中,即使它们确实在语义上是相关的,因为这会让服务变得过于臃肿和难以理解。而且后续由于服务某些部分的修改而需要发布的服务版本数也会因此而增多。然而,如果服务接口粒度太细,你可能最终会得到大量不必要的服务接口。

服务注册中心

服务注册中心包含有关可用服务的信息,是 SOA 治理的关键组件。它帮助系统实现互用性,并便捷了 Web 服务的发现。尽管一些组织会认为服务注册中心不是必需的,但许多 SOA 实现都可以从服务注册中心中受益。随着组织开始发布和使用越来越多的 Web 服务(其中一些可能在组织外部),对集中式注册中心的需求也变得越来越显著。

使用服务注册中心有诸多好处。通过对 Web 服务发现的优化,组织可以促进重用同时避免构建多个任务类似的 Web 服务。开发人员可以以编程方式去查询服务注册中心,来发现已有的能够满足他们需求的 Web 服务。与任何可重用代码所带来的好处类似,Web 服务的可重用可以使其质量得到提高,可靠性也得到提升。重用的 Web 服务往往已经经过了测试,并且通常已经在系统其他部分或其他系统里成功运作了。

服务注册中心可以是私有的,也可以是公有的。顾名思义,公有注册中心可以包括任何组织。甚至可以包括那些没有提供任何 Web 服务的组织。私有注册中心仅限于那些组织自己开发的服务或者它租用或购买的服务。

公有服务注册中心的好处包括能够为特定需求找到合适的业务和服务。它还可以带来新的消费者或给现有消费者带来更多访问。它可以让一个组织拓展他们的产品和延伸他们的市场范围。服务注册中心对于查找可用的 Web 服务来说是一个有用而强有力的工具,因为它既可以被人手动搜索,也可以被应用程序通过标准化的 API 以编程的方式搜索。然而,正因为这些能力,组织应该谨慎地决定使用私有注册中心还是公有注册中心,以及希望把哪些服务注册进去。

要实现一个真正有用和可靠的注册中心服务,一个挑战是注册中心的治理。这包括添加新服务、删除过时的服务以及更新服务的版本、描述和 Web 服务位置,从而使注册中心保持最新。

服务描述

为了让服务能与彼此交互,它们必须互相了解。服务描述的重要目标就是提供这种可知性。它们提供有关可用服务的信息,以便潜在的消费者能够抉择某个服务是否会满足他们的需求。

服务描述有助于松耦合的达成,这也是 SOA 的一个重要原则。由于服务可以通过服务描述而互相知晓从而能够一起协同工作,使得服务之间的依赖能够做到最小。

任何想要作为最终接收者的服务都必须拥有服务描述文档。服务描述通常包含抽象信息和具体信息。抽象部分详细描述了服务的接口,而不涉及所使用技术的具体细节。抽象的美妙之处在于,即使技术实现的细节在日后发生变更,服务描述也能保持其完整性。抽象描述通常包括服务接口的高层次综述,包括它可以执行哪些操作。操作的输入输出信息也会被记录。

服务描述的具体部分则提供了与 Web 服务接口连接的物理传输协议的详细信息。具体的传输和位置信息包含了要使用该 Web 服务的绑定(与服务建立连接或使用服务建立连接的要求)、端口(Web 服务的物理地址)和服务(一组相关的端点)。

开发服务描述可能面临的挑战包括以下几点:

- 根据业务需求对 Web 服务进行适当的拆解;
- 确定特定服务的确切目标和职责;
- 决定一个 Web 服务需要提供的操作;
- 在服务描述的抽象部分中正确地表述服务接口,以便潜在的服务消费者可以根据他们的需求做出明智的决策。

组织命名空间

命名空间(namespace)是指一个独有的统一资源定位符(Uniform Resource Locator, URI)。命名空间可以将服务和元素组合在一起,并与其他同名的服务和元素相区隔。对于软件架构师来说,非常有必要在命名空间方面投入自己的思考。通过构思一个独有的命名空间,即使你的组织使用来自另一个组织的服务,你的元素也将保证是唯一的。即使两个组织拥有具有相同名称的服务,它们也能够通过其命名空间进行区分。

除了提供独有的名称外,命名空间还能用于在逻辑层面上组织各种服务和元素。一个适当的命名空间应该为服务或元素表述意图,以便查看服务的人能够去理解该服务。命名空间能让命名新服务和查找旧服务都变得更加容易。

为了挑选合适的命名空间,我们必须思考如何去组织命名空间。公司的域名应当是命名空间的一个重要组成部分,正因为它的唯一性命名空间通常都会包含公司域名。往往命名空间中的域名后会紧接着角色名。这样能帮助区分模式(例如消息类型)和接口(例如 Web 服务)。

命名空间的角色名后通常会跟随业务域的名字。在这里领域专家和业务分析师可以协助软件架构师构思合理的业务结构。命名空间的另一个常见元素是某种格式的版本或日期。这样把同一服务或元素的多个版本进行区分。版本控制本身也是命名空间的另一个重要用途。

编排和协同

服务编排(service orchestration)和**服务协同**(service choreography)在 SOA 中承担着重要的职责,因为它们是把多个服务组装起来共同协作的途径。

服务编排是使服务用一种标准化的方式来表示业务流程逻辑。它通过协调和管理不同的服务来实现工作流执行的自动化。在服务编排中,有一个包含固有逻辑的中心化流程。编排器会决定调用哪些服务以及何时调用它们来控制整个流程。编排类似于管弦乐队的指挥,他们统一和导演每个演奏者来营造一个整体的演出。

由于在流程中引入了集成端,使用编排的解决方案能够提升组织的互用性。在 SOA 中,协同本身也是服务。由于可能来自不同应用程序的多个业务流程可以被整合到一起,联合性也得到了提高。

协同是另一种组合服务的形式。协同定义了消息交换,可以引入多个参与者,而每个参与者又可以承担多个角色。

与编排相比,协同没有一个中心化的流程或编排器来控制它。在协同里,具有一组协定好的协调交互方式来指定数据交换的条件。协同中的每个服务都基于已有的情况和其他参与者的行动来自动地执行自己的部分。

编排和协同都可以运用于单个组织的业务流程逻辑(组织内)和多个组织之间的协作(组织间)。然而,当涉及多个组织时,编排就不太可能被使用了,因为编排必须拥有其所有权并能去操作它。而协同则可以在没有单个组织控制整个过程的情况下进行协作。

总结

软件架构师应该熟悉软件架构模式,因为它们是设计软件架构时强有力的工具。架构模式为给定环境中多次出现的问题提供了经过验证的解决方案。

利用架构模式为软件架构师提供了一个软件系统的高层次结构,并给出了一组已经被多次成功应用的设计决策。通过对设计施加约束,使用架构模式可以降低系统的复杂性,并且能让我们去预测软件系统在实现后所呈现出来的品质。

在本章中,你学习了一些常用的软件架构模式,包括分层架构、EDA、MVC、MVP、MVVM、CQRS 和 SOA。

下一章的重点将是一些相对较新的软件架构模式和范例。其中包括微服务架构、无服务器架构和云原生应用程序。随着软件应用程序的云部署成为主流趋势,理解这些概念对于任何软件架构师来说都变得至关重要。

8

现代应用程序架构设计

部署在云上的现代应用程序与以往的应用程序在需求和期望方面有着很大的差异。为了满足这些需求,许多全新的软件架构模式和范例应运而生。

在本章中,我们将探讨一些软件设计和开发的模式及方法。首先我们将介绍单体架构,以及使用和不使用它的原因。接下来我们还将探讨**微服务架构**(microservice architecture, **MSA**)、**无服务器架构**(serverless architecture)和**云原生应用程序**(cloud-native application)。

本章将涵盖以下内容:

- 单体架构;
- 微服务架构;
- 无服务器架构;
- 云原生应用程序。

单体架构

单体架构(monolithic architecture)是指将软件应用程序设计成一个独立的、自包含的单元,具有这种架构的应用程序很常见。单体架构中的组件是相互连接、相互依赖的,这也导致了代码之间的紧密耦合。

图 8-1 展示了一个具有单体架构的应用程序:

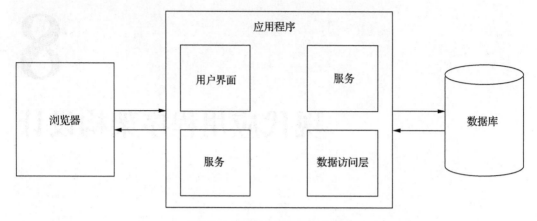

图 8-1 具有单体架构的应用程序

应用程序的不同组件,比如用户界面、业务逻辑、授权、日志记录和数据库访问,在单体架构中并不是分离的。事实上,这些不同的功能片段交织在一个单体应用程序中。

单体架构的优点

尽管使用单体架构有一些明显的缺点,但是如果应用程序相对较小,那么使用单体架构还是有很多好处的。使用单体架构的应用程序通常具有更好的性能,因为运行应用程序的机器和其他机器之间的交互更少,所以可以实现更好的性能水平。

由于单体架构的简单性,采用这种架构的小型应用程序更容易部署。尽管单体应用程序内部有着紧密耦合的逻辑,但由于它们比较简单,需要考虑的独立组件少,因此可以更容易地进行测试和调试。

单体应用程序通常很容易进行扩展,只需要运行同一应用程序的多个实例即可。然而,不同的应用程序组件有着不同的扩展需求,我们无法单独扩展单体架构中的某个组件。为了实现扩展,我们只能将应用程序作为整体并增加更多的实例。

单体架构的缺点

尽管单体架构适用于特定类型的应用程序,但随着应用程序的规模和复杂性的增加,单体架构的缺点也会越来越明显。单体应用程序极大地限制了组织的敏捷性,因为对软件进行变更变得非常困难。其中一个方面是很难实现持续部署,即使只对应用程序的某个组件进行了更改,也需要重新部署整个软件系统。这也导致了组织需要投入更多的资源,比如时间和测试人员,来部署单体应用程序的最新版本。

如果是小型应用程序,那么出于架构的简单性,可以很容易地进行维护。然而,更大、更复杂的单体应用程序难免会在可维护性方面受到影响。因为紧密耦合的组件会使得变更更加困难,任何一个部分的更改都有可能影响到应用程序的其他部分。

单体应用程序具有的大型代码库通常使团队成员难以理解,对于新成员来说尤甚,因为他们需要非常熟悉这个代码库才能开始工作。

此外,将单体应用程序加载到**集成开发环境(integrated development environment, IDE)**中并使用它也是一个令人沮丧的过程。因为 IDE 的性能通常比较慢,启动这种应用程序需要更长的时间,这也会导致团队生产力的降低。

由于单体应用程序是作为一个整体单元进行编写的,这就要求使用统一的编程语言和技术栈,因此引入其他类型的技术变得非常困难。在某些情况下,即使是迁移到同一技术的新版本也会变得更加困难! 如果需要迁移到不同的技术,则需要组织重新编写整个应用程序。

更大、更复杂的应用程序受益于多个开发团队的分工合作,比如让每个团队负责特定的功能领域。然而,对于单体应用程序来说,分工合作变得非常困难,因为一个开发团队所进行的更改往往会影响到另一个开发团队。

考虑到以上这些缺点,大型、复杂的软件应用程序应当避免成为单体应用程序。在这种情况下,微服务架构和无服务器架构是单体架构的替代方案,它们能够解决单体应用程序的诸多问题和限制。

微服务架构

微服务架构(microservice architecture, MSA)使用小型、自治、独立版本、自包含的服务构建软件应用程序。这些服务之间通过定义良好的接口,以及标准的轻量级协议相互通信。

与微服务的交互通过一个定义良好的接口进行。微服务对外隐藏了自己的实现细节和复杂性,对于服务的使用者来说是一个*黑盒*。每个微服务只专注于做好一件事,也可以与其他微服务协作以完成更加复杂的任务。

微服务架构特别适用于大型和/或复杂的软件系统。与单体架构相比,使用微服务架构的应用程序会被分解为更容易管理的小型服务,以应对系统的复杂性。图 8-2 展示了一个基于微服务架构的系统:

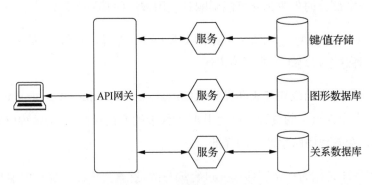

图 8-2　基于微服务架构的系统

传入请求通常由 API 网关进行处理,它是系统的入口点。API 网关是一个 HTTP 服务器,接收来自客户的请求,并通过预设好的路由配置将请求分发给合适的微服务。在本章接下来的 *服务发现* 部分,我们将进一步探讨服务发现,以解释 API 网关是如何获取可用服务实例的位置。

正确的 SOA

微服务架构的出现并不是作为某一类问题的解决方案,而是针对传统的**面向服务架构**(**service-oriented architecture,SOA**)和单体架构的缺点进行改良的结果。

我们已经在第 7 章"*软件架构模式*"中介绍了 SOA 的优点,比如提升业务和技术之间的一致性、促进组织内的联合、允许供应商多样化以及增加互用性等。

尽管微服务架构是面向服务架构的一个变体,但两者之间存在着关键的区别。有些人甚至将微服务架构称为 *正确的 SOA* 。

除了使我们抛弃单体架构之外,微服务架构还改进了传统的 SOA。传统的 SOA 可能非常昂贵、难以实现,而且对于许多应用程序来说都是过于繁琐的。微服务架构则解决了其中的一些问题。它没有像 SOA 那样使用**企业服务总线**(**enterprise service bus,ESB**),而是支持在服务中实现类似于 ESB 的功能。

微服务架构的特征

有很多与微服务架构相关的特征。在本节中,我们将介绍以下特征:

- 小而精的服务;
- 定义良好的服务接口;
- 可独立部署的自治服务;
- 独立的数据存储;
- 更好的故障隔离;
- 使用轻量级协议进行通信。

小而精的服务

每个微服务负责的功能范围都应该很小,且都应该遵循 Unix 的原则,即只做一件事并把它做好。通过将每个微服务的功能范围最小化,可以更好地管理软件的复杂性。

基于微服务架构的应用程序更容易理解和修改,因为每个服务有且仅有一个核心职责,这也有利于更快地开发服务。而且,小型的解决方案能够更容易地加载到 IDE 中使用,从而提高生产效率。此外,新的团队成员可以在更短的时间内融入并做出贡献。

一个微服务可以由一个小型团队进行开发,这使得组织可以很容易地在多个开发团队之间进行分工。每个微服务都可以独立于其他微服务,由单独的团队负责,从而实现并行开发。

如果软件系统也在使用**领域驱动设计(domain-driven design,DDD)**,那么有界上下文的概念可以很好地应用于微服务,因为它有助于服务的切分。在某些系统中,微服务与有界上下文是一一对应的关系。

定义良好的服务接口

微服务通常被视为*黑盒*,对服务使用者隐藏了其复杂性和实现细节。定义良好的、具有明确的入口点和出口点的接口,对于促进微服务的协同工作非常重要。服务之间通过接口进行交互。

可独立部署的自治服务

基于微服务架构的应用程序由自治服务系统组成。服务之间应该是松散耦合的,只通过定义良好的接口进行交互,而不依赖于服务的实现。

因此,每个服务都可以独立于其他服务进行变更和演化。换言之,只要服务之间的接口没有改变,修改一个微服务就不需要修改应用程序的其他部分。

自治服务是可以独立部署的,因此很容易将它们部署到生产环境中。此外,微服务架构支持持续部署,因为向服务发布更新比较容易。例如,如果对一个微服务进行了变更,完全可以独立于其他微服务,只重新部署发生了变更的微服务。

服务的自治性提升了组织的敏捷性,它使得组织能够快速适应不断变化的业务需求,并抓住新的业务机会。

独立的数据存储

支撑服务自治的特性之一是每个微服务都可以有自己的数据存储。这有助于实现服务独立以及与其他服务之间的松散耦合。换言之,可以在不影响其他服务的情况下变更某一服务的数据存储方法。

我们可以给每个微服务都分配一个数据库,使其具有自己的数据存储,但这并不是实现微服务数据存储私有化的唯一方法。如果采用的数据存储技术是**关系数据库**(relational database management system, RDBMS),那么除了拥有单独的数据库服务器之外,还可以为不同的服务分配不同的表来保持数据的独立性。另一种方法是指定仅供特定微服务使用的模式(*译者注:模式是数据库的组织和结构*)。

在接下来的*多语言持久化*章节中,你将学习到为每个微服务配备单独的数据库所带来的好处。

更好的故障隔离

基于微服务架构的系统能够更好地实现故障隔离。当一个微服务宕机时,其他服务以及系统的其他部分仍然可以正常运行。这与单体架构形成了鲜明的对比,在单体架构中,任何一个故障都可能会导致整个系统宕机。

使用轻量级协议进行通信

微服务之间应该使用广为人知的轻量级协议进行通信。协议的选择并没有强制规定,微服务可以选择同步或者异步通信。一种常见的实现方法是让微服务公开自己的 HTTP 端点并通过 REST API 进行调用。对于同步通信,REST 是首选协议之一。REST 通常与 **JavaScript 对象表示法(JavaScript Object Notation,JSON)**一起使用。因为 JSON 是一种流行的轻量级数据交换格式,服务之间可以接收并返回 JSON 格式的数据。

一些应用程序可能需要异步通信。**高级消息队列协议(Advanced Message Queueing Protocol,AMQP)**是最常见的用于与微服务进行异步通信的一种通用消息协议。它是一个开放标准,可以连接各种跨平台、跨组织的服务。AMQP 是为安全性、可靠性和互用性而设计的。

AMQP 可以支持以下类型的消息传递:

- **至少一次(At least once)**:保证消息至少被传递一次,也可能是多次;
- **至多一次(At most once)**:保证消息被传递一次,或者不进行传递;
- **恰好一次(Exactly once)**:保证消息只被传递一次。

另一个在微服务中流行的协议是 **gRPC**。它是由 Google 设计的,可以作为 REST 和其他协议的替代品。它是一个开源协议,特点是比其他用于分布式系统的协议更快、更紧凑。

gRPC 建立在协议缓冲区(也称为 protobufs)之上,是一种与语言和平台无关的数据序列化方式。gRPC 支持多种编程语言,这使得它能够有效地连接多语言服务。容器化应用程序和微服务的普及使得 gRPC 得到重用。考虑到现代的工作负载,gRPC 是一个有吸引力的选择,因为它是一种高性能和轻量级的协议。gRPC 本质上是高效的,但它也是基于 HTTP/2的。这会带来一些额外的好处,比如减少延迟和更高的数据压缩。

事实上,为微服务架构选择哪种通信协议取决于你的需求,没有适用于所有情况的 *银弹*。你的设计关注点会影响你的决策,比如你的通信需求是同步的还是异步的。

设计多语言微服务

使用微服务架构的众多优点之一,是它可以让我们选择使用多种编程语言、运行环境、框架和数据存储技术。

单体架构只能够使用一种编程语言和技术栈。因为这种类型的应用程序是作为一个整体单元进行编写的,所以很难同时利用不同类型的技术。然而,复杂的应用程序需要解决各种各样的问题。因此,为不同的问题选择不同的技术是有益的,而不是试图用一种技术解决所有的问题。

开发团队可以根据不同的任务选择最佳的解决方案。微服务架构允许团队对新技术进行试验,而不是必须将其应用于整个系统。

当然,在使用微服务架构时,让微服务多语言化并不是必须的。在大多数情况下,组织应该专注于有限数量的技术,开发团队的技能集可以展示这一点。然而,软件架构师仍然需要意识到多语言化的重要性,以及可以有效使用它的机会。

与多语言微服务密切相关的两个概念是多语言编程和多语言持久化。

多语言编程

多语言编程(polyglot programming)是指在一个应用程序的实现过程中使用多种编程语言。这通常是有益的,可以有效利用不同编程语言的优点来处理应用程序中的不同任务。

在微服务架构中,可以使用最适合当前问题的编程语言来开发不同的微服务。当新技术可用时,现有应用程序可以利用它来开发新的微服务,或者开发现有微服务的最新版本。

多语言持久化

与多语言编程类似,也有多语言持久化的概念,即在一个应用程序中使用多种持久化方法。不同的数据存储技术适用于不同的任务,微服务可以帮助你实现这一点。

每个微服务只负责自己的数据存储,所以可以根据自己的目标选择最好的数据存储技术。图 8-3 描述了两个微服务和它们的数据库。

对于一个根据好友关系、评级和购买历史来推荐产品的微服务来说,图形数据库是最佳选择。然而,对于一个展现公司产品细节的产品目录来说,由于它读取频繁且写入较少,文档数据库会更加合适。同理,在处理订单时,具备事务功能的关系数据库可能是最理想的。

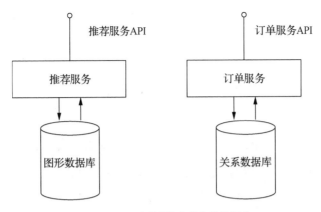

图 8-3　两个微服务和他们的数据库

一个微服务甚至可以使用多种数据存储技术,尽管这在实践中相当少见,因为这种做法引入了额外的复杂性。如果你正打算这样做,你一定要考虑这个微服务的范围是否过大。如果是的话,可以考虑将这个微服务切分为多个。

技术滥用

和许多事情一样,多语言编程和多语言持久化都有可能导致过犹不及。在一个组织中引入太多不同的技术是有代价的。掌握一项技术并不容易,你至少需要精通这项技术的员工。使用不同的技术需要对相关开发人员进行培训,这无疑会耗费组织的资金和员工的时间。

使用不同的编程语言和数据存储技术难免会给构建、部署和测试过程带来麻烦。此外,软件在发布之后还需要不断地维护,这就要求组建一个掌握不同技术的多元化开发团队。

能够有效利用不同的技术是非常有益的,但是必须在使用新技术之前深思熟虑,以确保它是项目的最佳决策。

权衡服务的粒度

服务的粒度指的是其业务功能的范围,每个服务的范围都是不同的。使用微服务的关键是拥有细粒度的服务,以确保每个服务只专注于单个业务功能。

设置合理的微服务粒度是非常重要的,需要确保系统由大小合适的服务组成。微服务架构的目标之一就是将一个领域分解成小的、精细的、可重用的服务。小型服务通常具有较少的上下文,有助于提升其可重用性。

纳米服务

设计微服务的软件架构师和开发人员应该切记,不能让服务的粒度过于细化。过于细化的服务被称为**纳米服务(nanoservices)**,这被认为是一种反模式。

如果系统中的服务较小,那么系统中往往会存在更多的服务。并且随着服务数量的增加,必然发生的通信量也会增加。然而,业务能够占用的网络资源不是无限的,它会受到各种限制的约束。因此,服务太多可能会导致服务和整个应用程序的性能下降。

当系统中有很多纳米服务时,服务的总体开销也会增加。每个服务都需要一些管理,包括服务的配置和服务的注册等。服务数量的增加会导致开销的增加。

纳米服务可能导致业务逻辑的碎片化。如果将一个内聚的服务强行分解为多个较小的服务,其业务逻辑也会被拆分。造成服务不必要地小是纳米服务反模式的一种体现。

当服务的开销超过了它的实用价值时,它就是一个纳米服务,应该考虑进行重构。可以将多个纳米服务组合成一个新的、更大的服务,或者将纳米服务的功能移动到一个合适的现有服务中。

在某些情况下,纳米服务的大小可能是适当的,不需要进行重构,因此需要慎重地判断。虽然你不希望系统包含太多的纳米服务,但有时,一些纳米服务的功能确实不属于其他地方。

在微服务之间共享依赖

开发团队应该避免在微服务之间共享依赖,比如框架和第三方库。你可能有多个需要共享相同依赖的微服务,因此很自然地考虑在主机上共享这些依赖,以便让它们集中可用。

但是,每个微服务都应该尽量独立于其他微服务。需要更新依赖时,我们不希望影响到其他任何服务。在微服务之间共享依赖将增加引入缺陷的风险,并将扩大与变更相关的测试的范围。

共享依赖还会导致主机的关联性,这是需要极力避免的。微服务应该独立于其所部署的主机,因为无法预判在主机上会运行哪些服务。

无状态微服务和有状态微服务

微服务可以是*无状态的*或*有状态的*。使用微服务的系统通常拥有一个无状态的 Web 和/或移动应用程序，它们使用无状态的和/或有状态的服务。

无状态微服务不会在调用期间保存任何状态。它们接收请求、处理请求并返回响应，在此期间不保存任何状态信息。反之，有状态微服务需要以某种形式保存状态，以便正常工作。

微服务应该将状态信息保存在某种类型的外部数据存储中，而非内部存储。保存状态的数据存储可以是**关系数据库**(relational database management system, RDBMS)、NoSQL 数据库或某种类型的云存储。外部存储可以为状态信息提供可用性、可靠性、可扩展性和一致性。

服务发现

需要连接服务的客户端，无论是 API 网关还是其他服务，都需要获取服务实例的位置。在传统的分布式环境中，服务位置（IP 地址和端口）通常是静态的，因此可以很容易地找到服务实例。例如，可以从配置文件中读取服务的位置。

然而，对于使用微服务的基于云的应用程序来说，服务的发现更加复杂，因为服务实例的数量和位置在云中是动态变化的。此时，服务注册中心可以用于跟踪服务实例及其位置。

使用服务注册中心

服务注册中心(service registry)在服务发现中起着重要的作用。它是一个记录服务实例及其位置的数据库。服务注册中心必须高度可用并保持最新。为了准确，所有服务实例都必须在服务注册中心进行注册和注销。可以通过自注册或第三方注册的方式来完成。

自注册模式

使用自注册模式，每个服务实例需要自己负责在服务注册中心完成注册和注销（图 8-4）。

当服务实例启动时，它必须向服务注册中心注册自己。类似的，当服务实例关闭时，它必须向服务注册中心注销自己。

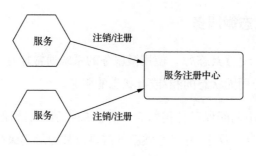

图 8-4　自注册模式

这种方法相对直观,尽管它将服务实例与服务注册中心耦合在一起。如果你有一个多语言系统,其中不同的微服务使用了不同的编程语言和/或框架,那么必须为每种编程语言和框架制定服务注册逻辑。

一个常见的需求是,让已注册的服务实例定期更新注册状态或发送一个心跳请求,以表明它们仍然存在且可用。如果服务实例没有这样做,就自动注销它们。这种方法可以处理服务实例正在运行但由于某些原因而不可用的情况。因为在这种情况下,这些服务实例可能已经无法从服务注册中心注销自己。

对于小型应用程序,自注册模式就足够了,但是大型应用程序可能需要使用第三方注册模式。

第三方注册模式

使用第三方注册模式时,由一个专用组件(有时称为*服务注册器*)处理服务实例的注册、注销和运行状况检查。与服务注册中心一样,服务注册器也是一个重要的组件,因此必须具备高可用性。

第三方注册模式如图 8-5 所示:

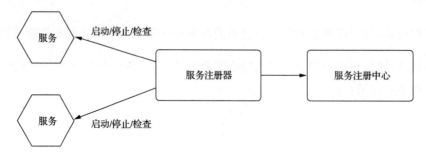

图 8-5　第三方注册模式

通过轮询可用的服务实例或订阅相关事件,服务注册器可以注册新的服务实例,并注销不再存在的服务实例。它可以对服务实例进行运行状况检查,并根据结果采取适当的操作。

与自注册模式不同,服务实例与服务注册中心不再耦合。服务可以专注于自己的职责,而不必操心服务注册。此外,如果系统中的微服务使用了不同的编程语言和/或框架,也不需要为每种编程语言和框架制定服务注册逻辑。

此模式的一个缺点是,除非服务注册器是所部署环境的内置组件,否则它也是需要设置和管理的组件之一。

服务发现的类型

有两种主要的服务发现模式:

* 客户端发现模式;
* 服务器端发现模式。

接下来我们将详细研究这两种模式。

客户端发现模式

使用客户端发现模式,服务客户端(无论是 API 网关或另一个服务)都会向服务注册中心查询可用服务实例的位置(图 8 - 6):

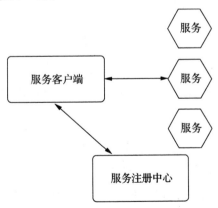

图 8 - 6　客户端发现模式

一旦从服务注册中心获得可用服务实例的位置,服务客户端将基于负载平衡算法选择其中一个,然后就可以与选定的服务实例进行交互。

这种模式非常直观,尽管它将服务客户端与服务注册中心耦合在一起。对于使用多种编程语言和/或框架进行微服务开发的组织来说,需要为每种编程语言和框架制定服务发现逻辑。

服务器端发现模式

服务发现的另一种模式是服务器端发现模式。服务客户端(无论是 API 网关或另一个服务)向路由器发出请求。路由器通常是一个负载均衡器。

图 8-7 展示了服务器端发现模式:

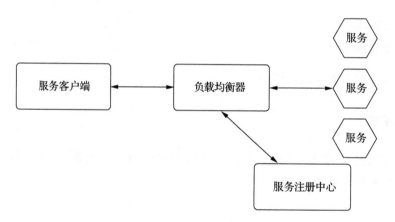

图 8-7　服务端发现模式

在此模式中,负载均衡器负责在服务注册中心查询可用服务实例的位置。服务注册中心可以内置在负载均衡器中,也可以是一个单独的组件。然后,负载均衡器负责将请求转发到一个可用的服务实例。

与客户端发现模式不同,服务客户端与服务注册中心是分离的。因此,服务客户端的代码更简单,因为它不必关心与服务注册中心的交互,也不需要实现负载平衡算法。服务客户端只需要向负载均衡器发出请求即可。此外,即使微服务的开发使用了不同的编程语言/框架,也不需要为每种语言/框架制定服务发现逻辑。

这种模式的一个缺点是,除非云提供商提供负载平衡器以及相关功能(服务注册中心),否则它也是需要安装和管理的组件之一。此外,由于负载均衡器的存在,与客户端发现模式相比,此模式涉及更多的网络跳数。

微服务并不适合所有人

与其他架构模式一样,微服务架构也有缺点。使用微服务架构的好处并不一定大于其所增加的复杂性,因此它并非所有应用程序的理想解决方案。

作为一个分布式系统,微服务架构引入了在单体应用程序中所没有的复杂性。例如,当多个服务在分布式系统中协同工作时,如果发生了故障,判断是由哪些服务在哪些地方引发的故障将会更加困难。服务可能会停止响应,系统必须能够处理这种中断。

将一个复杂的系统分解成一组合适的微服务可能是很困难的。它需要领域知识,某种情况下更像是一门艺术。你不会希望系统中的服务粒度太细,因为这会导致服务的数量很大。而随着服务数量的增加,服务的管理也会变得越来越复杂。

同时,你也不会希望系统中的服务粒度太粗,因为这会导致它们负责太多的功能。你最不希望看到的是一堆紧密耦合的服务,这样的话它们就必须部署在一起。如果不小心,最终将得到一个伪装成微服务架构的庞然大物。

在微服务架构中使用多个数据库也是一种挑战。一个事务涉及多个实体是很常见的,这种情况就需要使用多个微服务。由于每个微服务都有自己的数据库,这意味着必须在多个数据库中同时进行更新。处理这个问题的一种方法是通过事件源确保最终的一致性。即使这种技术可行,事件源的实现也会增加额外的复杂性。

服务客户端(无论是 API 网关或另一个服务)需要一种方法发现可用服务实例的位置。然而,除非云提供商提供服务注册中心以及相关功能,否则这些附加组件也是需要安装和管理的。

无服务器架构

无服务器架构(serverless architecture)可以用于快速开发软件应用程序,这些软件应用程序能够处理生产环境中不同级别的通信。术语*无服务器*指的是不需要管理或监管服务器即可提供计算服务。你的代码是按需执行的。

以这种方式使用计算服务类似于使用云存储。你不需要管理物理硬件,也不需要知道数据存储在哪里,只用根据需要使用适当的存储空间即可。

类似的,在无服务器架构中,你不需要接触物理服务器,更不需要了解计算资源是如何分配的,这些复杂性对你而言都是隐藏的。软件应用程序根据需要使用适当的计算能力即可。

无服务器架构正在逐渐走向成熟,它的使用也越来越普遍。对于某些软件应用程序来说,它可能是一个理想的架构选择。很多云提供商,包括 Amazon、Microsoft、Google 和 IBM,都对外提供计算服务。

无服务器架构可用于多种类型的软件应用程序和任务。适用于无服务器架构的常见应用程序类型包括:Web 应用程序、事件驱动的数据处理、事件工作流、计划任务(定时任务)、移动应用程序、聊天机器人和物联网应用程序(IoT)。它还适用于与图像/视频(比如用于压缩和/或优化)、语音包和 PDF 生成相关的数据转换任务。

图 8-8 展示了一个基于无服务器架构的系统:

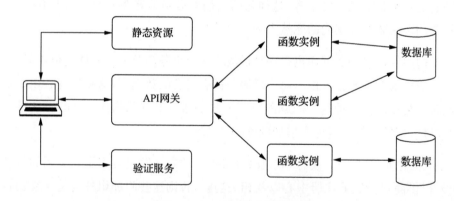

图 8-8 基于无服务器架构的系统

无服务器架构使用两种模型为软件应用程序提供后端逻辑:**函数即服务**(function as a service,FaaS)模型和**后端即服务**(backend as a service,BaaS)模型。两者通常一起使用来为应用程序提供功能。

函数即服务 (FaaS)

在无服务器架构中,可以使用临时计算服务执行一小段代码(比如一个函数)来产生结果。这被称为**函数即服务(Function as a Service, FaaS)**。所谓"临时",指的是服务只会持续有限的时间。代码在一个容器中运行,该容器仅在调用时启动,并在完成后返回。

函数通常是被事件或 HTTP 请求调用的。当函数完成处理时,它可以向调用者返回一个值,也可以将结果传递给工作流中的另一个函数以完成进一步处理。输出可以是结构化的(比如一个 HTTP 响应对象),也可以是非结构化的(比如一个字符串或整数)。

每个函数都需要遵循**单一职责原则(Single responsibility principle, SRP)**,这意味着每个函数都只服务于一个定义明确的目的。开发团队可以为服务器端逻辑编写代码,然后将代码上传到服务提供商那里以供按需执行。FaaS 使得在电脑上编写代码、在云端执行代码这一流程变得更加容易。

函数应该被设计成幂等的,以确保执行相同的请求能够产生相同的结果。此外,在多次处理相同的请求时,不会产生任何不利的影响。

消息的副本应该存在于多个服务器上,以提供冗余性和高可用性。为了确保至少一次成功的消息传递,一个函数可能会被调用多次。例如,在接收或删除消息时,带有消息副本的服务器可能是不可用的,导致同样的消息再次被发送到某个函数。

FaaS 中的函数可以是同步的,也可以是异步的,这取决于任务的需要。异步函数在 FaaS 中的一种实现方式是由平台返回一个唯一标识符,然后使用该标识符轮询异步操作的状态。

无服务器架构的一个重要部分是它的 API 网关。API 网关是系统的入口点,它通常是一个 HTTP 服务器,负责接收来自客户端的请求,并根据路由配置将请求路由到相关的函数容器。函数在计算容器中以无状态的形式运行。在运行结束后,将 FaaS 函数产生的结果发送回 API 网关,并最终作为一个 HTTP 响应返回给客户端。

FaaS 的实现可以从提供商处获得,包括 Amazon Web Services Lambda、Microsoft Azure Functions、Google Cloud Functions 和 IBM Cloud Functions。

后端即服务(BaaS)

后端即服务(Backend as a Service,BaaS)起源于**移动后端即服务(Mobile Backend as a Service,MBaaS)**,它是一种允许开发人员使用第三方提供的服务应用程序的模型。这一模型减少了开发时间和成本,因为团队不需要再在内部编写这些服务。与 FaaS 中开发团队为各种功能编写自己的代码不同,BaaS 提供的是现有服务的使用。

服务应用程序提供的典型功能包括数据库、推送通知、文件存储和身份验证服务。在无服务器架构图中,使用静态资源的验证服务和存储服务是典型的 BaaS。

无服务器架构的优点

无服务器架构越来越流行,因为它具备许多重要的优点。

节省成本

在无服务器架构中,代码只在需要时执行。因此,你只需要为实际使用的计算资源付费。

使用无服务器架构可以帮助组织节省硬件成本,因为组织不再需要服务器和网络基础设施。此外,组织也不再需要雇佣员工维护这些基础设施。这种成本节省方式类似于组织使用**基础设施即服务(Infrastructure as a Service,IaaS)**或**平台即服务(Platform as a Service,PaaS)**所节省的成本。此外,使用无服务器架构还能够节省开发成本(利用 BaaS)和扩展成本(利用 FaaS)。

可扩展性和灵活性

在无服务器架构中,不应该提供不足或过多的计算能力。你应该尽量避免在高峰期没有足够的服务器,或者在非高峰期有太多闲置的服务器。

无服务器架构的可扩展性和灵活性允许计算能力随着需求的变化而变化。你只使用你所需要的计算能力,并按照使用的数量付费。这样可以将计算能力的浪费控制在最低限度,从而节省成本。

专注于构建核心产品

使用无服务器架构的另一个主要优点是无需管理服务器,这使得组织能够专注于构建解决方案并交付更多功能。

无需管理基础设施可以提高生产力并减少上市所需时间。即使是小型开发团队也可以相对快速地构建应用程序并将其部署到生产环境中,因为不需要预先准备基础设施,而且在部署后也没有很多需要管理的东西。如果开发团队希望快速构建应用程序,同时不希望担心操作问题,那么无服务器架构将是一个很有吸引力的选择。

多语言开发

无服务器架构支持多语言开发,开发团队可以根据所需的功能选择最佳语言和运行环境。它还可以让团队比较容易地尝试不同的技术。尽管可供使用的语言存在一定的限制,但云提供商正在扩大选择范围,以便支持使用不同的语言开发不同的功能。

无服务器架构的缺点

尽管使用无服务器架构有很多好处,我们也不能忽视掉它存在的缺点。

难以调试和监控

使用无服务器架构调试分布式系统是很复杂的。当多个功能相互集成共同执行一项任务时,如果出现问题,是很难发现问题是在何时以及为什么发生的。尽管供应商提供了用于调试和监控的工具,但是无服务器架构在这方面仍然不够成熟。基于无服务器架构的应用程序越来越普遍,但与其他软件架构相比,它仍然是一种比较新的架构模式。

多租户问题

多租户问题虽然不是无服务器系统特有的,但确实值得考虑。在同一台机器上运行不同客户的软件时,客户之间很可能会相互影响。典型的例子就是安全问题,比如一个客户可能会看到另一个客户的数据,或者当一个客户运行大负荷软件时会影响机器的性能,进而影响其他客户的使用。

供应商锁定

供应商锁定也是无服务器架构的一个问题。你可能认为从一个无服务器环境切换到另一个很容易，但其实相当复杂。除了要移动代码之外，每个供应商都有特定的格式和部署方法。此外，一些技术和工具可能只有之前的供应商能够提供。

如果你想切换供应商，就需要进行一定程度的重构。理想情况下，你的软件应用程序不依赖于特定的云提供商。为了实现这一点，可以使用一种框架，用于将应用程序打包并使其能够部署到任何云提供商的环境中。无服务器框架（https://serverless.com）就是一个典型的例子。

多功能设计的复杂性

基于无服务器架构的软件系统往往包含很多功能，而在进行多功能设计时存在固有的复杂性。确定无服务器架构中每个功能的粒度也需要一定的时间。一个好的设计需要在太多的功能和太大而难以维护的功能之间找到平衡点。

复杂事务的处理往往需要将多个功能链接在一起，这也会带来一定的复杂性。在设计时必须考虑如何处理某个功能失效的情况。例如，在发生故障时，系统需要执行某种补偿逻辑以取消该事务。

运行环境优化不足

无服务器架构不支持太多的运行环境优化。在传统环境中，可能会对内存、处理器、磁盘和网络进行优化。然而在无服务器架构中，需要由云提供商帮助你进行优化。

尚未成熟

无服务器架构的标准和最佳实践还没有像其他软件架构那样完全建立起来。当然，还是有一些组织和开发团队不介意尝试前沿技术，并能够充分发挥它的优点。因此，随着时间的推移，这一缺点的影响会越来越小。

采用混合方法实现无服务器架构

在软件系统中使用无服务器架构，并不一定是以一种全有或者全无的方式。除了完全利用无服务器架构的新应用程序之外,你还可以使用无服务器架构设计系统的一部分,而在其他部分使用不同的架构模式。

例如,组织可以选择采用一种混合的方法,在无服务器环境中为现有应用程序构建一些新功能,而在完成后转移到其他架构环境中使用。

函数部署

在无服务器系统中,通过部署流水线进行函数部署。虽然流水线中的步骤可能因为云提供商的不同而不同,但一些基本步骤是不可或缺的。

开发人员必须首先上传函数定义,其中包含函数和代码的规格说明。规格说明和元数据包括唯一标识符、名称、描述、版本标识符、运行环境语言、资源需求、执行超时时间(功能调用被终止之前可以执行的最长时间)、创建日期/时间和最后修改日期/时间。对一个函数的调用是基于特定版本的,版本标识符用于选择对应的函数实例。

图 8-9 展示了一个典型的函数部署流水线:

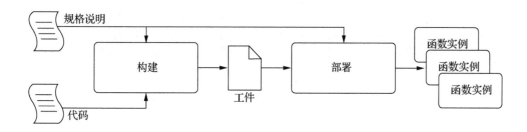

图 8-9　函数部署流水线

除了规格说明之外,还必须提供代码本身及其依赖(比如 ZIP 文件或者 Dockerfile)。如果代码存储在外部库中,则必须提供代码位置的访问路径以及访问所需的凭证。

函数定义上传到云提供商之后,将在构建过程进行编译以生成工件。生成的工件可以是二进制文件、包或者容器镜像。

函数实例可以被**冷启动(cold start)**或者**热启动(warm start)**。在热启动中,预先部署了一个或多个函数实例,在需要时执行即可。冷启动需要更长的时间,因为函数是从未部署状态开始的。因此,必须首先部署该函数,然后在需要时执行它。

函数调用

函数调用主要有以下四种方式：

- 同步请求；
- 异步请求；
- 消息流；
- 批处理作业。

同步请求

当客户端发出同步请求后，它会等待响应。请求—应答模式可用于处理同步请求。典型的例子包括 HTTP 请求或 gRPC 调用。图 8-10 展示了同步请求的流程，每个同步请求都会先通过一个 API 网关：

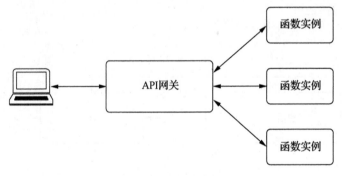

图 8-10　同步请求

为了定位函数实例，API 网关可以在客户端进行服务发现，或者将请求传递给路由器（负载均衡器）以进行服务器端的服务发现。一旦完成定位，请求就被传递给服务实例进行处理。函数执行完成后，将响应返回客户端。

异步请求（消息队列）

当你希望异步处理请求时，可以使用发布—订阅模式。所有传入请求被发布到*交换器*。交换器使用绑定规则将消息分发到一个或多个*队列*。在队列中调用函数实例处理发布的消息（图 8-11）：

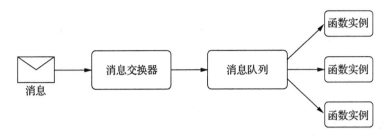

图 8 - 11 异步请求

消息队列的例子包括 RabbitMQ、AWS Simple Notification Service、消息队列遥测传输 (Message Queuing Telemetry Transport)和调度定时任务(scheduled CRON jobs)等。

消息流

当需要实时处理消息时,可以使用消息流。消息流可以接收、缓冲和处理大量流数据。当一个新的消息流被创建时,它通常被切分为多个分片。每个分片都会分配给一个函数实例进行处理(图 8 - 12):

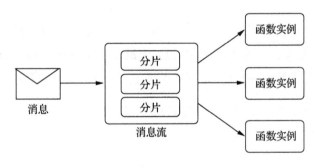

图 8 - 12 消息流

无服务器消息流的示例包括 AWS Kinesis、AWS DynamoDB Streams 和 Apache Kafka。

批处理作业

批处理作业按需或基于调度排列在作业队列中。为了加速作业的执行,可以使用主人/工人模式。主人/工人模式(有时也称为主人/仆人模式)将作业分解成更小的任务,以便并行处理这些任务,从而提升作业的处理速度。

图 8-13 展示了作业的处理流程：

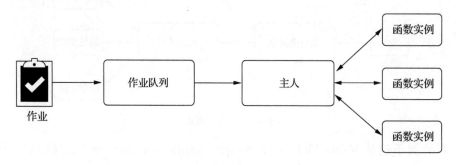

图 8-13 作业处理流程

扮演**主人**角色的组件将作业（工作集）分解为任务并启动工人。在这种情况下，工人代表着函数实例，它们可以并行处理任务。工人从工作集中取出并完成任务。一旦工人完成所有任务，主人就可以收集结果。

云原生应用程序

将软件应用程序部署到云并不意味着它是云原生的。云原生是关于软件如何设计和实现的，而不仅仅是在哪里运行。为了部署在云端，**云原生应用程序**（cloud-native applications）是从头开始设计和开发的。只有这样，应用程序才能充分利用其部署环境。

在现代应用程序的开发中，了解并关注应用程序在生产环境中的运行情况对于开发团队来说是很重要的。因此，运维团队必须与开发团队协同工作，随着需求变化逐步改进软件在生产环境中的部署和运行方式。

迁移到云的理由

在云计算出现的早期，很多企业对于在其 IT 组织中采用云技术犹豫不决。他们担心失去对基础设施、安全性、数据风险和可靠性的控制。

从那之后，越来越多的企业将 IT 工作负载向云端迁移。许多组织已经将他们的应用程序迁移到云端，或者正在计划这样做。主要的云提供商，比如 Amazon、Microsoft 和 Google，正在经历爆炸式的增长。而随着越来越多的应用程序部署到云端，这些云提供商之间的竞争也在加剧。

企业将他们的应用程序和数据迁移到云端的理由有很多。

减少开支

基于云的托管通过消除在硬件和软件等固定资产上的花费,减少了资本支出。此外,它还减少了 IT 支持、24 小时电力需求和冷却等方面的成本,进一步降低了运营支出。

更好的灵活性和可扩展性

使用云计算为企业提供了更好的灵活性。工作负载可以根据需求快速调整,即使是在突然需要大量计算资源的情况下也是如此。大型的云提供商通常具有全球规模,除了能够在正确的时间交付正确数量的计算资源之外,它们还能够在正确的地理位置完成这一工作。

云计算可以帮助企业相对容易地扩张,而不必对硬件数量等因素进行重大调整。

自动更新

云提供商会代替客户保持基础设施软件的日常更新并保证它们的安全性。

硬件更新也由云提供商负责,包括服务器、内存、处理能力和磁盘存储的升级。数据中心会定期更新成最新的硬件,以确保更高的效率和更快的性能。

灾难恢复

备份、灾难恢复和业务连续性对软件应用程序至关重要。云计算可以轻松地提供这些服务,所需费用也比自己实现要低。

对于较小的企业来说,灾难恢复的费用可能是沉重的负担。将应用程序部署到云端,使得小型企业在发生灾难时也可以拥有完整的备份和恢复能力。

什么是云原生应用程序?

云原生应用程序是专门为云模型设计的。这种为云设计的应用程序将云作为目标平台,并能够有效利用这一点为组织提供具有竞争优势、更好的敏捷性、更容易的部署、按需可扩展性、更低的成本、更高的弹性等一系列好处。

人们对现代应用程序的期望与过去的不同,而云原生应用程序独有的特性使我们能够满足这些期望和需求。目前,**云原生计算基金会(Cloud Native Computing Foundation,CNCF)**将云原生定义为使用开源软件堆栈来创建容器化、动态编排和面向微服务的应用程序。

容器化

容器是一种打包软件应用程序的方式。它们通常是轻量级的、独立的软件包。应用程序、所有库和依赖项都捆绑在一个不可变的包中。

软件容器的概念类似于航运业中集装箱的概念。在集装箱标准化之前,运输是一个低效、复杂的过程,因为各种形状和大小的东西会在同一艘货船上运输。如今有了标准化的集装箱尺寸,我们就能够知道货船上可以装载多少个集装箱,无论我们运输的是什么。

类似的,可以将软件及其依赖项打包到基于开放标准的容器中,这样它就可以在任何支持容器的地方运行。这种方法提供了可预测性,我们知道软件将按照预期工作,因为无论在何处执行,容器都是相同的。容器化消除了以下这种情况:应用程序在一台机器上无法正确运行,而另一台机器的用户却声称 *它在我的机器上可以运行*。由于机器和环境之间的差异所导致的意外错误可以大幅减少,甚至消除。

在云原生应用程序中,系统的每个部分都打包在自己的容器中,这使得每个部分都是可复制的,并且每个容器的资源都是隔离的。

动态编排

仅仅将应用程序容器化是不够的,云原生应用程序还必须能够跨多台机器运行多个容器。这将允许你使用微服务并提供容错功能。

如果想在不同的机器上运行多个容器,就需要动态地编排它们。系统必须在正确的时间启动正确的容器,并能够根据需要添加和删除容器以进行扩展。此外,还需要在故障发生时,在不同的机器上启动容器。

有很多可用的容器集群和编排工具。目前,最流行的是 Kubernetes,有时也被称为 K8S,因为在 K 和 s 之间有 8 个字母。它是一个由 Google 开发的开源编排器。除了 Kubernetes,其他容器编排工具还包括 Docker Swarm 和 Apache Mesos。

云提供商也有基于云的容器服务。比如 **Amazon Elastic Container Service(Amazon ECS)**，它是 Amazon 为自己的 **Amazon Web Services(AWS)** 研发的容器编排服务。除了 ECS 之外，Amazon 还提供了 **Amazon Elastic Container Service for Kubernetes(Amazon EKS)**，这是一个在 AWS 上为 Kubernetes 提供的托管服务。此外，Amazon 还提供了 AWS Fargate 技术，该技术可用于 Amazon ECS 和 EKS，可以让你在不需要管理服务器或集群的情况下运行容器。

微软的 **Azure Container Service(AKS)** 允许你使用一个完全托管的 Kubernetes 容器编排服务，或者选择一个替代的编排器，比如非托管的 Kubernetes,Docker 或 Mesosphere DC/OS。Google 也提供了一种名为 Google Kubernetes Engine 的 Kubernetes 托管环境。

面向微服务

应该将云原生应用程序切分为微服务。将应用程序切分为小型、自治、独立版本、自包含的服务，可以提高组织的灵活性和应用程序的可维护性。

不停机

现今的应用程序应该在任何时刻都是可用的，即没有停机时间。可以说，最小化停机时间一直是一个目标，但是把应用程序停机一小段时间以进行维护的时代已经过去了。

在复杂的软件系统中故障是无法避免的，所以应该在设计时考虑到发生故障的情况。云原生应用程序是*为故障而设计的*，这使得它们具有良好的容错性，能够在发生故障后快速恢复并减少停机时间。如果物理服务器意外故障或作为维护计划的一部分被关闭，那么故障转移系统会将通信重定向到另一个服务器。软件组件的设计应该是松散耦合的，这样如果一个组件失效，备用组件就可以接管工作。

单个故障不应该导致整个软件系统停机。例如，如果微服务的一个实例失效，其他实例可以代替它接收传入请求。如果某个微服务的所有实例都无法运行，那么故障会被隔离到系统的一部分，而非影响整个系统。

持续交付

日益激烈的竞争和用户期望意味着现代应用程序需要更短的发布周期。比起几个月（甚至几年)发布一个主要版本,能够定期更新应用程序是非常重要的(比如几周或几天,而非几个月)。

云原生应用程序应该更快地发布软件更新,因为更短的发布周期能够更快地从用户那里获得反馈。持续交付能够提供一个更紧密的反馈循环,不需要等待很长时间就能收到反馈。开发团队可以根据收到的反馈作出更快速的响应,以调整和改进软件。

云原生应用程序提高了组织的敏捷性。通过定期发布软件并接收反馈,组织可以快速响应市场、竞争对手和客户的需求,这也就增强了组织的竞争优势。

支持多种设备

云原生应用程序必须能够支持多种设备。因为现代应用程序的用户可能会使用移动设备、台式机、平板电脑等。这些用户希望在不同设备上有着统一的体验,并且能够在不同设备之间无缝切换。为了支持这些需求,云原生应用程序必须确保后端服务能够提供各种前端设备需要的功能。

有了物联网之后,许多设备都可以联网了,这意味着需要一些应用程序来支持它们。为了应对大量潜在的设备及其产生的数据,就需要一种使用云原生方法设计的高度分布式系统。

十二要素应用

十二要素应用方法论(twelve-factor app methodology)是一组在开发云端应用程序时需要遵循的原则。它最初是由著名云平台 Heroku 的创建者提出的。

十二要素应用方法论的原则可用于设计和开发云原生应用程序。遵循这套方法论的应用程序遵循一定的约束并符合某种 *约定*。这为应用程序提供了一定的可预测性,便于将其部署到云。此外,这些要素使得扩展更加容易,并且最大限度地提升了可移植性,确保应用程序可以持续部署。

Adam Wiggins 在《十二要素应用》(*The twelve-factor App*)一书中提出了十二要素:

- **基准代码**(**Codebase**):一份在版本控制中的基准代码,多份部署;
- **依赖**(**Dependencies**):显式声明并隔离依赖关系;

- **配置(Configuration)**:在环境中存储配置;
- **后端服务(Backing Services)**:把后端服务当作附加资源;
- **构建/发布/运行(Build,release,run)**:严格分离构建和运行;
- **进程(Processes)**:由一个或多个无状态进程运行应用;
- **端口绑定(Port binding)**:通过端口绑定提供服务;
- **并发(Concurrency)**:通过进程模型进行扩展;
- **易处理(disposability)**:快速启动、优雅终止以最大化稳健性;
- **开发环境/生产环境等价(Development/production parity)**:尽可能保持开发、预发布、生产环境相同;
- **日志(Logs)**:把日志当作事件流;
- **管理进程(Administrative processes)**:以一次性进程的形式运行后台管理任务。

在本节中,我们将进一步学习十二要素应用中的十二要素。

基准代码

一个云原生应用程序应该有且仅有一份基准代码。较大的软件系统可能需要分解为多个应用程序,此时,每个应用程序都应该被视为独立应用程序,且具有自己的基准代码。

每份基准代码都应该在版本控制系统中进行跟踪,并且可用于应用程序的多份部署。例如,一份基准代码可以部署到开发、质量管理、预发布和生产环境中(图8-14):

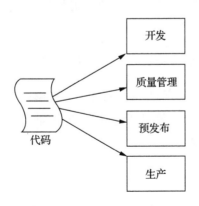

图8-14 部署基准代码

依赖

应用程序的依赖应该被显式地声明和隔离。云原生应用程序不应该使用隐式存在的依赖，不应该对运行环境中可用的内容做任何假设。因此，应用程序应该自带依赖，并明确、完整地声明其依赖。依赖的信息还应该包括每个依赖所需的特定版本。

大多数现代编程语言和框架都为应用程序提供了管理依赖的方法。有时，这些依赖是以*包*的形式出现的。包是一种由很多文件组合而成的软件发布。在某些情况下，*包管理器*是可用的，它是一种可以帮助安装、升级、配置和删除包的工具。

配置

应用程序的配置是由一些值组成的，这些值根据部署的不同而不同，比如数据库连接信息、Web 服务的 URL 以及电子邮件的 SMTP 服务器信息。

云原生应用程序的配置应该存储在环境中，而不是应用程序的代码中。配置会根据部署的类型变化（比如部署是针对开发、预发布还是生产的），而代码则不会。应用程序的代码和配置之间应该进行严格的分离。

后端服务

*后端服务*是应用程序通过网络使用的、与应用程序本身分离的服务。后端服务的例子包括数据存储、分布式缓存系统、SMTP 服务器、FTP 服务器和消息传递/队列系统。

每个服务的绑定信息应该存储在应用程序外部的配置中。应用程序不应该关心后台服务在哪里运行，也不应该对本地服务和第三方服务区别对待。

所有后端服务都应该被视为附加资源，应用程序应该能够在不修改任何代码的情况下绑定和解绑后端服务。例如，如果一个数据库宕机，应该立即将其解绑，并绑定另一个数据库，整个过程无需进行任何代码修改。

构建/发布/运行

云原生应用程序应该严格分离构建、发布和运行阶段。构建阶段是将代码转换为可执行包的阶段，应用程序所声明的依赖也会在此阶段进行考虑。

构建阶段的产出结果是一个 *构建*（图 8 - 15）：

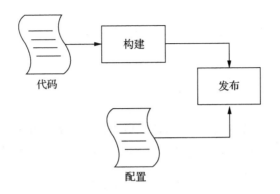

图 8 - 15 构建阶段

在发布阶段，构建与应用程序外部的配置信息相结合，并被部署到云环境中。一个构建可以用于多份部署。发布阶段的产出结果是一个被称为 *发布* 的不可变工件。每个发布都应该有唯一标识符，可以使用版本控制方案或者时间戳。

发布之后，在运行阶段（也称为 *运行时* ），应用程序将在其环境中运行。在构建和发布任务完成后，运行阶段应该相对平稳，应用程序应该可以正常工作。

进程

云原生应用程序应该由一个或多个无状态进程组成，任何持久化数据都使用后端服务存储。遵循十二要素应用方法论的应用程序的进程应该是无状态的，不共享任何东西。遵循此规则能够使应用程序更稳健、更容易扩展。

例如，为了让一个 Web 应用程序成为云原生应用程序，它就不能再依赖 *粘性会话* 。粘性会话是指路由器/负载均衡器将单个服务器分配给特定用户。此后，来自同一用户的请求将被路由到同一服务器。这样就可以在应用程序的进程中缓存用户会话数据，来自同一用户的后续请求将被路由到同一进程，从而能够访问缓存的数据。云原生应用程序应该舍弃粘性会话，使用其他方式进行缓存，比如 Redis 或 Memcached 这样的分布式缓存系统。

端口绑定

云原生应用程序是完全自包含的。服务应该通过指定的端口被其他服务使用。与应用程序使用的后端服务类似,你所公开的 API 可能是另一个应用程序的后端服务。换言之,一个应用程序可以作为另一个应用程序的后端服务。

就像通过一个简单的绑定(比如 URL)访问后端服务一样,其他应用程序也应该能够通过一个简单的绑定与你的应用程序进行交互。

并发

软件应用程序由一个或多个进程组成,云原生应用程序将进程视为一等公民。典型的例子包括处理 HTTP 请求的 Web 进程和处理异步后台任务的工作进程。

其思想是,通过为一个应用程序运行多个进程,应用程序就可以独立且并发地运行。这使得云原生应用程序能够根据需要横向扩展。

易处理

云原生应用程序的进程应该是易处理的,这意味着它们可以在任何时刻启动或停止。为此,应该在设计进程时,确保它们能够尽可能快地启动以及优雅地停止。

云原生应用程序应该稳健且不易崩溃。即使应用程序崩溃,它也能够在不借助外力的情况下重新启动。具有这些特性的应用程序,允许云提供商进行弹性扩展,以及快速部署代码和/或更改配置。如果云原生应用程序进程的启动时间太慢,就有可能导致流量高峰期的可用性水平较低。

开发环境/生产环境等价

云原生应用程序应该尽可能减少开发环境和生产环境之间的差异。不同环境之间的差异包括所使用的工具和后端服务的差异(包括版本的差异)、编码和发布之间的时间间隔以及编写应用程序和部署应用程序的人员的不同。

开发环境和生产环境之间的差异,可能导致软件在进入生产环境之前都无法检测到问题。消除这些差异并实现开发/生产等价的一种方法是使用容器。在本章的前面部分,我们介绍了容器,以及如何使用它们将应用程序及其依赖项捆绑到一个不可变包中。然后这个容器就可以在任何地方运行,包括开发、预发布和生产环境。容器为我们提供了可预测性,因为我们知道即使应用程序在不同的环境中,也会以相同的方式工作。

日志

日志使开发人员和运维人员可以观察应用程序、它的行为和异常。日志是应用程序的重要组成部分,我们将在第 9 章"*横切关注点*"中进一步讨论。

云原生应用程序不应该负责输出流的路由和存储。每个进程都应该将日志视为事件流,并将此事件流简单地写入**标准输出**(standard output, stdout)和**标准错误**(standard error, stderr)中,而不是写入或管理日志文件。

在开发环境中,开发人员可以查看流以了解应用程序的行为。在生产环境中,流被执行环境捕获并路由到它的终点。例如,流可以由日志管理工具处理,并持久化到数据存储中。

通过遵循这一原则,云原生应用程序可以动态扩展机器的数量,而不必关注日志信息的聚合。此外,可以在不修改应用程序自身的情况下,更改存储和处理日志信息的方式。

管理进程

管理任务可能需要被定期执行。典型的例子包括数据库迁移、清理不良数据或运行报告分析。当出现这些需求时,它们应该作为一次性进程并在与生产环境相同的环境中运行。这意味着脚本需要与使用该版本运行的其他进程一样运行相同的代码和配置。

一次性任务的管理脚本应该与应用程序的其余部分提交到相同的代码存储库中,并且应该与其他代码一起发布以保持一致性,从而避免不同环境之间的同步问题。

总结

人们对现代软件应用程序的期望和需求不同于以往,要求更好的可用性、灵活性、容错性、可扩展性和可靠性。此外,组织的需求是持续交付和易于部署,因为组织希望提升它们的敏捷性,以确保软件应用程序与业务目标和市场机会保持一致。在本章中,我们学习了 MSA、无服务器架构和云原生应用程序是如何满足这些需求的。

在下一章中,我们将探索横切关注点。大多数软件应用程序在不同层中具有一些通用功能,这些功能被称为**横切关注点**(cross-cutting concerns)。我们将了解不同类型的横切关注点,以及在设计和开发过程中如何将它们考虑在内。

9

横切关注点

所有的软件应用都有各种各样的关注点，它们可以分为逻辑的和功能的两种。其中有一种功能关注点被称为横切关注点，在应用程序的多个领域都有使用。

在本章中，我们将探讨横切关注点以及一些处理它们的通用指南。我们也会了解一下实现它们的不同方法，包括使用**依赖注入**(dependency injection, DI)、装饰器模式以及**面向切面编程**(aspect-oriented programming, AOP)。

此外，我们还会介绍一些横切关注点的例子，以及处理微服务中的横切关注点时应注意的特殊事项。

本章将涵盖以下内容：

- 横切关注点；
- 横切关注点的通用指南；
- 用 DI 和装饰器模式实现横切关注点；
- 面向切面编程；
- 浏览一下各种类型的横切关注点；
- 微服务的横切关注点，包括微服务的底盘和边车设计模式的运用。

横切关注点

在软件系统中，*关注点*指的是应用程序提供的一组逻辑或功能。系统的关注点是需求的一种反映。在设计系统时,软件架构师应当尽可能地遵循**关注点分离(SoC)**原则(此前在第6章"*软件开发原则与实践*"中介绍过)——该原则旨在通过拆分软件系统来降低复杂度,从而使关注点保持分离。

在软件系统中存在两种主要类型的关注点:

·**核心关注点(core concern):**它代表了系统的基本功能,同时也是编写此软件的主要初衷。例如,与员工的工资和奖金的计算相关的逻辑是人力资源管理系统的核心关注点。每个核心关注点的逻辑往往会被本地化为特定的组件。

·**横切关注点(cross-cutting concern):**它是应用程序依赖并影响其他关注点的一个切面。它是一个可用于多个领域的功能,并且有可能跨越应用程序的多个层次。横切关注点的例子包括安全性、日志记录、缓存和错误处理。每一个横切关注点的逻辑往往会被多个组件同时需要。

图 9-1 描绘了几个核心关注点,分别用**模块 A、模块 B、模块 C** 表示,同时你也会注意到与核心关注点相交的那些横切关注点:

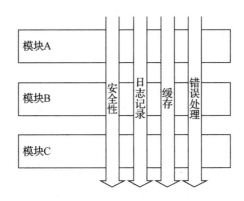

图 9-1 与核心关注点相交的横切关注点

横切关注点的通用指南

在为应用程序所需要的横切关注点设计解决方案时,我们需要遵循以下这些通用的指南。

识别横切关注点

首先,软件架构师须具备识别横切关注点的能力。通过识别跨模块和系统层的通用功能,我们可以考虑如何把关注点抽象出来,从而避免它们重复。某些情况下,在不同的场景中会出现相同的通用功能;而其他一些情况则可能会涉及重构,以使逻辑具有足够的通用性,从而可以被重用。

使用开源和第三方解决方案

一旦识别到了横切关注点,就必须为它们提供实现的方案。软件架构师应该优先考虑现成的实现方案,如开源或第三方解决方案,以满足横切关注点的需求。在耗费资源来开发新的自研解决方案之前,能满足需求的方案可能已经存在。例如,对于日志横切关注点,如果现成的框架就可以提供你所需要的所有功能,那就不要浪费时间去重复发明轮子了。

保持一致性

当横切关注点的需求得以满足时,软件架构师应该确保每个关注点都能够在实现上保持一致性。横切关注点应在每一个需要它的地方以统一的方式运行,这也是横切关注点的实现不应在多个地方重复的原因之一。

避免分散的方案

在实现横切关注点时,我们应当避免只是简单地将功能添加到每一个需要它的消费类中,这种方式就叫做分散,因为这样实现会分散在整个应用程序中各个角落。作为一名软件架构师,你一定不希望看到开发人员只是把多处都需要的逻辑简单地复制、粘贴。

当横切关注点的实现因为散落在多个模块中而造成分散时,它就违反了**不要重复(DRY)**原则。为了在多个位置提供该关注点的功能,必须复制代码,而这其实是一种浪费——它使保持一致性变得更加困难,还提高了复杂度,并且让代码库的体积不必要地增大,这些特性都使系统更难维护。如果要修改被复制粘贴过的逻辑,我们还必须在多处进行修改。

避免纠缠的解决方案

当横切关注点的逻辑与另一个关注点(核心关注点或其他的横切关注点)的逻辑混合在一

起时,我们称之为 *纠缠*(*tangling*)——因为不同关注点的逻辑纠缠在一起了。

一个纠缠的实现很可能违反了关注点分离原则,并且往往会遭受低内聚的负面影响。将关注点杂糅会提高软件的复杂度并降低其质量,此外它还会降低可维护性,因为对核心关注点和横切关注点进行修改会变得更加困难。

在为横切关注点设计解决方案时,应当避免纠缠。要做到这一点,一个工作是将横切关注点的逻辑与需要它的代码进行松耦合。横切关注点不应与其他关注点紧耦合,这样可以让所有关注点都能够轻松地维护和修改。

为避免纠缠,还有一个我们应当遵循的原则是**单一职责原则(SRP)**:一个类应只负责一件事,并把这件事做好。如果这个类负责一个核心关注点,比如某些业务功能,那么它就不应同时负责实现横切关注点。职责调整是变更的原因,而一个类应只有一个变更的原因。

如果一个类负责核心关注点,而我们希望修改其使用的横切关注点的实现,那么我们应当无需修改这个类本身;类似的,如果我们想修改一个使用了横切关注点的类,那么该横切关注点本身的实现也应当无需修改。

避免纠缠的解决方案也会让我们更好地遵循**开放封闭原则(OCP)**,在这个原则里软件组件应该对扩展开放,但对修改封闭。当我们想要向业务功能中添加横切关注点时,我们可以通过添加新代码来扩展组件,而不需要修改现有的业务逻辑。

实现横切关注点

实现应该遵循横切关注点的设计目标:保持一致性、不分散和不纠缠。在实现横切关注点时,有多种方法可采纳,包括 DI、装饰器模式和 AOP。

使用依赖注入(DI)

常用来处理横切关注点的一种方法是使用 DI 模式——我们在第 6 章 *"软件开发原则与实践"* 中已经介绍过。这种模式可用于将横切依赖关系注入需要它的类中。我们可以编写松耦合的代码并且避免分散,这样横切关注点的逻辑就不会在多处重复。

举个例子,现在我们有一个 Order 类,它有日志记录和缓存这两种横切关注点,我们可以像这样注入它们：

```
public class Order
{
    private readonly ILogger _logger;
    private readonly ICache _cache;

    public Order(ILogger logger, ICache cache)
    {
        if (logger = = null)
            throw new ArgumentNullException(nameof(logger));
        if (cache = = null)
            throw new ArgumentNullException(nameof(cache));

        _logger = logger;
        _cache = cache;
    }
}
```

DI 的使用不仅可以消除横切关注点的硬编码依赖关系，还让我们能够在运行时或编译期切换横切关注点的具体实现。我们可能希望根据配置选项之类的事务，来选择让横切关注点在运行时切换不同的实现。只要我们有每个实现所使用的公共接口，我们就可以用这种方式来修改实现，而无须重新编译或重新部署应用程序。

将 DI 用于横切关注点还可以提高应用程序的可测试性。任何具有横切关注点的代码都应依赖于该关注点的抽象化，而非具体的实现，这让我们能够在单元测试中去模拟这些依赖关系。

然而，这种方法也有一些缺点。它要求你在每一个需要横切关注点的地方都进行依赖关系的注入，尽管这与处理其他依赖关系的方式是一致的，但一些横切关注点可能在很多地方都需要（如日志），每一个需要的地方都进行一次注入可能又过于繁琐了。

此外，虽然这种方法消除了分散，但它并不能消除纠缠。采用这种方法的话，会让横切逻辑与其他逻辑混杂在一起。在前面的 Order 类中，日志和缓存对象在构造函数中被注入后，使用它们的代码将遍布整个 Order 类，与其他关注点的逻辑掺杂在了一起。

使用装饰器模式

实现横切关注点的另一种方法是使用**装饰器模式**(decorator pattern)，该模式可以向对象动态地增添行为能力，包括横切关注点的行为。它本质上类似于创建一个包装器来处理围绕其他对象的横切关注点。装饰器模式如图 9 - 2：

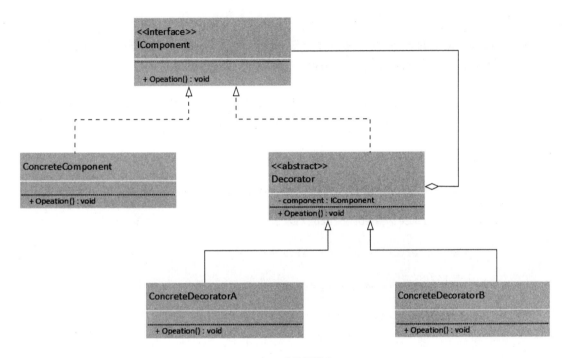

图 9 - 2　装饰器模式

图 9 - 2 中 **ConcreteComponent** 类实现了 **IComponent** 接口，这个类既可以单独使用，也可以被包装在一个或多个装饰器中。**Decorator** 类是一个抽象类，它也实现了 **IComponent** 接口，并包装(引用)了组件。每个具体的装饰器类都继承于 **Decorator** 类并为添加其行为。

举个例子，我们有一个带有 Save 方法的 IAccountService 接口和一个实现该接口的 AccountService具体组件：

```
public interface IAccountService
{
    void Save(IAccount account);
```

```
}

public class AccountService : IAccountService
{
    public void Save(IAccount account)
    {
        // Save 的逻辑
    }
}
```

AccountService 类中的 Save 方法只包含与 Save 相关的逻辑 (*Save 的逻辑* 代码注释所代表的部分),而不包含任何横切关注点的逻辑。

此外,还可以创建一个抽象装饰器类,以实现 IAccountService 接口,并包装 AccountService 类。你可能注意到了,DI 也可以与装饰器模式结合使用:

```
public abstract class AccountServiceDecorator : IAccountService
{
    protected readonly IAccountService _accountService;

    public AccountServiceDecorator(IAccountService accountService)
    {
        _accountService = accountService;
    }
    public virtual void Save(IAccount account)
    {
        _accountService.Save(account);
    }
}
```

现在我们可以为账户服务创建具体的装饰器。下面是一个为日志创建的装饰器:

```
public class LoggingAccountService : AccountServiceDecorator
{
    private readonly ILogger _logger;

    public LoggingAccountService(IAccountService accountService,
            ILogger logger)
            : base (accountService)
    {
        _logger = logger;
    }
```

```
    public override void Save(IAccount account)
    {
        _accountService.Save(account);
        _logger.LogInfo($ "Saved account: {account.Number}");
    }
}
```

我们也可以为缓存创建一个装饰器：

```
public class CachingAccountService : AccountServiceDecorator
{
    private readonly ICache _cache;

    public CachingAccountService(IAccountService accountService, ICache cache)
    : base(accountService)
    {
        _cache = cache;
    }

    public override void Save(IAccount account)
    {
        _accountService.Save(account);
        _cache.Put(account.Number.ToString(), account.Name);
    }
}
```

具体的装饰器类 LoggingAccountService 和 CachingAccountService 包含了它们所负责的横切关注点的逻辑，该逻辑可以出现在核心关注点的逻辑之前或者之后。这种方法面临的一个挑战是，你可能希望横切逻辑能在核心逻辑中间执行，而不仅在其之前或之后。解决这一问题的一种策略是将你的方法缩小一些，这样就有更多的时机可以去执行横切关注点的逻辑。

事实上，具体的 decorator 类都实现了 IAccountService 接口（通过它们的装饰器父类），这意味着我们可以让一个客户服务实例包含多个横切关注点的逻辑。例如：

```
IAccountService accountService = new AccountService();
IAccountService loggingAccountService =
    new LoggingAccountService(accountService, logger);
IAccountService cachingAndLoggingAccountService =
    new CachingAccountService(loggingAccountService, cache);
```

由 cachingAndLoggingAccountService 变量所持有的客户服务实例已经被日志和缓存功能进行了装饰。如图 9-3 所示,客户服务实际上已被多个装饰器包装:

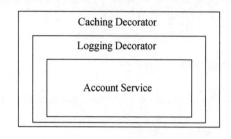

图 9-3　多个装饰器

与其他类型的依赖关系一样,DI 容器可以处理依赖链,这使得当你需要 IAccountService 的具体实例时,你会收到一个装饰过所有横切关注点的实例,而无需自己进行连接。

将装饰器模式与 DI 结合使用,能让你在为横切关注点编写逻辑时,既不会分散也不会被其他逻辑纠缠。但是,它需要你去创建额外的装饰器类。对于许多类中需要的横切关注点,一个大型软件系统就需要创建大量的装饰器。尽管有些代码可以通过工具自动生成,但这项工作依然可能是冗长和重复的。

除了 DI 和装饰器模式,另一种可行的处理横切关注点的方法是在项目中使用 AOP。

面向切面编程

面向切面编程(aspect-oriented programming, AOP)是一种编程范式,这种编程范式被创建出来就是为了处理**面向对象编程(object-oriented programming, OOP)**中样板代码的分散和纠缠问题的,比如横切关注点所必需的代码。Gregor Kiczales 和 Xerox PARC(现被称为 PARC,隶属 Xerox 公司)的研究人员就这一内容进行了原创性研究。他们最终撰写成论文 *AOP* 来阐述这一处理横切关注点的方案。

为了理解 AOP,我们先来了解一下它的一些基本概念:

• **切面(aspect)**:切面是一个跨应用程序的多个领域的关注点的模块化。它是横切关注点自身的逻辑,比如日志记录或缓存。

- **连接点（join point）**：连接点是程序逻辑步骤之间的阶段点。例如程序启动之后，创建对象之前/之后，调用方法之前/之后，以及程序结束之前。

- **切入点（pointcut）**：切入点是一组连接点的集合。它们可以相当简单，也可以相当复杂。简单切入点的例子包括在创建任何对象之前/之后，或者在类中调用任何方法之前/之后的连接点；举一个复杂切入点的例子是，在特定类中的任何公共方法之后，但要排除掉 add、update 和 delete 方法。如你所想，在定义切入点方面可以非常地灵活。

- **通知（advice）**：通知是实际执行横切关注点的代码。在日志记录这个场景下，它应该是执行具体动作的语句，比如写入日志。

通知的类型

AOP 工具通常能支持多种类型的通知：

- **前置通知（开始时）Before advice**：前置通知在连接点之前执行，它不能阻止逻辑流继续向连接点前进。

- **返回通知（成功时）After returning advice（on success）**：返回通知在连接点成功完成（未抛出异常）之后执行。

- **异常通知（发生错误时）After throwing advice（on error）**：在方法中发生异常后执行异常通知。

- **后置通知（最后）After advice（finally）**：后置通知在连接点退出之后执行，无论方法顺利完成还是发生了异常。

- **环绕通知 Around advice**：环绕通知围绕着一个连接点，这样它就可以在调用方法之前和之后执行逻辑。它还能够通过返回自身的值或抛出异常来阻止方法执行。

编入

编入（weaving）是将通知（横切关注点的逻辑）应用到核心关注点的逻辑之中的过程。每个横切关注点的代码各自单独存放，能让维护和修改各个切面变得更容易。如果需要修改横切关注点的通知，只需在一处对其进行修改即可。例如，如果我们需要更改日志的逻辑，那么只改一处就可以了，而不是在所有使用日志的核心关注点中完成。

一旦建立了横切关注点的通知,编入就能在需要的地方将它与各种核心关注点的逻辑结合起来。在图9-4中,Employee 类表示核心关注点的一些逻辑。LoggingAspect 类表示通知。逻辑被组合(编入)在了一起,形成以下结果:

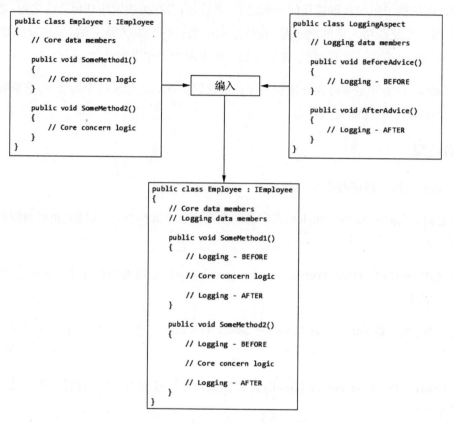

图 9 - 4 **Employee 类和 LoggingAspect 类被编入**

在使用一个类之前,必须对其进行编入,以将该类所使用的所有横切关注点的逻辑与该类自身的逻辑结合起来。AOP 工具要么在编译时执行编入,要么在运行时执行编入。

编译时编入

使用*编译时编入*(compile-time weaving)的 AOP 工具会在程序编译后多执行一个步骤,来附加切面。程序首先按正常方式编译,生成 DLL 或 EXE 文件。一旦程序完成编译,它将会通过一个编译后流程被运行,这个流程由 AOP 工具提供的后置处理器处理。

后置处理器接收 DLL 或 EXE 文件,并将切面添加到其中(图 9-5)。通过配置,后置处理器知道在什么位置实施通知,如是在方法执行之前还是在抛出异常时。生成的 **DLL/EXE** 既有核心关注点的逻辑,也有所有通知的逻辑(图 9-5):

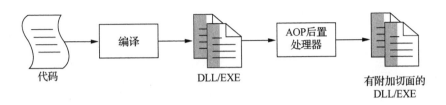

图 9-5　编译时编入

编译时编入的优点之一是,在运行时执行编入没有开销。然而,由于切面是在编译时编织的,所以无法在运行时通过配置进行更改。

运行时编入

运行时编入(runtime weaving)是直到应用程序开始执行之后才执行的。一个切面的通知和会使用到该切面的代码都是在运行时进行实例化的。不同于编译时编入,二进制文件不会在编译后被更改。

运行时编入的工作方式与本章前面*使用装饰器模式*一节中所讲的装饰器模式非常类似。两者的主要区别在于,AOP 工具可以在运行时生成装饰器类,而无需开发人员事先手动创建。AOP 工具可动态地生成一个代理对象,该对象实现与目标对象相同的接口,并且可以在通知与核心逻辑被编入到一起的同时委托给目标对象。

运行时编入的优点之一是不涉及编译后的流程。编译应用程序的机器,无论是开发机器还是构建服务器,都不需要额外的软件(比如来自 AOP 工具的后置处理器)来完成编译。运行时编入还让切面配置更具有灵活性,使其可以在运行时进行更改。运行时编入的缺点是,在运行时执行编入会涉及一些额外的开销,而编译时编入则没有。

横切关注点的类型

存在着各种各样不同类型的横切关注点,它们都可能是软件应用程序的一部分。以下并非

一个详尽的列表,但也涵盖了一些常见的横切关注点示例:

- 缓存;
- 配置管理;
- 审计;
- 安全性;
- 异常管理;
- 日志记录。

缓存

在软件应用中,使用缓存是提高性能的一种常见方法。由于可以用于各种需要读取数据的位置,缓存可以成为应用的横切关注点。

一个可重用的缓存服务应该具备执行某些操作的能力,比如将数据放入缓存,从缓存中获取数据,以及设置缓存数据怎样以及何时过期的策略。

软件架构师在设计软件系统的时候,必须去决定系统要使用的缓存类型。服务端缓存的两种主要类型包括进程内缓存和分布式缓存。使用进程内缓存,对于应用程序实例来说缓存就是本地的。负载均衡的应用程序会同时存在多个应用程序实例,其中每个实例都有自己的进程内缓存。而分布式缓存则能够在即使多个服务器都有应用程序实例的情况下,依然提供该缓存的单一逻辑视图。

我们将在第 10 章*"性能注意事项"*中进一步分析缓存的使用。

配置管理

配置管理包括决定对于一个软件应用来说的哪些选项应该是可配置的,以及如何存储、保护和修改这些配置。为了让应用程序的行为具备更高的灵活性,并让软件能够在各种环境中运行,应该提供一些配置选项。这些选项应该存在于应用程序外部,这样就可以直接修改它们,而无需重新编译应用程序。

软件应用需要在多个环境中部署和使用,比如开发、测试、准备和生产环境。另外,软件应用还可能使用各种基础结构和第三方服务,比如数据库、服务注册中心、消息中介、电子邮件(SMTP)服务器、支付处理服务和消息中介,而对于这些服务,不同的环境下可能会需要完全不同的配置值。

将配置外部化让我们能在各种环境以各种方式使用应用程序,而无需更改应用程序本身代码,也无需重新编译应用程序。

配置管理还让应用程序更加容易地部署到云环境中。回想一下第 8 章"*现代应用程序架构设计*"中的内容,十二要素应用方法论中提到的一个要素就是确保应用程序的代码和配置之间严格分离。

作为一名软件架构师,你应考虑在应用程序中哪些项目需要配置。只有可配置的设置才能可供修改。不必要的配置项目过多的话,可能会导致应用程序的设置过于繁冗,这只会让应用程序变得更难被使用和理解。若软件应用的配置过于复杂,配置错误的可能性就会增加,配置错误会导致应用程序不能正常工作,或让应用程序容易受到安全性漏洞上的攻击。

软件应用程序的发布版本是一个不可变的包,无论该软件是部署在它自己的服务器上、**虚拟机(virtual machine,VM)**上还是容器镜像上。然而,不可变包又需要拥有在不同环境中部署的能力,而配置的外部化恰恰能赋予我们这种能力。

审计

对数据更改操作的审计也是许多软件应用程序的一个重要横切关注点。对数据更改的信息可能有审计跟踪的需求,比如数据更改发生的日期/时间,以及对其进行更改的个人的身份。

审计可能需要记录特定数据变化的具体属性的信息,比如旧值、新值。在事件驱动的系统中,持久化事件及相关的细节可以作为审计跟踪。

安全性

安全性是一个重要的横切关注点,它包括用户的验证,以及授权用户可以对软件应用执行的操作。在对用户进行验证并知晓他们的身份之后,还必须检查他们的权限,以确定他们能够在应用程序中执行哪些操作。

在第 11 章"*安全性注意事项*"中,我们会学习与安全性相关的内容,包括身份验证以及授权。

异常管理

异常是发生于程序执行期间的我们预计到可能会发生的一类错误,它们是已知的会发生的问题,可以设计一个程序来识别并处理它们。

异常的产生可能出于各种原因,包括尝试使用空对象引用,尝试使用超出范围的索引访问数组,超出指定的时间限制,无法写入文件,或无法连接到数据库。许多编程语言都带有处理异常以及将执行流转移到逻辑的其他部分的方法,如在 C♯语言中,我们可以使用 try/catch/finally 语句来处理异常。

无效的异常管理使得诊断和解决应用程序的问题变得更加困难,错误地处理异常也会暗藏安全性隐患。异常管理应该被视为一个横切关注点,应该为应用程序设计一个集中式的异常管理方法。一个软件应用应该在处理异常和处理错误时保持一致性。

用于执行异常日志(日志本身也是横切关注点)等操作的通用代码,以及将异常发生的事实反馈给用户的代码,都能以一种集中且一致的方式进行处理。在记录和传达异常的细节时,敏感信息不应被透露。所有异常都应该记录下来,因为这些相关的信息很有可能有助于解决问题。在记录异常的同时,任何能帮助让异常信息更有价值的附加信息都可以被附带进来,如上下文信息等。

一个良好的异常管理策略还应该把未处理的异常也考虑进去,并设计处理它们的方法。应用程序中即使出现错误也不应该造成程序状态的不稳定或数据的损坏。

日志记录

日志记录是软件应用的一个重要部分,它可以让你知道代码在被执行时都做了些什么。它能让你有能力去查看任务何时按预期执行,以及——或许更重要的是,当任务没有按预期执行时,它可以帮助你诊断问题所在。可用性高的日志真的能够帮助你排查应用程序的故障。

日志条目的规格通常包括:

• **日期/时间**:必须知道事件何时发生;
• **来源**:我们想知道事件的来源/位置;

- **日志级别/严重性**：它有助于了解到日志条目的级别/严重程度；
- **消息**：日志条目应该有一些描述或细节来解释日志条目。

了解日志等级

大多数的日志框架都支持指定每一条日志条目的等级和严重性。尽管日志等级因所使用的框架而有所差异，但常见的日志等级都会包括下面几种：

- **TRACE**：此等级用来*追踪*代码，比如能够查看执行流何时进入及退出某个方法。

- **DEBUG**：此等级记录在调试期间有用的诊断细节，它可以用来记录逻辑的某些切面何时成功完成，还可以提供诸如执行过的查询和会话信息等细节信息，这些信息可用于确定问题发生的原因。

- **INFO**：此等级用于记录逻辑执行期间正常操作的详细信息，通常情况下，它是默认日志等级。用于获取你想得到的有用信息，不过在正常情况下通常不会花费太多时间进行检查。

- **WARN**：当发生不正确行为，但应用程序可以继续运行时，可以将其记录在此等级中。

- **ERROR**：此等级用来处理导致操作失败的异常和问题。

- **FATAL**：此等级是为最严重的错误保留的，比如那些可能导致系统关闭或数据损坏的错误。

日志记录框架通常允许配置日志的等级，比如能够指定最小的日志等级。例如，如果将最小日志层级配置为 Info，那么 INFO、WARN、ERROR 和 FATAL 等级的日志将会被记录。

更细致的日志等级（如 TRACE）通常不会在持续的长时间段内使用，特别是在生产环境中。这是因为这样会生成大量的详细条目——会降低性能并过度使用磁盘和带宽资源。然而，在诊断问题时，将日志等级临时更改为 DEBUG 或 TRACE 可以提供很多有价值的信息。

路由日志条目

许多日志记录框架都提供了允许为日志条目配置路由规则的功能。这些规则可以基于日志等级、来源或多准则组合。配置之后可以将日志条目设置成指向不同的目的地。日志条目常见的一些目的地包括控制台、文本文件、数据库、电子邮件和 Windows 事件日志。

常见做法是往本地磁盘上的文本文件内写入日志,但是当应用程序在许多不同的服务器上运行时,不使用工具就会很难在所有的文件中进行搜索。当应用程序在云端运行时,这个问题会变得更加棘手。而且还要考虑到在云端托管应用程序本身就具备的灵活性,同时在不同时间点运行应用程序的服务器数量及其位置都是动态分配的。

正如第 8 章"*现代应用程序架构设计*"中所提到的,云原生应用程序应该简单地将其日志视为事件流,而不应该负责这些流的路由和存储。它应将事件流写入**标准输出(standard output, stdout)**和**标准错误(standard error, stderr)**中,而不是写入日志文件。应用程序可能扩展到任意数量的机器中,同时不应当对运行应用程序的位置及存储日志信息的位置做出任何假设。可以利用云供应商提供的服务来聚合和存储日志信息,当然也可以自行研制。

使用弹性堆栈

弹性堆栈(Elastic Stack)是一种将日志功能集中化以便对日志信息进行整合和管理的方案。弹性堆栈是一个开源产品的集成方案,它为聚集、搜索、分析和可视化日志数据提供了一个伸缩性强的端到端解决方案。

它以前被称为(现在你可能还会听到有人称呼它为)ELK 堆栈,这是一个首字母缩略词,代表该方案对 **Elasticsearch**、**Logstash** 和 **Kibana** 产品的使用。另外还有一个名为 **Beats** 的数据传送器产品也是弹性堆栈的一部分,只是不在最初版本的 ELK 堆栈里。Beats 中的一种数据传送器是 Filebeat(图 9 - 6),它可以用于文本日志文件。

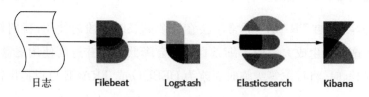

日志　Filebeat　Logstash　Elasticsearch　Kibana

图 9 - 6　弹性堆栈产品

Elasticsearch

Elasticsearch 是一个开源的、分布式的搜索引擎和文档数据库,可以存储、搜索和分析数据。它有许多用途,包括可以存储应用程序生成的所有日志数据。

Elasticsearch 能快速地搜索数据,具备全文查询的能力。随着系统的体量增长,即使日志行数达到十亿级别,它仍可以横向扩展以处理大量数据,即使有数十亿条日志线。Elasticsearch 可以通过添加节点以及恢复故障节点的方式简单地进行扩容。

可以配置 Elasticsearch 让它满足特定条件时来发送通知。日志数据被持续监控,一旦满足条件,可以通过电子邮件或其他事件管理工具给目标发送通知。

Elasticsearch 使用了 RESTful API 和 **JavaScript 对象标记 (JavaScript Object Notation, JSON)**。它提供了多种编程语言的客户端,包括 Java、C♯、Python、JavaScript、PHP、Curl、Perl 和 Ruby。此外,Elasticsearch 社区还为许多其他语言提供了支持,Elasticsearch 背后存在庞大的社区,为疑惑和问题提供了良好的支持和庞大的知识库。

Logstash

Logstash 是一个开源的日志解析引擎,它提供了解析、转换和传输数据的功能,可以聚合、过滤和补充来自各种来源的数据。在它的诸多用途中,日志数据的摄取和处理是它最擅长的。

Logstash 可以执行多种任务,比如将数据从非结构化向结构化转换、过滤特定类型的数据以及添加数据等。一旦 Logstash 完成了数据处理,它就可以将数据转发到目的地。例如,修改后的日志数据可以传输到 Elasticsearch。如果 Logstash 节点出现故障,它可以利用持久队列保证至少再进行一次传递。

Kibana

Kibana 是一个免费的工具,它让你能探索和可视化 Elasticsearch 数据。它由 Node.js 编写的,前端基于 Web。Kibana 提供了 Elasticsearch 数据的可视化,让你可以创建有用的仪表板,包括图表、图形、直方图和其他可视化效果。Kibana 还有一定的可扩展性,你能够创建自定义的可视化效果。

Kibana 创建的可视化内容可以很容易地进行分发和共享。Kibana 仪表板可以与你的应用程序集成,你也可以简单地把仪表板的 URL 分享给他人。报告还可以导出多种格式,比如可移植文档格式(PDF)和逗号分隔值(CSV)。

Beats

Beats 是一个小型、轻量的数据传送器平台。这些数据传送器从大量不同的数据源收集数据，并将其发送到 Logstash 或 Elasticsearch。Beats 拥有的各种数据的传送器包括：

- **Filebeat**：文本日志文件；

- **Metricbeat**：系统和服务的度量标准；

- **Packetbeat**：网络监控；

- **Winlogbeat**：Windows 事件日志；

- **Auditbeat**：审计数据；

- **Heartbeat**：运行时间监控。

开源社区也已经为许多其他资源也创建了 Beats。Libbeat 是用于转发数据的通用库，可以利用它创建定制化的 Beats。

对于日志记录，Filebeat 可用于聚合日志数据，它还预备了容器，可以将自身部署在同一主机上自有容器中。只要完成部署，它就可以从该主机上运行的所有容器收集日志。

Filebeat 可以与 Logstash 无缝协作。当处理的日志数据量较大时，Logstash 会告知 Filebeat 要减慢日志数据的读取速度，直到数据流量降低，以便处理流程可以恢复到正常的速度。

微服务的横切关注点

为微服务提供横切关注点需要考量更多的因素。在本节中，我们将探讨如何运用微服务底盘以及边车模式来处理实现微服务横切关注点时所遇到的各种难题。

利用微服务底盘

在单体应用中，我们只需要设计和开发横切关注点一次。在它们开发完成并确定可用之后，就可以在整个应用程序中得到运用。

微服务是可独立部署的、自给自足的服务。因此，只能为每个微服务重复实现横切关注点。只要考虑一下所需的开发资源，就会发现这会让组织开发微服务的成本变得极其昂贵。一个系统可能由数百个微服务组成，而你的团队还可能在应用程序的生命周期中随时创建新的微服务。创建新的微服务的过程应当尽可能快速、简单，所以你绝不希望为每一个微服务单独实现横切关注点。

要克服这个困难，可以使用**微服务底盘(microservice chassis)**。微服务底盘是一种可以承载微服务的多个横切关注点的框架，使用它能让所有微服务都能使用该关注点的相关功能。

微服务底盘的例子包括 Spring Cloud，Microdot，Gizmo，Go kit 和 Dropwizard。每个微服务框架都各不相同，但是它们处理的横切关注点基本包括以下这些：

- 日志记录；
- 外部化配置；
- 度量报告和仪表；
- 服务注册和发现；
- 健康检查；
- 追踪。

需要注意的是，你无需使用开源或第三方的微服务底盘。它可以是你在组织中自研的某个框架，为你的需求定制，并使用你所选择的技术。重要的是，要有一个可以重用的微服务框架，这样就不用多次实现相同的横切关注点。一旦一个处理横切关注点的微服务框架就位，开发团队就可以专注于微服务本身的核心关注点。

使用边车模式

多语言开发一直是开发微服务时的一种可行方案。你可以灵活地使用多种编程语言、运行时、框架和数据存储技术。因为微服务是独立开发和部署的，使你能自行选择最好的技术来完成任务。

然而如果你的软件系统正在运用多语言微服务，那么为横切关注点维护开发库的难度会有所增大。你使用的每一种编程语言，都需要分别实现横切关注点，这将会导致大量重复工作和低的可维护水平。

上述问题的一种解决方案是使用**边车模式**(sidecar pattern)。横切关注点的逻辑被放置在它们自己的进程或容器中(称为边车容器或助手容器),然后附加到**主应用**(primary application)中。类似于附加到摩托车边上的边车,**边车应用**(sidecar application)会附加到主应用中并在它旁边运行(图 9-7):

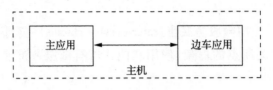

图 9-7　边车模式

边车模式的使用让主应用与边车应用可以使用不同的编程语言和框架。这意味着当横切关注点用于各种各样的环境中时,你都无需再为每种编程语言开发横切关注点逻辑。

主应用与边车应用还能访问相同的资源。例如,对于一个监控主应用运行状况的边车应用来说,共享资源可以更容易地监控主应用的系统资源。

当边车应用属于不同的组织或不同的团队时,该模式同样有效。即使你没有边车应用实现的控制权,也可以在你的主应用程序中使用它。

对于主应用和边车应用之间的**进程间通信**(inter-process communication,IPC),最优实践是使用与语言和框架无关的通信机制。由于主程序和边车程序位于同一主机上,使得它们之间的 IPC 通常很快,但是与进程内通信相比,IPC 依然会涉及一些额外开销。如果接口内容丰富(更细粒的操作需要更多的进程间通信量),并且性能还有待优化,那么使用边车模式可能就不是最理想的选择。

总 结

横切关注点是软件应用程序的重要组成部分。本章介绍了什么是横切关注点,以及如何避免横切关注点解决方案的分散和纠缠。

在本章中,我们还学习了如何使用 DI、装饰器模式和 AOP 来实现横切关注点。本章提供了一些常见横切关注点的示例,如缓存、配置管理、审计、安全、异常管理和日志记录。我们还研究了在为微服务实现横切关注点时使用微服务底盘和/或边车模式。

在下一章中,我们将学习软件架构师在性能方面的注意事项,包括探讨在软件应用程序中性能的重要性和基本原理,详细介绍各种改进性能的技巧。此外下一章还将会涵盖并发的内容,以及介绍并发执行如何提高多处理器或多核系统的性能。

10

性能注意事项

用户总是对他们使用的应用程序的性能抱以较高的期望。性能需求也属于必须要去满足的需求，而整个团队都必须对性能负责这一事实直接反映了它的重要性。性能是一种质量属性，我们应该在应用程序的整个开发过程中始终对性能加以考虑。

本章首先会介绍性能的重要性和一些与之相关的常用术语，随后会探讨一种提高性能的系统方法，此外也会学习服务端缓存、Web 应用程序性能和改进数据库性能的技术。

本章将涵盖以下内容：

- 性能的重要性；
- 性能术语；
- 采取系统性方法来改善性能；
- 服务端缓存，包括不同的缓存策略和使用模式；
- Web 应用程序性能的改善，包括 HTTP 缓存、压缩、缩编资源、绑定资源、使用 HTTP/2、使用内容传递网络和优化 Web 字体；
- 数据库性能，包括设计高效的数据库模式、使用数据库索引、纵向/横向扩展和并发性。

性能的重要性

软件应用的性能指的是它可以执行的操作的响应能力。现如今，用户对他们所使用的应用程序的响应能力有了更高的期望，无论他们在哪，或他们正在使用什么设备，他们都要求响应迅速。

最重要的是,软件必须服务于其功能性目标,要运行可靠,提供可用的功能。如果做不到这一点,那么应用程序的速度就不重要了。然而,一旦满足这些功能性需求,那么性能又会变得极为重要。

性能影响用户体验

应用程序的速度在总体的**用户体验(user experience,UX)**中扮演着重要角色。应用程序的速度能影响用户对应用程序的满意度。由于性能可能引起面向客户的站点获得/失去客户,或企业的应用程序获得/失去了生产力,因此对组织的底线有着重要影响。

对于 Web 和移动应用程序,一个页面的加载时间长短是页面是否被放弃的主要因素。如果一个页面的加载时间太长,许多用户会直接离开。当我们观察一个网站的跳出率和转化率时,这一点尤为明显。

跳出率

当用户在站点上只有一个单页面会话,并且在没有访问任何其他页面的情况下离开时,就会发生 *跳出* 。**跳出率(bounce rate)**有时也称为退出率,指的是跳出用户的百分比:

$$跳出率 = \frac{页面的跳出总量}{页面的进入总量}$$

如你所料,随着页面加载时间的增加,跳出率也会随之增加。形成跳出动作的例子包括用户关闭浏览器窗口/标签,点击链接访问不同的网站,单击后退按钮离开网站,通过键入一个新的 URL 或使用语音命令导航到一个不同的网站,或发生会话超时。

转化率

转化率(conversion rate)是指最终执行期望的转换动作的网站访问者的百分比。期望的转换动作取决于网站本身的用途,但一些常见的例子包括下订单、注册会员、下载软件产品以及订阅简讯。

转化率用以下公式表示:

$$转化率 = \frac{达成目标的数量}{访客数量}$$

性能差的网站转化率就会低。如果一个站点运行缓慢,用户就会离开该站点转而去其他地方。

性能是一种需求

速度是应用程序的一个特性,如果应用不够快,那么它就不够好。性能是软件系统的一个质量属性,并且不是那种可以事后再考虑的质量属性,相反的,它应该在软件应用程序的整个生命周期中都扮演不可或缺的角色。它既然是系统的一种需求,那就像其他需求一样,必须是没有歧义的、可测量的和可测试的。

在第 3 章*"理解领域"*中介绍需求时,我们提到过,需求必须被清晰地指定,能在合适的时候用特定的值/界限去测量,并且它要是可测试的,使之能判断需求是否已经得到满足。例如,仅仅声明 *Web 页面须及时加载* 是不够的,为了使其没有歧义、可测量和可测试,必须在书写成声明 *Web 页面须在两秒钟内加载*。

将性能视为需求还意味着我们应对其进行测试。我们可以测量执行测试需要多长时间,并且规定它们要在限定的时间内完成。虽然性能测试不像单元测试那样被频繁执行,但也应该能轻松地定期执行性能测试。

页面速度影响搜索排名

在谷歌搜索结果中,页面速度也是网站移动搜索排名的一个考量因素。目前,这个标准只影响性能最慢的页面,但是它彰显了从谷歌视角 Web 页面性能的重要性。面向客户的网站一定不希望性能对网站的搜索排名产生负面影响。

定义性能术语

在进一步研究性能之前,让我们先了解一下与性能相关的常见术语。

延迟

延迟（latency）是将信息从源发送到目的地所花费（或延后）的时间。关于延迟，你可能会听说过这么一种说法：它是花费在*线路上*的时间，因为它表示消息在网络上传播的时间。如果某些东西处于休眠状态，那么它就是*潜伏的*（latent），这种情况下，当消息在网络上传播时，我们必须先等待才能执行下一步的处理。

延迟通常以毫秒为单位计时。我们所使用的网络硬件类型、连接类型、传输距离以及网络拥堵等因素都会影响延迟。

在许多情况下，总延迟的很大一部分发生在办公室或住所与**互联网服务供应商**（internet service provider，ISP）之间。这就是所谓的**最后一英里延迟**（last-mile latency），因为即使数据在全国甚至全世界传输，也只是第一次或最后几次跳转对总延迟的影响最大。

吞吐量

吞吐量（throughput）是每个特定的时间单元中工作条目的数量，在网络领域，它是指在给定的时间内可以从一个位置传输到另一个位置的数据量，通常以**比特/秒**（bits per second，bps）、**兆/秒**（megabits per second，Mbps）或**千兆/秒**（gigabits per second，Gbps）为单位。

在应用程序逻辑领域中，吞吐量是指在给定的时间内可以完成的多少数据处理，本文中吞吐量的例子是每秒可以处理的事务数。

带宽

带宽（bandwidth）是一个特定的逻辑或物理通信路径的所能达到的最大吞吐量。像吞吐量一样，它通常写成比特率的形式，或者是在给定的时间单位内可以传输的最大比特值。

处理时间

处理时间（processing time）是软件系统处理特定请求所花费的时长，不包括消息在网络上传播的时间（延迟）。有时服务器处理时间和客户端处理时间会区别对待。

影响处理时间的因素很多，包括应用程序的具体代码编写、与应用程序配合工作的外部软件以及执行处理流程的硬件规格。

响应时间

响应时间（response time）是指用户发出特定指令到用户收到对该指令的响应之间的总时长。有人会互换地使用延迟和响应时间这两个词汇，但它们其实并非同义词。对于某个特定的请求来说，响应时间包括了网络延迟和处理时间。

工作负载

工作负载（workload）代表了一台机器在特定时间内要做的计算量。工作负载会占用处理器的容量，留给其他任务的容量就会变得少。一些常见的可评估的工作负载包括 CPU、内存、I/O 和数据库工作负载。

定期监测工作负载水平可以预测应用程序的负载的峰值何时会达到，还可以比较应用程序在不同负载水平下的性能表现。

利用率

利用率（utilization）是指资源实际被使用的时间比上该资源可供使用的总时间的百分比。例如，如果一个 CPU 在 1 分钟内有 45 秒的时间忙于处理事务，那么这个时间段的利用率就是 75%。可以测量 CPU、内存和磁盘等资源的利用率，以获得应用程序性能的完整情况。当利用率接近最大吞吐量时，响应时间会被拖长。

采取系统性方法改善性能

当你希望提高应用程序的性能时，整个开发团队都应该参与进来。如果整个团队都对软件应用性能负责，而非某个个人，那么团队就能在优化性能方面取得更好的效果。

当我们致力于改善性能时，如果能遵循系统性的方法将会是非常有帮助的。一个用于改善性能的迭代流程由以下几个步骤组成：

- 剖析应用；
- 分析结果；
- 实现优化；

• 监控成果。

图 10 - 1 演示了这个流程：

现在让我们来研究一下这个流程中的每个步骤。

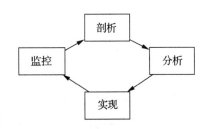

图 10 - 1　改善性能的迭代流程

剖析应用

第一步，*剖析(profile)* 应用程序。剖析是对软件系统的分析，可以用于衡量系统的执行情况。开发团队不应总是去猜测存在性能问题的位置，因为它们经常会跟你预想的不一样。与其去猜测，开发团队更应该去收集精确的测量结果。这些测量可以作为后续决策的依据。比如可以测量执行特定方法所需的时间、调用方法的频率、通信花费的时间、发生的I/O总量，以及使用了多少 CPU 和内存。

存在一些可用来分析应用程序的分析工具，被称为 *剖析器(profiler)*。剖析器收集信息的方式分为两大类：插桩和采样。高效的剖析策略能同时运用这两种类型的剖析器来了解软件系统中可能存在的性能问题。

插桩

当使用**插桩(instrumentation)**时，为了收集信息，代码被添加到被剖析的软件系统中。例如，为了收集关于一个方法耗时的数据并获得使用该方法的次数，在方法的开始和结束时执行插桩代码。

插桩代码可以由开发团队手动添加，也可以由剖析器自动添加插桩。有一些使用插桩的剖析器会直接修改源代码，而其他类型的剖析器会在运行时奏效。无论哪种方式，插桩都可以提供非常详细的信息。插桩的缺点是插桩代码会影响测量结果，影响程度取决于所收集的数据和插桩的程度。

例如，插桩代码本身需要一定时间来执行。剖析器可以通过计算它们产生的开销并从它们的测量值中减去这个量来平衡这一点。然而，向方法中添加代码可能会对 CPU 优化有一定影响，还会改变方法被调用的方式。尤其时间很短，方法有时会产生不准确的结果。

统计剖析器

通过**采样(sampling)**运作的剖析器,有时也称为**统计剖析器(statistical profiler)**,允许应用程序在不进行任何运行时修改的情况下执行。这种类型的分析是在应用程序流程之外进行的,并克服了插桩的部分缺点。

操作系统(operating system,OS)会定期中断CPU,让它有机会切换进程。采样的工作原理是在这些中断期间收集信息。采样造成的干扰比插桩的少,这样它就能让软件系统以接近其正常的速度执行。其缺点是,所收集的数据通常是近似的,在数字上不如通过插桩收集的数据精确。

分析结果

经过剖析对性能数据进行收集之后,就可以用它来识别应用的性能问题和瓶颈区域。**瓶颈(bottleneck)**是指软件系统中限制性能的部分。软件的这些部分由于其容量和特定工作量的原因而无法完全跟上总体步伐,反过来又降低了应用程序的整体性能。

性能改善工作应当优先优化应用程序的瓶颈。除非所有确定的瓶颈都已被解决,且还有富余的时间,否则软件架构师不应该将注意力放在优化非瓶颈的部分上。

一些常见的瓶颈包括CPU、内存、网络、数据库和磁盘利用率。不同的问题需要不同的解决方案。例如,如果网络太慢,可以寻找减少数据传输量的方法,如压缩或缓存数据。如果数据库太慢,你可以与**数据库管理员(database administrator,DBA)**协同来添加索引,优化查询,使用存储过程,也可能需要对某些数据进行反规范化处理。如果CPU是瓶颈,可以考虑使用更快的处理器、添加处理器、存储/缓存数据来避免运算,或改进当前使用的算法。

对于有一些瓶颈你最后的结论也可能是水平或垂直扩展。垂直扩展包括通过添加资源(比如添加内存和处理器、用更快的处理器替换现有处理器以及增加可用磁盘空间大小)来给现有服务器扩容。水平扩展包括将服务器添加到资源池中,以便扩展,以及处理更多的流量。

实现优化

在为改善性能去具体实现任何优化之前,都有必要先剖析应用程序和分析结果,因为除非我们确定优化是值得,否则就不应该进行任何修改。一旦前面这些步骤完成,我们就可以让开发团队基于前面步骤的产出实现优化了。

对应用的分析可以确定需要改进的区域。软件架构师应该考虑一次仅实现一组优化,否则会让结果发生混淆,也会更难以发现新的性能问题的引入。为一次迭代选定要实现的优化内容时,应该优先考虑重要性最高和预期收益最大的瓶颈。

监控结果

即便已经实现了一次对性能的优化,但这并不意味着已经大功告成了。我们必须对结果进行监控,以确定所实现的优化是否解决了先前识别出来的性能问题。

当实现了修复瓶颈的更改时,要么性能问题仍未解决,需后续解决,要么瓶颈转移到系统的其他部分。如果性能问题没有得到解决,应该考虑是否应当撤回所做的更改。软件架构师需要能意识到,消除一个瓶颈也可能会导致另一个瓶颈。我们必须监测结果,因为我们可能需要为性能改进进行多轮的迭代。

即使我们的应用程序目前的运行状况令人颇为满意,也必须对其进行监视,因为情况也可能会随着时间的推移而发生变化。随着新特性的引入以及 bug 的修复,源代码会发生变化,可能会产生新的性能问题和瓶颈。随着时间流逝还可能发生其他变化,包括应用程序的用户体量以及应用程序产生的流量规模。

服务端缓存

软件架构师应该利用缓存来提高性能和可伸缩性。缓存包括把可能再次被需要的数据复制到高速储存中,以便在后续使用中更快捷地访问。我们将在本章后面的 *改进 Web 应用程序性能* 一节中讨论 HTTP 缓存和内容分发网络的使用。在本节中,我们将聚焦在**服务端缓存**(server-side caching)这一策略上。

服务端缓存可用于避免重复地从原始数据存储(如关系数据库)中进行高成本的数据检索,它应该放置在尽可能靠近应用程序的位置,从而降低延迟、加快响应时间。

服务器缓存所使用的存储往往是在设计上就很快速的存储类型,比如内存数据库。应用程序需要处理的数据和用户越多,缓存的好处就越明显。

在分布式应用中缓存数据

在分布式应用中,数据缓存的策略主要分为两种:一种是私有缓存,另一种是共享缓存。请记住,这两种策略可以都在单个应用程序中被使用——一部分数据可以存储在私有缓存中,而另外一部分数据可以存储在共享缓存中。

使用私有缓存策略

*私有缓存*被运行应用程序的机器持有。如果一个应用程序的多个实例在同一台机器上运行,那么每个应用程序实例都可以有自己的私有缓存。

私有缓存中存储数据的一种方式是存在内存中,这使得它极其的快速。如果需要缓存的数据量超过计算机上可用内存的容量,那么可以将缓存的数据转存在本地文件系统上。

在使用私有缓存策略的分布式系统中,每个应用程序实例都有自己的缓存。这意味着不同的应用程序实例,相同的查询可能会产生不同的结果。

使用共享缓存策略

*共享缓存*则存放于独立的位置,可以通过缓存服务访问,并且所有应用程序实例都使用该共享缓存。这解决了不同应用程序实例对缓存数据可能具有不同视图的问题。它还提高了可伸缩性,因为可以利用服务器集群用于缓存。应用程序实例只与缓存服务简单地交互,后者负责在集群中查找缓存数据。

共享缓存比私有缓存要慢,因为它不能与应用程序实例存放在同一台计算机上,只能另行存放;因此应用在与缓存交互时会有一些延迟。然而,如果我们更看重保持高水平的数据一致性,那么额外的延迟也许是值得的。

启动缓存

软件架构师应该考虑*启动缓存*(*priming the cache*),它指的是在启动应用程序时预填充缓存,这些数据要么是启动时需要的,要么是被广泛使用的,因此从一开始就在缓存中提供可用数据是非常合理的。这种缓存有助于优化服务器收到初始请求时的性能。

无效的缓存数据

Phil Karlton 在 Netscape 工作时曾说过:

"在计算机科学中只有两件事是困难的:缓存失效和事物命名。"

这个笑话很有趣,因为它太过真实。如果数据在放入缓存后发生了变化,那么缓存中的数据可能会变得陈旧。*缓存失效* 是替换或删除缓存项的过程。我们必须确保正确地处理缓存数据,从而能及时替换或删除过期数据。如果缓存已满也可能需要删除缓存条目。

过期数据

当数据被缓存时,我们可以将数据配置为在指定的时间后从缓存中过期。一些缓存系统除了为单个缓存项配置过期策略外,还可以配置系统层面的过期策略。过期时间通常被指定为某个绝对值(例如,1 天)。

驱逐数据

缓存可能已满,这种情况下,缓存系统必须知道可以丢弃哪些项目,从而为新数据腾出空间。以下是一些可用于驱逐数据的策略:

- **最近最少使用**(Least recently used,LRU):基于最近使用的缓存项最有可能马上被再次使用的假设,优先丢弃最近最少使用的项。

- **最近使用的**(Most recently used,MRU):基于最近使用的缓存项将不再需要的假设,优先丢弃最近使用过的缓存项。

- **先入先出**(First-in,first-out,FIFO):与 FIFO 队列一样,丢弃最先放在缓存中的项(最老的数据)。它不考虑最后一次使用缓存数据的时间。

- **后进先出**(Last-in,first-out,LIFO):这种方法与 FIFO 相反,因为它会丢弃最近放在缓存中的项(最新的数据)。它也不考虑最后一次使用缓存数据的时间。

- **显式驱逐数据**(Explicitly evicting data):有时我们希望显式地从缓存中驱逐数据,比如在删除或更新现有数据之后。

缓存使用模式

应用程序使用缓存有两种主要方式。应用程序可以自行维护缓存数据(称为旁路缓存模式),包括对数据库的读写操作;也可以把缓存视为记录系统,缓存系统可以处理数据库读/写(包括通读、直写和后写模式)。

旁路缓存模式

在旁路缓存模式中,应用程序负责维护缓存中的数据。缓存被放在 *旁路*,它不直接与数据库交互。当应用程序请求获得缓存中的值时,会先检查缓存。如果它存在于缓存中,则从缓存中返回数据,并绕过记录系统。如果缓存中不存在数据,则从系统记录中检索数据,存储在缓存中,然后返回。

当数据写入数据库时,应用程序必须处理可能失效的缓存数据,并确保缓存与记录系统保持一致。

通读模式

在通读模式中,缓存被视为记录系统,并拥有一个能够从实际的记录系统(数据库)加载数据的组件。当应用程序请求数据时,缓存系统尝试从缓存中获取数据。如果缓存中不存在数据,则从记录系统检索数据,将其存储在缓存中,并返回数据。

直写模式

使用直写模式的缓存系统拥有一个能够将数据写入记录系统的组件。应用程序将缓存视为记录系统,当它请求缓存系统写入数据时,它将数据写入记录系统(数据库)并更新缓存。

后写模式

有时会用后写模式代替直写模式。它们都将缓存视为记录系统,但写入系统记录的时机略有不同。与直写模式(线程等待对数据库的写操作完成)不同,后写模式将数据的写操作加入记录系统的队列中。这种方法的优点是线程可以更快地继续推进,但这确实意味着缓存和记录系统之间的数据会在很短的时间内出现不一致。

改善 Web 应用程序性能

在本节中,我们将学习可以用于提高 Web 应用程序性能的技术,包括但不限于:

- HTTP 缓存;
- 压缩;
- 缩编;
- 捆绑;
- HTML 优化;
- HTTP/2;
- 内容分发网络(CDNs);
- Web 字体优化。

运用 HTTP 缓存

为了加载页面,客户端和服务端之间可能需要多次往来,而从服务器检索该页面的资源可能会占用大量时间。将可能再次需要的资源缓存起来,以便后续不再需要通过网络传输,这样能有效提高 Web 应用的性能。

浏览器能够缓存数据,使其不用再次从服务器请求数据。CSS 或 JavaScript 文件等资源可在 Web 应用程序的多个页面之间共享。当用户导航到不同页面时,会多次需要这些资源。此外,用户还有可能在将来的某个时候重新回到你的 Web 应用。无论哪种情况,运用 **HTTP 缓存**都将提升性能并使用户受益。

为了利用 HTTP 缓存,Web 服务器的每个响应都必须包含合适的 HTTP 头指令。你应当根据应用程序的需求和所提供数据的类型来决定实施哪种缓存策略。需要考虑到每种资源与缓存相关的需求各不相同,使用多种不同的头指令可以提供一种灵活性来满足不同的需求。接下来让我们了解一下可以用来控制 HTTP 缓存的一些头指令。

使用验证令牌

有一个常见的 HTTP 缓存的场景,响应在缓存中过期但实际上并没有发生任何改变。既然资源并没有发生改变,那客户端又不得不再次下载响应就形成了一种浪费。

响应的 ETag 头中的验证令牌可用于检查过期的资源是否有过改动。客户端可以将验证令牌与请求一起发送。如果缓存中的响应已过期,但资源没有更改,则没有理由再次下载该响应。服务器将发送 304 Not Modified 响应,然后浏览器就知道它可以在缓存中更新响应并继续使用它。

指定的缓存—控制指令

响应中的缓存-控制指令可以控制是否应该缓存该响应,在什么条件下可以缓存该响应,以及应该缓存多长时间。如果响应包含你不希望被缓存的敏感信息,则可以使用 *no-store* 的缓存控制指令,这样能阻止浏览器以及任何中间缓存(例如,内容分发网络)去缓存该响应。或者,可以将响应标记为 *私有的*,这样可以在用户的浏览器中缓存,但不允许在任何中间缓存中存储。

有一种与 *no-store* 有所不同的缓存控制指令叫 *no-cache* 指令。它用于指定必须服务器首先执行一次检查来判断响应是否被更改后,才有可能从缓存中使用响应。必须使用验证令牌进行此判断,且只有在资源未被更改时才能使用缓存。

max-age 指令用于指定响应可以在缓存中被重用的最长时限(以秒为单位),该值往往与请求时间有关。

还有一种情况是,你可能希望把一个尚未过期的响应从缓存中失效。本来一旦响应被缓存,除非它已过期或浏览器缓存被清除,否则这个响应就会被持续地使用。然而有时你可能希望在响应过期之前就更改它。可以通过更改资源的 URL 来实现该目标,这样会强制重新下载资源。还可以让版本号或其他的文件指纹类的标识符充当到文件名的一部分中。使用这种技术可以区分同一资源的不同版本。

利用压缩

压缩(compression) 是改善性能的一项重要技术。它使用一种算法来移除文件中的冗余部分,使文件变得更小,这样能提高传输速度和带宽利用率。

软件开发人员不需要以手动编程方式压缩要传输的数据。服务器和浏览器已经实现了压缩。只要服务器和浏览器都知晓压缩算法,就可以使用它,最关键的问题是要确保服务器配置正确。

用于改善 Web 性能的两种主要压缩类型是文件压缩和内容编码(端到端)压缩。

文件压缩

被传输的文件,如图像、视频或音频,可能具有很高的冗余率。下载 Web 页面时,图像可能占据下载字节的大部分。应该去压缩这些类型的文件,以节省存储空间并提高传输速度。

有多种工具和算法可以用来压缩不同的文件格式,你可以根据需要选择使用无损压缩还是有损压缩算法。

无损压缩

使用无损压缩,可以在文件解压时恢复原始文件中的所有字节。如果正在压缩的文件不能丢失任何信息,那么采用这类压缩算法就是非常有必要的。

例如,如果正在压缩数据文件、程序源代码或可执行文件,你就不能丢失任何内容,因此应当使用无损压缩算法。对于图像、视频和音频文件,需要或不需要无损压缩都有可能,这取决于你对文件大小和质量的需求。

图形交换文件(Graphics Interchange File,GIF) 和 **可移植网络图形(Portable Network Graphics,PNG)** 是另外两个使用无损压缩的图像文件格式的例子。如果需要动画,你可能希望使用 GIF 格式。如果你想保持高质量的图像质量并不丢失任何细节,应该使用 PNG 图像格式。

有损压缩

如果使用有损压缩算法,原始文件的部分字节将在文件解压后丢失。对于一个文件,如果你能承受它在部分字节上的损失,那与使用无损压缩算法相比,使用有损压缩确实能有效减小文件大小。

这种类型的压缩很适用于图像、视频和音频,因为冗余信息的损失或许是可以接受的。有损压缩存在多种不同的等级,而优化的力度取决于你在文件大小和质量之间进行的权衡。在某些情况下,使用有损压缩在用户层面来说不会有明显的差别。

联合图像专家组(Joint Photographic Experts Group,JPEG) 是有损压缩的图像文件格式的

一个示例。如果你不需要最高质量的图像,并且能够接受在图像中一些细节的丢失,你可以使用 JPEG。

内容编码(端到端)压缩

使用内容编码可以显著改善性能。服务器在将 HTTP 消息发送给客户端之前,会先压缩它的消息体部分,在消息到达客户端之前它都会一直保持压缩(端到端压缩)的状态。在传递到客户端的过程中,它经过的任何中间节点都不会再解压该消息。消息到达客户端后,HTTP 消息的消息体会被客户端解压出来。

为了使用内容编码,浏览器和服务器必须就通过 *内容协商(content negotiation)* 就要使用的压缩算法达成一致。内容协商是为特定内容选取最优表征形式的一个过程。

压缩有许多不同类型,但 **gzip** 是最常见的。它是一种无损压缩类型。虽然它可以用于任何字节流,但它用在文本上效果特别好。Brotli(**br** 的内容编码类型)是一个开源的无损数据压缩库。它比 gzip 新一些,但它现在越来越受欢迎。

你应该尽可能多地利用内容编码,除非传输的文件已经被前面提到的文件压缩流程压缩过,比如图像、视频和音频文件。这是因为压缩两次通常不会有更好的效果,甚至有可能导致文件反而比只压缩一次要大。

缩编资源

缩编(minification)是从资源中删除所有不必要或冗余数据的过程。它可以在不改变任何功能的情况下用来从源代码中删除不需要的字符。

诸如 JavaScript、HTML 和 CSS 之类的文件很适合进行缩编。尽管这个过程产生的缩编文件不像原文件那样可读,但文件会变得更小,从而导致更快的加载时间。

让我们以下列 JavaScript 代码为例:

```
// 表示矩形的类
class Rectangle {
    constructor(height, width) {
        this.height = height;
        this.width = width;
    }
```

```
    // 计算面积的方法
    calculateArea() {
        return this.width *  this.height;
    }
}
```

将其缩编之后,它会显示如下:

```
class
Rectangle{constructor(t,h){this.height= t;this.width= h}calculateArea(){retur
n this.width* this.height}}
```

我们可以看到,用于格式化和代码注释的不必要字符被删除了,构造函数参数的名称也被缩短了。有许多工具可以用来缩编文件,有些只用于特定类型的文件(例如,JavaScript、HTML 或 CSS)。在使用*利用压缩*一节中讨论过的压缩技术之前,最好先缩编文件。

保留被缩编的代码文件的两个版本是一个很好的方式:一个版本没有缩编以用于调试,另一个版本缩编以用于部署。它们可以被赋予不同的文件名,这样就可以清楚地看出哪个是缩编版。例如,可以使用 invoic. min. js 作为 invoic. js 缩编版的名称。

捆绑资源

要减少加载页面所需 HTTP 请求的数量,第一步是删除所有不必要的资源。一旦这样做了,大多数 Web 页面仍然需要多个相同类型的文件,比如 JavaScript 或 CSS 文件,以便加载。在开发过程中,将这种类型的代码分离到多个文件中是非常合理的。然而,使用的单个文件数量越多,HTTP 请求的数量就越多。

捆绑(bundling) 是将同一类型的多个文件组合成单个文件的过程,然后就可以在单个请求中传输该文件。捆绑文件的技术有时也被称为串联文件。更少的 HTTP 请求会带来更快的页面加载性能。捆绑是一种与缩编文件相补充的技术,两者经常相互结合使用。

当我们使用 HTTP/1.1 时,捆绑是一种有效的技术。为了理解背后的原因,让我们研究一下资产(assets)是如何发送的。为了加载一个网页,浏览器必须每次通过一个连接加载一个它需要的文件,如图 10 - 2 所示:

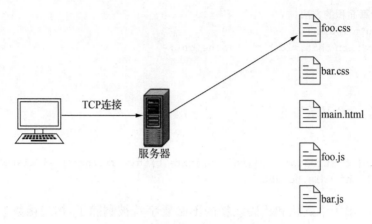

图 10-2　主机每次通过一个连接加载文件

这个过程太慢了,为了解决慢的问题,浏览器会在每个主机上打开许多连接,如图 10-3 所示:

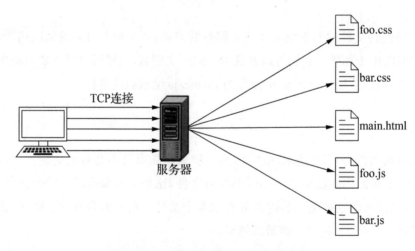

图 10-3　主机每次通过多个连接加载文件

每个主机可以同时建立的最大连接数因浏览器而异,但通常会是 6 个。浏览器会自行处理这些连接,因此应用程序开发人员不需要对其应用程序进行任何修改就能利用该特性。建立每个连接会涉及一些开销,但为了有多个可用的通信连接,这样做仍是值得的。

我们可以通过捆绑文件来改进这种方法,这样,获取所有资产所需的 HTTP 请求就会变少,甚至连接数也跟着变少。在图 10-4 中,所有 CSS 文件都捆绑在 style. css 中,而所有的 JavaScript 文件都捆绑在 script. js 中。

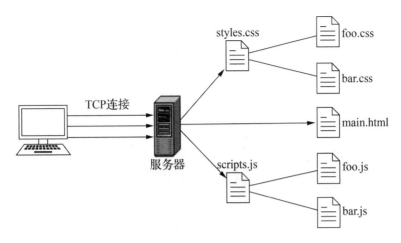

图 10 - 4　主机加载捆绑后的文件

捆绑的一个缺点是它可能导致缓存更频繁地失效。不需要绑定,我们就可以控制每个单独文件的缓存。一旦我们开始捆绑,如果捆绑中的任何文件发生了变化,整个捆绑就需要重新下载到客户端。如果更改后的文件包含在多个包中,则可能导致多个包被重新下载。

即使使用了捆绑,Web 页面所需的素材数量也可能大于最大连接数。这意味着对来自同一主机的资产请求,超出部分将被浏览器放入队列,并且必须等到有新的可用连接为止。为克服这一局限,我们引入了**域名分片(domain sharding)**技术。

如果对每个域的连接数有限制,那么可以采用一种变通的方法引入额外的域。域名分片是一种将资源分配到多个域的技术,使得并行下载更多的资源成为可能。我们可以使用多个子域(**shard1. example. com, shard2. example. com,**等等)而不是使用相同的域(例如 www. example. com)。每个分片各自有一个允许的最大连接数,这样能提高总体并行性,可以同时传输更多素材。在下面的图 10 - 5 中,我们只返回了 3 个素材,这并不会超过每个主机的最大连接数。然而,如果我们确实需要更多的素材,我们可以在浏览器启用队列之前就获取更多资源:

但添加分片还会带来额外的开销,比如额外的 DNS 查找、两端所付出的额外资源,以及应用程序开发人员需要规划如何划分资源。

再让我们了解一下 HTTP/2,并学习它是如何提高性能的。HTTP/1. x 和 HTTP/2 间的区别会影响我们如何使用捆绑和域名分片等技术。

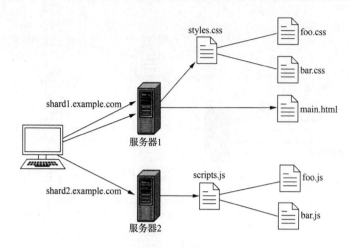

图 10-5　域名分片后主机加载捆绑后的文件

使用 HTTP/2

HTTP/2 是最新版本的数据通信应用层协议。它并不是对协议进行彻底的重写。HTTP 状态码、动词、方法，以及大多数你在 HTTP/1.1 中已经熟悉的头部会继续保持不变。

HTTP/2 和 HTTP/1.1 之间的一个重要区别是，HTTP/2 是二进制的，而 HTTP/1.1 是文本的。HTTP/2 通信由二进制编码的消息和帧组成，使得它可以更紧凑更高效地进行解析，且更不易出错。正因为 HTTP/2 是二进制的，使其支持一些能提高性能的特性。

多路复用

多路复用(multiplexing) 是 HTTP/2 最重要的特性之一。多路复用是通过单个 TCP 连接异步地发送多个 HTTP 请求和接收多个 HTTP 响应的能力，如图 10-6 所示：

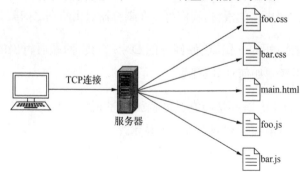

图 10-6　多路复用

HTTP/1.1 不支持多路复用,这一点催生了各种提升性能的办法。使用 HTTP/2,我们无需再将文件串联成数量更少的大包。本来只要包内任何文件被修改就会导致非常高成本的缓存失效,现在这种情况被减少或消除了。我们现在可以传输更细颗粒的资产,要么完全不捆绑,要么使用数量更多的捆绑包,其中每个捆绑包只需包含少量相关文件,而不是少量捆绑包每个包含大量文件。一种更细颗粒的方法让我们有可能为每个单独的文件或包提供最佳的缓存策略,让缓存的利用率最大化。

另一项 HTTP/2 不再需要的技术是域名分片。通过使用多路复用,我们可以使用单个连接同时下载许多素材。每个分片的开销,对于 HTTP/1.1 来说可能是值得的,而 HTTP/2 则不再需要了。

服务端推送

HTTP/2 有一个特性,服务端可以将响应 *推送(push)* 给它认为需要的客户端。当从客户端请求资源时,请求里可能包含对所需其他资源的引用。服务器已经知晓需要哪些资源,就可以主动发送这些资源,而不需要等待客户端为这些资源再发送额外的请求。

这个特性类似于 *内联(inlining)* 一个资源,这种技术有时被用来通过减少必要的请求数量来提升性能。内联是通过将资源,如 JavaScript、CSS 或图像嵌入 HTML 页面来实现的。使用服务器推送,不再需要内联资源。我们获得了内联相同的优点,但额外的好处是将素材保存在单独的文件中,每个文件都有自己的缓存策略。

对于服务端推送这一特性有几点注意事项。你应该注意,不要一次推送太多资产;你一定不会希望延迟页面的渲染,从而对用户可感知的性能产生负面影响。你应该仔细考量你所推送的资产,并对其进行筛选。

如果服务端推送使用不得当,客户端已经拥有的资源可能会被不必要地再次传输给它,这实际上会对性能造成损害。到目前为止,为了以最优方式使用服务端推送特性,可能还需要一些实验性成果。一些 Web 服务器有办法缓解推送客户端无需资产的问题,另外部分浏览器还引入了 *缓存摘要(cache digest)* ,让服务端知道客户端本地缓存中已拥有哪些资产。

头部压缩

HTTP/2 会执行头部压缩以提高性能。HTTP/1. x 的头部总是以纯文本的形式发送,但 HTTP/2 使用 HPACK 压缩格式来缩小尺寸。HPACK 之所以用于 HTTP/2 的压缩,是因为它可以抵御一些以压缩为目标的安全性攻击,比如压缩比信息泄漏(CRIME)。

HPACK 使用 Huffman 编码,一种无损数据压缩算法,可以显著减少头部的大小,降低延迟并提高性能。

实现 HTTP/2

为了让客户端能使用 HTTP/2,需要浏览器对其支持。大多数浏览器的最新版本都支持 HTTP/2。在服务器端,配置 HTTP/2 支持所需的步骤各不相同。可观数量的 Web 服务器都提供了对 HTTP/2 的支持,并且这个数量还在不断增加。在大多数情况下,服务器需要同时支持 HTTP/1.1 和 HTTP/2,通常如果客户端不支持 HTTP/2,服务器需要配置回退到 HTTP/1.1。

使用内容分发网络(CDNs)

访问网站的用户可能身处世界上的任何角落。客户端和服务器之间的距离越大,它们之间的往返花费时间越长。虽然增加的延迟可能只有毫秒级别,但它确实影响了接收响应所需的总时间。

内容分发网络(content delivery networks, CDNs) 是一组跨地域分布的服务器,可以快速地向用户交付内容。一个 CDN 的节点部署在多个位置,从而实现空间分布。CDN 能降低网络延迟,并且就近为终端用户提供内容,从而优化了加载时间。

CDNs 非常适合传输网站内容,如 JavaScript、HTML、CSS、图像、视频和音频文件。除了减少用户和内容之间的物理距离之外,CDNs 还通过高效的负载均衡、缓存、缩编和文件压缩来优化加载时间。

当我们使用 CDN 时,Web 应用程序的可靠性和冗余性会提高,因为当流量增加时,它可以在多个服务器之间实现负载均衡。如果一个服务器甚至整个数据中心出现技术问题,流量也可以路由到正常运行的服务器。CDNs 还可以通过减少**分布式拒绝服务(distributed de-**

nialof-service，DDoS) 攻击和维护最新的 TLS/SSL 证书来提高安全性。

Web 字体优化

希望设计出良好的用户界面、可读性、易访问性以及品牌的话，优秀的排版是关键因素。曾经有一段时间，Web 设计师可以使用的字体有限，因为只有部分字体可以保证在所有系统上可用。这些字体被称为 *Web 安全字体* 。

使用 *Web 安全字体* 之外字体也是有可能的。例如，在 CSS 中，你可以使用 font-family 属性来指定一个可以用于元素的字体列表，如下所示：

```
p {
    font-family: Helvetica, Arial, Verdana, sans-serif;
}
```

通过这种方式，浏览器将使用它在系统上找到的第一个可用的字体。然而使用这种方法的一个缺点是，在测试期间，必须确保所有字体都能与应用程序正常工作。

为克服这些困难，一个叫做 **Web 字体**（Web fonts）的 CSS 特性被引入。它让我们能够去下载字体文件，使得任何支持 Web 字体的浏览器都可以让你的页面使用你想用的字体。使用 Web 字体的文本是可选中、可搜索、可缩放的，并且在各种屏幕大小和分辨率下看起来都很不错。

然而，使用 Web 字体意味着必须加载额外的资源。如果一个网站或 Web 应用程序正在使用 Web 字体，那就应该把 Web 字体放到整体 Web 性能策略的考量里。Web 字体的优化可以减少页面的整体大小和渲染时间。你应该尽量减少你在页面上使用的字体（及其变体）的数量，以减少所需资源的数量。

要使用 Web 字体，必须先选定要使用的字体（可以是多种），并根据本地化要求考虑需要支持的字符集。字体文件的大小取决于组成字体的各种字符的形状的复杂性。

不幸的是，并没有关于字体格式的标准，因此不同的浏览器会支持不同的字体格式。这种缺乏标准的情况意味着到目前为止，需要让每种字体支持 4 种不同的字体格式，如下所示：

- Web Open Font Format version 2（WOFF 2.0）
- Web Open Font Format version 1（WOFF）

- TrueType font（TTF）
- Embedded Open Type（EOT）

只要选用 Web 字体,CSS 的@font-face 规则就允许你通过指定字体和可以找到字体数据的 URL 位置来使用 Web 字体。无论你选择哪种 Web 字体,以及用户正在使用的四种字体格式中的哪一种,压缩在减少字体大小方面都是有效的,应该使用压缩来提高性能。WOFF 2.0 和 WOFF 有内置的压缩,但是 TTF 和 EOT 格式默认情况下不压缩,因此服务器在交付这些格式时应该先进行压缩。

Web 字体可以是支持各种字符的大型 Unicode 字体,在给定的时间内并不需要所有这些字符。@font-face 中的 unicode-range 属性可以用来将字体分为多个子集,这样只有被实际需要的字符才会被下载。

关于优化字体还有一点需要注意,那就是字体资源并不经常更新。应该确保这种类型的资源缓存的缓存策略允许它们在缓存中存活很长时间,并使用验证令牌,使之一旦真的过期也可以在缓存中被更新,只要未发生变化就不应再次下载。

优化关键渲染路径

减少页面渲染时间的一个重要步骤是优化**关键渲染路径**(critical rendering path,CRP)。关键渲染路径是指浏览器从接收来自服务器的字节(如 HTML、CSS 和 JavaScript 文件)到设备屏幕上渲染像素处理的一系列步骤。

在浏览器渲染页面之前,它必须构造**文档对象模型**(Document Object Model,DOM)和 **CSS 对象模型**(CSS Object Model,CSSOM)。这个过程需要页面的 HTML 和 CSS 标记。然后将 DOM 和 CSSOM 组合起来,形成一个渲染树,其中包含将要在屏幕上显示的内容和样式信息。

一旦构造了渲染树,浏览器就会进入布局阶段,在那里计算各种可见元素的大小和位置。最后,到达绘制阶段,浏览器使用布局的结果在屏幕上绘制像素。

优化关键渲染路径就是最小化执行这些步骤所需时间的过程。我们最关心的是页面在*首屏*(above the fold)的部分,它是指在不删改滚动的情况下看到的页面部分。这一术语本来是指折叠的报纸的上半部分或可见部分。在用户向下滚动页面之前(这可能甚至并不会发生），他们不会看到 *非首屏(below the fold)* 的部分。

我们想要通过尽可能减少资源来防止渲染阻塞，这些资源会阻止首屏的内容被渲染。第一步应该是确定在初始呈现页面时真正需要哪些资源。我们想把这些关键的资源尽可能快地送达客户端，以加速初始渲染。比如，创建 DOM 和 CSSOM 所必需的 HTML 和 CSS 是渲染阻塞资源，所以我们应当快速地将它们发送到客户端。使用前面介绍的一些改善 Web 应用程序性能的技术，比如压缩和缓存，可以促进关键资源的快速加载。

对于上述内容不需要的资源，或者对于初始渲染不重要的资源，都是可以被移除的，可以选择延迟下载，或者异步加载。例如，如果初始渲染时不需要图像文件，则可以延迟它们，并且为了防止 DOM 构造受阻，可以异步加载任何阻塞的 JavaScript 文件。

要了解渲染页面所涉及的机理和数据，花时间考虑初始呈现的关键资源是什么，并优化关键渲染路径将使页面构建得更快。让网页几乎立即可见和可用，能极大地改善用户的整体体验，能降低页面跳出率，同时提高了转化率。

数据库性能

数据库是软件系统的一个关键组件。因此，在寻求系统性能的提升时，提高数据库性能也必然是这项工作的一部分。在本节中，我们将了解一些可以改进数据库性能的方法。

设计高效的数据库模式

高效、合理的数据库模式设计是实现数据库最佳性能的基础。作为一名软件架构师，可能会有专门负责数据库设计的 DBA 配合你的工作。然而，对良好数据库设计涉及的各个方面有一个了解依然是很有好处的。

规范化数据库

规范化是指表(关系)和列(属性)的设计过程，使它们不仅满足数据需求，而且能最小化数据冗余并提高数据完整性。

为了达成这些目标，数据库应当包含满足需求所需的最小数量的属性。逻辑关系密切的属性应该放在同一个关系中。应该尽量减少属性的冗余，这样更容易维护数据一致性，并能将数据库的大小降至最低。

反规范化数据库

出于性能和可伸缩性方面的考虑,在某些情况下,可能需要对数据库的一部分进行非规范化处理。区分尚未规范化的数据库和规范化后又进行过非规范化处理的数据库是非常重要的。首先应该对数据库进行规范化,然后如果在某些情况下有必要进行反规范化,则应该在深思熟虑过后进行。

反规范化是一种用于改善性能的策略,一般通过缩短某些查询的执行时间来实现。这可以通过存储部分数据的冗余副本或将数据进行组合实现,从而减少联合并改善查询性能。

反规范化可能会改善读性能,但会对写性能产生负面影响。我们需要一些机制,比如补偿操作,来保持冗余数据的一致性。使用数据库约束有助于制定一些规则,这些规则能保证即使数据是非规范化的也能保持其一致性。另外冗余数据还会使数据库变大,从而占用更多的磁盘空间。

引入反规范化的另一个原因是保存历史数据。例如,假设我们有一个地址表和一个订单表,每个订单都与一个地址相关联。一个订单被创建后,未来某一时刻相关的地址被更新了。现在,当你查看旧的订单时,你只会看到新的地址,而不是创建订单时所给出的地址。通过将地址字段值与每个订单记录一起存储,则可以维护这个历史数据。必须指出的一点是,仍然有一些方法可以在不使用反规范化的情况下实现该目标。例如,可以将一个地址视为一个值对象(不可变),当一个地址对象被修改时,只需创建一个新的地址记录,而保持与旧地址相关联的对象不变即可。另外,在事件驱动的系统或者保存数据审计(数据审计存储了对记录所做的修改)的系统中,还可以*重建*创建订单时的地址。

识别主键和外键

应该识别数据库中所有表的所有主键和外键。表的*主键*是能唯一标识表中一行的列或列组合。

有时,表中的一行必须引用另一个表中的一行。*外键*是保存另一个表中某一行的主键值的列或列组合,以便可以引用该行。

应该基于主键和外键创建数据库约束,以加强数据完整性。表的*主键约束*由构成主键的一列或多列组成,而*外键约束*由构成外键的一列或多列组成。

选择最合适的数据类型

在设计数据库表时,我们应该为每个列选择最合适的数据类型。除了数据类型之外,还应该考虑列的大小和为空性。我们希望选择这样一种数据类型,它在能容纳所有可能的值的同时,又是必需的最小数据类型。这样能在性能上和在存储大小上都能收益最大化。

使用数据库索引

数据库索引可用于提升性能,并提供更有效的数据访问和存储。它们存储在磁盘上,并与数据库表或视图相关联,以加速数据检索。两种主要的索引类型是主/聚合索引和二级/非聚合索引。

主/聚合索引

在设计表时,一种方法是保持行是无序的,同时根据需要创建尽可能多的二级索引。这种无序结构称为*堆(heap)*。另一种方法是创建*主索引(primary index)*,也称为*聚合索引(clustered index)*,根据主键对行进行排序。在表中存在聚合索引是非常常见的,这些表也被称为*聚合表(clustered table)*。唯一可能不需要索引的情况是,如果表非常小(而且你知道它会长期处于比较小的状态),那么与直接搜索表相比,存储和维护索引的开销就是不值得的。

组成表的主键的一个或多个列同时也定义了索引列。聚合索引根据键值对表中的行进行排序,并根据这个顺序将这些行物理地存储在磁盘上。每个表只能有一个聚合索引,因为表中的行只能按一种物理顺序排序和存储。

二级/非聚合索引

除了指定主索引之外,许多数据库系统还提供创建*二级索引(secondary indexes)*的能力,这种索引也称为*非聚合索引(non-clustered indexes)*。设置可数据访问的二级键对数据库的性能有提升的作用。

非聚合索引由一个或多个列定义,这些列按逻辑顺序排列,并充当指针,用于查找给定记录的其余数据。非聚合索引的顺序与记录存储在磁盘上的物理顺序不匹配。

非聚合索引提供了一种主键以外的访问表记录的备用键。该键可以是外键,也可以是在联合、where 子句、排序或分组中经常被用到的任何列。使用非聚合索引的好处是,能提高一些更常规的、不使用主键访问表数据的查询性能。有时,主键不是从表中检索记录的唯一方法,甚至可能不是最广泛使用的方法。

例如,假设我们有一个表 Order 和一个表 Customer,其中 OrderId 和 CustomerId 分别是这两个表的主键。Order 表还有一个 CustomerId 列作为 Customer 表的外键,以便将订单与客户关联起来。除了通过 OrderId 检索订单外,系统可能还需要经常通过 CustomerId 检索订单。在 Order 表的 CustomerId 列上添加非聚合索引,可以在使用该列进行访问时更有效地进行数据检索。

尽管非聚合索引是数据库性能调优的重要组成部分,但在决定向表添加哪些非聚合索引(如果有的话)以及索引应该包括哪些列时,应当先对每一个表进行仔细的分析。稍后我们将了解到,向表添加索引会带来开销,因此我们不希望添加不必要的索引。

拥有过多索引

向表添加索引是有代价的,因此在索引方面,好的事情也过犹不及。每次在表中添加或更新一条记录时,也必须添加或更新一条索引记录,这会给这些事务带来一些额外的开销。在存储方面,索引会占用额外的磁盘空间,从而增加数据库的总体大小。

表上的索引越多,**数据库管理系统(database management system,DBMS)**对特定查询的优化器就必须考虑越多问题。查询优化器是 DBMS 的一个组件,它分析查询以确定最有效的执行计划。

例如,查询优化器会判断查询中的某个联合查询应该执行全表扫描还是使用索引。此外它还必须考虑到该表上的所有索引。因此,表上索引数量的增加也可能会对性能产生不利影响。

基于这些原因,在考虑向表中添加哪些索引时应当有所取舍。正确选择的索引能提升数据访问性能,但你也不应当创建不必要的索引,因为它们会降低数据访问和操作(如插入和更新)的速度。

垂直和水平扩展

如果不理解其必要性,就不应该为提升性能对数据库服务器做垂直(向上)或水平(向外)扩展。在垂直或水平扩展之前,软件架构师和 DBA 应该确保数据库模式设计正确,索引应用正确。此外,应该对使用数据库的应用程序进行优化,以提升性能并消除瓶颈。

采取了这些措施之后,如果数据库服务器的资源使用率过高,那么就应该考虑将服务器垂直扩展或水平扩展了。对于数据库服务器,最好首先通过服务器规格升级或添加处理器内存来进行垂直扩展。

应优先进行垂直扩展,因为水平扩展数据库服务器会有额外的问题。当你有多个服务器时,你可能需要对一些表进行水平分区,并考虑数据复制。当有多个数据库服务器时,容灾处理和故障转移也会更加复杂。然而,如果数据库性能在扩展后仍然没有达到所需要的水平,则向外扩展可能是必要的。

数据库并发

一个关系数据库系统可以处理多个并发连接。只有当一个数据库能够同时处理多个访问和更改数据的过程时,它才算有良好的性能。这就是**数据库并发**相关的内容。

并发控制用来确保数据库事务在并发执行时也能维护数据完整性。现在,我们将通过学习数据库事务来研究并发性。

数据库事务

数据库事务是多个单元操作组成的序列。数据库即使是在同时进行访问数据和更改数据时也能保持数据的完整性和一致性,而数据库事务在这里发挥了重要作用。它们提供的一组工作单元要么全部成功完成,要么全部不进行提交。

事务可以从故障中恢复,并将数据库保持在一致的状态下。事务还能提供隔离,使得即使一个事务正在修改一条记录,而另外一个并发事务同时在更新这条记录,这两者也不会互相影响。事务一旦完成,就会被写入持久存储。

乐观与悲观的并发控制

并发控制用来确保数据库事务在并发执行时也能维护数据完整性。许多数据库提供两种主要的并发控制类型:乐观型和悲观型。

乐观并发控制(乐观锁)在认为多用户之间的资源冲突虽然可能但不常见的假设下运作。因此,它允许在不锁定资源的情况下执行事务。如果正在更改数据,则会检查资源是否存在冲突。如果存在冲突,则只有一个事务成功,而其他事务失败。

相反,悲观并发(或悲观锁)会做最坏的假设,即假设多个用户希望在同一时间更新相同的记录。为了防止这种情况发生,它会在事务持续期间在特定资源被需要时进行资源锁定。除非发生死锁,否则悲观并发可确保事务能成功完成。应该注意的是,大多数数据库系统同时具备不同类型的锁。例如,一种类型的锁可能指定被锁定的记录仍然可以被其他用户读取,而另一种类型的锁则可能会阻止这类读取。

CAP 原则

一致性、可用性和分区容错(Consistency, Availability, and Partition tolerance, CAP)定理,由于是 Eric Brewer 提出的,所以也被称为 Brewer's 定理。他指出分布式系统只能实现以下三个保证中的两个,但不能全部实现:

- **一致性**:每次读取要么返回最新的数据,要么返回错误。每个事务要么成功完成并提交,要么由于失败而回滚。

- **可用性**:系统总能对每个请求提供响应。

- **分区容错度**:在分布式系统中(数据被划分到不同的服务器上),如果其中一个节点发生故障,系统仍然能够正常工作。

数据库会选择性重视其中一些保证而弱化另外一些。传统的关系数据库管理系统将关注一致性和可用性。它们会倾向于较强的一致性,这也被称为即时一致性,这样任何对数据的读取都将反映对该数据所做的任何更改。这些类型的数据库将遵循 ACID 一致性模型。

有些数据库,比如一些 NoSQL 数据库,对可用性和分区容错度的重视程度超过一致性。

对于这样的数据库,最终一致性(而不是强一致性)是可以接受的。最终,数据将反映对其所做的所有更改,但在任意给定时间点,都有可能读取不反映最新更改的数据。这些类型的数据库遵循 BASE 一致性模型。

ACID 模型

希望确保一致性和可用性的数据库将会遵循 **ACID 一致性模型** (ACID consistency model)。传统的关系型数据库都遵循此模型。数据库事务由于它们的原子性、一致性、隔离性和耐久性因此也是遵循 ACID 模型的。即使发生错误或失败,这些特性也能保证数据的有效性。强一致性会限制性能和可伸缩性。

原子性(atomicity)

一项事务必须是工作的原子单元,这意味着要么执行其所有数据修改,要么根本不执行任何修改。这体现了其可靠性,因为如果在事务中出现故障,事务中的任何更改都不会被提交。例如,在金融交易中,你可以插入一个记录来代表交易的贷方部分,另一个记录来代表交易的借方部分。你一定不希望发生其中一个插入时另一个并没有插入的情况,因此会将它们都放置在一个事务中。它们要么都被提交,要么都不被提交。

一致性(Consistency)

事务发生后,所有数据必须处于一致状态。该特性确保所有事务都能维护数据完整性约束,使数据保持一致。如果事务使数据处于无效状态,则事务将中止并报告错误。例如,如果你有一个列的检查约束,该约束声明列值必须大于或等于零(为了避免负数出现),如果它试图插入或更新某个特定列的值小于零的记录,那么事务将执行失败。

隔离性(Isolation)

并发事务所做的更改必须与任何其他并发事务所做的更改隔离开来。许多 DBMS 都具备不同的隔离级别,用于控制访问数据时锁定发生的程度。例如,DBMS 可以在一个正在更新的记录上放置一个锁,这样另一个事务就不能同时更新这个记录。

耐久性(Durability)

事务完成并提交后,其更改将永久保留在数据库中。例如,DBMS 可以通过将所有事务写入事务日志来实现耐久性。事务日志可用于在任意时间点重建系统状态,比如在运行失败之前。

BASE 模型

有些数据库,比如一些分布式 NoSQL 数据库,关注的是可用性和分区容错性。在某些情况下,为了专注于分区容错度、性能和可伸缩性,拥有最终一致性(而不是强一致性)可能是一种可接受的折中。这种方法支持更高的可伸缩性,并可以拥有更快的性能。这些数据库会使用 BASE 一致性模型(BASE consistency model)而不是 ACID 模型。

基本可用性

大多数时候,冲突并不会发生。数据库在大多数时间都是可用的,对于每个请求都会发送响应。然而,冲突也有可能发生,这时其响应可能会标示在试图访问或更改数据时发生的失败。

软状态

这里的理念是系统的状态可以随时间变化,而非遵循 ACID 模型中的一致性要求。即使没有创建额外的事务,也可能为保证最终一致性而触发修改。

最终一致性

数据更改最终将传播到它需要去的任何地方。如果数据块没有进一步的更改,最终数据就处于一致状态。这意味着,如果对旧数据的最新更新尚未应用,则读取到旧数据是有可能的。

与强一致性模型不同的是,系统不会检查每一个事务的一致性。而在强一致性模型中,所有数据更改都必须是原子的,直到更改顺利完成或由于失败而回滚,事务才允许结束。

总结

确保你的代码正确自然比快速更重要。如果应用程序不能产生正确的结果,那么快速性能就毫无用处。话虽如此,性能是设计和开发成功的软件应用程序的重要一环。对于使用该应用程序的用户来说,它在整个用户体验中扮演着非常重要的角色。不管他们使用的是什么设备或者他们所在的位置,用户都希望他们的应用程序具有高水平的响应能力。

性能是软件系统的质量属性,性能方面的需求也应当被记录下来。像所有的需求一样,它们应该是可测量和可测试的。整个团队都应该对性能负责。一个系统的、迭代的性能改进方法可以帮助开发团队达成他们的性能目标。部分问题只能等到后续才能被发现,所以开发团队应该准备好以迭代的方式进行分析和优化。在本章中,我们学习了如何使用服务器端缓存,关于改善 Web 应用程序性能的不同技术,以及如何改善数据库性能。

在下一章中,我们将探讨软件架构师必须考虑的各种安全问题,还会研究安全性的目标以及帮助我们实现这些目标的设计原则和实践。此外,下一章还将讨论威胁建模等技术,以及密码、身份和访问管理等主题,还有如何处理常见的 Web 应用程序安全风险。

11

安全性注意事项

设计和开发出安全的软件系统至关重要。不遵循安全实践的软件应用会出现可能被攻击者利用的漏洞,结果可能导致对机密数据的未授权访问、经济损失以及对组织声誉的破坏。

我们将探讨信息可能处于的三种状态,以及以**机密性(confidentiality)、完整性(integrity)和可用性(availability)**三要素为代表的信息安全的主要目标,也会了解一下威胁建模如何促进识别威胁并确定威胁的优先级,并学习有助于通过设计创建安全的应用程序的原则和实践。

本章将学习加密和哈希等工具,以及实现身份和访问管理的最佳方法,最后会介绍一些最常见的 Web 应用程序安全风险以及减轻这些风险的方法。

本章将涵盖以下内容:

- 信息的三种状态;
- CIA 三要素;
- 威胁建模;
- 构建设计安全的软件的原则和实践;
- 密码学(加密和哈希);
- 身份和访问管理,包括身份验证和授权;
- 最常见的 Web 应用程序安全风险。

确保软件系统的安全

安全性指的是软件应用保护应用程序及其数据免受恶意攻击和未经授权使用的能力。它涉及保护一个组织所拥有的最重要的资产之一——信息。信息资产不仅包括数据,还包括日志和源代码等内容。保护软件应用和数据是软件架构师和开发人员的责任。这就是为什么我们在设计开发软件系统时必须对安全性的考虑给予充分的重视。

安全性是一个质量属性,正如我们在本书中介绍的其他质量属性一样,我们必须考虑并记录质量属性的需求。必须明确指定安全性需求,并且必须是精确的、可测量的和可测试的。我们需要能够判断安全性需求是否得到了满足。

不同的软件系统有不同的安全需求,所以了解系统的安全需求是很重要的。博客网站的安全需求与工资单应用程序各不相同。攻击者危及系统的方式也多种多样,因此必须仔细对待威胁的存在。后期再平添安全性是很困难的。安全性是架构性的,必须在需求、设计、开发和测试期间都考虑到。

信息的三种状态

我们努力保护的信息往往处于三种状态中的一种。分别是静息状态、使用状态或传输状态。处于任何状态的信息都容易受到攻击,需要在安全性的上下文中加以考虑。

静息状态的信息目前没有被访问。它存储在某种形式的持久性存储中,比如数据库或文件中。它最终可以通过应用程序访问,也可以直接访问持久性存储。

使用状态的信息是指当前正在被某些进程或应用程序使用的信息,是当前处于非持久化状态的数据,例如当前在内存或 CPU 缓存中的数据。

传输状态的信息指的是其正在被移动的过程,比如通过网络。它有可能在传输中是可访问的。为了确保数据的安全输送,有必要使用一个保密信道来确保信息的安全通信。

CIA 三要素

CIA 三要素(the CIA triad)代表了信息安全和信息资产保护的一些主要目标,它总括了我们所期望的软件系统展示的属性。CIA 分别代表机密性、完整性和可用性(图 11-1):

你有时也会看到把 CIA 三元素表述为 AIC 三元素的，这是为了避免与中央情报局(Central Intelligence Agency)混淆。

软件架构师应该努力在信息的机密性、完整性和可用性之间取得平衡。现在让我们来了解一下 CIA 三要素的三个基本目标。

图 11 - 1　CIA 三要素

机密性

软件应用应该保护其机密性。软件应用管理的信息对其用户和创建应用的组织都有巨大价值。其机密性包括防止未经授权的个人访问信息。

应用程序必须保护其数据，特别是当数据是属于个人私有的。这涵盖数据处于信息的三种状态中的任何一种时。即使当信息在服务或授权方之间传输时，也有可能被窃听。

完整性

软件应用应该确保完整性，目的是防止未经授权的个人修改或破坏信息。无论数据当前处于这三种状态中的哪一种，应用程序都有责任确保它没有被未经授权的一方篡改。

可用性

软件应用还需要同时保持其可用性。可用性在实现安全性中也是不可或缺的一部分。如果安全性机制实施得太过广泛的话，那么系统的易用性和可用性就会被削弱。

软件应用程序必须允许授权的个人以及时可靠的方式访问信息。如果授权用户无法访问数据，数据保护也就毫无意义。对于软件应用管理的信息来说，只有在合适的人需要访问的时候能正常访问，这些信息才有价值。

第 4 章"*软件质量属性*"一章的内容涵盖了质量属性，包括可用性。可用性的一个重要部分是能够检测、恢复和防止故障，以确保应用程序及其数据在用户需要时可用。

威胁建模

威胁建模(threat modeling)是分析应用程序安全性的一种结构性方法。*威胁*指对软件系统可能存在的危险，可能对软件系统造成严重的危害。威胁建模是一个对潜在安全威胁识别并确定优先级的过程,这样开发团队就可以了解他们的应用程序最容易受到攻击的位置。威胁建模以降低应用的总体安全风险为目标来评估威胁。一旦分析完成,就可以制订计划来降低已识别的安全风险。

传统的软件安全方法可能从防御者的角度关注安全性。然而,现代方法使用威胁建模从攻击者的角度来关注安全性。*威胁代理*指的是任何可能攻击软件系统并利用其漏洞的个人或团体。

虽然威胁建模也可以应用于已成型的软件系统中,但在软件系统最初的设计和开发阶段就引入威胁建模更是一种有效的手段,可以确保安全性是系统不可分割的一部分。

在更高的层面上,软件架构师应该设法对软件系统进行拆解、对威胁进行识别和分类、确定威胁的优先级,并创建削弱威胁的方法。

分解应用程序

当设计一个新的软件系统时,或者在分析一个现有的软件系统时,我们应当从对理解软件系统开始威胁建模。分解应用程序有助于我们更好地理解我们的软件应用,并发现其中的安全漏洞。分解应用程序包括了解攻击者可能感兴趣的素材、系统的潜在攻击者、与外部实体的交互以及系统的入口。

组织及其软件系统拥有资产,这些资产对攻击者来说都是有价值的。资产可以是物理上的,例如获取登录凭证或软件系统的数据。它们也可以是抽象的,比如一个组织的声誉。

考量软件系统面临的各种威胁中的重要一环是了解谁可能是潜在的攻击者。攻击者可能来自组织的外部或内部,这两种类型的攻击者都要考虑在内,这样才能发现你的应用程序有多个不同的入口点且会有多种不同的攻击方法。你所识别出来的资产都有可能成为攻击者的攻击动力,因此将资产纳入考虑范围可以帮你识别潜在的攻击者。

你还需要了解软件系统是如何与不同的外部实体交互的。外部实体包括用户和外部系统。这些交互能让你找出进入系统的入口点,这些点是潜在攻击者可以与软件系统交互的位置。攻击者会把大量工作放在程序入口,因为入口能给攻击者提供攻击的机会。

对潜在的威胁进行识别和分类

在我们对软件系统有了透彻的理解后，就需要对潜在的威胁进行识别和分类。为了对威胁进行分类，我们必须先统一威胁分类模型。威胁分类模型提供了一组带有定义的威胁类别，以便以系统的、可重复的方式对每个已知威胁进行分类。STRIDE 就是一种威胁分类模型。

STRIDE 威胁模型

STRIDE 是一个最初由微软创建的安全威胁模型。这个词是六种威胁的首字母组成的缩写：

- 身份假冒（Spoofing identity）；

- 篡改数据（Tampering with data）；

- 抵赖（Repudiation）；

- 信息泄露（Information disclosure）；

- 拒绝服务（Denial-of-service）；

- 权限提升（Elevation of Privilege）。

身份假冒

身份假冒是自己假扮其他人的行为。例如，如果攻击者获得了某人的身份验证信息，如用户名和密码，他们就可以使用这些信息来假冒身份。其他身份假冒的例子包括伪造电子邮件地址或在请求中修改头部信息，目的是获得未经授权的软件系统访问权限。

数据篡改

篡改数据涉及攻击者对数据的修改。篡改数据的例子包括修改数据库中的持久化数据、在网络上传输数据时更改数据以及修改文件中的数据。

抵赖

如果软件系统没有正确地跟踪和记录发生过的操作，就可能出现抵赖威胁。这意味着无论合法或不合法的用户都能够否认他们曾执行过某个的操作。例如，攻击者可以操纵数据，然后拒绝承担责任。如果系统不能正确地跟踪操作，就没有办法证明不是这样。这种攻击可能包括向日志文件发送不准确的信息，使日志文件中的条目具有误导性或者根本不可用。

在软件系统中，我们应寻求*不可抵赖性（non-repudiation）*，即保证一个人不能否认他们的所作所为。强大的身份验证、准确和彻底的日志记录以及数字证书的使用都可以用来对抗抵赖威胁。

信息泄露

信息泄露是软件系统未能防止信息被无权限人员访问的一类威胁，例如让攻击者从数据库或在网络上传输数据时读取数据。

攻击者获得的信息可能会用于其他类型的攻击。例如，攻击者可以获得系统信息（服务器OS版本、应用程序框架版本等）、源代码详细信息、错误消息、账户凭证或 API 密钥的信息。攻击者获取的这些信息可以用作进一步的、更具破坏性的攻击的基础。

拒绝服务

每当攻击者能够拒绝为有效用户提供服务时，就会发生**拒绝服务（denial-of-service, DoS）**攻击。攻击者可以用大量的数据包攻击服务器，直到服务器变得不可用。如果大量虚假请求被发送到服务器，服务器可能会超载从而无法满足合法的请求。

虽然 DoS 攻击可能由一台计算机进行，但还有一种 DoS 攻击，被称为**分布式拒绝服务（DDoS）**攻击，是从许多不同的来源向受害者泛滥。这使得阻止攻击源以及区分合法流量和带攻击作用的流量变得更加困难。

权限提升

当攻击者能够获得超出原有授权的操作权限时，就会发生**权限提升（Elevation of Privilege, EoP）**。例如，当最初只授予应用程序读权限时，攻击者却获得了应用程序的读和写的权限。

这种威胁的危险之处在于,攻击者是受信任系统本身的一部分。根据攻击者能够获得的特权,他们可能可以造成高额的伤害。

确定潜在威胁的优先级

一旦威胁被识别和分类,我们就可以根据它们对软件系统的潜在影响、它能发生的可能性以及它们被利用的难易程度来确定它们的优先级。这些特性可以用来给出一个定性的排序(例如,高、中、低),以确定威胁的优先级。

对威胁进行优先级排序的另一种方法是利用威胁风险排序模型。DREAD 风险评估模型就是这种排序模型的一个例子。

DREAD 风险评估模型

DREAD 是一种风险评估模型,可用于确定安全威胁的优先级。和 STRIDE 模型一样,它同样是由微软提出的。DREAD 是代表以下风险因子的缩写:

- 潜在破坏性(Damage potential);
- 再现性(Reproducibility);
- 可利用性(Exploitability);
- 受影响的用户(Affected users);
- 可发现性(Discoverability)。

已知威胁的每个风险因子都可以得到一个分数(如 1 到 10)。所有因子得分之和除以因子数量就代表了威胁的总体风险水平。分数越高表示风险级别越高,并且会在确定需要优先关注的威胁时往往会给予它们更高的优先级。

潜在破坏性

潜在破坏性表示如果攻击成功,可能对用户和组织造成的伤害程度。例如,对单个用户数据的破坏程度要低于可导致整个系统崩溃的攻击。根据攻击类型和目标资产的不同,损害可以是具体的,如金融负债,也可以是抽象的,如对组织声誉的损害。

再现性

再现性是对再现某一特定攻击是否容易的一种评估。比起那些统计上不太可能被利用，或不能持续复制的攻击来说，可稳定复制的攻击评级更高。

可利用性

威胁的可利用性描述了利用漏洞的难易程度。有些漏洞很容易被参透，任何人（甚至可能是未经身份验证的用户）都可以利用，而有些漏洞则需要非常高级的技术、工具或脚本。具有较低可利用性水平的威胁即使了解漏洞也很难去实施。

受影响的用户

受影响用户风险因子表示将受到特定威胁影响的用户的百分比。有些攻击可能只影响一小部分用户，而有些攻击可以影响几乎所有用户。受影响的用户数量越多，该风险因子的评级也就越高。

可发现性

可发现性表示了解某个漏洞的难易程度。一个非常难以发现的威胁的评级会低于一个已经在公共领域广泛流传的威胁。

许多安全专家认为，可发现性不应该属于模型的一部分，因为总体的威胁排名不应该受到这个因素的影响。通过隐蔽去实现安全性是一种较弱的安全性控制，仅仅因为安全性风险难以发现而将其视为威胁较小的做法是不明智的。

一些实践者使用了一个 DREAD-D(DREAD 减去 D)模型，完全消除了可发现性。或者，开发团队可以为每个威胁指定最大的可发现性评级，这样也能有效地将其从因子中消除。

应对威胁

一旦我们识别、分类并确定了对软件系统的威胁的优先级，我们就可以搭建一套体系来记录我们希望如何应对这些威胁。在第 2 章"组织中的软件架构"中的"软件风险管理"部分，我们在项目管理和交付软件应用的上下文中讨论了软件风险管理。不同的风险管理选项也可以应用到安全性威胁的上下文中。作为对安全性风险的应对，我们可以选择规避风险、转移风险给另一方、接受风险或减轻风险。

规避风险

风险规避要求我们做出调整,使风险不复存在或减弱。需要注意的是,并不是所有的安全风险都可以避免,避免了一种安全风险可能会导致另一种风险的出现。

转移风险

对于某些安全威胁来说,将风险转移给另一方可能是可行的策略,将风险转移的一些通用方法包括保险策略和合同。

如果购买了保险,保险公司将承担安全威胁可能导致的财务风险。但是请记住,保险可能无法弥补安全攻击对组织造成的损害。如果一个组织的声誉被毁,同时也失去了客户的信任,那么对一个企业来说,后果可能是灾难性的。

我们也可以通过合同外包的方式把安全性转移给另一方。后面我们会讨论不同类型的安全控制,但无论是物理安全还是技术安全,我们都可以选择让另一个组织通过合同为我们处理这些问题。合同中可以包含一些条款,在需求未得到满足时保护组织。

这种策略的一个例子是让云供应商替你托管应用程序。安全性的某些方面可以转移给云供应商,例如设施和服务器的物理安全性、环境安全性(例如,为服务器打补丁以应对安全威胁,并提供反病毒/恶意软件保护),以及处理数据的安全性。

接受风险

另一种策略是直接接受风险。基于潜在损害、可再现性、可利用性、潜在受影响用户量以及降低风险所需的工作量等因子得出的安全威胁的优先级并不高,那么有时我们会选择接受风险。

降低风险

降低安全威胁的风险是通过实现某种类型的安全控制来降低风险的,目标是减少或消除威胁发生的可能性和/或减少威胁可能造成的伤害。根据威胁的性质,可以采用不同类型的安全控制来减轻安全风险。

安全控制的类型

安全控制是用于处理安全风险的对策或保障措施。当对软件应用程序的安全性采取整体性方案时,软件架构师必须考虑各种不同类型的安全控制,包括物理安全、管理安全和技术安全。

除了根据安全控制的工作方式对其进行分类外,我们还可以根据其总体目标和目的进行分类。安全目标可用于预防、检测或应对威胁。这两种分类维度可以组合起来共同形成对一个安全控制的描述。例如,某种安全控制可以是技术性的,同时也是用于检测用途的。

物理安全控制

物理安全包括用于防止对设施、设备(例如服务器)、人员和其他资源进行未授权访问的安全措施。物理安全是多个协同工作的系统的组合,可能包括门、门锁、钥匙卡、视频监控、照明、报警系统以及安保人员。

在考虑对软件的保护时,你可能会更关注安全性的其他方面,但物理安全性也是不容忽略的。只有当攻击者获得对一个或多个资源的物理访问权时,一些安全威胁才可能发生。攻击者可能是组织内部的,也可能是组织外部的,因此同时使用多种技术是实施物理安全的最有效方法。

对于一些组织来说,这是在云中托管软件应用的又一个优势。主流的云供应商拥有运营数据中心的丰富经验,并提供高水平的物理安全性。与运营自己的数据中心相比,使用云供应商并利用其安全措施是更为划算的,尤其对于较小的组织来说。

管理控制

管理控制包括为安全而制定的组织策略和流程。组织必须在其整体的组织策略和流程中考虑安全问题。一些例子包括:

- 对员工进行安全意识培训;
- 发生安全攻击时的应急预案;
- 要求员工携带并展示带照片的证件;
- 关于可接受的企业硬件和网络的政策;

- 关于可安装在公司硬件中的软件类型的政策；
- 如何处理公司和客户数据的规则；
- 实施公司密码政策，包括密码所需的复杂性，并要求员工定期更改密码；
- 要求使用杀毒软件；
- 更新必需软件的流程，包括操作系统补丁；
- 打开和发送电子邮件（包括附件）相关的规则；
- 关于公司硬件和网络远程访问的政策；
- 有关服务器监控的流程；
- 无线网络通信流程；
- 可用于安全攻击或自然灾害等事件发生后保持软件系统运行的服务连续性方案。

一个组织对其所有雇员的招聘政策也应该考虑安全性——必须包括一些步骤可以尽可能地降低雇用会成为安全隐患的人的可能性。

在雇用新员工之前，应进行入职前筛选，以便调查和确认候选人的背景。背景调查包括身份和地址验证、犯罪记录核查、与推荐人交谈以及确认学术成就。

入职前的筛选通常还包括信用检查，这类检查不会泄露候选人的信用评分或账号。过多的逾期付款和个人财务处理不当可能表明，该候选人没有组织性以及责任感。如果一个候选人负债累累，信贷额度接近饱和，或有其他的经济问题，这可能会增加盗窃的可能性。雇主需要通知候选人，并获得他们的许可，以便进行信用检查。与信用检查相关的法律因地区而异，所以该组织的**人力资源（human resources, HR）**部门应该了解所有必须要遵守的法律。

我们不应该认为筛选新员工是可以一步到位的事情，相反，它应该是一个持续的过程。很多员工在被雇佣时并没有任何攻击组织的意图，但是随着时间的推移，事情会发生变化，导致员工动机改变。组织也应该有解雇员工的相应流程。每当员工离职或被解雇时，都应该采取一系列措施，以便他们被授予的各种类型的访问权限（例如，对设施的物理访问、对他们的电子邮件账户的访问和网络访问）被及时撤销。

技术安全控制

技术安全控制利用技术为软件系统提供安全保障。这些控制是通过软件、固件或硬件等技术解决方案来实现的。本章后段会讨论一些可行的技术安全控制，包括加密、哈希、身份验证、授权、日志、监控、使用适当的通信协议、硬件/网络保护和数据库安全。

预防

预防安全控制的目的是在安全性威胁发生之前避免它，这需要分析和规划，会用到一些物理、管理和技术安全控制。

例如，锁和钥匙卡是用来预防安全性攻击的物理控制措施，而安全意识培训和公司的密码政策是管理方面的预防控制。预防性的技术控制包括加密、哈希、认证、授权、安装操作系统安全补丁、使用反病毒和恶意软件检测软件以及使用防火墙。

检测

用于检测安全威胁的安全控制是整体安全策略的重要组成部分。不管采取了什么预防措施，都应该预料到它们都有失败的可能，并假定安全攻击最终会发生。这可以使你拥有正确的心态去认真考虑如何检测攻击。对于软件来说，有能力在攻击发生时检测并正确通知到个人是至关重要的。

安全摄像机、动作探测器、系统监控、日志、审计以及反病毒和检测恶意程序的软件的使用都是检测安全控制的例子。

应对

只有当出现有效的应对时，威胁检测才有价值。应对各种攻击的计划应该提前制定。你一定不希望在遭受攻击的当下去做重要决策。

物理安全应对的例子包括警报器的响声和锁门。用于应对安全威胁的管理安全控制，是一种规定了在发生攻击事件时应采取措施的升级方案。另一个例子是服务连续性方案，它可以确保即使遭遇意外事件，如安全攻击、自然灾害或其他事件，软件应用也能继续运作。

在应对安全攻击时使用的技术安全控制措施包括使服务器脱机、使用杀毒软件删除和隔离病毒、回滚到应用程序的备份版本、从备份中恢复数据以及取消用户权限或禁用其账号。

设计安全

软件架构师应该努力构造 *设计安全* 的软件系统。通过遵循经过验证的安全原则和实践，可以使我们的软件应用更加安全。

最小化攻击面

攻击面 由攻击者可以用来进入系统的所有点位的组成。软件系统的设计应该尽量减少攻击面区域。使用不同类型的安全控制，并遵循已知的安全原则和实践来提高安全性，可以缩小攻击面。当存在多种方法能满足特定功能需求，而需要从中做选择时，应该也把攻击面考虑进去。

深度防御

当多种技术一起使用时往往会带来更有效的安全性。没有一种安全控制是完美的，但我们可以结合使用多种技术，使软件系统更加安全，这就是**深度防御（defense in depth）**的理念。

一旦一种安全控制失效，威胁或许会被另一种安全控制阻止。使用几种独立的方法分层防御可以使漏洞更难被利用。

最小权限原则（PoLP）

还有一种可应用于软件系统的安全原则叫做**最小权限原则（principle of least privilege，PoLP）**，有时也被称为最小权利原则。它告诉我们，为了减少安全风险，应该向用户或流程授予最少的必要权限。遵循这一原则是最小化攻击面的一种有效途径。

除了向每个用户授予必要的权限外，也应该只向系统的每个组件授予其必要的权限。复杂的组件不应该有过多的权限。如果有必要，我们有可能需要将复杂的组件拆分为更简单的组件。

我们或许需要花费一些精力来确定实际上最少的权限数量是多少，即便如此分配比实际需要更多的权限还是很容易发生。尽可能精确地分配必要的权限能使攻击面最小化。

隐匿式安全

隐匿式安全(security by obscurity)，也被称为通过模糊的安全(security through obscurity)，指的是一个软件系统，只要其内部细节是隐藏起来的，同时漏洞是未知的或难以发现的，那么这个系统就是安全的。

软件架构师不应该通过推广和鼓励隐匿式安全，因为这是我们希望避免的一种做法。虽然它可以在某种程度上帮助提升安全，但它是一种较弱的安全控制。如果要使用它，我们应该将它与其他更强的安全控制结合使用。

保持软件设计简洁

系统总体设计中的简洁性对安全性很重要，因为软件架构师和开发人员都很难理解的系统很可能是不安全。一个更复杂的系统会让我们更难推断出各种不同的威胁可能性。当软件系统比较复杂时，在实现、配置或使用过程中犯错误的可能性也更大。

更复杂的软件系统往往有更大的攻击面。只要满足需求，简单和优雅的设计应该比复杂的设计在各种角度上都更受青睐，其中一个角度就是安全性。正如在前面介绍最小权限原则时所提到的，可能需要以这种方式重新设计复杂的组件，以将复杂度降至最低。

缺省安全

缺省安全(secure/security by default)的理念是，软件交付时，用户开箱使用时不用做任何调整就具备最高的安全性。如果软件以允许降低安全性的方式进行配置，那么也应该由用户来更改，而不是默认的行为。例如，如果一个软件应用允许配置**双重认证(two-factor authentication，2FA)**，那么它在默认情况下应该是打开的。

缺省拒绝

应用程序中的授权应该遵循**缺省拒绝(default deny)**策略，即须拒绝授权，而不要授予权限。换句话说，在默认情况下都应该拒绝用户访问，除非明确地进行了授权，而不是向用户提供所有访问权限除非明确被拒绝。这与*缺省安全*的概念相关，同时也对其进行了补充。

输入验证

如果能认真地验证来自任何不可信来源的输入,将可以避免许多的软件漏洞。无论是来自用户界面的用户输入,传入程序的命令行参数,环境变量,还是来自第三方的数据,软件应用程序都应该对此保持警惕,并进行相应的验证。

对于来自第三方的数据,该方的安全策略和标准可能与你自己的不同,因此软件应用程序应该检查所有从外部实体接收的数据,以确保它是有效的。

保护最薄弱的环节

老话说得好,*一环软弱,全链不强*,这个概念也可以应用到软件系统中。软件系统的安全性取决于其最弱的组件。攻击者将着重攻击最薄弱的组件,因此要确保系统中最薄弱的点也足够安全。

安全性必须是可用的

合法用户按正常的方式使用软件,应该只在确保系统安全所需的点受影响。用于软件应用的安全控制不能过度侵入,这会极大地干扰应用程序的可用性。如果使用的安全控制太恼人,用户会设法去回避它们。

一个软件应用必须尽可能的安全,但是它不应该过度安全到破坏可用性的地步。如果可用性受到的影响太大,用户就会不想再使用该软件了。

在设计安全控制时,我们应该努力以方便用户的方式来设计,这也包括了确保安全机制易于理解。在不损害安全性的情况下,用户需要进行记忆的总量和用户为遵守安全控制而执行的工作量(例如,鼠标点击的次数)应该尽可能地减少。

安全失败

失败是必然会发生的,一个在安全性上处理得当的软件应用也依然会发生安全失败(fail securely)。软件架构师应该能够设计出方案,能考虑到当某处失败时可能会发生什么事情,并确保故障发生后软件系统及其数据也能保持在安全状态下。应用程序代码的编写应该包含适当的异常处理,当失败发生时其默认行为是拒绝访问。

密码学

密码学(cryptography)是对信息保密的研究和实践。信息安全领域会使密码学来保持数据的机密性和完整性,同时也能实现不可抵赖性。它能让未授权方信息也能进行安全地通信。在接下来对密码学的学习中,我们将研究加密和密码学哈希函数,这些都是用于数据安全的有效工具。

加密

加密(encryption)是将普通的数据(即 *明文*)转换成不可读的格式(即 *密文*)的过程。这可以防止未经授权的人或组织对该数据的访问。加密算法会配合加密密钥使用对数据进行加密。密钥尺寸越大,加密强度就越大,但加密、解密过程也会变慢。

加密后的数据可以被恢复到原始值。如果还希望把数据能被解密出来,应使用加密而不是哈希。例如,加密可用于向某人发送安全消息,收件人必须能够解密消息,否则该消息将毫无用处。解密是对数据进行解密使授权方能再次阅读数据的过程。用于加密(解密)的一对算法称为一对暗号(*cipher*)。加密有两种类型:

- 对称(密钥);
- 非对称(公钥)。

对称(密钥)加密

对称加密,也称为密钥加密,使用单一密钥进行加密和解密。尽管它通常比非对称加密/解密更快,但主要缺点是双方都必须都能够访问密钥。

非对称(公钥)加密

非对称加密,也称为公钥加密,使用两个不同密钥分别加密和解密数据。其中一个密钥,称为公钥,可以与所有人共享;而另一个密钥,称为私钥,是保密的。

这两个密钥都可以用于加密消息,而用于加密消息的密钥所对应的另一个密钥可以用于解密消息。例如,公钥可用于加密,私钥可用于解密。它通常比对称加密(解密)更慢。

加密哈希函数

哈希函数(hash function)是对给定输入必然返回固定输出的函数。其输入值可以是任意大小,但输出值是固定大小。哈希函数的输出通常称为*哈希*(*hash*),也可以称为消息摘要、摘要、哈希值或哈希码。如果无需了解哈希之前的原始值,那么就应该使用哈希而不是加密。

哈希函数的一些例子包括 MD5、SHA-256 和 SHA-512。例如,下面是字符串"This is a message"的**安全哈希算法** 256(**Secure Hashing Algorithm** 256,**SHA-256**)的哈希值:

    a826c7e389ec9f379cafdc544d7e9a4395ff7bfb58917bbebee51b3d0b1c996a

对于 SHA-256,无论输入多长,其哈希都是 256 位(32 字节)的哈希值。这一特性非常有用,因为即使输入很长(例如,一整个文件的内容),我们也知道其哈希值的长度是固定的。不同于加密可以通过解密获得原始值,哈希函数是不可逆的。

哈希可以用于比较 2 个文件是否相同,而无需阅读 2 个文件的全部内容,可以在数据传输过程中作为校验值来探测错误,还可以用来查找相似的记录或子字符串,或者用在哈希表或布隆过滤器这样的数据结构里。

密码哈希函数(cryptographic hash function)是哈希函数的一种,它持有某些特性能使之更安全更适合密码学,这些特性组合起来让哈希函数可以为密码学所用。我们可以对数字签名、HTTPS 证书以及 SSL/TLS 和 SSH 等协议使用密码哈希函数。*非密码哈希函数*更快,但它的保障力度较弱。以下是密码哈希函数的主要特性:

• **快速**:密码哈希函数可以快速地为给定消息生成哈希值。如果哈希函数不够快,那么使用它的进程的性能可能在某些情况下差得难以令人接受。

• **确定性**:密码哈希函数的确定性在于相同的消息总是产生相同的哈希值。正是这个特性让我们在不用了解原始值的情况下比较两个哈希值,来确定它们是否代表相同的原始值。

• **单向函数**:它属于单向函数,因为如果不尝试所有可能的消息,就无法从哈希值逆向出消息来(蛮力搜索)。请注意,我们所说的不可行,是指虽然并非不可能,但却是不切实际的。

• **抗碰撞**:它必须是抗碰撞的,因为不可能找到两个具有相同哈希值的不同消息。当两个不同的输入得出相同的哈希值时,就会发生碰撞。安全哈希函数不应存在任何碰撞。一些哈希函数,如 MD5 和 SHA-1,可能会导致碰撞,因此不应该用于加密用途。

- **微小改动会得出截然不同的哈希值**:对一条消息的微小改动会产生一个与旧散列显著不同的新哈希值,这样就不可能将两个散列关联起来。例如,下面两个哈希值中,第一个来自字符串"Hello World",而第二个来自字符串"Hello Worlds"。正如你所见,即使原始的字符串几乎相同,其哈希值也是截然不同的:

```
a591a6d40bf420404a011733cfb7b190d62c65bf0bcda32b57b277d9ad9f146e
b0f3fe9cdc1beeb7944d90e9b2e77b416fd097b5cc2c58838f8741e8129a1a52
```

身份和访问管理(IAM)

身份和访问管理(identity and access management,IAM)是一套策略和工具,包括数字身份的管理、对信息及功能访问的管控。IAM 的两个最基本的理念是身份验证和授权。

身份验证

身份验证是确定某人(或某事)是否是他们所声称的那个人(或事)的过程,它的主要任务是验证对象的身份。可能需要进行身份验证的对象包括用户、服务、计算机或应用程序。

在软件开发的早期阶段,应用程序通常会维护它们自己的用户档案文件以进行身份验证,这些文件将包括某种类型的唯一标识符(例如,用户名或电子邮件地址)和密码。用户提供他们的标识符和密码,如果他们与应用程序为用户档案文件提供的值相匹配,则认为该用户通过身份验证。

什么是多因子身份认证(MFA)?

多因子身份验证(multi-factor authentication,MFA)又对安全级别做出了提升。在多因子身份验证中,一个人必须呈交两个或两个以上的身份验证因子。在多因子认证中,只需要呈交两个认证因子的变体被称为**双因子身份认证**(2FA)。以下是各种不同类型的认证因子:

- **知识因子**:一个人所知道的东西,如密码或 PIN;

- **财产因子**：一个人所拥有的东西，如可以接收代码的手机或可以刷的公司工牌；
- **内在因子**：一个人本身的特征，比如使用指纹扫描仪、手掌阅读器、视网膜扫描仪或其他类型的生物识别认证。

例如，作为身份验证的一部分，软件系统可能要求用户不仅提供密码（知识因子），而且输入一串发送到用户手机的数字代码。为了让用户接收到代码，手机必须属于用户（财产因子）。黑客如果想非法进入一个账户，他们不仅需要盗取用户的密码，还必须拥有用户的手机。

授权

授权是确定准许对象做什么以及准许该对象访问哪些资源的过程。它涉及对用户或程序授予权限使之能够访问某系统或系统的一部分。用户或程序必须首先进行身份验证，以确定他们是否是他们声称的那个人。经过身份验证后，就可以被授权去访问系统的某些部分。

软件架构师应该考虑权限的粒度。如果权限粒度太粗，会导致权限过大，包含太多的权利。这种情况可能需要变成多次授予权限，并给予接收方更多种访问权限。在这种情况下，我们应考虑将权利拆分为更细粒度，以提供更合理的访问控制。

存储明文密码

尽管现在非常少见，但一些应用程序还是会以明文形式将密码保存在数据存储中。显然，以明文存储密码是一种反模式的行为，因为无论是内部还是外部攻击者都有可能访问数据库，所有的密码都将受到威胁。

存储加密密码

为了保护密码，一些软件应用程序对密码进行加密。在注册过程中，密码在存储之前就进行了加密。为了进行身份验证，我们用适当的算法和密钥解密加密的密码，然后将用户输入的明文密码与解密后的密码进行比较。

然而，由于加密的值可以被解密回其原始值，如果攻击者可以截获解密的密码或获得解密密码所需的细节，安全性就会受到损害。如果需要存储密码，加密并不是一个理想的办法。

存储哈希密码

正如我们在本章前面的*密码哈希函数*一节中了解到的,密码哈希函数是一种单向函数,它不存在将哈希值反转回原始值的可行方法。这一特性使得它们对于密码存储非常有用。但是,你必须选择一个没有被攻破(没有任何已知冲突)的密码哈希函数。

作为用户注册的一个步骤,密码会被哈希。当用户登录时,他们以明文方式输入密码,该密码将被哈希并与存储的哈希值进行了比较。然而,单靠哈希对于密码存储来说并不足够。通过将密码与预编译的列表逐个比较,可以执行*字典攻击(dictionary attack)*来猜测密码。有一种表包含了预先计算的哈希值及其对应的原始值,被称为*彩虹表(rainbow table)*,常可用来与哈希值进行比较来确定密码。

为了将字典攻击和彩虹表的使用削弱到一种难以奏效的层面,软件应用程序应该将密码和一些随机数据进行组合再做散列,称为*盐值(salt)*。应该为每个密码随机生成一个新的盐值,并且要足够长(例如,64 位的盐值),它是盐值和哈希后密码的结合。当一个加盐的哈希值与一个哈希函数如 Argon2、scrypt、brcrypt 或 PBKDF2 一起使用时,使得彩虹表必须足够巨大才能实施攻击,这给攻击者增加了巨大的难度。

当一个新用户注册时,明文密码会与盐值、哈希相结合,并将哈希值持久化。当用户登录时,输入的密码将与盐值一起进行哈希,然后将该值与持久化的哈希值进行比较。这种管理身份和将密码存储为加盐哈希值的方法至今仍在普遍使用。然而,许多现代应用程序已经把身份验证和密码存储的任务从应用程序转移给了集中身份提供商。

使用域身份验证

一旦企业开始开发驻留在自己的本地网络中的应用程序,就有必要利用域身份验证。其功能是集中式的,而不是让每个应用程序独立实现身份验证。在 Windows 服务器上,**域控制器(domain controller,DC)**和目录服务如**活动目录(Active Directory,AD)**可以一起管理整个域的资源和用户。当用户登录到公司网络时,他们要在该域中进行身份验证,并且可以根据用户档案文件里的属性来完成授权。对于内网应用程序,这种方法非常奏效且仍广受欢迎。

实现集中身份提供商(IdP)

许多现代应用程序必须与跨域的且可能不受控的 API 进行交互。Web 应用程序、移动应用程序或 API 都可能需要与其所在域之外的其他应用程序和 API 进行通信,这就要求它们是公共的。对于这种情况,域身份验证就不够了。在不共享登录凭证的情况下对跨应用程序资源进行访问权授予,已然成为一种常见需求,这种需求可以通过实现**集中身份提供商(centralized identity provider, IdP)**来完成。

身份提供商的另一个优点是,我们所构建的应用程序不再负责身份验证。相反,该任务变成了身份提供商的责任。身份提供商可以提供用户注册、密码策略、密码更改和处理被锁定的账户等功能。一旦实现了身份提供商,所有这些功能就可以在多个应用程序之间重用。除了可重用性之外,可维护性也得到了提升,因为如果需要修改该功能的任一部分,都可以在一个统一的位置进行修改。举个例子,我们也看到了身份验证和密码存储的最佳实践如何随时间进行变迁的。这些还可能会继续变化,通过使用中央身份提供商,这些变化只需要在一个位置进行。

OAuth 2/OpenID Connect(OIDC)

OAuth 2 是一种开放的授权标准。它允许一个应用程序被授予访问另一个应用程序的资源的权限,并与其他应用程序共享自己的资源。**OpenID Connect(OICD)**是位于 OAuth 2 之上的身份层。它可以用来验证终端用户的身份。让我们看看 OAuth 2 和 OpenID Connect 是如何协同工作的,从而让我们能实现一个集中式的身份提供商/授权服务器,以处理身份验证和授权。

OAuth 2 角色

OAuth 2 定义了四个角色:

- **资源所有者**:表示拥有我们需要做控制访问的资源的人或应用程序;
- **资源服务器**:承载资源的服务器,例如,存储应用程序需要访问的数据的 API 就是一种资源服务器;
- **客户端**:请求资源的应用程序;
- **授权服务器**:授权客户端应用程序访问资源的服务器。

应该注意的是,资源服务器和授权服务器可以是同一台服务器,但对于较大型的应用程序来说,它们通常各自是单独的服务器。

使用身份提供商进行身份验证

授权服务器和 OpenID Connect 一起执行的身份验证允许客户端去进行用户身份的验证。客户端应用程序也被称为*依赖方(relying party)*,因为它依赖于身份提供商,它需要用户的具体身份。

会存在一个流负责如何将身份和访问令牌返回给客户端。根据通信的应用程序类型以及我们所希望的交互工作方式存在着多种不同类型的流。一个例子是,客户端应用程序(依赖方)会重定向到作为身份提供商的授权服务器,客户端会向*授权终端*发送身份验证请求,之所以叫做授权终端,是因为正是这个终端客户端应用会用其获得身份验证和权限授予。

如果用户经过身份验证,身份提供商将使用*重定向端点*重定向回客户端应用程序,以返回授权码和标识令牌。身份令牌可以存在于 Web 存储(本地存储)或 cookie 中。在 OpenID Connect 规范中,**JSON Web 令牌(JWT)**就是一种身份令牌。

JSON Web 令牌(JWT)

JWT 是一种呈现双方声明的开放标准。它很轻量,传输效率高。下面是一个 JWT 的例子:

```
eyJhbGciOiJIUzI1NiIsInR5cCI6IkpXVCJ9.eyJpc3MiOiJleGFtcGxlLmNvbSIsImp0aSI6Im
MxZDA2YWQxLTRkMTUtNGY1Mi04YmMzLWMwZmVlODI1NDA5OSIsIm5hbWUiOiJKb2huIFNtaXRoI
iwiaWF0IjoxNTU1OTk4NjEwLCJleHAiOjE1NTg1OTA2MTB9. 29WdHTGR5egA5 _ Q4N9WXtQHO
hJydVJou- YiQYQpkq8
```

每个 JWT 包括三部分:

- 头部;
- 数据体;
- 签名。

三个部分连接在一起,每个部分由一个点(句号)分隔。如果你仔细观察上面的 JWT,你会发现这三个段落的存在,从而划分出这三个部分。

头部

一个 JSON Web 令牌的头部通常包含两部分信息:令牌的类型("JWT")和所使用的哈希算法(如 HMAC SHA256)。一个标头的例子如下所示:

```
{
    "typ": "JWT",
    "alg": "HS256"
}
```

头部会先进行 Base64Url 编码再与 JWT 的其他部分连接起来。

数据体

JSON Web 令牌的数据体包含 *声明(claims)*,它是对正在进行身份验证的实体的陈述(比如实体可能是一个用户)。声明有三种类型:

- 注册声明;
- 公共声明;
- 私有声明。

注册声明 是预定义好的一些声明。它们不是必需的,但代表了可能有用的常见声明。注册声明的例子包括:

- **发行者**(iss):令牌的签发者;
- **主题**(sub):令牌的主题,声明通常是关于主题的陈述;
- **受众**(aud):令牌的预期接受者;
- **JWT ID**(jti):令牌的唯一标识符;
- **发行时间**(iat):表示令牌发出的时间戳,它可以用来确定令牌的年龄;
- **过期时间**(exp):表示令牌不再被接受的时间戳。

公共声明 是我们可以自定义的声明,它们往往被定义为带名称空间的 URI 以避免歧义。
私有声明 是双方为了共享信息而同意使用的定制性声明,私有声明既非注册也非公共。

以下是一个数据体的例子:

```
{
        "iss": "example.com",
        "jti": "c1d06ad1- 4d15- 4f52- 8bc3- c0fee8254099",
        "name": "John Smith",
        "iat": 1555998610,
        "exp": 1558590610
}
```

与头部类似，数据体也会进行 Base64Url 编码。

签名

JSON Web 令牌的签名确保令牌在任何位置都不会被篡改。如果令牌是用密钥签名的，那么该签名也会验证令牌的发送者。签名是一个哈希值，该值包含了由编码过的头部、编码过的数据体以及使用头部内指定的哈希算法的密钥。一个例子如下：

```
HMACSHA256(
    base64UrlEncode(header) +  "."+
    base64UrlEncode(payload),
    secretKey
)
```

使用授权服务器进行授权

一旦用户通过了身份验证并返回身份令牌和授权代码，客户端应用程序就可以向*令牌终端*发送令牌请求，以接收某个访问令牌。令牌请求应该包括客户端 ID、客户端密钥和授权代码。

然后会从授权服务器返回一个访问令牌。访问令牌并不一定是 JWT，但 JWT 是更通用的标准。访问令牌可以被撤销、限定范围以及限定时间，这为授权提供了灵活性。

随后应用程序可以使用访问令牌代表用户从资源服务器请求资源。资源服务器会验证访问令牌并回应以数据。

最常见的 Web 应用程序安全性风险

开放 Web 应用程序安全项目(Open Web Application Security Project，OWASP)是一个关注

Web 应用程序安全的在线社区,那里有许多干货,包括各种文档、方法和工具等等。强烈建议你去访问他们的网站:https://www.owasp.org 。

他们每年都会产出一个文档,来盘点几种严重的 Web 应用程序安全性风险。接下来让我们来了解一下近期发现的一些风险。

注入

当不受信任的数据被发送到解释程序并执行意外命令时,就会出现这种风险,这可能导致未经授权的数据访问或操纵。任何可能发送不可信数据的人,包括外部和内部用户,都有可能是威胁代理。

SQL 注入(SQL injection,SQLi)是一种非常常见的注入形式,在 SQL 注入中,SQL 语句被夹杂在数据中(如用户输入),然后在不知情的情况下对数据库执行了操作。此外,SQL 注入攻击可以用于检索、修改或删除数据。位于用户和 Web 应用程序之间的 **Web 应用程序防火墙(Web application firewall, WAF)**可以通过使用通用签名来识别 SQL 注入代码,从而保护该软件系统免受一些更常见的 SQL 注入攻击。然而,只使用 WAF 是不够的,因为它无法识别所有可能的攻击。验证不受信的数据、使用 SQL 参数和使用最小权限原则等技术可以与 WAF 相结合,以防范或减少 SQL 注入攻击的影响。

破坏身份验证

身份验证和/或会话管理中的缺陷可能危及软件系统的安全性。攻击者可以手动发现身份验证或会话管理中的漏洞,然后使用自动化工具加以利用。

我们在本章所研究的一些主题,例如使用加盐值的哈希密码、使用多因子身份验证以及通过不设置默认凭据来保障默认安全等,都可以协助保护你的系统避免受身份验证方面的攻击。

应制定密码策略,强制执行密码最小长度和复杂度的要求,同时还要定期更换密码。

应用程序应该始终提供登录功能,并且要设置足够短的会话超时时间,以防止攻击者简单地通过使用用户没有登录的计算机就获得访问权。会话 ID 不应该在 URL 中公开(如 URL 重写),并且会话 ID 应该在每次成功登录后进行轮换。密码、令牌、会话 ID 和其他凭据等信息应该通过安全连接发送。

敏感数据暴露

这种安全风险指的是缺少对敏感数据的保护,敏感数据包括社保号、信用卡号、凭证和其他重要数据。首先要做的,要确定哪些数据元素(或数据元素的组合)是敏感的。

应该只有在必要时才存储敏感数据,且应该尽快丢弃。不以任何方式保留的数据就不会被窃取。我们在本章前面部分探讨了信息的不同状态:当敏感数据处于静息时,我们应该对所有长期存储敏感数据的地方进行加密,包括备份数据;在传输敏感数据时,应使用安全协议对其进行加密;此外,还应使用有足够强度的最新的加密算法,并配合以合理的密钥管理。

应该设置合适的浏览器指令和头部,以保护由浏览器提供或发送给浏览器的敏感数据。此外,你也应该考虑禁止缓存包含敏感数据的响应。

XML 外部实体(XXE)攻击

XML 外部实体(XML external entity,XXE)攻击可能发生在解析 XML 输入的应用程序上。当 XML 输入包含了对外部实体的引用,之后又被一个未进行适当配置的 XML 解析器处理,那应用程序就很容易受到这类攻击。

拒绝服务(DoS)、敏感数据泄露以及**服务器端请求伪造(Server-Side Request Forgery,SSRF)**都可能出现在 XXE 攻击中。还有一种 XXE 能实施的 Dos 攻击类型叫做为 *十亿笑攻击(billion laughs attack)*,这类攻击有时也称为 *XML 炸弹(XML bomb)* 或 *指数实体扩张攻击(exponential entity expansion attack)*。

无论叫什么名字,XXE 攻击都是通过定义 10 个实体来执行的,其中第一个实体只定义了一个字符串。它之所以被称为"十亿笑攻击",就是因为在其常见的变体中使用了字符串"lol"。以下是它的一个 XML 文档示例:

```
< ? xml version= "1.0"? >
< ! DOCTYPE lolz[
  < ! ENTITY lol "lol">
  < ! ELEMENT lolz (# PCDATA)>
  < ! ENTITY lol1 "&lol;&lol;&lol;&lol;&lol;&lol;&lol;&lol;&lol;&lol;">
```

```
< ! ENTITY lol2
"&lol1;&lol1;&lol1;&lol1;&lol1;&lol1;&lol1;&lol1;&lol1;&lol1;">
< ! ENTITY lol3
"&lol2;&lol2;&lol2;&lol2;&lol2;&lol2;&lol2;&lol2;&lol2;">
< ! ENTITY lol4
"&lol3;&lol3;&lol3;&lol3;&lol3;&lol3;&lol3;&lol3;&lol3;&lol3;">
< ! ENTITY lol5
"&lol4;&lol4;&lol4;&lol4;&lol4;&lol4;&lol4;&lol4;&lol4;&lol4;">
< ! ENTITY lol6
"&lol5;&lol5;&lol5;&lol5;&lol5;&lol5;&lol5;&lol5;&lol5;&lol5;">
< ! ENTITY lol7
"&lol6;&lol6;&lol6;&lol6;&lol6;&lol6;&lol6;&lol6;&lol6;&lol6;">
< ! ENTITY lol8
"&lol7;&lol7;&lol7;&lol7;&lol7;&lol7;&lol7;&lol7;&lol7;&lol7;">
< ! ENTITY lol9
"&lol8;&lol8;&lol8;&lol8;&lol8;&lol8;&lol8;&lol8;&lol8;&lol8;">
]>
< lolz> &lol9;< /lolz>
```

后面的每个实体都包含 10 项它的前一项实体,在这些实体中最大的单个实体构成 XML 文档正文。当 XML 解析器加载文档时,它将对该实体进行展开,这会引起其他所有实体的展开,直到第一个实体的副本数量达到十亿。如你所见,XML 文档非常小,但是扩展占用了巨量的内存和解析时间,从而造成了 DoS 攻击。

防止此类攻击的最有效方法之一是使用其他的数据格式,比如 JSON。如果必须使用 XML 的话,彻底禁用**文档类型定义**(document type definitions, DTDs)也是一个有效办法。如果这一点也无法做到,那么必须禁用外部实体和实体展开。每个解析器都各不相同,因此,你必须研究如何针对当前应用程序中使用的特定语言/框架完成上述配置。还要经常升级应用程序使用的所有 XML 处理器和库,从而包含所有最新的安全修复补丁。

破坏访问控制

对缺失的或被破坏的访问控制加以利用是一种最常见的安全性威胁。访问控制的缺乏可以被手动检测到,某些情况还能使用自动化工具检测到。这使得攻击者可以获取跃升过的权限进行行动,让他们有对数据增删改查的能力。

不仅在 UI 端,应用程序还必须在服务器端验证安全权限。即使该功能隐藏在 UI 中,对无权访问的用户不可见,攻击者也可能试图通过篡改 URL、应用程序状态、身份令牌、访问令牌或伪造请求等方法,来获得对未经授权功能的访问权。

从客户端的角度,开发团队应确保 UI 能禁止未授予权限的任何用户使用其功能。在服务器端,应当通过检查来防止未经授权的访问。访问令牌应该适时失效,比如用户退出系统时。

我们应该使用前面讨论的 *缺省拒绝* 策略来解决访问控制漏洞或最小化影响。此外,访问控制的任何失效还应该被记录下来,如果多次重复出现失效就应该自动通知系统管理员。软件开发的测试必须包括对访问控制的测试。

安全性错误配置

软件应用的错误配置是安全性面临的一大威胁。软件应用越复杂,其配置错误的可能性就越大。应用程序应该在部署之前就配置为安全的,包括在上线之前检查所有的设置,因为非常多的默认值都是不安全的。

应该禁用、删除所有生产环境不需要的东西,或者干脆不安装这些东西,例如不需要的账户、特权、端口、服务。此外,还应更改所有默认账户密码,否则禁用该账户。

有些软件应用会使用大量的没有被了解透彻的工具和框架。正确地配置每一个应用程序中使用组件至关重要。另外软件的错误处理也不应该向用户泄露太多信息,例如攻击者可能会对详细栈回溯加以恶意利用。

开发团队需要了解他们正在使用的组件的漏洞,并及时更新最新的软件版本和补丁以纠正问题。必须有一个流程来确保所有软件保持最新版本,包括操作系统、Web/app 服务器、数据库管理系统和开发框架。经常出现组件中的漏洞已经被第三方在补丁中修复,但却没有把这个补丁安装到软件中。

跨站脚本(XSS)

跨站脚本(cross-site scripting, XSS) 漏洞允许攻击者在浏览器中执行脚本。这些脚本可能被设计成劫持用户会话、替换网站内容或重定向用户。这是一个高度普遍存在的安全漏洞。XSS 攻击主要有三种类型:

- 基于反射的 XSS;

- 基于存储的 XSS；
- 基于 DOM 的 XSS。

应用程序或 API 会接收非受信的数据，并在缺乏相应的验证和转义的情况下将其发送到浏览器，就有可能形成*基于反射的 XSS*。如果应用程序或 API 存储了未经验证或转义的用户输入数据（准备稍后查看）时，就有可能发生*基于存储的 XSS*；当由攻击者控制的数据被动态地包含到 JavaScript 框架、API 或代码里时，则可能发生*基于 DOM 的 XSS*。

客户端的测试可以确保存在一种确认机制，这种机制要核实验证所有用户提供的输入都是安全的，并且所有用户提供的输入在发回到浏览器的输出页面之前都已被正确转义。对不受信的 HTTP 请求数据和客户端文档操控进行上下文敏感的转义，可以有效防止各种类型的 XSS 攻击。

不安全的反序列化

当攻击者修改应用程序或 API 准备反序列化的对象时，就可能发生反序列化攻击。如果任何类可以在反序列化期间或之后变更它们的行为，那么就可能发生远程代码执行，这种攻击是能造成重大损失的。此外，包含访问控制相关数据的数据结构也可能被篡改，从而给予攻击者未授权访问的机会或权限。

为了完全避免该漏洞，应用程序可以拒绝接收任何来自不受信源的序列化对象。当无法做到这一点时，应该对序列化对象进行完整性检查（如使用数字签名）。执行对象反序列化的代码应被单独隔离，并授予尽可能低级别的权限，另外反序列化异常都应该被记录下来。

使用漏洞已知的组件

应用程序可以由各种各样的组件组成，包括第三方库和框架，这些组件中的任何一个漏洞都可能危及应用程序的整体安全。

开发团队必须了解他们正在使用的组件中存在的漏洞，应及时获悉新漏洞的最新公告，并应用补丁或可以修复漏洞的新版本。若存在任何不使用的依赖项或组件，则应该移除它们，以减小被攻击的可能性。

一定要从官方来源和安全链接中获取组件和库，否则可能会得到已遭渗透的代码。如果你的开发团队正在使用组件或库已不再维护,那么任何存在的安全漏洞都不会被修补。这时,你或许该考虑迁移到不同的组件或库,如果无法做到这一点,那么应该监控这些组件和库以发现潜在的问题。如果发现了问题且有可用的源码,那么你的开发团队可能需要自行制作出一个补丁。

日志记录和监控不足

日志记录和监控不足是一类重要的安全性风险,因为它可能导致许多其他类型的漏洞的出现。攻击者为了获利,会尽可能保持长时间不被发现。当日志记录和监控不足时,一次攻击可能经过很长一段时间都不会被发觉。

软件系统需要能够回答一些关于什么人、什么地点、什么时间的基础问题。将用户账号与事件关联起来,重建事件发生之前、期间和之后的情况,以及获知各种事件何时发生,这些都可以帮你更了解安全漏洞。

集中式日志管理至关重要,因为日志数据必须易于使用。系统应该实现可以根据日志记录和监控数据向相应的个人发送自动警报的功能。还有一个不可忽视的事实:日志本身也需要得到保护。为了维护日志的完整性,无论日志被持久化在什么地方,都必须阻止对日志数据的未授权访问。

非法的重定向和转发

Web 应用程序可以将用户重定向到其他页面和网站。攻击者可以使用重定向将用户发送到恶意网站,或者使用转发来访问未经授权的页面。我们应该尽可能避免重定向和转发。如果你的应用程序使用了重定向和转发,那么你的测试应包含:

- 对所有使用重定向或转发的代码进行评审。对于每次重定向或转发,应识别出目标 URL 是否被包含在参数值中,如果是,验证参数中是否只包含一个被准许的目标或目标元素。
- 团队中的某个人应负责抓取站点,看它是否会生成任何重定向(HTTP 响应代码 300—307,通常是 302);检查重定向之前提供的参数,看它们是不是目标 URL 或目标 URL 的一部分,如果是,更改 URL 目标,并观察站点是否重定向到新的目标。
- 应该分析代码中的所有参数,看看它们是否和重定向 URL 或转发 URL 的一部分相似,这样就可以对它们进行测试。

你应该考虑强制所有的重定向都先通过一个页面通知用户，告知用户即将离开你的网站，并且用户可点击链接来确认。

总结

我们学习了 CIA 三要素及机密性、完整性和可用性三个目标。安全性涉及了权衡，你应该尝试在这些目标之间保持平衡。软件应用程序应尽可能设计得安全，但也必须满足可用性和有效性等质量属性的要求。

在安全性方面，没有什么灵丹妙药。但是，我们可以使用一些行之有效的原则和实践来保护我们的应用程序和数据。本章研究了通过威胁建模和各种技术来创建 *设计安全* 的应用程序。

我们在本章还学习了密码学，包括加密和哈希，以及 IAM。从事 Web 应用程序工作的软件架构师应该了解最新的 Web 应用程序安全性风险，以便能够知晓风险并知道如何降低这些风险。

在下一章中，我们将会学习对软件架构的文档编写和评审。软件架构的文档非常重要，它可以让我们与他人沟通解决方案，并为他人所用。下一章的内容还会涵盖如何使用**统一建模语言(UML)**对架构建模并创建架构视图。此外，我们也会探索评审软件架构的流程，包括几种已经过验证评审的方法，而对架构决策的评审对于确保能够满足其需求（包括其质量属性）至关重要。

12

软件架构的文档化和评审

成为成功的软件架构师的一个重要方面是能够记录并与他人交流你的架构。本章开头我们会探索编写软件架构文档的原因。然后你将了解 **架构描述**(architecture descriptions, **ADs**)及其中的架构视图。

本章将对**统一建模语言**(Unified Modeling Language, **UML**)进行一个概述,UML 是一种比较流行和广泛使用的建模语言。你将了解一些最常见类型的 UML 图。

随着软件架构设计部分的完成,开发团队和利益相关者需要评审架构,以确定它是否满足功能需求和质量属性场景。我们将详细介绍几种不同的架构评审方法。

本章将涵盖以下内容:

- 软件架构文档的使用;
- 创建架构描述(ADs),包括架构视图;
- UML 概述;
- 评审软件架构。

软件架构文档的使用

一些软件项目完全跳过软件架构文档,或者事后再进行补充。一些项目之所以完成了项目架构文档仅仅因为被强制要求,比如组织可能在流程上需要这个文档,或者有合同义务必须向客户提供文档。

然而,优秀的软件架构师能理解将其软件架构文档化的价值。好的文档可以更好地向其他人传达架构,帮助开发团队,培训团队成员,便利架构评审,还让架构知识的重用成为可能,而且能帮助到软件架构师自身。

与他人传达你的架构

一个好的软件架构只有在能够与他人有效传达的前提下才是有用的。如果不能有效地与他人传达,那么那些需要搭建、使用和修改架构的人就无法工作,至少不能按照架构师所希望的方式进行工作。在软件架构设计期间,我们会识别出所有用以组成架构的结构,以及它们之间的交互关系。文档让我们能够把这些架构和交互传达出去。当架构被文档化时,很多工件被创建出来着重于将解决方案(架构)传达给不同的受众,这些受众包含技术人员也包含非技术人员。

软件架构师需要与开发团队、管理层和其他利益相关者传达他们的架构。不同的利益相关者学习架构的理由和优先级也各不相同,但是软件架构本身是足够抽象的,各种各样的人都可以用它来推理一个软件系统。不同类型的架构视图可以更好地和所有需要理解架构的人沟通。

协助开发团队

在软件系统的设计和开发过程中,文档对团队非常有价值。了解架构和元素以及它们之间是如何交互的,能帮助开发人员理解他们应该如何实现功能。通过查看可用的接口,开发人员能了解需要实现哪些内容,以及在已完成实现中有哪些可用资源。文档让开发人员在完成工作的过程中能够遵守架构相关的设计决策。

软件架构还限制了一些开发人员可用的设计选择,同时限制了实现过程,从而降低了软件系统的复杂性。架构文档传达了设计决策,从而有助于防止开发人员在实现部分功能时做出错误决定。

培训团队成员

在团队中,软件架构文档也对开发人员起到了很好的培训作用。有些开发人员对该系统不熟悉,可能因为它是一个刚刚开始设计过程的新系统,也可能因为他们已经加入了另一个已有项目中,他们可能需要软件架构文档作为帮助他们熟悉架构的指南。对于软件开发人员来说,理解那些用以塑造当前架构的设计决策是非常有价值的。

当软件架构发生变化时,文档也应随之更新。好的文档将有助于向开发团队传达任何变更,使团队能够知情。

为软件架构评审提供输入

我们评审软件架构以确保它们足以满足需求,这也包括了质量属性场景。架构文档在此过程中非常有用,因为它提供了诸多细节让评审团队分析架构并做出类似决策。

文档还可以用来评估和比较不同的软件架构。架构文档能提供必要的细节,帮助那些执行比较架构任务的人员做出明智和准确的评估。

使得架构知识能重用

软件架构文档让架构知识能够在其他项目中被重用。制定过的设计决策、形成决策的设计依据以及任何经验教训,在创建或维护其他软件系统时,都是可以被再次利用的。

重用使组织的软件开发更加高效和多产。如果一个组织正在开发一条软件产品线,该产品线由来自同一公司的多个产品组成,以满足各自特定的市场需求,那么这些软件产品可能具备一些类似功能性需求和非功能性需求,并且可能在用户界面方面共享类似的外观和风格。一些软件产品的一部分架构可能对另外一个或多个产品有价值。软件架构文档可以让一个架构的重用更加方便。

帮助软件架构师

软件架构文档化可以为软件架构师提供帮助。软件架构师会被各种利益相关者询问大量关于架构的问题,文档可以帮助回答这些问题。这些文档通过提供工件来协助软件架构师履行他们的一些职责,可以把架构传达给其他人,帮助开发团队,培训团队成员,评审软件架构,并传递架构知识以实现架构的重用。

有些项目相当复杂,甚至对于直接参与的软件架构师来说,要记住组成架构的所有结构以及它们之间的交互关系是非常困难的。如果软件架构师需要在数月甚至数年后重新访问这些信息,这些文档可以帮助提醒他们。

软件架构师可能正要试图启动项目，或者为其项目募集资金。可靠的文档可以向利益相关者提供信息，从而帮助软件架构师实现这些目标。软件架构师在介绍软件时就可以使用一些已完成的文档。

如果软件架构师离开了项目或组织，在其不在的情况下留下的文档就可以用来回答问题。

创建架构描述（ADs）

架构描述（architecture description，AD）是用于表达和交流架构的工作产品。软件系统的实际架构是与描述和记录它的工件分离的，这样我们就可以为给定的架构创建不同的工件。

ADs 识别出软件系统的利益相关者以及他们的关注点。其中利益相关者包括用户、管理员、领域专家、业务分析师、产品负责人、管理层和开发团队。

每一个利益相关者都有不同的关注点，这些关注点可能是他们独有的，也可能是与其他利益相关者共享的。与架构相关的系统关注点包括系统目标，实现这些目标的架构的适用性，满足质量属性场景的架构的能力，使用该架构去开发和维护软件系统的难易程度，以及与利益相关者相关的任何风险。ADs 会包含一个或多个架构视图组成，不同视图分别处理利益相关者不同的关注点。

软件架构视图

许多软件系统都很复杂，这使得它们很难被理解，尤其当有人试图一次性看到整个系统时。**架构视图（architecture views）**可以用于帮助理解，因为每一个视图都只关注于架构的一个或多个特定结构。这使得软件架构师一次只用记录和传达架构的一小部分。多个视图协同展示一个架构可以让软件架构师更有序地进行工作。

决定创建哪些视图取决于文档的目标和受众。在本章前面*软件架构文档的使用*部分中，我们讨论了文档有优势的一些原因。不同的视图能关注架构的不同方面，而架构文档的用途之一是规定你创建的视图的类型。

并不存在一个明确的必须创建的视图列表。包括创建视图数量也没有明确规定。每个软件项目各不相同，因此也不存在统一的所有软件通用的视图数量。而需要为软件架构创建工件的数量，取决于能有效地将你的架构传达给感兴趣的不同受众所必需的数量。

创建和维护视图是有成本的,所以我们只希望引入可以为我们带来好处的视图。我们绝不希望文档数量不足,但我们也不希望花费过多的时间去创建过多的文档。

在软件架构设计期间,应该制作草图形式的非正式文档来记录设计决策。这些草图可能包括诸如架构、元素、元素之间的关系以及所使用的架构模式等内容。这些草图对于记录设计期做过的工作非常重要。虽然它们还不够完整,不能作为最终的文档发布,但是一旦到了架构正式文档化的阶段,它们可以作为架构视图的基础。

软件架构标记法

软件架构视图中会使用多种不同类型的标记法。它们能帮助软件架构师传达他们的设计,其中一些还能用工具直接生成代码。

标记法之间的差异主要取决于它们的正式程度。更正式的标记法通常需要在创建和理解工件方面都投入更多精力。但它们能提供更多的细节,并减少不太正式的符号可能存在的歧义。

现在存在许多不同的标记法。每种标记法各有擅长领域,但没有一个是全能的。当决定为部分或全部视图选用标记法类型时,需要考虑的因素包括:使用图的目的,查看它们的利益相关者,你对标记法的熟悉程度,以及可用来创建它们的工具。软件架构标记法的三种主要类型是:

* 非正式的;
* 半正式的;
* 正式的。

非正式的软件架构标记法

非正式标记法通常是使用通用工具创建架构视图,它可以使用团队认为合适的任何约定。使用这种类型的符号更容易将软件架构传达给客户和其他利益相关者,这些人员可能不太懂技术,或者并不需要更正式化的方法。软件架构师可以考虑在为项目管理团队创建工件时使用这种标记法。它们可以帮助项目管理人员了解项目的范围。

自然语言会与标记法一起使用,因此这类工件无法被正式分析,工具也无法从工件中自动生成代码。

半正式的软件架构标记法

视图中的半正式标记法是一种可以在图中使用的标准化标记法。但半正式标记法中并不存在完全定义的语义。与非正式表示法不同,这类标记法可以进行某种程度的分析,并且也有可能用于模型自动生成代码。

UML 是建模中非常流行的半正式表示法的一个例子。有一些标记法可以与 UML 一起使用,扩展它可以提供更完备的语义,使 UML 更正式化。

正式的软件架构标记法

使用正式标记法的架构视图具备精确的语义,通常是基于数学的。这使得对语法和语义进行正式化分析成为可能。一些工具也可以使用正式标记法创建的工件来自动生成代码。

一些软件项目选择不使用正式的标记法,因为使用正式标记法需要更多工作量,需要掌握创建架构视图的某些技能,利益相关者还可能会很难去理解它们。正式标记法在与非技术利益相关者的交流中用处很小。

现今存在许多正式的标记法,包括多种**架构描述语言(architecture description languages, ADLs)**。ADL 是一种正式的表达式类型,可用于软件架构的呈现和建模。**架构分析和设计语言(Architecture Analysis and Design Language, AADL)** 和 **系统建模语言(Systems Modeling Language, SysML)**是 ADLs 的两个例子。AADL 最初是为了建模硬件和软件而创建的。它可以用于描述软件架构、创建文档和生成代码。

《软件架构编档——视图和全貌》(*Documenting Software Architectures-Views and Beyond*)一书是这样描述 AADL 的:

"*AADL 标准定义了一种文本和图形化的语言,该语言可依据任务和任务交互关系来展现基于组件模型的软件系统的运行时架构,系统执行的硬件平台(可能以分布式方式)和它与之交互的物理环境(如飞机、汽车、医疗设备、机器人、卫星或这类系统的集合)。这一核心语言包括了诸多属性,包括时间、处理器、内存、网络等方面的资源消耗、不同硬件平台上软件的部署选择,以及对应用程序源代码的可追溯性等。*"

SysML 是一种用于系统的通用图形化建模语言。它是由 Object Management Group (OMG)维护的标准。它可以用于许多活动,包括规范、分析、设计和验证。

SysML 是 UML 的一个子集,它重用了一些相同的图类型。我们后面会更详细地讨论 UML,这里先列出一个 SysML 图类型的列表,这些类型都是在无任何修改的情况下重用自 UMI 的:

- 用例图;
- 序列图;
- 状态图;
- 包图。

下面的图是在 SysML 中从 UML 中修改出来的:

- 活动图;
- 块定义图;
- 内部块图。

SysML 还引入了一些 UML 中不存在的新图表类型:

- 需求图;
- 参数图。

包含设计依据

架构描述应该包括设计决策背后的**设计依据**(**design rationale**)。在第 5 章*"设计软件架构"*中,我们讨论了设计依据,设计依据是一个包含了架构相关设计决策的原因和理由的解释。如果不记录设计原理,就无法知道当时做出设计决策的原因。即使对那些参与设计决策的人来说,记录设计依据是非常有用的,因为决策的细节可能会随着时间的推移而被遗忘。

对每一个做过的设计决策都做记录是没有必要的(也不实际),但是所有对架构重要的决策都需要记录。在记录设计依据时请记住,除了要包含设计决策外,有时还需要包含为什么没有采用替代方法以及为什么没有做出某个设计决策的细节。

统一建模语言(UML)概述

统一建模语言(Unified Modeling Language, UML)是一种通用的标准化建模语言。被广泛使用和理解。这使它成为建模软件架构的流行选择。虽然本节并不是关于 UML 的详尽教程,但我们也会介绍一些最流行的 UML 图及其用途。如果你已经熟悉 UML 或者喜欢使用其他的建模语言,可以跳过此部分。

建模类型

在 UML 中,有两种主要的建模类型:结构建模和行为建模。结构建模关注的是系统的静态结构,它的各个部分,以及部分之间如何相互关联。它们并不展示关于系统动态行为的详细信息。UML 中的一些结构图包括:

- 类图;
- 组件图;
- 包图;
- 部署图。

行为建模展示了系统中组件的动态行为。与结构图的静态本质不同,行为图描述了系统随时发生的变化。UML 中的一些行为图包括:

- 用例图;
- 时序图;
- 活动图。

类图

类是用于在软件系统中创建对象的模板(蓝图)。它们包括保存对象状态的属性(成员变量)和表示行为的操作(方法)。**类图(class diagram)**是最流行的 UML 图之一,它通过让我们看到类及其关系,向我们展现了软件系统的结构。许多团队成员都会认为类图很有用,包括软件架构师、开发人员、QA 人员、运维工程师、产品所有者和业务分析师。

在类图中使用矩形来图形化地表示一个类,每个类最多可以包含三个部分。上面的部分显示类的名称,中间的部分包含类的属性,下面的部分详细说明了类的操作。

可见性

可见性规定了成员(属性或操作)的可访问性,可以通过在成员名称前放置符号来指定。通常,你应当只提供所需的可访问性。表 12-1 详细描述了最常见的可见性符号。

表 12-1 常见的可见性符号

符号	可见性	描述
＋	Public	成员可被其他类访问
♯	Protected	成员可以在同一类中以及从该类继承的类中访问
～	Package	成员可从同一包内的任何类访问。它不能从包外访问,即使是一个它的继承类
－	Private	成员只能在声明它的类中被访问

例如,图 12-1 显示了 **Order**(订单)类,它有两个私有属性 **OrderId** 和 **OrderDate**,以及两个公共操作 **CalculateTax** 和 **CalculateTota**。

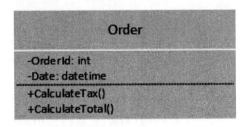

图 12-1 类图

关联

关联是一个广义的术语,指的是类之间的语义关系。如果一个类使用另一个类(单向),或者两个类相互使用(双向),它们就有了关系。类之间的关系由一个关联表示,在类图中用实线表示(图 12-2)。

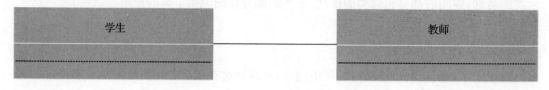

图 12 - 2　关联关系

当线路的末端没有箭头时,联系的导航性是未指定的。然而,在箭头可用于单向可导航关联的图中,没有箭头的线被认为表示双向导航性。在前面的例子中,这意味着 **学生(Student)**和 **教师(Instructor)**都可以被对方访问。或者,我们可以通过在两行末尾有一个开放的箭头来描述双向关联。

如果我们想要模拟单向导航能力,可以使用开放箭头。在图 12 - 3 中,可从类 **A** 导航至类 **B** 类:

图 12 - 3　单向关联

聚合和组合是关联的子集,用于表示特定类型的关联。

聚合

聚合是一种关系,在这种关系中,子对象可以独立于父对象存在。它是由一个空心的菱形来表示的(图 12 - 4)。例如,在一个有**轮胎(Tire)**对象的域中,我们可以说,即使一个**汽车(Car)**对象有轮胎对象,一个轮胎对象也可以在没有汽车对象的情况下存在:

图 12 - 4　聚合关系

组合

组合是指一个对象不能独立于另一个对象而存在的关系。它由一个已填充菱形来表示。例如,在一个有**房间(Room)**对象的域中,我们可以说没有建筑(Building)对象,一个 Room 对象就不能存在(图 12-5):

图 12-5 组合关系

多重性

多重性让你能定义类之间关系的基数。关系的多重性描述了可以参与其中的对象的数量。表 12-2 显示了可指定的多重性的不同类型。

表 12-2 多重性的类型

符号	多重性
0..1	零或一个
1	一个且仅有一个
1..1	一个且仅有一个
0..*	零或多个
*	零或多个
1..*	一个或多个

例如,图 12-6 表描述了每个 **学生**都会被一个或多个教师教授课程,每个**教师** 教一个或多个学生。

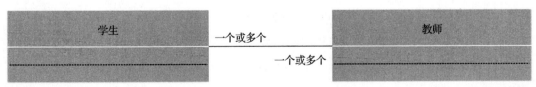

图 12-6 学生和教师的多重性关系

依赖

依赖是 UML 元素(比如类)之间的一类关系,该关系中其中一个元素会要求、需要或依赖于另一个元素。这种依赖关系有时被称为供应商/客户关系,因为供应商向客户提供一些东西。客户在语义上或结构上依赖于供应商。依赖关系可能意味着对供应商的更改会需要对客户进行更改。

在关联关系中,一个类可以将另一个类的引用当作成员变量。依赖关系稍微弱一些。例如,因为一个类中的方法的返回类型或参数引用了另一个类就存在了依赖关系(图 12-7):

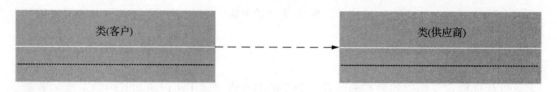

图 12-7 依赖关系

依赖关系可以由带开放箭头的虚线来做图形化表示。在前面的例子中,**FileImport 类**(客户)依赖于 **StreamReader 类**(供应商)。单一一个图上可能存在许多依赖项,你可能未必想展示每个依赖关系。但你还是应该在特定的图中展示那些你认为对你传达内容重要的依赖关系。

泛化/特化

泛化是将公共属性和操作抽象到基类中的过程。基类有时被称为超类、基类型或父类。泛化也称为继承。基类包含与所有子类共享的一般属性、操作和关联。泛化是在连接线最靠近基类的部分用一个空心三角形图形表示的。

特化与泛化相反因为它涉及从现有类创建子类。子类有时被称为派生类、派生类型、继承类、继承类型或子类。

例如,我们的域可能存在不同类型的账户,例如支票账户(checking account)和储蓄账户(savings account)。这些类可能共享一些相同的属性和行为。与其重复这些账户类中共享的内容,我们的模型可能有一个账户基类,它包含所有账户类通用的属性和操作(图 12-8):

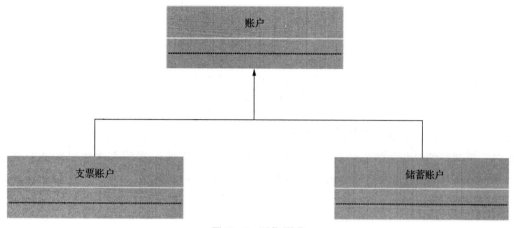

图 12 - 8　泛化/特化

CheckingAccount（支 票 账 户） 和 **SavingsAccount（储 蓄 账 户）**类是子类，它们都继承自 Account（账户）类，并呈现了一个"是一种"（*is a*）的关系。**支票账户** *是一种* 账户，就像**储蓄账户**也 *是一种* 账户。**支票账户** 和 **储蓄账户**是账户的特化。

根据用于具体实现的编程语言，可以在子类中重写某些属性或操作。子类还可以引入自己特定类的专用属性、操作和关联。

实现

实现表示一种关系，其中一个元素 *实现* 了另一个元素的行为。一个比较常见的例子是类实现某个接口。实现的图形化表示是在虚线的末尾用一个空心三角形，空心三角形显示在最接近用以指定行为的元素的地方（图 12 - 9）。

在前面的图中，你可能已经注意到 **ILogger** 被指定为一个接口。这种指定是通过 *原型* 来完成的。原型是 UML 中可用的可扩展机制之一，它能扩展词汇表并引入新元素。在这个图里，原型被用来指定 **ILogger** 是一个接口。

原型的图形化表示是用书名号（角括号）将接口名括起。它们与小于号和大于号比较类似，如果书名号不可用，也可以使用大于号或小于号。

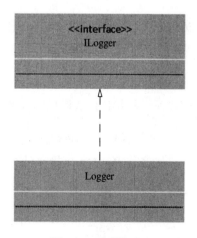

图 12 - 9　实现关系

组件图

组件图(component diagram)详细描述了系统组件之间的结构关系。多组件组成的复杂软件系统往往需要这种图,因为这种图有助于查看组件及其关系。它们本质上描述了软件系统的组件是如何连接在一起的,这也是它们有时也被称为接线图的原因。

组件图帮助我们识别软件系统中不同组件之间的接口。组件通过接口相互通信,组件图让我们能看到与接口相关的系统行为。接口通过定义代码实现所需的方法和属性来定义契约。只要依赖于它们的类是面向接口编码的,而非面向特定实现编码的,那代码实现就可以被修改。

通过识别接口,我们能够识别软件系统的可替换部分。有了这些知识,我们就能够知晓在什么位置可以重用组织已创建好的组件,在什么地方可以使用第三方组件。这样一来,我们为软件系统创建的组件也有可能在组织正在开发或在未来将要开发的其他软件应用程序中被使用。

了解软件系统的组件还可以让项目决策者更容易分解工作。一旦对接口达成一致,团队中的一个或多个开发人员,甚至是一个独立的团队,就可以独立于其他人对组件进行开发。

在组件图中,组件的图形化表示为一个带有组件符号的矩形(左边有两个小矩形的矩形块)。例如,**Order** 组件如图 12-10 所示。

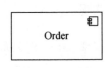

图 12-10　组件图

另外还可以使用组件原型,在组件符号之外的位置或替换组件符号,用来指定图中某个对象为组件。

组件提供的接口的图形化表示是一条线段末尾的一个 *小圆圈*,有时也称为棒棒糖符号。组件所需的接口由线段尾的 *半圆* 表示,这也称为 *socket*。

例如,假设我们的 **Order** 组件实现了 **IOrder** 接口,并需要 **ICustomer** 的实现。而 **Customer** 组件则实现 **ICustomer** 接口(图 12-11):

图 12-11　组件图中的接口实现

要记住,组件也可以包含其他组件。例如,我们可以对一个 **Order** 系统组件进行建模,该组件包含 **Order**、**Customer** 和其他组件,以及它们之间的所有关系。

包图

在 UML 中,包将元素逻辑性地分组在一起,并为分组提供一个名称空间。许多 UML 元素,例如类、用例和组件,都可以组合在包中。包也可以包含其他包。**包图**(package diagram)用于显示软件系统中包之间的依赖关系。

软件系统越复杂,理解所有的模型就越困难。包图通过将元素进行分组,同时让我们看到依赖关系,使人可以更容易对大型、复杂的系统进行推断。

除了对标准依赖关系进行建模之外,我们还可以对**包导入**和**包合并**两类依赖关系进行建模。所谓**包导入**是指导入的名称空间和导入的包之间的关系。包导入允许我们即使没有完全资格时也能从其他名称空间引用包成员。**包合并**是指两个包之间的一种关系,这种关系里其中一个包是由另一个包的内容扩展而来。这两个包本质上是结合在一起的。

包在 UML 中用图形化表示,是一个看起来像文件夹的符号再带上一个名字。图 12 - 12 是一个用于分层应用程序的上层包图示例:

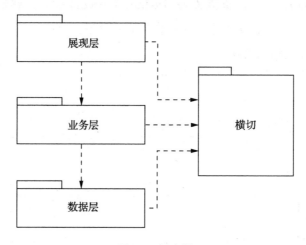

图 12 - 12　包图

如图 12 - 12 所示,我们可以看到,**展现层**依赖于**业务层**,**业务层**依赖于**数据层**,所有这三层都依赖于**横切**包。

部署图

部署图(deployment diagrams)表示节点上工件的物理部署情况。*工件*是指物理性的信息片段,如源代码文件、二进制文件、脚本、数据库中的表或文档。

*节点*是指用工件执行部署的计算资源,可以包含其他节点。节点有两种类型:设备节点和**执行环境节点 execution environment nodes (EENs)**。

- **设备**:设备代表能执行程序的物理计算资源(硬件)。例如服务器、笔记本电脑、平板电脑或移动电话。设备也可以由其他设备组成。
- **执行环境**:执行环境是驻留在设备中的软件容器。它为部署在其上的工件提供执行环境。例如:操作系统、JVM 或 Docker 容器。执行环境可以是嵌套的。

部署图用于显示架构中的软件元素,以及如何将它们部署到硬件元素上。它们提供了硬件和系统的拓扑视图。

在部署图中,节点由一个三维框图形化表示。在图 12 - 13 的示例中,有三个节点。一个代表 **Azure(App Service)**,一个是**桌面设备 (Desktop Device)**,一个是**移动设备 (Mobile Device)**。请注意,⟨⟨device⟩⟩原型是用于指示节点是一设备。示例中的各个节点包含组件,这些线段显示了节点之间的关联。

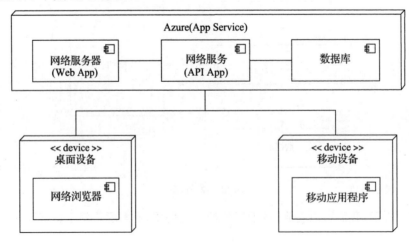

图 12 - 13 部署图

用例图

*用例*是描述软件系统在响应系统用户(称为*参与者*)请求时响应行为的文本表示。*参与者*是与系统交互的人或物的角色,可以是人、组织或者外部系统。

就像类图中的类一样,可以对参与者进行泛化。*参与者泛化*是参与者之间的一种关系,其中一个*参与者(后代)*可以从另一个*参与者(祖先)*继承角色和属性。

例如,如果我们的域有不同类型的经理,例如一个人力资源经理和一个客户服务经理,他们可能都继承了一个叫经理的祖先参与者(图 12 - 14)。

参与者泛化的图形化表示与泛化在类中的表示方式相同。它是通过连接线中最靠近祖先参与者的部分上的一个空心三角形来完成的。

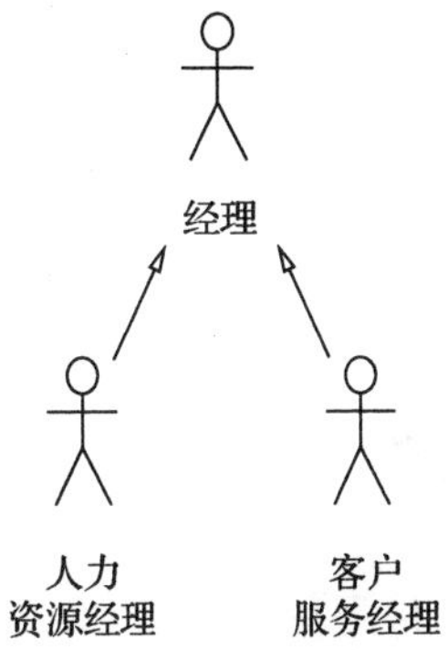

用例是系统所做的事情或者系统所发生的事情。用例应该易于阅读并且通常简短。参与者有其目标而用例则描述了通过使用软件系统来实现这些目标的方法。

图 12 - 14　用例图中的角色

用例图是用例、相关参与者及其关系的图形化表示。它详细描述了参与者以及他们如何与软件系统交互。用例图让人们能去理解软件系统的范围和将提供给参与者的功能。对于可跟踪性非常有价值,因为我们可以验证软件系统是否满足其功能需求。

在用例图中,参与者通常由线条小人来表示,该线条小人下方显示参与者的角色名称。用例用一个横向椭圆来图形化表示。用例的名称要出现在椭圆内部(图 12 - 15)。

用线来显示参与者和用例之间的关联。用例图可以通过显示系统的范围来描述上下文。系统边界框可以用来表示什么是系统的一部分,什么是系统外部的。

图 12 - 15　用例图中的用例

在图 12 - 16 中有三个参与者,它们都在**在线订单系统(Online Order System)**的外部。**客户(Customer)**参与者是一个人,但是**身份提供者(Identity Provider)**参与者和**支付处理者(Payment Processor)**参与者是外部系统。

在这个简化的示例中显示了四个用例。**客户**与所有这些客户都关联,但是**身份提供者**只与**登录**用例相关,**支付处理者**只与**结账**用例相关。

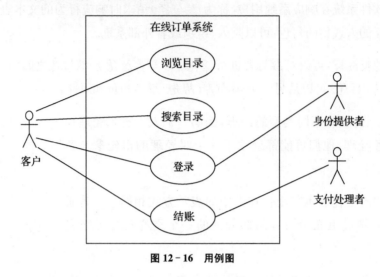

图 12-16　用例图

时序图

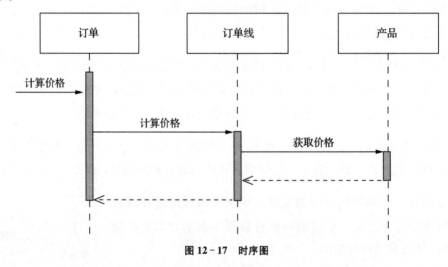

图 12-17　时序图

时序图(sequence diagrams)描述了软件系统中的组件如何交互和通信。它们是一种交互图,而交互图属于行为图的一个子集。其他交互图还包括通信图、定时图和交互概述图。

时序图描述来自软件系统的一系列事件。图 12-17 的例子显示了价格计算系统中的逻辑流。

序列图有时被称为事件图或事件场景。它可以用来查看组件之间是如何交互以及交互的顺序。你可能希望用序列图来建模的一些例子包括：用途场景、服务逻辑和方法逻辑。

生命线

在序列图中，一个对象用一个矩形图形表示，它的生命线从底部的中心向下垂直延伸（图 12 - 18）。

生命线显示对象的寿命，并由垂直虚线表示。时间的流逝从线的顶部开始一直向下。矩形内可以显示对象和类的名称，用冒号分隔，如下所示：

　　　对象名(objectname):类名(classname)

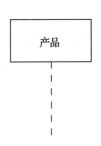

图 12 - 18　时序图中的生命线

对象和类名下划线。生命线可以代表一个对象或一个类。如果我们正在建模的是类，或者建模对象但对象名称并不重要的话，对象可以不予以命名。在这种情况下，你只会看到一个冒号后跟类的名称。也有些人喜欢只看到不带冒号的类名。如果你正在构建对象，且想要区分同一类的不同对象，那么你应该指定对象名称。当绘制对象/类时，对象的属性和操作不会被列出。

激活框

生命线上的激活框显示对象何时完成任务。例如，当消息被发送到一个对象时，从收到消息到返回响应的时间段可以用激活框表示。因为激活框在生命线上，所以它们也表示时长。激活框越长，任务完成所需的时间就越长。

消息

箭头用于图形化表示在对象之间传递的消息。箭头的类型表示正在传递的消息的类型（图 12 - 19）。

同步消息显示为带有实心箭头的实线。在同步消息中，发送方必须等待响应才能继续行动。

异步消息由带箭头的实线表示。对于异步消息,发送方不必等待响应再继续行动。

回复/返回消息和异步返回消息都由带箭头的虚线表示。

⟶	同步
⟶	异步
<-------	回复/返回

图 12‑19   时序图中的消息

循环

为了在时序图中建模一个循环,我们要在图中通过循环迭代的部分上放置了一个盒子。该框左上角的一个反向选项卡被标记为**循环**(loop),以表示该结构化的控制流是一个循环。被迭代的主题通常被标记为一个安全消息,该消息被放置在倒置的选项卡下方。在图 12‑20 的例子中,逻辑是按顺序遍历每一行条目的。

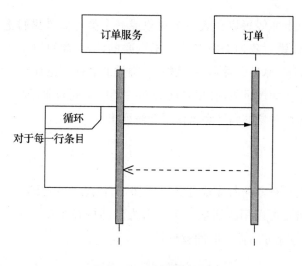

图 12‑20   时序图中的循环

选项流

在时序图中,你有可能需要构建选项流。它表示将根据某些条件选项执行的逻辑。与循环类似,选项流用一个框以图形化表示,该框放置在与选项流相关的图上。在方框的左上角有一个反向选项卡,用 *opt* 标记,表示它是一个选项流程。

选项流的条件可以通过使用放置在反向选项卡下方的守护消息来标记。在图 12 - 21 中，只有当一个成员是白金会员时，才会执行一个选项流程。

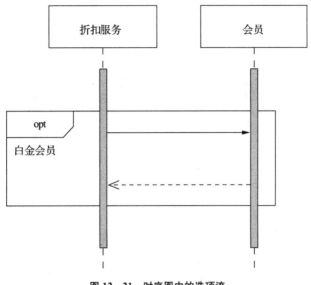

图 12 - 21 时序图中的选项流

抉择流

当你想在时序图中建模抉择性（条件性）的片段时，可以在图中囊括抉择的部分上放置一个框。在方框的左上角有一个反向选项卡，用 **alt** 标记，表示它是一个抉择片段。

抉择流与选项流非常类似，不要将两者混淆。选项流检查单个条件，可能执行也可能不执行片段，而抉择流提供了多种可能性。只有条件为真的可选片段才会执行。

可以在每个备选方案的开头放置一条守护消息来描述条件，并用虚线分隔每个抉择方案。在图 12 - 22 中，有两种抉择，一种是白金会员，另一种是标准会员。

活动图

活动图（active diagram）让我们能以工作流的形式直观地表示一系列动作。它显示了一个控制流，类似于流程图。活动图可以用于建模，诸如业务流程、用例中的流和过程逻辑等内容。

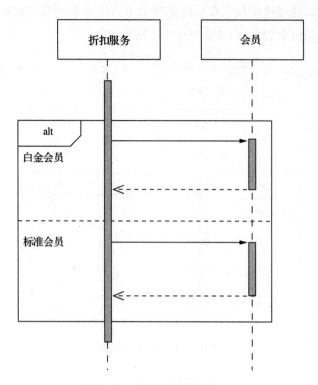

图 12 - 22　时序图中的抉择流

下面的图 12 - 23 显示了创建一个新的会员卡制作流程：

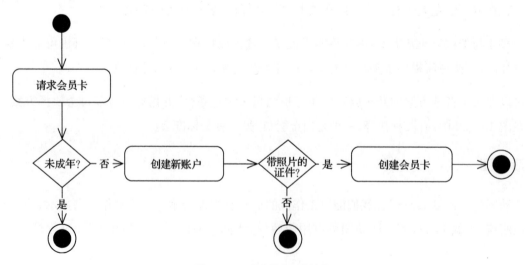

图 12 - 23　新会员卡制作流程

活动图中的活动可以是串行的,也可以是并行的。活动用带圆角的矩形显示。矩形包含一
个活动的所有元素,比如它的动作和控制流。

开始/结束节点(start/end nodes)

活动图中出现的一些节点表示流开始和结束的不同方式(图 12 - 24):

启动/初始节点

结束/最终节点

流最终节点

图 12 - 24　活动图中的节点

活动图以初始状态或起点开始,它由一个小的实心圆(**开始/初始节点**)图形化表示。活动
图以一个终止状态结束,这个状态由另一个圆圈(**结束/最终节点**)中的一个填充的小圆形
表示。

流最终节点是一个圈,里面有一个╳,可以用来表示特定流程流的结束。与结束节点表示
活动中所有控制流的结束不同,流最终节点仅表示单个控制流的结束。

动作/控制流(actions/control flow)

动作是活动中的单个步骤。与活动一样,它们也被表示为带圆角的矩形。使用带开放箭头
的实线来显示控制流(图 12 - 25):

动作　　　　　　　　控制流

图 12 - 25　活动图中的动作/控制流

决策/合并节点(decision/merge nodes)

在流中发生决策的时刻就是,当存在某些条件且从该决策分支至少分出两条分支的时刻。
可以在每个不同的分支上放置一个标签,以指示流走向这个分支的守护条件。

当你希望将多个抉择流返回到单个传出流时,将使用合并节点。决策节点和合并节点都用菱形符号图形表示(图12-26):

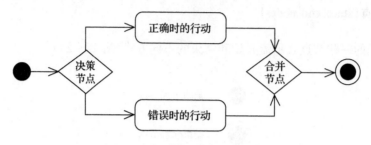

图 12-26   活动图中的决策/合并节点

分叉/连接节点(fork/join nodes)

当你希望将单个流建模为两个或多个并发流时,可以使用分叉节点。当你希望将两个或多个并发流合并为单个传出流时,可以使用连接节点。图12-27演示了一个具有分叉和连接节点的流:

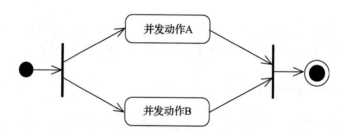

图 12-27   活动图中的分叉/连接节点

分叉和连接节点都用水平或垂直的条图形化表示。条的方向取决于流是从上到下还是从左到右。当分叉和连接节点一起使用时,它们有时也被称为*同步*。

软件架构评审

想设计高质量的软件架构,一个重要步骤是对架构进行评审。当组织获取软件或者对架构进行比较时,也可以进行架构评审。评审能确定软件架构是否能对功能需求和质量属性的场景都达到满足。评审架构可以帮助团队发现错误并尽早纠正。可以极大地减少修复缺陷所需要的工作量,并且能帮助避免进一步的返工。

在本节中,我们将了解一下以下软件架构评估方法:

- 软件架构分析方法(SAAM);
- 架构权衡分析方法(ATAM);
- 主动设计评审(ADR);
- 主动中间件设计评审(ARID)。

软件架构分析方法(SAAM)

软件架构分析方法(software architecture analysis method,SAAM)是评估软件架构的最早文档化方法之一。虽然 SAAM 最初的目的是评估软件系统的可修改性,但是有些人已经将之扩展到评审软件架构的各种质量属性,包括可靠性、可移植性、可扩展性和性能。

基于场景的软件架构分析

SAAM 是一种基于场景的评审方法,是评审软件架构的一种有效方法。场景是对某些源(如利益相关者)和软件系统之间交互的描述。它代表了软件系统的某些使用或预期的质量,可能由一系列步骤组成,这些步骤详细说明软件系统的使用或修改。

场景可用于测试软件质量属性,这是产生软件质量属性场景的目的之一(图 12 - 28):

图 12 - 28 基于场景的软件架构分析

软件质量属性场景由以下部分组成:

- 刺激源:刺激源是某个实体,例如一个利益相关者或另一个软件系统,它会产生某个特定的刺激源。

- 刺激：刺激是一些需要软件系统进行响应的状况。
- 工件：工件是被刺激的软件。它可以是软件系统的一部分，整个软件系统，也可以是多个系统的集合。
- 环境：环境是刺激发生的一系列条件。例如，刺激存在的必要条件可能是软件的某些特定配置或数据中的某些特定值。
- 响应：响应是当刺激到达工件时所发生的活动。
- 响应度量：当响应发生时，它应该是可度量的。这就让我们可以去测试响应，以确保软件系统满足需求。

SAAM 的步骤

在软件架构分析方法中有六个主要步骤：开发场景、描述架构、对场景分类和划分优先级、评估场景、评估场景交互，以及创建整体评估。

步骤 1——开发场景

通过利用需求和质量属性，我们可以识别软件系统中应该支持的不同类型的功能，以及它应该具有的质量。这些知识构成了开发场景的基础。质量属性场景，以及为每个场景定义的刺激源、工件、环境、响应和响应度量，提供这类信息能让场景在评审架构时派上用场。

各种利益相关者都应该参与针对场景的头脑风暴，因为存在对系统感兴趣的各种群体，不同群体各自不同的观点和需求能帮助确保不会漏掉任何重要场景。在开发场景时采用迭代的方式通常是有用的，因为对场景的识别可以引导软件架构师、开发团队和其他利益相关者思考更多其他的场景。

步骤 2——描述架构

在此步骤中，软件架构师要向评审团队描述当前架构。完整的架构文档可以用作演示的一部分。文档中使用的任何标注都应该能让所有参与评审者良好地理解。

步骤 3——对场景分类和划分优先级

在*步骤 1——开发场景*中创建的每个场景都在此步骤中进行分类和优先级的划分。场景可以是*直接*的，也可以是*间接*的。如果软件系统不需要任何修改就能执行场景，则可以将其归类为直接场景。如果该场景没有得到直接支持,这意味着必须对该场景的软件系统进行一些更改,那么它就是一个间接场景。

一旦场景得到分类,它们应该根据重要性划分优先级。这可以通过使用某种投票流程来实现。被评审团队确定为最高优先级的场景可以用于评估。

步骤 4——评估场景

在这个 SAAM 步骤中,需要对场景进行评估。对于每个直接场景,软件架构师可以演示当前架构应如何执行场景。对于每个间接的场景,团队都应该先确定为了执行该场景需要做哪些改动(例如组件的修改/添加/删除)。团队还应该评估更改系统所需的工作量水平,以便它能够去执行的间接场景。

步骤 5——评估场景交互

在此步骤中,评审人员要分析场景的交互。如果多个互相 *相关* 场景与同一个组件交互,这是可以接受的。但是,如果多个互相 *不相关* 的场景与同一个组件交互,这可能是糟糕设计的一个标志。应该进行进一步的分析,以确定该组件之间是否缺乏明确的职责分离。

为了避免不同的场景与同一个组件交互,可能有必要进行重构。该组件很可能具有较低的内聚性,说明其各元素之间的关系并不密切。它还可能表现出紧耦合,表示该组件高度依赖于另一个组件。低内聚和紧密耦合增加了系统的复杂性,降低了系统的可维护性。如果存在这种情况,则可能需要将一个组件分离为多个组件。

步骤 6——创建整体评估

完成前面的步骤后,评审团队应该有一个已分类的、已划分优先级以及得到评估的场景列表。场景的交互可能会揭示设计中的潜在问题。最终,评审团队需要对架构是否可行、是否可以接受,或者是否经某种修改后可接受这些问题给出结论。

架构权衡分析方法(ATAM)

架构权衡分析方法(architecture trade off analysis method,ATAM)是另一种基于场景的架构评审方法。ATAM 继承于 SAAM,并在此基础上进行了改进。ATAM 更着重于对设计决策和质量属性的评审。

ATAM 参与者角色

ATAM 评估过程中的主要参与角色有评估团队、项目决策者和利益相关者。评估团队理想情况下应该是软件项目外部的一个团队,由团队负责人、评估负责人、场景书记员、议程书记员和提问者组成。

- 团队负责人:团队负责人负责协调并搭建评审。他们负责创建评估小组,并对最终报告的产出负责。
- 评估负责人:评估负责人负责实际的评审,主要工作包括为场景的创建、优先级划分、选择和评估提供便利。
- 场景书记员:当评估进行时,场景书记员在白板或挂图上记录关于场景的笔记。
- 议程书记员:议程书记员负责将笔记转存成电子格式。关于场景的细节是议程书记员需要记录的评估过程的一个重要方面。
- 提问者:提问者关注于提出质疑,并提出与架构相关的问题,尤其关注质量属性方面。
- 项目决策者:项目决策者是在必要时有权限对软件进行更改的人,这些权限包括对工作资源的分配和批准。项目发起人、项目经理和软件架构师通常组成项目决策者小组。
- 利益相关者:利益相关者包括所有对软件架构和整个系统有利益相关的人。

ATAM 阶段

软件架构的 ATAM 评估分四个主要阶段:

- 阶段 0:合作与准备;
- 阶段 1:评估;
- 阶段 2:评估(续);
- 阶段 3:跟进。

阶段 0——合作和准备

这个初始阶段旨在为评估做准备。评估团队负责人与项目决策者会面,就评估的细节达成一致。两者应就会议的后勤安排以及将邀请哪些利益相关者达成共识。

作为准备工作的一部分,评估团队需要查看架构文档以熟悉软件应用程序及其架构。评估团队根据他们希望在*阶段 1* 呈现的信息来设定期望值。

阶段 1——评估

阶段 1 是架构评估的两个阶段中的第一个。在此阶段,评估团队将与项目决策者会面。*阶段 1* 包括以下步骤:

1. 展示 ATAM;
2. 展示业务驱动因素;
3. 展示架构;
4. 确定架构方法;
5. 生成质量属性实用树;
6. 分析架构方法。

步骤 1——展示 ATAM

在此步骤中,评估负责人向项目决策者解释 ATAM。关于 ATAM 的任何问题都可以在此步骤中被回答。

如果会议中的每个人都已经熟悉 ATAM,那么可以跳过这一步。例如,开发团队在迭代设计架构时可能会已经多次经历 ATAM 阶段和步骤。如果团队由相同的成员组成,则可能没有必要每次都从头复习 ATAM 了。然而,如果某次迭代中存在任何参与者对该方法不甚了解,要么不应当跳过这一步,要么必须有一个合适的替代方法让这些初学者去学习该方法。

步骤 2——展示业务驱动因素

这个步骤用于从业务的角度向各个参与者展示软件系统。业务目标、功能、架构驱动因素和任何约束都能帮助所有人去理解软件系统的整体环境。该信息由项目决策者之一提供展示。

步骤 3——展示架构

软件架构师在此步骤中将架构展示给参与者。软件架构师应该提供足够的架构细节,以便参与者能够理解。

演示中所需的详细程度因项目而异。实际影响它的因素有很多,包括系统的质量属性场景,有多少架构设计是完整和文档化的,以及有多少时间可用来演示。为了明确预期的细节水平,软件架构师应该在阶段0设定预期值时,尽量抓住机会询问清晰。

步骤4——确定架构方法

在此步骤时,参与者应该熟悉架构中使用的设计概念,包括软件架构模式、参考架构、策略和任何外部已开发的软件。在阶段0中架构文档被评审时,以及在之前的步骤(*步骤3——展示架构*)中架构被展示时,都会提供以上信息。这一步是简单地记录用到的设计理念列表,以便在后续步骤中使用该列表进行分析。

步骤5——生成质量属性实用树

质量属性场景可以用**实用树**(utility tree)表示,它代表着系统的功用。实用树能够帮助参与者理解质量属性场景。

实用树是一组关于对软件系统比较重要的质量属性和场景的详细描述。树中的每个条目都以质量属性本身(例如,可维护性、易用性、可用性、性能或安全性)开始,后面紧跟用更多细节将其分解的子类,然后是质量属性场景。

例如,在一个软件质量属性(如安全性)下,我们可能有多个子类(如"身份验证"和"机密性")。每个子类拥有一个或多个质量属性场景(表12-3):

表12-3 质量属性场景

质量属性	子类别	场景
安全		
	身份验证	
		用户密码将使用哈希函数进行哈希
	机密性	
	机密性	
		扮演客户角色的用户将只能查看客户社会保险号的最后四位数字
		扮演客户服务经理角色的用户
性能		
	等等	

除了识别质量属性场景之外,项目决策者还应该对它们进行优先级排序。与 SAAM 一样,可以让参与者以投票方式对场景进行优先级排序。

步骤 6——分析架构方法

在*步骤 5——生成质量属性实用树*中,被确定最高优先级的质量属性,将在此步骤中由评估团队逐一分析。软件架构师应该有能力去解释架构如何满足每一个质量属性。

评估团队要设法识别、记录并询问那些为支持场景而做的架构决策。任何与架构决策相关的问题、风险或权衡都会被提出并记录下来。团队的目标是将架构决策与质量属性场景相匹配,并确定架构和相关的架构决策是否能够支持这些场景。

通过完成这一步,团队应该对整体架构、所做的设计决策、决策背后的依据,以及架构支持系统主目标的方式有了很好的理解。团队现在还应当对可能存在的任何风险、问题和权衡都有所了解。该步骤的完成意味着*阶段 1*的结束。

阶段 2——评估(续)

阶段 2 是架构评估的延续。它通常被安排在*阶段 1*完成后的短暂空档(例如,一周)后发生。与*阶段 1*相比,第二阶段涉及更多的参与者。除了评估团队和项目决策者之外,是时候邀请利益相关者加入评估了。

如果有新的参与者不熟悉这个方法,这个阶段应该从重复*步骤 1——展示 ATAM* 开始。评估团队负责人还应该总结在*阶段 1*中完成了什么。

阶段 2 包括以下三个步骤:

7. 头脑风暴并对场景划分优先级;

8. 分析架构方法;

9. 展示结果。

步骤 7——头脑风暴并对场景划分优先级

在此步骤中,需要所有利益相关者对场景进行头脑风暴。应该鼓励他们提出从他们的角度出发的场景,这对他们职责的成功非常重要。拥有不同的利益相关者有助于获得不同的场景集合。

当有足够的场景时,团队应该检查这些场景,了解是否有可以删除的场景,或因为其他场景相似而可以合并的场景。然后,利益相关者应该通过投票来确定场景的优先级,以确定最重要的场景。

一旦确定了场景列表,就应该将其与项目决策者在*步骤5——生成质量属性实用树*中为实用树提出的场景进行比较。如果说实用树呈现了软件架构师和其他项目决策者所认为的系统目标和架构驱动因素的话,那么这一步骤就是利益相关者展示对他们来说什么是重要的。

如果两个质量属性场景的优先列表比较相似,就表明软件架构师和利益相关者是一致的。如果发现了以前没有考虑到的任何重要的质量属性场景,那就需要增添工作量了。而需要做的修改的性质和规模决定了承担风险的大小。

步骤8——分析架构方法

与*步骤6——分析架构方法*类似,软件架构师需要向团队描述,由利益相关者创建的场景列表是如何通过系统采用的架构方法实现的。评估团队可以提出他们在架构方法中发现的任何问题、风险和权衡。团队应该有能力去确定架构是否可以实现场景。

步骤9——展示结果

在 ATAM 的最后一步中,评估过程中发现的任何风险都应该与*步骤2——展现业务驱动因素*中确定的一个或多个业务驱动因素相关。项目管理现在就能了解这些风险,并意识到它们与系统目标的关系,使得项目管理者有机会去管理这些风险。

还需要向利益相关者做一个报告,总结评估的所有发现。流程的输出应包括架构方法、利益相关者生成的带优先级的场景列表、实用程序树,以及与所识别的问题、风险和权衡有关的文档。评估团队需要向参与的项目决策者和利益相关者展示并交付这些结果。

阶段3——跟进

评估团队在此阶段生成并交付最终的评估报告。这个阶段的一般的时间框架是一周,但它可以短也可以长。报告可以交给不同的利益相关者进行审查,但是报告一旦完成,评估小组就会把报告交给委托进行评审的个人。

主动设计评审(ADR)

主动设计评审(active design review，ADR) 最适合正在进行中的架构设计。这种类型的架构评审更侧重于一次评审架构的一个部分，而非实施整体评审。该过程包括识别架构的设计问题和其他错误，以便在整个设计过程中尽可能早地快速纠正它们。

ADR的一个主要假设是，一次审查整个架构涉及的信息太多，而没有足够的时间来正确地进行审查。许多评审人员很有可能无法熟悉设计中每个部分的目标和细节。结果就是，设计中没有任何一个单独部分得到了完整的评估。此外，在更传统的评审过程中，评审者和设计者之间可能并没有足够的一对一互动。

ADR试图将重点从对整个架构更全面的评审转变为一系列更有针对性的评审，从而来解决上述缺陷。调查问卷则可以用来为评审者和设计者之间提供更多的互动机会，并保持评审者参与其中。

ADR步骤

ADR程序有五个步骤：

1. 准备评审文件；
2. 确定评审专项；
3. 确定所需的评审人员；
4. 设计调查问卷；
5. 实施评审。

现在我们将详细地看看每一个步骤。

步骤1——准备评审文件

ADR的这一步骤中主要是为评审做准备。包括准备用于评审的文档，以及罗列被评审的架构部分所做的所有假设。这些假设需要描述清楚以便评审人员能够了解。这些假设应包括软件架构师(或其他设计师)认为永远不会改变或不太可能改变的所有项目。此外，还应该提供所有错误使用假设。这些假设都属于软件架构师(或其他设计人员)认为是对模块的错误使用且不应该发生的。

步骤2——确定评审专项

在此步骤中,我们确定了我们希望评审人员关注的设计上的特定属性。这样可以让评审人员对他们将要进行的专项评审有一个清晰的聚焦和职责。例如,我们可能希望某个单独的审查员关注一个或多个特定的质量属性。

步骤3——确定所需的评审人员

在此ADR步骤中,我们要为该设计部分确定了评审人员。我们希望评审人员能聚焦于他们最适合评审的领域。目标是让具有不同观点和知识集的人员作为评审人员参与到评审活动中来。

评审人员的例子包括没有参与架构部分工作的开发团队成员、其他项目的技术人员、系统的用户、非技术人员但本身是专家或了解该软件系统相关知识的人、来自外部组织的评审人员,以及其他可能擅长识别设计潜在问题的人。

步骤4——设计调查问卷

在此步骤中需要设计调查问卷,评审人员将在下一步评估架构时会使用这些问卷。使用调查问卷旨在鼓励评审人员扮演更主动的角色,并让他们在评审期间习惯使用架构文档。除了问题之外,调查问卷还可以包含练习题、其他评审者行动指导。

问题或指示都应该以一种开放、积极的方式展开,以鼓励询问者产生进一步思考和更详细的回应。例如,与其询问被评审的架构部分是否充足,倒不如指导评审者用伪代码的形式提供一个实现,这个伪代码可以使用部分架构来完成某些任务。

步骤5——实施评审

流程中此步骤就是具体进行评审的时候。评审员被指派到评审活动中,然后进行被评审模块的演示。之后就是评审人员实施具体审阅,包括完成调查问卷。必须给予充分的时间保证评审的顺利完成。

评审完成后,评审人员和设计人员要召开一次会议。设计人员可以阅读完整的调查问卷,并利用这次会议与评审人员进行交流,澄清所有问题。最后一个步骤是,如果认为有必要的话,基于在评审期间发现的点来修改架构工件。

主动中间件评审(ARID)

主动中间件评审(Active reviews of intermediate designs, ARID)是一种将 ADR 与 ATAM 结合起来的架构评审方法。该混合方法借鉴了 ADR 的理念,着重于在软件架构开发过程中进行评审,并强调评审人员的主动参与。它将此特性与关注质量属性场景的 ATAM 方法结合在一起。目标是为软件架构的可行性提供有价值的反馈,并去发现任何软件的错误和不足。

ARID 的参与者角色

ARID 流程中的主要参与者是 ARID 评审团队(推动者、书记员和提问者)、软件架构师/首席设计师,以及评审人员。

- 推动者:推动者与软件架构师一起为评审会议做准备,并在会议召开时为会议提供便利。
- 书记员:书记员负责记录评审会议中的问题和结果。
- 提问者:一个或多个提问者在评审会议期间提出质疑,提出问题,并协助创建场景。
- 软件架构师/首席设计师:软件架构师(或设计师)是负责评审设计的人。这个人负责准备和展示设计,并参与其他步骤。
- 评审人员:评审人员是具体执行评审的人。他们由对架构和软件应用程序感兴趣的利益相关者组成。

ARID 的阶段

ARID 过程包括两个阶段,总共有九个步骤。这两个阶段分别是*阶段 1——会前会议*和*阶段 2——评审会议*。

阶段 1——会前会议

第一阶段是一个为实际的评审做准备的会议。对于软件架构评审,这种会议通常在软件架构师和评审推动者之间进行。如果除了软件架构师以外还有别人负责被评审的架构部分

的设计,那么这个人应该和评审推动者一起参加会议。会前会议包括以下步骤:

1. 确定评审者;
2. 准备设计演示;
3. 准备种子场景;
4. 准备评审会议。

步骤 1——确定评审者

在 ARID 方法的此步骤中,软件架构师和评审推动者要会面来确定一组参加评审会议的人员。管理人员也可能参与这一步骤,以协助确定所有可用的资源。

步骤 2——准备设计演示

在实际的评审会议上,软件架构师会展示设计和任何与其相关的文档。在这一步中,软件架构师向评审推动者提供初版的演示。这样让软件架构师能去练习演示,并从评审推动者那里得到反馈,这些反馈有助于改进演示。

步骤 3——准备种子场景

在评审准备的此步骤中,软件架构师和评审推动者要协作提出评审人员可以在评审期间使用的 *种子场景*,或者一组示例场景。

步骤 4——准备评审会议

这个步骤用于准备评审会议相关的任何其他任务。它可以用来确定将要分发给所有评审人员的材料,例如架构文档、种子场景、调查问卷和评审议程。评审会议的日期、时间和地点需要在此选定,并发出邀请。

阶段 2——评审会议

ARID 的第二阶段是评审会议,它包括以下步骤:

5. 展示 ARID 方法;
6. 展示设计;

7. 头脑风暴和划分场景优先级；

8. 执行评审；

9. 展示结论。

步骤 5——展示 ARID 方法

在评审会议开始时，评审推动者应该向所有参与者展示 ARID 方法。这个步骤类似于我们在 ATAM 中介绍的向参与者展示 ATAM 的步骤。就像那个步骤中的情况一样，如果每个参与的人都已经熟悉 ARID 方法，那么可以跳过这个步骤。但是，如果有人不熟悉ARID或需要复习，就应该进行展示。

步骤 6——展示设计

在评审推动者展示了方法后，软件架构师要给出架构设计。应该先避免关于设计依据的问题或关于替代解决方案的评论。设计推动者要确保会议不偏离会议目标。评审的目的是确定所设计的架构是否可用，因此阐明情况和提出质疑的事实性问题才是应该被鼓励的反馈类型。书记员应该对提出的任何质疑和问题做好笔记。

步骤 7——头脑风暴和划分场景优先级

在流程的此步骤中，参与者要进行头脑风暴，为将使用该设计架构的软件系统设想场景。在阶段 1 中创建的种子场景连同在此步骤中创建的场景，以形成可用的场景选择。

与 ATAM 一样，应该鼓励参与者提供对他们来说很重要的场景。有各种利益相关者使不同的观点都被加入考量，流程运转才最为良好。

然后团队可以分析场景并划分场景优先级。组合某些场景或将某些场景标识为重复的是比较合理的。评审团队可以投票决定哪些场景是最重要的。最高优先级的场景从本质上定义了何为架构的可用性。

步骤 8——执行评审

评审人员使用场景来确定架构是否解决了提出的问题。可以编写真实代码或伪代码来测试场景。当团队觉得可以得出结论（或者时间不够了）时，评审就结束了。

步骤 9——展示结论

评审完成后，小组应该能够得出架构是否适合关键场景的结论。架构的任何问题都可以被评审，这样就可以去重构架构来纠正任何出现的问题。

总结

软件架构文档化是交付架构的重要步骤。文档将架构传达给其他人，帮助开发团队，培训团队成员，为架构评审提供输入，并使架构知识的重用成为可能。

架构视图是架构的表示，它让软件架构师能以一种易于管理和理解的方式来传达他们的架构。不过，创建和维护视图是有成本的，因此尽管我们不希望文档不足，但我们也不希望把时间花费在不需要的视图上。在本章中，你了解了 UML 的梗概，UML 是一种应用更广泛的建模语言。你还学习了架构建模和行为建模。

评审软件架构对于确定该架构是否满足系统的需求是非常重要的。本章详细介绍了几种不同的架构评审方法。

在下一章中，我们将学习软件架构师需要了解的有关 DevOps 的内容，包括它的价值和实践。我们还将学习持续集成、持续交付和持续部署如何让组织快速可靠地发布软件变更。

13

DevOps 和软件架构

DevOps 是一种文化价值观、实践和工具相互结合的产物,它可以帮助组织快速地交付软件。对于软件架构师来说,理解 DevOps 是非常重要的。你工作的组织可能已经在实践 DevOps,或者有兴趣向 DevOps 过渡。无论哪种状态,在帮助和引导其他人遵循 DevOps 价值观和实践的方面上,组织中的软件架构师都发挥着极其重要的作用。

这一章将解释 DevOps 背后的目的、它的价值以及组织采用它们的原因。本章将涵盖 DevOps中使用的各种类型的工具,以及重要的 DevOps 实践。你还能了解 DevOps 如何去影响架构决策,以及各种利用云端进行部署的方式。

本章将涵盖以下内容:

- DevOps 定义;
- DevOps 工具链;
- DevOps 实践;
- DevOps 架构;
- 部署到云端。

DevOps 定义

DevOps 是工具、实践和文化的集合,它们使开发和运维团队在构建软件应用程序的整个生命周期内协同工作。DevOps 使软件的持续交付成为可能,使得组织对不断变化的市场机会能够快速地做出反应,并让他们能够迅速地获得客户反馈。

DevOps 包含到团队之间的协作和流程自动化,通过快速、高质量地交付软件变更,共同实现提升客户体验的目标。DevOps 需要组织内部的文化变革,配合新技术的使用。

左移(Shift left)是与 DevOps 相关的一个常用术语。其理念是在开发生命周期的早期执行任务,或者说将它们在时间轴上向左移动。这个术语最早流行于测试领域(移位,左移测试),含义是在整个开发过程中软件程序的测试过程应该移到更早的阶段。

DevOps 已经接纳了这种左移的理念。除了在开发生命周期的早期进行测试(使用自动化测试)之外,DevOps 还考虑在流程的早期还能前移哪些内容。运维团队的参与也应该左移,并且要比以往更早地开始与开发团队合作。与其在部署阶段才开始协作,两个团队其实更应该在整个软件开发生命周期中都一起协作。

在本章后面的*持续集成(CI)*小节,我们将了解一下 CI 在实践中是如何将软件的集成和构建进行左移的,从而使它们在开发流程里提前进行。我们还能看到持续交付是如何将软件更新的部署左移,从而使产品更快触达用户。

CALMS

CALMS 是 DevOps 核心价值观的首字母缩写。最初的版本是 CAMS,L 是后来添加的。CALMS 各自代表:

- 文化(Culture);
- 自动化(Automation);
- 精益(Lean);
- 度量(Measurement);
- 共享(Sharing)。

让我们更详细地探讨这些核心价值,因为它们将让我们更好地理解 DevOps 所涉及的内容。

文化

DevOps 的核心是一种文化和哲学。它需要通过打破团队之间的壁垒来改变一个组织的文化。为了改进工作效果，有时组织需要学习如何变更工作方式。DevOps 需要跨职能团队，并鼓励拥有不同技能和知识（如开发和 IT）的团队一起工作。DevOps 能在团队之间，甚至之前从未密切合作过的团队之间，建立一种协作的文化。

团队合作是 DevOps 的一个重要的价值。应该鼓励开发、运营和质量保障团队进行交流、合作，并相互了解。这些团队之间更紧密的合作可以让他们工作更有效率，激励创新，并向客户传递更好的产品价值。

持续改进也是 DevOps 文化的一部分。DevOps 文化重视学习，重视运用全部所学去实施改进。一个组织中的不同团队应该互相学习。如果出现错误或其他问题，团队成员应该从这些问题中汲取经验，这样就不会重蹈覆辙。组织中的每个人都应当投入改进流程和产品的不懈努力中。

问责制也需要成为组织文化的一部分。当错误发生时，个人以及团队应该承担责任。每个人都应该专注于解决问题，并提出优化以防止这些问题再次发生，而不是去责怪其他团队。

在 DevOps 文化中，质量需要成为每个人关注的焦点。例如，开发团队不应该完全依赖质量保证团队来寻找缺陷。他们应当努力地为他们自己开发的软件系统寻找缺陷，并对保持高水准质量负责。鉴于 DevOps 加快了软件更新和发布的速度，组织中的所有团队都必须努力确保产品质量不出现下滑。

企业应该把员工授权作为企业文化的一部分。无论一个人在团队中扮演什么角色，他们都应该有权利指出问题，制止他们看到的潜在错误，或者就如何改进产品、服务或流程提出自己的建议。

在进行企业文化变革时，一些组织内的变革会有很大的帮助。组织变革的例子包括：调整团队结构，重新划分团队在办公区的工位，以及更新流程。为了促进所需的文化变革，这些组织内调整有可能是必须同步完成的。

自动化

自动化（automation）包括先采用手动流程，再设法将其运作自动化，使其可重复。自动化流程的第一步是识别当前执行的流程，并理解它们的运作机理。尽可能去发现其中的瓶颈并找出最可能引入缺陷的位置。对这些内容理解透彻后，我们就可以开始选择合适的工具来实现自动化。

自动化是一种优化团队工作方式的好方法。与手动执行流程相比,自动化流程能确保更好的一致性和准确性。人会犯错,而自动化则不会。自动化流程的另一个明显的优势是,由于它的自动执行,大大减轻了对团队成员的束缚。自动化流程还可以在非繁忙时段执行,以避免抢夺系统资源。自动化对包括单元测试和构建在内的多种任务都适用。

自动化流程比手动流程执行得更快,而且更不易出错。建立自动化的测试、构建和部署流程是 DevOps 的关键部分。自动化测试可以作为自动化构建过程的一部分来执行,以确保近期的变更不会无意间引入缺陷。

当单元测试、构建或部署出现问题时,自动化还提供了快速的反馈。这能使你的组织能够快速对问题做出反应,从而快速纠正错误。

不过,DevOps 并不要求一切都自动化。在某些情况下,一个组织可能存在糟糕的流程,而把这些流程自动化只会给它们提速。在尝试自动化流程之前,应优先寻找改进流程的方法。每个组织各不相同,各自需求也不同,因此为你的组织的自动化找到合适的平衡点是至关重要的。

你可以维护着各种不同类型的应用程序,包括遗留应用程序。这些应用程序可能使用不同的技术,并部署到不同类型的环境中。根据你组织的需求和瓶颈,你应该认真考量引进自动化流程的投资回报比。可以先着重考虑在那些能组织获益最大的流程里引进。另外,不同类型的流程可能需要不同类型的工具来实现自动化。

精益

精益软件开发(lean software development,LSD)是借用了精益制造的最优实践,并应用到软件开发中来。它旨在优化流程和降低软件开发中的浪费。这些浪费指的是所有会增加时间和精力耗费的事情,它们不但不会为客户提升业务价值,还会降低软件系统质量。

LSD 背后的理念,不仅是对敏捷软件开发方法的补充,而且也与 DevOps 的核心价值观相一致。有七项精益开发原则:

* **消除浪费**:消除浪费在精益流程中是很重要的。不必要的功能、代码或工作都是一种浪费。软件开发中浪费的例子包括推迟交付,以及低效流程。

- **内建质量**：每个人都应当关注质量。编写测试是在软件开发流程早期检查质量的重要手段。测试的自动化能确保其自动执行。
- **创造知识**：团队成员应该在团队内和团队间共享知识。代码评审、文档记录、结对编程、学习会议、培训和协作工具都是互相学习的可用途径。
- **推迟决策**：只有在收集到足够的信息后才做出决定。
- **快速交付**：产品应该快速交付给客户。但这并不意味着组织应该不顾一切地提高交付速度，更可取的办法是可靠地、快速地、频繁地提供增量变更。
- **尊重他人**：团队以及团队中的每一个人都应当以一种尊重他人的方式去协作。无论是沟通还是冲突的处理都应该以一种互相尊重的方式进行。
- **优化整体**：应当尽可能地去优化流程、消除瓶颈。测试、构建和部署的自动化在优化工作中是非常有帮助的。

度量

团队必须能对改进进行度量，无法度量就无法判断流程是否真的得到了优化，也无法知晓引入自动化和其他 DevOps 实践是否真的奏效。作为一名软件架构师，你应该基于量化数据做出决策，而不是基于直觉。度量过的数据应该是透明的，开发团队、运营人员以及组织内的其他关键决策者都应该能共享这些数据。

共享

共享是 DevOps 的另一个核心价值。如果你想要 DevOps 在你的组织中取得成功，就需要共享信息、工具、数据以及从中获得经验教训，以便组织能够得到整体改进。从外部或内部收到的任何反馈，都可以在他人分享后发挥更大价值。

软件系统内发生错误可能是不可避免的，但我们需要能够从这些错误中汲取经验，并在此基础上进行改进。开发和运维之间应分享经验教训，以获得一种持续改进。在多个部门之间促进协作和沟通是组织为遵循 DevOps 而改变企业文化的重要一环。而信息的共享又是改变企业文化的一个重要手段。

为什么用 DevOps?

作为一名软件架构师，你希望能引领你的组织，让它能够更快速、更高频、更少错误地部署软件。DevOps 以外的方法并不那么关注持续交付,因此为客户交付产品会需要更长的时间。运维部门有时显得反应迟钝。在等待开发团队创建环境和将应用程序移植到另外一个环境时,大量时间被浪费了。如果这些流程是手动的,更有可能造成浪费甚至阻挠流程推进。

当配置资源时,开发团队可能会要求比他们实际需要更多的资源(比如要求超出所需的物理机或虚拟机),以为他们认为整个流程过于繁琐而不希望后续再进行升级。质量保障团队可能又要等待开发团队完成代码的编写他们才能进行测试。

所有这些都会导致该组织时间和金钱上的浪费。软件架构师应该努力在软件开发过程中提高效率,减少手动工作,扩大自动工作。

在今天的竞争环境中,组织需要具备快速交付的能力。为了在竞争中取得优势,他们需要通过高频地交付包含新特性、bug 修复和其他改进的产品,以此来增加客户的价值。DevOps允许组织更快地交付产品。通过持续交付,可以快速、高质量地部署软件的新版本。

客户现在对系统中断的容忍度很低,因此非常有必要设置快速检测错误和部署修复的流程。其目标是尽量减少系统宕机次数并缩短宕机持续时间。手动流程会提高出现错误的概率。而自动化流程则能减少。当故障发生时,你肯定希望能够迅速地从故障中恢复。而DevOps 可以帮助你实现这些目标。

如今的软件应用程序越来越复杂,部署也越来越复杂。DevOps 方法将引领组织实现构建的自动化,消除由手动失误导致的错误的可能性。

正确地实施 DevOps 将导致开发和运维团队之间的合作达到一个更高的水准,从而减少部署时间,提高可靠性。鼓励在组织内共享信息将减少对部落知识的依赖。跨团队的协作则能提升共享的信息量。

DevOps 工具链

工具链是一组组合使用来执行任务的编程工具。**DevOps 工具链**(DevOps toolchain)更关注软件系统的开发和交付。负责工具选型的软件架构师应该力图实现与 DevOps 工具的一致性。例如,在所有环境中使用相同的部署工具比在不同环境中使用不同的部署工具要更合理。

在一个运用 DevOps 的组织中,不仅仅是开发团队会使用软件工具来完成工作。运维人员应该也会用到各种与开发人员相同的技术。例如,与运维相关的资产应该纳入源代码控制中和自动化测试中。

DevOps 工具可以根据支持下列一种或多种活动而分类:

- **规划**:规划类的工具帮助你定义应用程序的需求并规划工作。围绕规划进行的活动会因为所使用的方法不同而有所差异,但通常涉及产品负责人和业务分析师对需求和其他请求的评估。该工具需要对业务价值和工作量进行评估,并为产品版本规划工作内容。
- **创建**:创建工具是以某种方式帮助设计、编码和构建活动的软件。这些工具的例子包括**集成开发环境(integrated development environments, IDE)**、版本控制仓库、自动化构建工具和配置管理工具。
- **验证**:验证工具包括保障软件版本质量的工具组成。一些验证活动发生在创建活动期间,而另一些则发生在软件的部分模块完成之后。功能性和非功能性测试都是必不可少的,而 DevOps 工具可以促进其自动化。验证工具有助于性能、验收、回归和发布测试。静态分析工具可以帮助分析代码,而安全工具可以帮助识别漏洞。
- **打包**:只要软件验证通过并准备部署时,打包工具可用于准备版本相关的任务中。打包配置和触发发布是打包工具所涵盖的工作。
- **发布**:发布类别中的工具用于与软件发布相关的活动。它们协助团队进行调度和协调,将软件系统部署到不同的环境中,包括生产环境。
- **配置**:配置工具可以协助配置软件应用程序。配置类工具包括协助配置管理的工具、应用程序条款工具和基础设施资源配置的工具。
- **监控**:监控软件应用程序以发现问题并理解其影响是至关重要的。产品指标给组织提供了必要的洞察力,以了解软件应用程序的问题所在。监视软件应用程序的性能将确保最终用户在使用软件时不会遇到瓶颈。就像我们在讨论 CALMS 时提到过的,度量是 DevOps 的核心价值之一。而监控工具可以帮助团队度量他们的应用程序,以确定自动化工作是否对流程和产品产生了正面作用以及产生了多少正面作用。

DevOps 实践

尽管根据组织的不同和使用的软件开发方法不同而无法一概而论,但在 DevOps 发布周期中,通常会发生以下主要活动:

- 开发;
- 集成;
- 构建和单元测试;
- 交付阶段;
- 验收测试;
- 部署到生产环境。

图 13-1 展示了一个典型的 DevOps 发布周期:

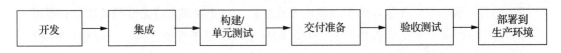

图 13-1　DevOps 发布周期

持续集成、持续交付和持续部署是三个最主要的 DevOps 实践。这些实践围绕着 DevOps 发布周期的关键活动展开,下面让我们更详细地了解一下它们。

持续集成(CI)

持续集成(CI) 是指开发人员尽可能频繁地将变更合并到共享的源代码控制仓库中的实践。而在这过程中,非常有必要应用某种类型的版本控制系统。开发人员应该经常、定期提交更改,因为这减少了变更发生冲突的次数,即使发生冲突也更容易解决。

在 DevOps 发布周期中,持续集成涉及的活动包括开发、集成(将变更签入版本控制系统)和带有自动单元测试的自动构建(图 13-2):

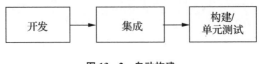

图 13-2　自动构建

有些人可能会将构建完成后的交付阶段视为持续集成的一部分,其他人则会将其视为整体持续交付的下一步骤。

自动化的构建

持续集成有两个关键方面,一个是将所有提交进行构建,一个是拥有自动化的构建流程。构建流程能将源代码、文件和其他资产转换为最终可用形式的软件项目。它可能包括以下内容:

- 依赖关系检查;
- 编译源文件;
- 将编译文件打包成压缩格式(例如,JAR 或 ZIP 格式);
- 创建安装包;
- 创建/更新数据库模式;
- 执行数据更改脚本来修改数据库中的数据;
- 运行自动化测试。

作为一名软件架构师,如果没有现成的自动化构建过程,你肯定希望重新建立一套。有些构建需要众多步骤,手动执行这些步骤很有可能会产生很多错误。而自动构建消除了手动构建时可能发生的变化,确保每一个构建之间的一致性。

自动化的构建使构建可以随时随地执行。自动构建是在持续集成的实践的一个核心部分,它执行的时机应该再变更签入到版本控制系统后。自动构建的持续时间不应该太长(例如,应少于 20 分钟),以保证其切实可行。

软件版本控制

作为软件构建过程的一部分,你将需要考虑如何对软件进行版本管理。*软件版本控制*是指为正在构建的软件分配唯一编号或名称的过程。

为软件版本控制引入正式规范是很有益处的。一旦建立了正式的规范,它就能为所有对软件感兴趣的人(包括内部的和外部的),提供关于软件状态的信息。如果没有使用正式的版本控制规范,那么版本号对用户来说就失去了意义,也不利于对依赖项进行管理。一个有意义的版本号应该能够向其用户传达关于版本意图和版本变更程度的信息。软件版本控制规范的一个重要部分是语义版本控制。

语义版本控制(semantic versioning),也称为 **SemVer**,是一套可用于软件版本控制的流行规范。语义版本控制的版本号由三部分组成,格式如:*主版本号. 次版本号. 补丁版本号*。比如版本号 1.5.2。

一个新的主版本表明该版本包含了突破性的更改。一个新的次版本意味着软件做了一些添加和更改,但软件是向下兼容的。新的补丁版本表明该版本包含了 bug 修复,且该软件仍然是向下兼容的。遵循这个版本控制方案,我们可以很容易地从中判断新版本中包含什么类型的更改,并可以看出软件是否经历了突破性更改。当你的软件处于初始开发阶段时,版本号通常从 0.1.0 开始。此后小版本号可以随着后续版本的发布而递增。

可以用版本号中的一部分来传达软件当前开发所在阶段的信息。如果你使用的是语义版本控制,可以用预发布标识符部分来指定开发阶段信息。紧跟在主版本号. 次版本号. 补丁版本号后面,你可以使用连字符加任一系列的标识符用点分隔,来表示这是一个软件的预发布版本。只要是包含连字符和几个标识符的版本号,无论标识符内的实际值是多少,都表明这是一个预发布版本。有些合法的带预发布标识符的版本号如:1.5.2-beta、1.6.3-alpha、1.6.3.-alpha、1.3.2-0.0.1 以及 1.3.2-z.7.x.23。软件的预发布版本可能并不稳定,优先级低于正常版本。

自动化测试

自动化测试应该作为自动化构建的一部分来执行,以确保自上次成功构建之后没有引入新的缺陷。自动化测试,以及自动化构建,让开发团队能快速地验证合并进来的变更。通过持续集成,可以更快地检测问题,从而更容易地解决问题。每次的变更集的规模应当尽量小,单次进行集成的变更也就更少,这样就能更容易定位和解决特定某次构建所存在的问题。再通过多次持续性的集成,我们就能避免单次合并大量变更的情况。

在软件实践持续集成的过程中,使用自动化测试是很重要的。尽管在不使用自动化测试的情况下实现持续集成在技术上也是可行的,但是使用自动化测试能提升质量,并减少本来人工测试所需花费的时间。自动化测试可以在新提交的代码导致问题时迅速通知给开发人员。

构建的结果应该对团队可见,这样就比较容易地发现是否存在构建中断,这样相关负责的开发人员就能比较轻松地获知从而去修复问题。即使因出现问题而导致代码回滚,由于团队采用了持续集成,那损失的变更数也能降到最少。

关于持续集成,需要重视测试,并编写一套完整的自动化测试。测试的质量必须保持高水平,否则缺陷可能会引入系统并且长时间无法被发现。

持续交付(CD)

持续交付(continuous delivery,CD)是组织以一种可持续的、可重复的方式向用户快速发布变更的能力。这不仅缩短了软件的发布周期,还减少了向客户交付变更的风险、成本和工作量。而实施了持续交付的组织往往已经自动化了他们的测试和构建过程。

持续交付的目的是让你的软件应用程序处于随时可以部署到生产环境中的状态,这是DevOps的一个重要部分。持续交付包括了 DevOps 发布周期中发生的所有主要活动,除了开发、集成和带有自动化单元测试的自动化构建(这些都是持续集成的一部分),持续交付还包括自动交付准备、自动验收测试和生产环境部署(图 13 - 3):

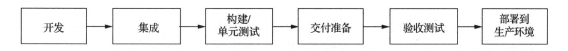

图 13 - 3　持续交付

对于持续交付,与我们接下来将讨论的持续部署不同,部署到生产环境是一个手动流程。组织可以决定在他们想要的任何时间间隔进行发布(例如,每天、每周或每月)。然而,如果能尽早部署,持续交付就带来更多好处。用户可以更快地得到修改,组织也可以更快地收到反馈,每一次的更改集也会随之减小,在出现问题时也更容易对问题进行故障排除。

部署到生产环境后,通常会执行部署后测试。部署后测试的范围没有统一标准,但一般至少应该包括*冒烟测试*(smoke test)。冒烟测试确保所有关键功能都能在目标环境中正常工作。冒烟测试不像完整的软件测试那么详尽,但是可以快速执行,以确定目标环境中的部署是否稳定。

持续部署

持续部署本质上是将持续交付向前又推进了一步。像持续交付一样,持续部署的目的是使组织能够快速、可靠地发布软件系统的变更。与持续交付不同的是,持续部署是将生产环境部署工作自动化了。

持续交付运用自动化,确保软件可以进入交付准备,同时执行严格的测试。如果执行得当,软件应该处于随时可以部署到生产环境中的状态。持续部署仅仅是将最后一步自动化,以便将所有变更都自动部署到生产环境中。

当组织、业务以及软件应用程序的性质允许时,持续部署是 DevOps 的一个理想目标,因为它将流程从头到尾都自动化了,而且是将应用程序变更转移到生产环境的最快方式。

然而,持续部署在某些情况下也是不现实的。由于业务原因,组织可能并不希望将所有更改自动部署到生产环境中。一些组织更喜欢将最后一步,也就是部署到生产环境,设置成一个手动流程。软件架构师和组织中的其他关键决策者必须要判断持续部署是否适合本组织。

DevOps 的架构

作为一名软件架构师,在做出架构决策时应该考虑 DevOps。我们提及的一些 DevOps 实践是独立于架构的,不需要做出特殊的架构决策。然而,为了能发挥 DevOps 实践的全部功效,我们可能需要使用某些特定的架构方法。

DevOps 的重要质量属性

为 DevOps 设计的软件系统应该重视质量属性,比如可测试性、可部署性和可维护性。可测试性是一个非常有价值的质量属性,因为测试系统的能力是至关重要的,特别是测试被自动化之后。为了构建一个可测试的系统,组件需要相互隔离,以便能够独立地进行测试。每个组件都必须是可控的,这样我们就可以指定输入,以及利用输入测试组件的功能。因此,我们必须要能够观察组件的输入和输出,才有可能确定组件是否工作正常。

为了快速地进行和部署更改,系统必须具有高可维护性。尽可能地降低复杂性有助于我们实现这一目标。复杂度的降低让理解系统如何运行以及如何实现更改变得更加简单,使得进行较小的增量修改会更加容易,从而缩短了开发周期。此外,减少组件的大小、提升内聚性和降低耦合性都会使系统更容易维护。一个不那么复杂且可维护的系统也更容易部署和测试。

持续交付(如果实施了持续部署也包括在内),要求软件系统的架构具有可部署性。可部署性是软件系统从交付准备(或开发)部署到生产环境中的简易性和可靠性的度量。即使一个系统是可测试的,如果更改不能正确地推到最终产品中,那么持续交付的实用效果就会丧失。增加软件系统的可部署性能缩短部署时间并减少软件系统宕机时间。

最小化不同环境之间的差异对于提高可部署性有很大的帮助。交付准备环境和生产环境应该尽可能地相似。这样的话,交付准备环境的成功交付可以作为生产环境的成功部署良好的预演。

当应用程序与其配置保持相互独立时,就能提升其可部署性。不同环境的配置信息(例如,数据库连接信息)应该保存在外部配置中,而不是作为应用程序代码的一部分。

为了满足 DevOps,软件应用程序需要具备以上这些质量属性。未实践 DevOps 的软件项目可能并不会强调这类需求。而 DevOps 则要求软件架构师和开发团队要在这些质量属性上投入更多的关注。

在确定需求时应当把运维也考虑进来。对系统健壮性的监视以及日志记录可以帮助运维快速检测故障,并记录用于诊断问题的信息。增添这些能力往往不需要对架构侵入性的修改,但是当对软件系统进行快速且频繁的更改时,它们就会变得十分重要。软件架构师应该*为失败而设计*。换句话说,我们应该预料到失败会发生,但是系统要具备容错性,以便能够快速完成恢复,以减少宕机时间。

部分架构模式是对 DevOps 的补充

一些软件架构方法,比如微服务架构模式,很适合我们讨论的 DevOps 的需求类型。对于一个组织来说,为 DevOps 而引入微服务,或为微服务而引入 DevOps 的情况并不少见。另外,微服务架构跟持续交付也能很好地配合。

你应该还能回想起,在第 8 章*"现代应用程序架构设计"*中,微服务架构由小型的、有所侧重的服务和定义明确的接口组成。每个微服务都专注于一小部分功能,使之可以更容易、风险更小地修改。定义明确的接口有助于从一个微服务的实现交换到另一个微服务的实现。只要接口保持不变,实现就是可更改的。

每个微服务都应该是自主的和可独立部署的。这些特性让组织能在不影响其他微服务的情况下对一个微服务进行更改和部署。每个微服务都可以有自己独立的数据存储,进一步使它们独立于其他微服务。这样做的目的是,部署单个微服务的停机时间会大幅缩短,而且其风险将大大降低。

微服务相比其他架构模式(如单片架构)能够提供更好的故障隔离。如果一个微服务失败了,并不意味着整个软件系统都会崩溃。适当的监视使运维人员能够快速地注意到故障,如果最近部署的微服务引起了问题,团队可以回滚到以前的版本。

DevOps 对微服务并不是必需的,但确实存在某些架构模式跟其他模式相比于 DevOps 配合得更好。因此,软件架构师在做出设计决策和创建架构上重要的需求时一定要对 DevOps加以考虑。

部署到云端

过渡到 DevOps 往往与云的使用紧密相连。我们讨论过很多 DevOps 的核心价值,比如快速交付和自动化流程,都可以通过将应用程序部署到云端而得到强化。

为了将云与 DevOps 结合使用,软件架构师应该了解可用的云的类型,以及主要的云模型。在本节中,我们将详细探讨这两个主题。

云的类型

云资源的三种主要部署类型是公共云、私有云和混合云。尽管它们的优点看似相同,但组织必须从中选择最符合其业务需求的一个。

公有云

公有云由第三方云供应商拥有,并由其运营的云资源组成。这些资源和服务通过互联网提供,并与其他组织共享。公共云通常是有多个承租方的,这意味着一个组织的软件和数据将托管在与其他组织共用的硬件设备和网络上。

云提供商拥有的大量资源可以让使用它的组织体验到高可靠性和实际上无限的可伸缩性。并且组织只需要为所使用的服务付费,而不必担心资源的维护。

尽管公共云在不同的云类型中提供了最佳的规模经济效益，但对于某些组织来说，它可能并不是一个合适的选择。对于敏感和/或受法律管控的数据，公共云可能无法满足软件应用程序的所有要求。使用公共云会让你失去对你数据的控制权，这将引起关于数据存储和隐私的合规问题。其中一个例子是 1996 年的 **Health Insurance Portability and Accountability Act(HIPAA)**，该法案旨在保护患者信息。你必须了解对你的软件有影响的法规，并确保你的团队或云提供商能够满足法规要求。

私有云

经济规模越小则**私有云**的成本越高，其物理资源可以位于组织自有的数据中心，也可以位于第三方供应商的数据中心。无论采用哪种方式，所有的资源设施都专用于一个组织。与公共云相比，它只有一个承租方。

私有云的成本更高，经济规模更小。然而，组织为满足需求而定制环境时将具有更高的灵活性。选择私有云的一个主要原因是它有更高的控制水平和更强的安全性。因此，组织可以享受云服务的便利，同时出于安全和隐私方面的需要也能让企业牢牢把控数据。

并且，私有云既可以由组织也可以由第三方云提供商实现。当使用云提供商时，组织仍然可以像使用公有云一样，从高水平的可靠性、效率和可伸缩性中受益。而内部部署的云的主要好处是，组织可以对流程、数据管理政策和物理资源有绝对的控制权。

但是，软件架构师应该注意，尤其是在为了安全原因而选择私有云时，如果私有云实现得不得当，那么私有云可能还没有公有云安全。因为私有云里的安全漏洞可能会演化成公共漏洞。如果一个组织实现了他们自有的私有云，那么就要对这个私有云全面负责。并且，实现私有云所需的许多步骤都可能会带来必须考虑和解决的安全问题。

云供应商了解安全的云环境对他们的业务的重要性，所以他们投入大量资源来确保环境的安全。云提供商的首要任务和核心能力之一就是要保证安全性，而自研私有云的组织的关注点却不尽相同。对于中小型企业来说，很难达到与主流云提供商相同的可靠性、效率和可伸缩性水平。最终如何在这三种云中做出选择，取决于你所在组织的需求和长期战略。

混合云

混合云是将公共云和私有云组合使用的云。对于一些组织来说，这是一种 *两全其美* 的方法。使用混合云,组织可以享受私有云的优势,但在需要时又能利用到公共云。

高容量和低安全需求的功能可以托管在公共云中,而更关键的任务功能和敏感数据可以托管到私有云中。使用混合云可以让组织从私有云获得所需的控制,同时可以从公共云获得所需的灵活,使这种方案合情合理。

对于拥有本地基础设施的组织来说,混合云给了他们向云逐步过渡的控件。对于有特定环境需求的遗留应用程序可以仍在本地托管,而其他应用程序则托管在公共云中。

混合云方法可实现**云爆发**(cloud bursting),也称为**爆发计算模式**(burst compute pattern)。其理念是,应用程序运行在私有云中,直到需求激增到足以使其进入公共云为止。

在应用程序需要额外的算力时可以使用爆发计算模式。将大量硬件设施保留在本地以处理周期性增加的需求将会带来极高的成本,而使用爆发计算模式则有着更好的成本效益。云爆发避免了资源的闲置和过度分配。让公共云处理额外的需求,你只要在需要时为额外的计算能力付费就可以了。

混合云还可以用于可预测的设备中断期,如定期维护、轮流停电/大规模停电以及自然灾害(如飓风)。在这期间服务流量可以由公共云进行处理。

云模型

针对云计算提供的服务可以分为不同的云模型。它们如下:

- 基础设施即服务(IaaS);
- 容器即服务(CaaS);
- 平台即服务(PaaS);
- 无服务/函数即服务(FaaS);
- 软件即服务(SaaS)。

这些模型的不同之处在于它们的抽象级别以及控制和责任的数量(图 13 - 4):

抽象级别在图 13 - 4 中由左到右依次变高,你对基础设施的控制和责任也会越少。在基础设施方面负责更少意味着你可以投入更多的时间来编写实际的软件逻辑,并为你的客户增加更多的业务价值。

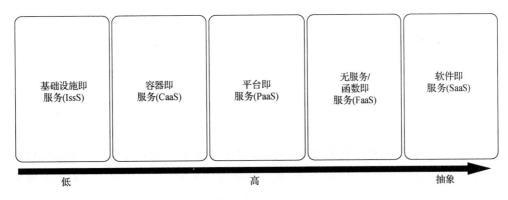

图 13-4　抽象级别

基础设施即服务(IaaS)

在图 13-4 的最左边是基础设施即服务(Infrastructure as a Service, IaaS),你可以租用所需的硬件,这些硬件是由供应商为你维护,所以你不必负责维护你所使用的硬件。而其中,硬盘、网络组件和冷却系统等都由供应商维护。

然而,你要对除此之外的所有的事情负责。除了你自己的软件之外,你还必须购买、安装、**配置和维护操作系统**(operating system, OS)、补丁和安全更新、杀毒软件和中间件等。你还要负责服务器和逻辑网络的配置。虽然你有相当充足的控制权,但你需要花大量的时间来管理这些资源。

使用 IaaS 的常见诉求包括网站托管、Web 应用程序、测试/开发环境、存储/备份/恢复需求和大数据分析。IaaS 的一个重要优点是它消除了硬件上的资本支出。硬件的持续维护成本也降低了。组织不需要将有限的资源用于购买和维护硬件,而只需专注于他们的核心业务。IaaS 还增加了组织的敏捷性,因为团队可以快速响应新的市场机会,并更快地发布应用程序。

当组织首次采用云技术时,IaaS 是一个常见的起点,因为它能更快速和便捷地向云端迁移。IaaS 通常类似于组织原有**信息技术**(information technology, IT)部门的运作方式,知识进一步简化了过渡过程。

容器即服务（CaaS）

容器即服务（Containers as a Service，CaaS）是一种用于云原生软件的开发和部署模型。它在 IaaS 的基础上添加了容器编排平台（如 Kubernetes、Docker Swarm 或 Apache Mesos）。使用 CaaS，开发人员可以和 IT 人员一起构建、发布和运行应用程序。

云原生应用程序将被封装并动态编排。CaaS 方法可以使开发团队控制应用程序和依赖项的打包方式，从而使应用可以移植到各个环境。容器化允许应用程序在任何地方运行。团队可以将应用程序部署到不同的环境中，而不需要重新配置它们。容器可以运行在**虚拟机**（virtual machines，VMs）、开发机、带本地设备的私有云或公有云上。

CaaS 能够指定应用程序的依赖项及其特定版本，并将其与其配置一起部署，从而使应用程序运行在一个高度一致的环境中。并且它能预测应用程序行为，增加了可重用性。对于开发团队来说，这是一种将他们的云原生、容器化应用程序部署到云中的好方法。

虽然这个模型给了开发团队相当多的控制权，但这意味着开发团队要承担更大的责任。与 IaaS 类似，你仍然需要负责处理操作系统、补丁和操作系统安全更新、日志/监控、容量管理和应用程序的扩展。

CaaS 和 IaaS 的区别在于使用容器而不是虚拟机（图 13-5）。

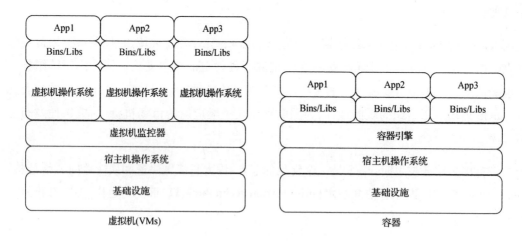

图 13-5　CaaS 和 IaaS 的区别

在 IaaS 中,虚拟机往往被作为一种在单台服务器上运行多应用实例并互相隔离的手段被使用。当在 IaaS 模型下使用虚拟机时,虚拟机监控器(Hypervisor)将虚拟机作为访客账号运行。虚拟机监控器位于操作系统和硬件之间,形成虚拟化层。虚拟机监控器池能够支持和管理大量的虚拟机。

机器(宿主)具有操作系统的完整副本,但是运行应用程序实例的每个虚拟机也具有完整副本。应用程序和操作系统捆绑在一起,这样每个应用程序都有自己的操作系统副本。它允许一台物理机器承载多个应用程序,并将每个应用程序与其他应用程序隔离。与每个应用程序使用一台单独物理机器相比,共享一台物理机器会增加服务器资源的利用率,降低成本。

虽然第一代云应用程序是由虚拟机实现的,但容器的出现改进了虚拟机的一些特性。对于容器,与虚拟机监控器大致等价的是**容器引擎**(container engine)。应用程序仍然彼此隔离,但是容器引擎提供了操作系统级的虚拟化,而不是像虚拟机那样虚拟化硬件堆栈。CPU、内存、网络资源和存储等资源都是在操作系统级别被虚拟化的,允许每个容器拥有与其他容器在逻辑上隔离的操作系统视图。

容器化比使用虚拟机更轻量级,因为操作系统内核是共享的。与虚拟机每一台都有一份操作系统的副本不同的是,容器只有一份完整的操作系统副本。因此,容器的开销要低得多。它们可以被非常快速地启动,并且占用更少的磁盘空间和内存。与虚拟机的方式相比,一台服务器上可以包含更多的容器。

虚拟机的启动和关闭可能很慢,因为它们会占用很多资源,而且虚拟机上面的操作系统的完整副本也会占用资源。如果遇到了系统故障,可能需要很长时间才能恢复。使用容器引擎和编排器,容器的放置可以是动态的和分散的,允许在基础设施或应用程序出现故障时快速恢复。

平台即服务(PaaS)

平台即服务(Platform as a Service,PaaS)为开发团队提供了在云中开发和部署应用程序的完整平台。这种云计算模型提供了比 IaaS 和 CaaS 更高的抽象级别。硬件由 IaaS 来提供并维护,但是与基础设施的交互并不多。平台将这种交互与它提供的所有东西都抽象出来。

IaaS 的操作系统为你提供安装补丁和安全更新并负责维护。使用 PaaS 不同于 IaaS 的是，开发团队不必再管理操作系统。除了操作系统，云提供商还提供了大量的支持软件、工具、服务、数据库管理系统和中间件。

PaaS 使得应用程序的部署和管理变得更加容易，因为它提供了越来越多的服务来帮助满足应用程序开发和部署的通用需求。PaaS 的支持性服务可以极大地帮助使用 DevOps 的组织。可以为它们维护硬件、操作系统和其他支持软件节省组织的时间，并让它们能把资源集中在更重要的事情上，例如使用领域知识构建应用程序代码。PaaS 可以在不增加额外的人员和时长的情况下减少开发时长。

PaaS 的一个缺点是你会失去对操作系统的控制。如果应用程序对云提供商制作的许多特定工具和技术高度依赖的话，那么也存在被云提供商锁定的可能性。

在 PaaS 的早期，云提供商支持的编程语言的数量可能比较有限。但是，现在的大部分云提供商都支持各种编程语言及其运行时。

无服务/函数即服务（FaaS）

无服务器架构在第 8 章"*现代应用程序架构设计*"中已经介绍过了，但是让我们将其与 PaaS 区分开来。你可能会觉得无服务看起来很像 PaaS。虽然 PaaS 和无服务之间有很多相似之处，但无服务与 PaaS 之间不能画等号。

使用 PaaS，你需要预测需求，以便能够提供（并支付）应对需求的能力。因此，你仍需要关心你所需要的算力。

与 PaaS 不同的是，使用无服务架构，你将根据每一次执行的模型，而不是根据托管代码的时间来收费，这是 PaaS 和无服务的最主要区别之一。无服务架构也被设计成能够基于请求来启动和关闭整个应用程序。在无服务的情况下，就不会出现算力不足或算力过多。以往那种在高峰时期算力不足，而在非高峰时期你在被收费的同时服务器却在空闲的情况就不再会发生了。

软件服务（SaaS）

SaaS 处于图 13 - 4 的最右边，有时也被称为**按需软件**（on-demand software）。SaaS 能够通过互联网向用户提供基于云计算的软件。SaaS 可以为你提供一切，包括软件本身。你唯一要负责的就是软件的配置。与其他软件定价方式不同,客户不需要再为使用软件而支付许可证,而 SaaS 软件通常使用基于时间范围和用户人数的订阅制度来收费。

SaaS 的例子包括 Salesforce、客户关系管理(ustomer relationship management,CRM)产品、谷歌的 Gmail、微软的 Office 365 生产力套件(Word、Excel、PowerPoint、Outlook、OneDrive),以及 Dropbox 等存储解决方案。它们都托管在云中,供用户使用,用户无需负责除配置以外的任何事情。

该种软件不需要安装在用户自己的机器上,这样就简化了软件的维护和支持,而且不需要技术人员安装、管理或升级软件。

总 结

组织可以通过快速交付软件应用程序,频繁而快速地为客户提升价值来获得竞争优势。有能力定期向客户交付新的可靠的软件产品改进,可以将组织与其竞争对手区分开来。

DevOps 的文化、实践和技术可以帮助组织实现这些目标。使用自动构建和测试的持续集成,让更改能快速被验证。并且,频繁的代码签入可以更容易地检测和解决各种问题。持续交付的实践使软件系统处于随时可以部署到生产环境中的状态。这种组织层面的敏捷性为组织提供了快速、可重复地向用户发布更改的能力。

一些 DevOps 实践不需要任何架构上的改变,但是在需求期间以及在做出架构设计决策时应该把 DevOps 的需求考虑进去。在设计解决方案时,必须考虑质量属性,例如可测试性、可部署性和可维护性。

在下一章中,我们将学习如何处理遗留应用程序。重构和集成遗留应用程序带来了软件架构师必须准备面对的独特挑战。

14

遗留应用架构设计

遗留软件应用程序普遍存在,这意味着许多软件架构师总要在其职业生涯的某时间点涉足遗留软件应用程序的工作。作为全面的软件架构师的一部分,我们需要花时间学习如何处理遗留软件系统。

我们将学习什么是遗留应用程序以及如何重构它。除了遗留应用程序的代码之外,我们还将研究现代化的遗留应用程序的其他一些方面,包括软件开发方法、构建过程和部署过程。本章最后将讨论与遗留应用程序集成相关的主题。

本章将涵盖以下内容:

- 遗留应用程序;
- 重构遗留应用程序;
- 迁移到云;
- 现代化的构建和部署过程;
- 与遗留应用程序集成。

遗留应用程序

我们中的许多人都喜欢从零开发的软件系统,这样我们可以从头开始设计全新的系统。这样的系统没有基于先前工作的约束,也不需要与现有系统集成。然而,今天的新应用程序最终也会成为明天的遗留系统。

软件架构师经常要去处理现有的老软件系统,而能够将现有的软件系统处理好则是一项非常宝贵的技能。**遗留应用程序(legacy application)**是仍在使用但难以维护的程序。维护和使用遗留应用程序存在诸多挑战。

遗留应用程序存在的问题

使用遗留应用程序通常需要克服各种各样的问题。这是使用遗留系统时面临挑战的一部分。最重要的问题大概是,遗留应用程序往往难以维护和扩展。它可能使用较旧的过时的技术,并且可能没有遵循软件开发的最佳实践过程。

遗留应用程序往往比较老,在项目的整个生命周期中,许多不同的开发人员可能都对其做过修改。**软件熵(software entropy)**,或者叫软件系统中的无序状态,会随着时间的推移而增加。这个概念来自热力学第二定律,它表明熵的水平要么保持不变,要么增加但不会减少。随着代码库的不断修改,代码会变得脆弱和混乱,导致代码变得像意大利面一样乱。如果你有过要对遗留应用程序进行修改的经历,但又害怕破坏某些东西,那么你一定切身体会过处理遗留应用程序的困难。

几乎所有的遗留系统都会承受一定量的技术债务(technical debt)。对于应用程序所做的任何设计决策,如果选择了一个更轻松、更迅速的解决方案,而不是一个实现时间更长但更干净的解决方案,都会招致**技术债务(technical debt)**。与财务债务类似,技术债务是这些决策的成本,例如改进系统所必需的返工成本。技术债务还会提升软件熵。

决定承担技术债务不一定是一件坏事。有时采取更简单的方法是有意义的。例如,你可能希望更快地完成一个功能,以占领市场先机。但不管原因是什么,软件架构师应该认识到遗留系统将伴随着技术债务。

一些遗留应用程序会依赖于较老版本的操作系统,或者依赖其他软件或硬件。随着时间的推移,维护这些环境会变得越来越困难。如果未应用安全补丁或根本没有可用的补丁,还会增加出现漏洞的可能性。

有些遗留应用程序可能是从另一个开发团队继承来的,这个开发团队可能不再能够回答有关该系统的问题。这可能导致大家普遍对该系统缺乏了解。遗留应用程序的文档和单元测试也会因此缺乏,这使得理解应用程序和对其进行更改变得更加困难。

为什么要使用遗留应用程序?

虽然使用遗留程序存在诸多挑战,但企业由于各种原因还是要继续使用它们。如果这些系统仍然有用并且可以按预期工作,组织大多认为没有理由停掉它们。此外,替换遗留系统的成本也可能会超过收益。例如,更换一个一直可用的系统的困难和成本可能会高得令人望而却步。更换一个庞大而复杂的系统可能是一个漫长而艰难的过程。

对于开发团队而言,可能更希望重写遗留系统,因为这样他们就能在绿地系统上工作,但是从业务的角度来看,这可能不是一个好的选择。拿一个功能完全相同的新系统替换遗留系统,会让组织花费资金同时可能又不会增加多少新的业务价值。开发团队当然可以指出,重写的应用程序将提高可维护性,并缓解我们刚刚提到的遗留应用程序的种种问题。这些优点随着时间的推移,根据该系统使用的时长,也可以节省一定的成本。然而,重写遗留应用程序,特别是当前能正常运作的复杂遗留应用程序,如果又没有财务上的合理性的话,可能很难说服管理层。在遗留应用程序现代化的过程中,对其进行重构改进则是一种成本更低且风险更小的替代方案。

遗留应用程序可能继续被使用的另一个原因是,遗留应用程序没有被理解透彻。如果原来的开发团队不再与组织一起工作,而系统又是复杂或者缺少文档的,想做系统的替换就要花费更大的工作量。这类障碍可能也是成为应用程序的重写被推后的一个重要原因。

不仅仅是代码

软件架构师应该理解遗留应用程序不仅仅由代码组成。遗留软件系统包括运行所需环境相关的需求,例如依赖于操作系统的特定版本。它可能需要特定的工具或特定工具的特定版本,例如代码编辑、构建、版本控制、代码覆盖、代码评审、调试、集成、文档、静态代码分析和单元测试工具。遗留应用程序所需的一些工具甚至可能已不再被支持。

遗留软件系统也由它的依赖关系组成,比如其他系统、第三方软件、框架和包的依赖关系。与工具类似,这些依赖关系也可能会过时或不再被支持。最后,遗留系统还包括其内部和外部文档。一些遗留系统的文档要么非常缺乏,要么已经过时。所有这些因素共同构成了一个遗留系统及遗留系统的总体质量水平。每一个因素,在某种程度上都会影响质量属性,比如整个系统的可维护性。

只要存在遗留系统,监督它们的软件架构师都需要参与这些系统的重构、替换或与它们进行集成。

重构遗留应用程序

当你开始处理遗留应用程序时,你就应当考虑对其进行重构,以使其更易于维护。你可能需要实现新特性、修复缺陷、优化设计、提高质量或优化应用程序。为了执行这类任务,遗留系统必须处于一种可无风险地、简单地进行修改的状态。

在经典著作 *Refactoring*:*Improving the Design of Existing Code* 中,作者 Martin Fowler 将重构定义为:*在不改变代码的外部行为又能优化代码的内部结构的修改软件系统的过程*。任何重构的操作都应该安全地在一定层面上优化代码,而又不会影响业务逻辑和预期功能。

在进行任何修改之前,在上手遗留代码库时摆正态度是很有帮助的。通常,软件架构师或开发人员,甚至在没完全理解代码之前,就开始对遗留应用程序提出强烈的批评。你其实应该尊重最初的开发团队,因为事情以某种方式完成必事出有因,而且你可能并不总完全了解发生过的所有决策以及这些决策背后的依据。

作为一名软件架构师,你希望对你所监管的遗留应用程序进行现代化转变和整体优化。你不应进行不必要的修改,特别是在还没有充分了解更改所造成的影响的前提下。例如,与其因为不喜欢某些代码的风格而做出更改,不如将注意力集中在做出实质性的、能对代码库产生积极影响的修改上。

重构遗留应用程序的目的是使之现代化和优化,包括执行以下任务:

- 让遗留代码可测试;
- 移除冗余代码;
- 使用工具重构代码;
- 做出小的、增量的修改;
- 将单体系统转化为微型服务。

让遗留代码可测试

许多遗留软件系统缺乏自动化的单元测试,且只有一部分单元测试有足够的代码覆盖率。更大的问题可能是,一些遗留系统在开发时就没有考虑到单元测试,这使得以后添加单元测试变得更加困难。

应当优先向无单元测试的遗留系统中添加单元测试。让遗留系统(以及所有软件系统)可单元测试能带来诸多好处。

单元测试的好处

在遗留系统上使用单元测试的最大好处之一是它能为系统的修改提供便利,特别是对于那些可能不熟悉系统的人。当你对遗留应用程序进行修改时,单元测试将确保新修改不会引入新的缺陷,并且功能仍能正常运作。

在代码改变后或作为构建的一个步骤进行定期的单元测试,将使调试问题变得更加容易。开发人员可以将问题来源的范围缩小到最近的某次更改中。

遗留应用程序的文档可能不合格,但是如果系统有一套良好的单元测试,那么测试也可以成为文档的一个来源。它们会帮助团队成员理解系统,并让他们了解开发特定代码单元的目的是什么。当缺乏单元测试时,编写单元测试的过程也能帮助团队更加熟悉代码库。

单元测试重构

应用程序可能没有设计成可单元测试的。理想情况下,单元测试应该在执行任何重构工作之前就位。然而,作为软件架构师,如果仅仅为了编写单元测试就重构应用程序,那么你可能会陷入困境。

当自动化单元测试不存在时,可能需要进行一些初始重构,来创建初始测试集。只有完成了这些,进一步的重构和添加更多的单元测试才能成为可能。

针对这种情况的另一种方法是编写集成测试。然后,可以在进行任何重构更改之前执行集成测试,以确认原始功能的运转是否符合预期。在进行重构工作过程中,可以经常执行集成测试,以确保没有出现任何错误。集成测试不使用模拟或打桩,而是带着依赖执行逻辑。出于这个原因,它们确实需要更多的环境搭建来确保所有组件都能运行。这种方法的一个额外好处是，一旦完成，你就已经有了配合单元测试的集成测试。

一旦编写了单元测试，就必须持续维护。随着代码的添加或修改（例如为了实现一个新特性或修复一个漏洞），应该根据需要去添加或修改单元测试，以保持测试套件的及时性。

从哪里开始编写测试呢？

当在遗留应用程序中引入单元测试时，决定从哪里上手是一个难题。一种方法是从与最关键的业务功能相关的逻辑开始。使用这种方法，你要首先对最重要的组件进行单元测试覆盖。

另一种方法是考虑组件的复杂度水平。有些人喜欢先做最复杂的工作。有经验的开发团队可能更喜欢这种方法。另外一些人则倾向于从不太复杂的组件开始，然后逐步构建需要更多工作的组件。这种方法可能更适合经验略少的团队。

当使用复杂度水平作为从何处开始的决定因素时，并不一定是非此即彼的。团队中的一些成员可以从高复杂度的组件开始，而另一些成员可以从较不复杂的组件开始。

移除冗余代码

任何软件应用程序都可能包含冗余代码，只是遗留应用程序更老，更有可能由不同的人维护。里面往往有更多重复的代码或不再需要的实例。

在接管遗留应用程序时，软件架构师应该考虑移除冗余代码。减少代码行数可以将复杂性降到最低，并使软件系统更容易被理解。代码分析工具可以帮助识别一些种类的不必要代码。重构不可触达的、死的、被注释的和重复的代码将提高系统的可维护性。下面让我们更详细地看看这些类型的代码。

不可触达的代码

不可触达的代码（Unreachable code）是在运行时任何条件下都永远不会被执行的代码。没有控制流路径能执行到该代码。代码可能处于各种原因变得不可触达。比如开发人员忘记删除过时的代码；有些代码为了可以日后再使用在当时被先故意设置成不可触达；单纯出于调试或测试目的而未删除的代码；对其他代码的修改无意中导致了有些代码不可触达；业务逻辑或数据发生变化导致的代码不可触达以及编程错误。

静态分析工具可以帮助你找到这些类型的代码。如果不可触达的代码是某些 bug 造成的，并且在分析后确定这些代码实际上是被需要的，那么我们应该纠正错误，使之不再不可触达。但是，如果经过分析确认代码是不必要的，那么应该将之移除。移除不可触达的代码增加了软件系统整体的可维护性。如果不可触达的逻辑被保留在代码中，以备万一有被需要时使用，可以用版本控制软件找回这些代码，而不是将它们留在代码中。

死代码

有些人会将不可触达的代码和 **死代码**（dead code）两个术语混淆使用，但是它们之间其实是有细微区别的。虽然不可触达的代码永远不会被执行，但是死代码是可以被执行的。当执行死代码时，它对输出没有影响。例如，死代码可能执行一些逻辑来产生某些结果，但这些结果已不会在任何地方被使用了。

注释掉的代码

注释掉的代码（Commented-out code）是指目前未被使用，但开发人员选择注释掉而非删除掉的代码。注释掉的代码是最容易被移除的一类代码。有时，开发人员可能只是暂时性地注释掉代码，但后续却没有移除也没有取消注释。

为了对之前的逻辑做一个记录，代码行有时会被注释掉。然而，版本控制系统最重要的作用之一就是能保留变更历史。将已被注释的代码留在代码库中只会增加代码的大小，使其更难被读懂。

重复的代码

重复的代码（Duplicate code）是存在于多个位置的完全相同（或非常相似）的代码。代码库中重复的部分违反了**不要重复**（Don't Repeat Yourself，DRY）原则。正如我们在第 6 章"*软件开发原则与实践*"中学到的，遵循 DRY 原则意味着消除代码库中的重复。代码的重复是非常浪费的且会使代码更难维护。一些人可能有这样的经历：因为有重复代码，所以不得不在多个地方对相同的代码做修改。

任何重复代码的实例都应该被抽象出来并放在一个单独的位置。代码库中所有需要该逻辑的地方都可以通过该抽象进行路由。消除重复代码能提升可维护性和软件质量。当必须改动逻辑时也可以在一个地方完成修改，从而消除了在代码重复的情况下，因漏改某处或修改不一致所带来的风险。

使用工具进行重构

如果可能的话,你可以利用开发工具来协助你对遗留应用程序进行重构。你的组织很可能已经拥有**集成开发环境(integrated development environment, IDE)**或其他工具的许可,这些工具可以识别代码库中需重构的区域。其中一些工具可以直接去执行某些类型的重构,并在实际实施更改之前提供预览。如果你的组织没有特定的工具,你可以提出建议去购买这类工具的许可证。如果不可能购买(或者正好有更好的、免费的工具),你也可以考虑使用开源工具。

做出小的、增量的修改

重构遗留应用程序时,有一部分你想进行的改动可能非常庞大。但请记住,为了改进遗留应用程序,修改不应过大,也不必一次完成所有修改。重构遗留应用程序可能会持续很长时间。有时小的、增量的修改可能是改进遗留代码库的最佳方式。你可以编写并执行单元测试来配合你的修改,来确保你的修改不会产生意想不到的后果。对于每次重构,我们都希望代码比以前更好,同时不改变任何原有功能。

你和你的开发团队也可能并没有给予进行修改的时间。不过如果你们中的一个人被指派了一些工作,比如修复遗留应用程序中的某个问题,那么你们可以利用这个机会改进正需要修改的代码区域。随着时间的推移,就会有越来越多的代码部分会得到优化。

将单体系统转变为微服务

遗留应用程序可能是一个单体架构。在第8章"*现代应用程序架构设计*"中,我们了解到一个单体应用程序被设计成一个单独的、自包含的单元。代码可能包含紧耦合和高度互相依赖的组件。如果应用程序很大且很复杂,则很难对一个庞大应用程序进行修改。

有一种可将遗留应用程序现代化改造的方法就是引入微服务。微服务是小型的、集中的、自主的、可独立部署的服务。与单一应用程序不同,微服务方法通过将应用程序划分为更易于维护和管理的小型服务来降低复杂性水平。在遗留应用程序中,我们可以截取一些逻辑片段并将它们放到微服务中。

原本遗留应用程序中有些位置需要使用被包含在微服务的功能,这些位置可以通过微服务接口进行交互。只要接口保持不变,就可以对每个服务的实现单独进行修改。它还让开发团队可以独立于其他服务去修改某一个微服务。与修改单体应用程序相比,对单个微服务的修改往往不需要在应用程序的其他地方进行修改。

微服务具备更好的容错能力。如果遗留应用程序是单体架构,那么一个错误可能会导致应用程序的很大一部分甚至整个应用程序宕机。当单个微服务故障时,它不会导致整个应用程序崩溃。结合适当的监视(可以迅速向管理员发出故障警报),可以快速重启微服务。如果当前部署的微服务版本有问题,可以部署包含修复的新版本,而不必重新部署整个应用程序。如果没有问题,它还提供了恢复到先前版本的微服务的可能。

迁移到云

将遗留应用程序迁移到云是使其现代化的另一种方式。虽然不是每个遗留应用程序都与所有云服务兼容,但是确实存在一些迁移路径让你能将大多数遗留应用程序带到云上。也有某些云服务更适合于某些特定的应用程序。

存在很多原因使遗留应用程序迁移到云端后可以受益。它可以降低成本,同时提供更高级别的可用性和可伸缩性。云提供商将负责硬件和基础设施。根据云模型(例如,IaaS、PaaS或 FaaS),它还能负责操作系统和其他一些服务。

一些遗留的应用程序存在安全漏洞,因为它们依赖于比较旧的硬件和软件。如果将它们迁移到云上,云供应商就可以处理潜在需要的操作系统更新(包括安全补丁)等任务。

6 R

不同的组织和应用程序向云的迁移路径也各不相同。**6R** 的概念可以用于描述云迁移的不同方法。6R 分别是:

- 删除(Remove 或者 retire);
- 保留(Retain);
- 重构平台(Replatform);
- 重新托管(Rehost);

- 回购(Repurchase);
- 重构(Refactor 或 re-architect)。

现在我们将更详细地探讨这些概念。

删除

当考虑一个特定的应用程序时,简单地删除它也是一种选择。一些组织所托管的应用程序已经不再被需要,但一直在运行。如果你的组织正要对许多应用程序和服务进行全面的云迁移,那么这是评估当前应用程序的理想时机。你可能会发现一些服务已经不再需要保留了。

保留

有些应用程序不能迁移到云,或者组织可能决定不去迁移它们。在这些情况下,只需将应用程序保留在其当前环境中即可。保留一个应用程序有很多原因。而将应用程序迁移到云则缺乏业务上的合理性。例如,相对于有限的预期收益,迁移到云的成本可能显得过高了。

组织需要一个混合云保留一些应用程序的本地基础设施。在混合云方法中,一些应用程序可以迁移到云,而另一些应用程序将继续驻留在本地。

重构平台

有些遗留应用程序无法迁移到云平台,但组织又不希望简单地将它们保留在当前环境中。对于这种情况,可以使用模拟器在基于云的 IaaS 服务器上运行该应用程序。我们可以通过虚拟机模拟应用程序,使其与云技术兼容。这种方法能让你将遗留程序迁移到新的平台或操作系统中并能利用其特性。有许多工具和服务都可以帮助重构平台。

重新托管

*提升和转移*是一种迁移策略。这种策略将软件应用程序从一个环境迁移到另一个环境,而无需重新设计应用程序。重新托管是一种提升和转移方法,在这个方法中应用程序及其数据被从物理或虚拟服务器复制到 IaaS 方案中。应用程序无需再进行修改,而云提供商会持有基础设施。这是一种将应用程序迁移到云上的快速、低风险和简单的方法。

重新托管是应用程序云迁移的第一步。遗留应用程序在云中运行后,可能会再对其进行重构,以便针对新环境对其进行优化。而因为它已经托管在云上,会使这个过程更加容易。

回购

与其将遗留应用程序迁移到云上,组织更可能决定再购买一个更新的产品,并开始转向使用新产品。这个方案通常与迁移到 SaaS 云模型相配合。SaaS 会为你提供一切,包括主机和软件。组织只需要配置软件即可使用。

重构

在为云迁移而重构应用程序时,我们需要对应用程序进行修改。可能也包括对架构的修改。你可能需要为适应其新环境中的云原生特性而重构应用程序。

经过适当重构的遗留应用程序将获得更高的可用性、更好的可伸缩性和更快的性能。除了这些优点之外,组织还可以在迁移应用程序后实现成本效益。重构架构的方法可能会很复杂。根据待完成的工作,迁移过程可能需要更长的时间和更多的成本来执行。

转向敏捷方法

遗留应用程序不仅继承了它所附带的技术。它还承载了特定的软件开发方法。在某些情况下,这种方法可能仍在使用。如果所使用的方法不是现代的方法,例如瀑布方法,那么作为遗留应用程序现代化改造的一部分,开发方法可能也需要调整。

敏捷方法克服了旧方法的一些局限性。传统的软件开发方法关注很多预先的计划和设计,而敏捷方法更期待并拥抱变化。敏捷方法是自适应的,而不是预测性的。它没有把重点放在预测结果上,而是强调了适应。而更能适应变化这一点在今天的竞争环境中非常重要。

敏捷方法让你的团队能够完成一些我们前面讨论过的改进遗留应用程序的事项,例如通过进行小的、增量的更改来重构应用。每个冲刺都可以专注于某个特定的改进遗留应用程序的目标。

如果你正在引入微服务,那么敏捷方法可以很好地对其进行补充。敏捷方法提供了一种让开发团队更有效地协同工作的结构。它也特别适合于现代的构建和部署流程。

现代化构建和部署流程

遗留应用程序现代化的另一个重要方面是更新构建和部署流程。这些过程如果已经过时就不能像现代流程那样轻松、快速地完成。有些遗留应用程序甚至可能需要手工构建和部署，这会增大出错的概率。

如果流程很复杂同时文档也很糟糕的话，流程中错综复杂的知识就可能会丢失。这些内容就只能依赖于某些了解流程全部细节的个人了，当这些人离开该岗位甚至完全离开组织时，就可能会产生巨大问题。

更新这些流程的第一步是详细了解当前构建和部署的方式。你还应该了解该流程基于环境（例如开发、阶段或生产）而产生的所有差异。

自动化构建和部署流程

如果部署流程还没有被自动化，那么你应该认真考虑将它们自动化。自动化将允许构建和部署快速完成。如果部署流程有许多步骤，则在手动执行过程时可能会犯错误。自动化确保了构建之间和不同环境之间的一致性。

如果没有自动化，流程可能会因执行人的不同而产生不同的结果。开发人员和运维人员也可以自行实现不同方面流程的自动化，而且各自都用不同的方式实现。

自动化可以快速反馈流程中出现的任何问题。它允许我们 *快速失败*，这意味着我们也可以更快地解决任何出现的问题。通过将自动化构建与自动化测试结合起来，我们能进一步改进这个流程。在构建过程中执行自动化的单元测试将有助于提高质量，同时能让我们及时发现问题。

在第 13 章*"DevOps 和软件架构"*中，我们学习了**持续集成（continuous integration，CI）**和 **持续交付（continuous delivery，CD）**的 DevOps 实践。自动化让这些实践成为可能，下面几节将对此进行解释。

实践持续集成（CI）

对于从事遗留系统工作的开发人，如果还没有实践 CI，那现在就应该开始了。正如我们在上一章中学到的,持续集成包括频繁提交代码修改。

持续集成能在流程早期通知开发人员代码中出现的任何问题。它能减少发生冲突的可能性。当变更集更小并且更频繁地进行合并时,识别和解决任何问题都会更容易。

实践持续交付(CD)

遗留应用程序可能不是为 CD 设计的。在第 13 章"*DevOps 和软件架构*"中,我们学习过持续交付是一种以快速和可靠的方式向用户发布软件变更的能力。遗留应用程序的构建和部署过程可能是缓慢而乏味的,尤其在它们还是手动执行的时候。

如果可行的话,应该制定一个目标来实践持续交付,这样遗留应用程序将处于一种随时可以部署到生产环境中的状态。将自动化的构建流程和单元测试作为该过程的一部分,是启用持续交付的关键一步。

遗留应用程序的持续交付过程应该是把应用自动构建并部署到交付准备环境中。如果组织希望这样做,可以将软件系统的持续交付通过实践持续部署更进一步。如果启用了持续部署,则流程的最后一步也是自动化的:部署到生产环境。

更新构建工具

遗留应用程序可能还在使用旧的构建工具。与其他开发工具类似,构建工具也在不断发展。如果你正在开发的遗留应用程序使用的是过时的构建工具,那么很有可能有更优化的工具选择(或者也可能是现有工具的新版本)。

软件架构师应该更新过时的构建工具,从而优化构建和部署流程。好的构建和部署工具可以帮助你达成实践持续集成和持续交付的目标。

与遗留应用程序集成

软件架构师可能需要将遗留应用程序与另一个软件应用程序集成到一起。如果你负责将遗留应用程序现代化,并能够与新的应用程序集成,那很有可能需要重构遗留应用。

当将遗留应用程序与另一个应用程序集成时,下面这些问题需要软件架构师给予考量。

确认集成的必要性

在投入精力与遗留应用程序集成之前,我们应该先思考集成的必要性。根据具体情况,有可能从遗留应用程序迁移所需功能比继续集成还要更容易一些。

当决定到底是迁移还是集成时,应考虑遗留系统所需的功能数量和该功能的复杂度。如果功能的量特别大或功能高度复杂,那么在迁移它的过程中就要花费更多的工作量。与遗留系统集成并继续使用可能会更划算。

另一个需要考虑的因素是组织的长期目标和遗留系统预期的剩余生命周期。如果有一个目标是在不久的将来让遗留系统退役,也许尽早开始退役比花费资源来执行集成更合理。

确定集成的类型

目前存在多种不同类型的集成,应该基于业务驱动和业务需求了解需要哪种类型的集成。有些集成可能需要实时进行,其中一个系统的操作会触发另一个系统中必然立即发生的操作。这些类型的集成实现起来可能更加复杂和昂贵。

在某些情况下,接近实时的集成就足够了。接近实时的集成仍然很迅速,知识处理可能只能以分钟而不是秒来衡量。如果不需要这样快速的操作,批处理集成可能是最合理的选择。与实时或接近实时的集成相比,批处理集成可能需要几个小时,甚至几天才能完成。批处理可以在非高峰时段处理和执行。

有些类型的集成更容易实现,对现有环境的破坏也更小,所以除了理解业务需求外,了解当前环境也很重要。

在系统之间共享功能

当新软件应用程序与遗留应用程序集成时,两个系统间可能存在一些重复的功能。软件架构师应该了解所有的重复部分,因为需要据此决定哪个系统将负责共享功能。我们应该确定两个系统之间共享业务逻辑的所有差异,因为这些差异可能是决策的重要因子。

两个系统之间的任何逻辑重叠都可以候选做暴露和共享,之后便不再有重复。这样能确保逻辑的一致性。质量和可维护性都将会得到提升,因为逻辑只需要在一个位置进行维护和测试。

执行数据集成

在两个系统之间集成和共享数据时,我们必须确保能够以一种有意义的方式将不同来源的数据组合起来。我们应该理解两个系统中的数据以及它们所代表的内容。我们需要有能力识别数据在两个系统中是否表示相同的内容。

为将数据从一个系统转换到另一个系统可能需要建立系统间的数据映射。在可能的情况下,应该删除数据中的冗余,并决定特定的数据段应该由哪个系统负责。

总 结

尽管维护遗留应用程序存在挑战,但企业仍然会出于各种原因继续使用这些系统。对于软件开发专业人员来说,处理遗留应用程序是一项常见的任务。我们大多数人都曾经参与到遗留应用程序的开发维护中,如果你还没有参与过遗留应用程序,那么你还是很有可能在职业生涯某一刻参与。软件架构师应该了解如何有效地监督这些活动。

我们往往会需要为了修复漏洞并添加新特性而对遗留应用程序进行修改。为了使开发团队更容易进行此类修改,软件架构师可能要重构遗留应用程序,使它们更易于维护。软件架构师还可以通过将遗留应用程序迁移到云,并现代化其构建和部署流程来改进遗留应用程序。

到目前为止,我们的注意力主要集中在技术主题上。在下一章中,我们将了解软件架构师应该具备的软技能。当你从开发人员转变为软件架构师时,你会发现某些软技能非常有价值。

15

软件架构师的软技能

当提到软件架构师这个角色时,许多人往往关注的是其技术技能。然而,具备某些软技能是成为一名成功的软件架构师的必要条件。软技能是区分一个合格的软件架构师和一个杰出的软件架构师的重要手段。

在本章中,我们将了解什么是软技能,并探索一些对软件架构师有用的软技能。这些技能包括沟通、倾听、领导能力和协商技巧。我们还将介绍如何高效地与远程团队成员协作。

本章将涵盖以下内容:

- 软技能;
- 沟通;
- 领导;
- 协商;
- 使用远程资源。

软技能

硬技能(hard skills)是指可以定义和度量的具体技能。它们通常是针对具体工作的,并且可以通过教育、培训(包括组织内部的和外部的)以及认证获得。对于软件开发人员来说,硬技能主要指的是技术技能,比如了解特定的编程语言或能够运用特定的框架。

相比之下,**软技能**(soft skills)是相对无形的技能,更难以定义和度量。软技能更多与人际交往技能相关,比如领导、沟通、倾听、同理心、协商力和耐心。虽然你可以通过训练来提高软技能,但相比硬技能,它们更多是与生俱来的。

对于软件开发专业人员来说,拥有一定的软技能并下工夫来提升它们是很有益处的。当你从普通的开发人员转变为软件架构师时,软技能就会变得更加重要。作为一名软件架构师,所涉及的不仅仅是技术知识。你还必须具备能提高工作效率的软技能。本章的重点是那些对于软件架构师来说很重要的软技能。

沟通

沟通能力可能是软件架构师所要具备的最重要的软技能之一。对于所有的软件开发人员来说,这都是一项有用的技能,对软件架构师更是如此,因为他们需要与各种团队成员和利益相关者进行沟通。

当你需要沟通某些事情时,你必须先要理解你想要传达的信息,同时了解你的听众。这样,你就可以选择一种合适的方式来表达你的想法。关键不在于你想说什么,而在于你怎么说。

当参与项目的每个人之间做了充足的沟通时,项目成功的概率就会大大增加。这包括与开发人员、测试人员、业务分析人员、客户、管理人员和其他利益相关者的沟通。可能其中一些你需要与之进行技术性的交流,而另外一些则需要非技术性的。因此,软件架构师必须要能够根据受众来调整与他们的沟通方式。

沟通软件架构

软件架构师更重要的职责之一,是把关于软件系统及其架构的细节向其他人传达清楚。架构必须与开发团队进行沟通,以便开发人员能够了解组成架构的不同结构和元素,以及它们之间是如何互动的。在理解清楚架构的结构之后,他们将正确地实现所需的功能。

软件架构对架构实现施加了一些限制,以防止开发人员做出不正确的设计决策。因此,软件架构的细节必须能传达给开发人员,以便他们能够完成他们的任务并理解约束条件,同时避免开发出不符合软件架构的组件。

沟通质量属性

软件架构既可以强化也可以削弱软件质量属性。我们在第 4 章 *"软件质量属性"* 中学习了质量属性。软件质量属性的例子包括可维护性、可用性、性能和安全性。软件架构师必须就设计决策影响软件系统质量属性的细节进行沟通。为了根据质量属性权衡做出设计决策，架构师可能有必要与产品负责人、业务分析师和其他利益相关者进行沟通。

沟通客户预期

软件架构师需要与项目管理部门沟通，以协助制定项目进度和资源计划。软件架构从技术角度的输入对于做出高效的项目规划是非常必要的。

一旦项目开始，软件架构师就将需要持续与管理层就项目状态进行沟通。在某些情况下，软件架构师可能需要与一个或多个客户沟通他们对软件的预期。一个未达到客户期望的项目，不能认为是一个成功的项目。一个组织必须确保它与它的客户保持一致意见，做到这一点的重要途径是让客户了解项目的当前状态。这样做的目标是消除意外以确保客户的满意。

沟通的 7 个 C

沟通的 7 个 C(7 Cs of communication)是一套关于有效沟通的技巧。这套技巧存在一些变体，有的在数量上(例如，有些只列出 5 个 C)，有的在使用的术语上。下面会详细介绍一些共通的技巧。

清晰

在你的交流中，**清晰**(clarity)是很重要的。如果你的听众不清楚你想说什么，你的沟通必然是不高效的。*"清晰(clarity)"* 也可以用 *"清楚(clear)"* 来表示。你所传达的信息应该能被接受者清楚地理解。

在与他人交流时，要考虑你的受众和你的目的。例如，如果你的听众非技术专业，但你正在讨论一个技术主题，可以多思考你选择使用的语言方式和你传达信息的方式。如果你要使用听众可能不理解的术语，要阐明其含义。

简洁

在与别人交流时,要做到简洁且不牺牲其他的几个 C。有的时候少即是多。并且,尽可能多地使用单词,但不要过于冗长。过多的措辞可能会削弱清晰程度,因为别人很难理解你所表达的意思。另外,当你的表达不够**简洁**(conciseness)的时候,你的听众可能会忽略你所说的话。

简洁性是指通过排除任何不必要的词汇来强调信息的重要部分。当你做到了简洁,也就避免了信息的重复。简洁的语言会节省时间,同时也意味着成本的节省。与你交流的人很可能更喜欢简洁的信息。当一个人被其他人认为过于啰唆时,可能别人会完全避免与之交流。

如果你想简洁明了,思考一下你想要传达的信息里真正核心的是什么。可以考虑把自己放在与你交流的人的位置上,考虑他们需要有什么知识储备才能理解你传达的信息。如果存在相关性不强的内容,你可以考虑把它们去掉。

如果你正在提前准备你的发言,比如一场演讲,你应当花费更多的时间来组织你的想法,并选择精准的、让你更简洁的语言。然而,这些额外的努力是非常值得的,你的观众也会因之受益。

具体

具体(concreteness)是指你所说或所写的内容要明确,而不要模糊或笼统。做到具体有助于使你表达的信息更清晰,使信息更不容易被曲解。曲解会给信息的发送者和接收者双方都带来麻烦,因此应尽可能具体。

想要做到具体,你可以使用明确的事实和数字,而避免使用不准确的描述。这样做可以提升你信息的吸引力。最重要的是,具体能使你更容易传达出信息的全部含义。但如果你确实没有该层面的信息,或者精确数据与你的信息无关,那就不应给出具体的细节。

此外,可以使用生动的语言帮助听者对你想要传达的内容自行构建一幅图景。在说到一些动词的时候加入动作也可以增加具体性。如果可能的话,最好使用主动语态而非被动语态。在主动语态中,句子的主语是动作的执行者,而在被动语态中,主语是动作的接收者。因此,主动语态往往更具体而不模糊。

礼遇

与人交往时,要**礼遇**(courteousness)他人。交流中的礼遇就是要尊重他人。在你所有的交流中保持礼貌和公平,能让那些听你说话的人更愿意接受和吸收你的信息。礼遇沟通能营造积极的工作环境,并能巩固工作关系。

要体贴、关心、尊重听者。并且要注意你和听者之间可能存在的任何文化差异,以确保你不会冒犯任何人。此外,应使用非歧视性的词语和表达,确保听众在性别、种族、宗教和民族方面都受到平等对待。

关怀

关怀(consideration)的重点是当你在进行交流时要把你的信息接收者放在心上。把重点放在*你*身上,而不是*我*和*我们*。想想你的听众,把他们的观点也加以考虑。了解并理解他们的观点、情绪和态度。作为信息的传达者,设身处地为接收者着想,看看是否有更好的方式来传达你的信息。

在沟通中,关怀与礼遇密切相关。为他人着想,对你传递的信息和你所面对的听众进行仔细思考,是对他人礼遇的一部分。

准确

你肯定希望你的交流是**准确**(correctness)的。你所传达的任何信息都应当是准确的。即使你已经遵循了其他的 6 个 C,如果你的信息是不正确的,你的沟通就根本达不到目的。如果在你的交流中存在任何例子和数据,请确保它们的准确性。

除了确保信息的准确性,你在交流中也要注意使用的语法和词汇的正确性,无论是书面的还是口头的。在任何书面交流中,务必使用正确的拼写和标点符号。而在口头交流中,正确的发音会增加听众对你作为演讲者(或作者)的信心,也有助于传达你的信息。

完整

你的信息应该是完整的。**完整**(completeness)要求你的沟通中应当包含理解和使用它所需的所有信息。为了确保信息的完整性,问自己五个 W 问题[谁(who)、什么(what)、在哪里(where)、什么时候(when)和为什么(why)],并确保你的信息中包含了所有相关问题的答案。

如果需要根据你正在沟通的信息采取行动或做出决定,那么应提供完整信息将有助于确保行动或决定的正确性。完整性节省了时间并降低了成本,因为不需要花费额外的精力来提供缺失的信息,或纠正因错误的信息而做出的决策。

如果有人在沟通的过程中问你相关的问题,尽你最大的能力回答该问题。如果你确实不知道答案,就诚实地说出来。

倾听技巧

倾听技巧是沟通技巧的重要组成部分之一。倾听是一种接收和理解别人对你说的话的能力。它让你能接收别人信息的同时有能力去领会该信息。如果要想成为一名高效的沟通者,你还必须有倾听的能力和意愿。因为交流不是单向的而是双向的。

软件架构师需要倾听,这样他们才能学习、理解和获取信息。如果你没有足够的倾听技巧,就很难进行有效的沟通。一个不会倾听他人的接收者可能会丢失或误解信息。

听到不等于倾听

请切记,听到和倾听是两件不同的事情。听到的能力是一个物理过程,只要人没有听力问题,这个过程就能自动发生,但倾听需要努力。当有人对你说话时,你必须集中注意力,集中精力去理解他在对你说的内容。

表现出同理心

要把倾听技巧提升到一个新的水平,我们需要能够对他人表现出同理心。同理心涉及对他人的观点的理解。试着站在别人的角度去感受别人正在经历的事情和他们可能在想的事情。

培养同理心的一个方法是多听少说。问别人一些问题,将帮助你更好地了解别人的感受、想法或需要。同理心可以让你更好地理解开发人员、客户、管理人员和其他人的需求和挑战。此外,同理心可以帮助激励你的团队,为你的客户打造更好的产品。

有效倾听的技巧

当你听别人对你说话时,正面面向他们并保持眼神交流。这能告诉说话者你在全神贯注,并帮助你自己保持专注。对说话者要保持积极和关注。

阻碍有效倾听的一个常见问题是倾听者可能会分心并开始思考其他问题。甚至可能开始思考他们接下来想说什么,这会使他们错过一部分信息。尝试不要被其他事情分心,比如说话人的外表或者你身边正在进行的其他对话。

当别人和你说话时,不要打断他们。尽量推迟表达对谈话内容的判断,不要打断别人从而把你的观点或方案强加于谈话内容之上。等到对话中自然停顿的时候再回答或提出问题。一旦到可以提问的时候,你不仅可以询问任何你不理解的事情,还可以确认你对说话人所说的话的理解是否正确。

另外,最好给演讲者肢体上和言语上的反馈,比如点头,做一个面部表情,或者说些什么,因为这些反馈会让对方知道你在听。对他人的感受给予反应以及传达你理解的反馈,能够表达你明了说话人的观点。

如果你没有认真听对方说的话,对方可能会注意到。如果你没有进行眼神交流,看起来心不在焉,或者没有给予任何语言和身体反馈,说话人可能会注意到你没有投入注意力。这可能会导致他们停止讲话,甚至可能感觉到被冒犯。

做演讲

做演讲是一种商务交流的形式。软件架构师需要向不同类型的听众做演讲,因此很有必要磨炼这一技能。软件架构师可能需要给开发团队做技术演示,给潜在客户做销售演示,给管理层做执行更新,给领域专家做概念验证演示。

成为一个好的演讲者需要练习。在公众场合做演讲不是每个人都能自然而然地做到的,但是,就像其他许多事情一样,你做得越多就越会进步。尽可能多地练习它,你就会更擅长演讲。

做演讲的 4 个 P

演讲的4P(4 Ps of presentations)代表了能让你做出高效演讲的一系列的步骤。这个方法的步骤包括：

1. **计划**（Plan）；

2. **准备**（Prepare）；

3. **练习**（Practice）；

4. **呈现**（Present）。

让我们更详细地看看每一个步骤。

计划

计划是第一步。首先你要确定演讲的主题和目的。你是想告知、说服还是激励听众？作为你计划的一部分，你应该知道谁将出席你的演讲，以及他们希望从演讲中得到什么。他们想知道什么信息？演讲方式是正式的还是非正式的？为你的听众量身定做的演讲可以让你更好地与他们建立联系，并有助于确保演讲成功。

如果别人没有为你确定，你还必须要确定你的演讲的后勤事项，包括日期、时间和地点。如果你的演讲是线下面对面的，而不仅仅是在线的，那么应当尽可能熟悉场地。特别是如果你将在一个大型场合（如技术会议）与许多人交谈，这样做是十分有帮助的。

你的大部分演讲可能只是在你早已熟悉的公司办公区里进行，但也有些演讲会在其他地方进行。你可能无法预先使用场地，但即使你能略微提前一点到达，你也能对场地有所熟悉，以减少意外发生的可能。例如，预先看看舞台、座位、灯光和视听设备是什么样子，都会大有帮助。

准备

一旦确定了演讲基本内容，就该开始准备你的演讲了。一个有用的方法是将内容分解为介绍、主体和结论三个部分。介绍应该保持相当短的篇幅，建立你演讲的总体主题和方向。听众喜欢欢快的气氛，因此如果合适的话，可以在你的演讲中加入一些幽默的成分。

演讲的主体是你演讲的主要内容。从介绍到结论都应该是流畅的。并且，从最初阶段就尽量记录你想要表达的主要观点是很有用的。

如果你想为演讲增添一些视觉效果，比如幻灯片、图片或代码，请确保字体大小、分辨率和缩放级别能够让观众清楚地看到。你还应该花时间考虑背景和字体颜色,以确保最佳的观看效果。因为很多时候,文本或其他视觉效果太小,听众无法清晰地看到。另外,请避免在演讲过程中进行调整,例如更改字体大小或缩放级别。

准备幻灯片时,尽量不要在一张幻灯片上放太多文字。因为这样不仅在视觉上没有吸引力,而且你的听众可能会花太多时间读你的幻灯片,而不是听你说话。幻灯片应该总结你所说的内容,而不是仅仅朗诵幻灯片上的内容。

如果你的演讲涉及现场演示,请准备好你需要的软件,并提前进行必要的环境设置。作为你准备工作的一部分,要考虑到所有可能会出错的事情,以及要如何处理这些情况。例如,如果你的示例程序需要使用数据库服务器,请考虑如果无法连接到它,将会发生什么情况。也许你可以使用数据库的一个本地副本来规避这种风险。

如果你要访问某些特定文件或运行某软件,准备好这些项目的快捷方式,这样你需要的所有东西都可以方便快捷地访问。你肯定不希望让观众坐在那里等待着,而你却在绞尽脑汁地寻找一些东西。

练习

一旦你准备好你的演讲,要保持练习,一直练习到你非常熟悉它为止。尽可能多地练习,因为这能提升你的自信心,缓解你的紧张情绪。此外,你不必死记硬背,但你对演讲材料要做到非常熟悉。

如果可能的话,你应该考虑在其他人,比如家人、朋友或同事面前练习。如果你的演讲有时间限制,练习可以帮助你确定长度是否合适。如果你准备做一个现场演示,例如展示正在开发的软件的功能,或者涉及编程的技术演讲,那请务必多加练习,让你在现场的时候知道应该怎么点击、执行以及编码。

呈现

在实际演讲之前,你应该已经计划、准备和练习过你的演讲。当真正要做演讲的时候,你的听众需要一个准备充分、守时、遵守演讲时长的演讲者。而且要根据演讲的类型和听众类型得体着装。

演讲开始要给人留下良好的第一印象。建立眼神交流,尽量放松,尽量表现出热情。如果你没有麦克风,请确保你的声音足够大,让别人能够听到。在演讲中,应当使用之前给出的交流 7C 的技巧。

如果在演讲过程中出现了问题,不要惊慌。尽你最大的努力弥补并继续推进。尽量用积极的口吻来结束你的演讲,这样听众就会留下一个积极向上的印象。

领导

领导是软件架构师的另一项关键技能。不存在一套放之四海皆准的领导方法。你必须自己去发掘与你的个性和技能相匹配的领导风格。

同样,没有一种领导风格适用于所有人或所有情况。人们对领导者的要求也因人而异。单一的领导方式可能并不适用于你领导的每个人。试着意识到与你共事的人之间的差异,并相应地调整你的领导行为。在保持自我的同时,努力为每个人提供他们所需要的东西。下面让我们来深入了解一下怎样才能成为好的领导者。

让别人跟随你

成为一个好的领导者的一个主要组成部分是你如何正向地影响别人。你的行为、言语和整体态度都会影响他人,作为领导者,你的工作就是激励你的团队采取正面而有成效的行动。

如何让别人跟随你?领导者需要具备某些能激励他人追随他们的特质。你应该努力赢得在同事们中的尊重和信誉。如果你始终如一地高质量地工作,值得信赖,并且在别人有需要时总是伸出援手,你就能开始赢得尊重和信誉。随着时间的推移正直的行为将有助于你和同事之间建立信任。

应对挑战

有些软件项目可能会充满困难和挑战。一个领导者需要在任何挫折中都保持坚定的决心。当开发团队在项目进行过程中遇到障碍时,领导者应该给团队提供动力,帮助他们继续前进。软件架构师们应该随时准备好认识和承认挫折,当挫折不可避免时,他们应该满怀热情地迎接它,并帮助解决它。你周围的人也会感受到你积极的态度,而这种态度是极具感染力的。

成为技术领导者

软件架构师领导力的另一个关键部分是成为技术领导者。如果你是一名高级软件开发人员或工程师，你可能已经展示了一些技术领导能力，并将其运用到工作中。软件架构师会更多地使用这些技能，因为技术领导也是他们的主要职责之一。

软件架构师是对软件架构和系统技术方向最终负责的人，身为技术领导者就要为团队提供技术上的指导和支持。

技术领导者应该在自己的工作中展示出技术上的卓越，并领导其他人生产出具有类似质量的工作成果。技术领导者同时也是*创新者（innovators）*。他们为复杂的问题提供创新的解决方案，并为新功能和产品提出创新理念。

技术领导者应该有一个*愿景（vision）*，它包含了想法、目的以及他们所看到的软件项目或整个公司的发展方向。技术领导者应该能够清晰地表达他们的愿景。愿景对于团队或公司来说是非常重要的，因为愿景让他们关注未来的目标，提供动力，并挑战个人去超越他们原来没有愿景时已经达成的目标。此外，员工们也想希望感到他们成为了比自己更宏大的事业的一部分。

承担责任

领导人要承担起责任。如果事情出了问题，领导者必须承担责任而不是推卸他人。推卸责任是向后看，承担责任是向前看。关注点不应该在是*错误*责任上，而应在解决问题上。

如果有些事情可以做得更好，那么软件架构师应该设法去理解从这种情况中可以学到什么教训，而不是只关注其消极方面。然后可以提出改进建议，以避免类似的错误再次发生。一旦问题解决了，继续前进，不要过于纠结。

关注他人

软件开发人员和软件架构师之间的另一个关键区别是关注优先级的转移。作为一名软件开发人员，你的注意力应该更多地放在自己和自我的技能提升上。而当你是一个领导者时，关注的已经不只是你自己而是所有跟随你的人。当你从初级开发人员转变为高级开发人员，再转变为软件架构师时，关注点将逐渐转移到其他人身上，并帮助他们提升。

领导者应该关注每一个他们能够正面影响的人,因此你的注意力也不仅仅局限于你的开发人员。你可以协助并赋能其他人员,包括客户、管理人员、业务分析师、产品经理和质量保证人员。

委派任务

与开发人员角色不同,软件架构师可能需要给他人委派任务。你现在可能就正在将编码任务委托给其他人,而不是全部自己完成。根据你的团队的组织形式,分配任务可能更多的是项目经理的职责,但是软件架构师可能在某种程度上也要参与到管理中来。

委派任务的职责可能与你之前作为开发人员所习惯的职责不同。然而,委派他人任务也给了你一个与团队建立信任的机会。开发人员能意识到你信任他们去完成任务,这种责任感也能激励他们更好地执行任务。

驱动变革

作为一名软件架构师,你可能需要在项目或公司中驱动变革。作为领导者要向前看,抓住机遇,发觉周遭的问题,并将这些问题视为推动变革的催化剂。正如本章前面提到的,作为一个领导者意味着要有一个愿景,并能够将这个愿景传达给他人。然而,我们不能徒有愿景,还需要一些改变来实现我们的愿景。

与其恐惧变革,不如从脱离当前的做法开启变革,这是未来的改进和让组织成长的方式。无论是运用新技术、改良软件开发方法,还是优化组织流程,软件架构师都应该是变革的拥护者。

有时候,可能发生的改变并不是由你引起的,甚至脱离了你的控制,但领导者应该意料到并能够处理这些变化。一般来说人们都是抗拒改变的,但领导者应该乐于接受变化,并激励其他人也接受。

试验也是进行变革的一种方式,不要害怕尝试新事物,只有通过尝试,我们才能创造新的机会并做出改进。试验确实需要付出很多努力,有时甚至并不带来丰硕的结果。但是至少,你会从这个过程中学到一些东西。花些时间为新想法建立原型,探索解决问题的新方法,可以带来积极的变化和成长。

沟通与领导

有效沟通是领导最重要的方面之一。也正是这个原因本章首先讨论了沟通。领导和沟通是高度相关的。你能否成为一个得力的领导者取决于你的沟通技巧。沟通技巧可以帮助你与他人建立联系，而这种联系是成为领导的必要条件。无论你是在分享你的愿景、提供技术指导、委派任务、指导他人，还是向管理层汇报状态，你都需要能够有效地沟通。

指导他人

在团队中担任他人的导师也是成为得力领导者的一部分。做一个导师可能意味着很多不同的事情，但它本质上是让你自己可以支持、建议和教导别人。另外乐于助人也是成为优秀领导者的一项特质。

你应该和你指导的人建立良好的关系，因为这会提升师徒关系成功的机会。除了就技术问题提供专业建议外，也不要忘记给他们提供软技能指导！

当你在指导某人的过程中，应给予其重视，比其在组织中更多的重视。鼓励你的学员发现并追随他们的目标和激情。有时可能该员工与当前工作并不完全匹配，可能是时候让他去其他地方继续成长，你应该给你的学员最优质的建议，而不要担心这样会影响到组织。

导师关系不仅仅使学员受益。大多数人都喜欢帮助别人的感觉。你过去可能得到过某人的指导，能够将这些指导传承下去是一种非常好的感觉。成为一名导师还可以帮助你更好地完成自己的工作，提高你的领导能力，并帮助你赢得同事的信任。

以身作则

以身作则是领导他人的一种重要方式。如果你说一套做一套，你就会失去你下属的信任和信誉。当你着手你的任务时，无论是需求收集、架构设计、技术指导、编码，还是与利益相关者交互，都要以正确的方式和良好的态度来处理。在你的工作中树立一个榜样，能为你周围的人提供一个观察你是如何完成任务的机会。

你如何处理不同的任务、挑战、人和情况，将会被其他人观察到。你的员工会向你学习，并最终听从你的领导。承担责任，兑现承诺以及高质量的工作产出能为他人树立一个想跟随的榜样。

信任他人

好的领导者都是谦逊的,不害怕承认自己也有不知道的事情。他们会向别人请教许多问题,毫不犹豫地信赖和学习他人。如果你成为一名软件架构师,你可能会感到人们期望你拥有广博的技术知识,从而倍感压力。当你确实对某事不了解或者需要更进一步的信息时,不要畏惧说你不知道,也不要羞于提问。

有时候人们反而问的问题不够多,可能因为时间紧张,可能因为不愿透露对某事情的不了解,或不想麻烦他人,也可能只是单纯的懒惰。要避免成为这些人中的一员,因为如果你对当前工作没有足够透彻的理解,你就可能会做出错误的决策,而这些决策往往难以在日后修复。

每个人都有不同的优势和劣势,你不可能在每一个领域都是专家。同时,你的团队由不同的个人组成,他们也有自己的优势和劣势。可以发现谁在该领域拥有更多的知识或经验,然后向其求教。另外与他人合作能促进信任,这也是领导的必要组成部分。

另外,倾听他人的建议可能会给你带来原本想不到的想法。它会给你提供看待问题的不同方式,让你从另一个视角看待事物。所以,请保持开放的心态,并乐于向你的下属学习。

协商

作为一名软件架构师,你会与开发团队、客户、管理层和其他利益相关者一同获取支持和做出决策。所有参与决策的人可能从一开始并不统一,所以拥有协商技巧是十分有用的。

协商是解决分歧的一种方式,一次成功的协商最终使各方都会达成一致。在某些情况下,协商的结果是双方达成妥协。一场成功的协商并不是仅仅从你的视角出发取得最好成果,而是要寻求一个对各方都公平的结果,你一定希望协商结束后维持与其他人的关系,同时达成协商最终结果时不应当有任何意外出现。

许多软技能是相互关联的,提高其中一项技能可以帮助你提高其他技能。具备沟通技巧有助于提高协商能力,而拥有强有力的协商技巧是领导的一部分。要想成为一名优秀的协商者,你也需要成为一名优秀的倾听者、沟通者和合作者。良好的人际交往能力也会有所帮助。不管你的个性如何,经验的累积都能带来协商技巧的提升。

如何运用协商技巧

作为一名软件架构师,你会在各种情况下用到协商技巧。例如,你可能与利益相关者一起做出关于质量属性权衡的决策。而这些决策会影响软件架构。进一步的,启用一种质量属性可能会阻碍另一种质量属性,当利益相关者了解到这一点时,将会进行一些协商。

当软件架构师需要获得开发人员的支持以采取某个方法,或在解决方案中使用特定的技术时,架构师可能会用到协商技巧。开发团队中的开发人员可能各自有不同的观点,此时架构师的责任是说服团队采取该方法,或帮助团队达成共识。

再举个例子,一个软件架构师会参与协商关于项目的大量事宜,比如有用性/可行性相关的管理、分配到该项目的资源数量、任务完成时间或各种花销(如获取特定开发工具许可证)的批准。

软件架构师可能还需要与客户进行协商。他们可能会参与向潜在的新客户推销产品,参与讨论产品应包含的功能,将使用到的技术栈,以及所需工作成本。

正式/非正式协商

在许多情况下,软件架构师会在与他人的讨论或会议中非正式地运用协商技巧。不过也会进行正式协商。而在更正式的协商中,你可能需要考虑采用更系统的协商方法。

在正式协商之前,你应该花点时间去做准备。准备工作应包括花时间做后勤决策,如商定协商的日期、时间、时长和地点。

更重要的是,协商的第一步是了解各方的兴趣点。一个好的着手点是投入时间来思考参与者的不同观点、可能做出的妥协,以及可讨论的替代方案。

你的团队应该了解自己的**最佳替代方案(best alternative to a negotiated agreement, BATNA)**。在无法达成协议的情况下BATNA是最可取的选择。理解你的BATNA是非常有价值的,因为在不知道所有可选择的情况下,是很难做出明智的决定的。

一旦协商开始,双方应该进行讨论,解释他们对当前情况的理解和他们的观点。双方应该真诚、认真相互倾听来理解彼此。每一方都应该描述他们的目标和他们希望达到的最终结果。在此步骤中,软件架构师可能需要进行一些说明工作,特别是在技术话题上。任何不清楚的地方都应该加以阐明。任何人都可以提出疑问或寻求说明。

当每个人都对对方和对方的目标有了清晰的了解之后,协商就可以开始了。协商的重点是实现 *双赢*,让双方都能满意地完成协商。在这个阶段,软件架构师可以帮助推动各方达成协议。而在这个过程中,可能需要一方或双方做出妥协。有时,为了促成积极的结果,需要探索其他备选方法。

一旦协商完成下一步就是达成协议。在这一点上,成功的协商将使各方达成协议。而如果不能达成协议,可能需要进一步会谈。如果达成了协议,每个人都应该对决议非常清晰。在最后,具体的行动方针将以团队讨论结果为准。

与远程资源协同工作

许多组织使用远程资源来完成软件项目。其中,远程雇员是指所有在办公室以外工作的人。它有时也被称为远程办公。远程资源有可能是内部员工或从其他组织外包的员工。软件架构师应当清楚让不同地点的团队成员协同工作的益处和挑战。

使用远程资源的益处

组织可能会采用远程办公,因为这对雇员和雇主都有好处。雇员们也往往喜欢这种工作方式,并可以提高工作积极性。灵活的工作方式可以提高员工的工作效率。允许员工远程工作的雇主可能会发现招聘和留住员工更容易,从而节省了成本。此外,采用远程办公的组织可以减少在办公空间上的花销。

如果资源是外包的,那远程办公是非常常见的。外包也可以节省运营和招聘成本,因为一个组织不需要雇佣那么多的内部员工并为他们提供福利。使用外包资源比全部使用内部资源更容易团队规模的伸缩。此外,外包还提供了一个分担风险的合作伙伴,因为一些责任被转给了外包供应商。

使用远程资源时的挑战

无论组织允许员工远程办公的原因是什么,软件架构师可能都会有使用到远程资源的需要。尽管使用远程资源具有优势,但也存在与之相关的挑战和风险。需要一些额外的技能来确保能够顺利地使用远程资源。

有效地使用远程资源需要一些规划、经验以及一个良好的软件开发流程。如果你不谨慎对待,那么使用远程/外包资源可能会导致项目时间超预期,还会导致软件质量的下降。

沟通

沟通是使用远程资源必须面临的一大挑战。尽管随着现代电话会议技术的发展,沟通不再是一个很大的问题,但有时面对面的交流确实效果更好。另外远程员工可能位于不同的时区,这使得开会会比较困难。如果某个员工办公位置十分偏远,这种情况会更加棘手。因此,在安排会议时,你必须了解每个人的时区,并意识到这可能意味着一些员工将不得不在很晚或很早的时段加入会议。

文化差异

如果一个来自内部或外包的远程员工生活在不同的国家,你应该在与他们交流时了解他们的文化差异。两国的人都应该尝试学习对方国家的文化规范,以避免产生误解或言语冒犯对方。不同的文化可能喜欢使用不同的短语或方法。花时间去了解彼此的文化能让你们的交流更加清晰。

临时会议

当所有人不在同一地点时,临时会议会更加困难。尽管有了通讯工具,可以很容易地像本地开会一样召开一个自发会议,但如果人们在不同的时区,你就很有可能需要提前安排时间计划。例如,如果人们彼此相隔许多时区,一个人的工作时间可能是另一个人的半夜。很有可能只能次日安排会议而不是当天。这种情况的一个好处是,你不会像以往的临时会议那样经常被打断。一般来说,远程雇员不太可能受到干扰,这样能减少工作内容切换的时间和分心的可能,还可以提高远程资源的生产力。

新员工培训

对于软件架构师来说,要吸收一个远程办公的新成员进入团队有时会变得非常困难。你必须将技术(以及业务)知识以及其他的相关信息传递给新的团队成员。当然这些都可以通过在线会议来完成,但你必须确保新员工掌握他们所需的所有信息。有时结对编程就成为一种有效的为新技术资源提速的办法。

另一种将知识传递给远程员工的方法是让他们在工作现场呆一小段时间。这给他们提供一个直接向团队学习的机会,他们也能够吸收公司的一些文化、规范、流程和标准。一旦适应,远程资源可以培训其他员工。例如,如果一个外包员工经过培训,他们就可以回到自己公司的办公地,培训从事同一项目的其他同事。

工作质量

外包资源可能会遇到的一个困难是,这些员工的工作质量可能参差不齐。这种情况在任何资源中都存在,但一个组织可能对其外包雇员控制力度更弱,因为他们可能不直接参与面试、招聘、培训和管理外包资源。

软件架构师应该尝试去降低这种风险。一种方法是确保有已建立的代码评审和质量保证流程。这些流程可以发现缺陷,及时修正缺陷,并提供给员工反馈的机会。如果某一个外包员工的工作质量不合格,你或许可以让另一个员工来替换该人员。

公司机密数据

当你使用外包资源时,要注意不要将机密数据暴露给其他公司。减少这种风险的一种方法是通过法律协议。

另一种方法是以某种方式掩盖、编辑或删除机密数据。有些数据是敏感的,应该对其进行修改,以便以某种方式保护个人身份信息(personally identifiable information, PII),如姓名、社会安全号码、地址/电话/电子邮件信息和其他数据元素。即使数据只能被内部人员看到时,也要应用对敏感数据的保护,但当数据会被公司外部人员看到和使用时,在保密问题上就应当投入更细致的考量。

总结

虽然技术技能对于软件架构师来说很重要,但具备软技能对于成为得力的架构师来说也是至关重要的。软技能不像硬技能那样容易定义和衡量,其本质是与人打交道的各种技巧。你的性格会影响你对某些软技能的天赋,但是任何人都可以通过学习、练习和经验来提升软技能。

本章探讨了一些对软件架构师来说特别重要的软技能,比如沟通、领导和协商技能。成为一名有效的沟通者是软件架构师的核心。除了高效地传达你的信息,成为一个好的沟通者也包括成为一个好的倾听者。

领导他人的能力是软件架构师应该具备的另一种软技能。你的职责包括为你的团队提供技术领导,帮助你的团队成员取得成功,并提供他们所需的指导。想要让团队成员追随你,你必须赢得他们的尊重和信誉。同时,沟通技巧和领导技巧高度相关。此外,协商技巧对于软件架构师也是很有价值的,软件架构师需要用它们获得别人的支持,并有助于就各种问题和不同类型的利益相关者达成共识。

在下一章中,我们将关注演进架构。变化是不可避免的,现代软件架构更关注的是对变化的适应。通过进行增量更改和设计松耦合的架构,来让软件系统更有可能在市场上获得成功,并使其组织更具竞争优势。

16

演进架构

许多软件应用程序都承受着来自技术和商业力量不断变化的压力，他们必须具备适应变化的能力。软件架构师必须设计能够演进的软件架构来适应变化。

在软件开发方法中，我们大量时间都花在了**大量预先设计（Big Design Up Front，BDUF）**上，软件架构师试图通过预测和计划来解决各种突发事件，然而这种方法已经过时了。与其企图去设计一个基本永远不需要变动的架构，现代软件开发方法更加懂得变化才是必然的。通过阅读本章，你将学习如何创建一个能够适应变化的软件架构。

本章将涵盖以下内容：

- 变化不可避免；
- Lehman 的软件进化法则；
- 设计演进架构。

变化不可避免

变化是为数不多的你可以依赖的事情之一，对于软件系统来说，变化是不可避免的。它发生在开发初期，以及维护阶段的整个生命周期。

曾几何时，我们对真实世界的流程以及作为这些流程中需要发生什么有一种更强的控制力。在编写代码之前，我们要进行大量预先设计。为了控制住局面，软件架构师试图在设计系统时预测和计划未来的每一个偶发事件。我们对软件系统的认知比我们今天所认识的更加静态,行为不会随着时间的推移而变化。

正如我们所知,基于现实世界的软件系统模型几乎都不是静态的。变化不断地在发生着,变化发生后基于其建模的软件也应发生相应变化。尽管软件不像物理产品那样产生磨损,但它依然会随着时间发生变化。

改变的原因

改变可能会由于技术或业务原因而引起。从技术的角度来看,可能导致软件系统发生变化的原因包括使用新的编程语言、框架、持久性技术和工具。软件可能需要支持新的操作系统或操作系统版本。硬件的变化可能会以某种方式影响软件。你的组织可能会改变应用程序的部署方式,比如将其移动到云。

与早期的软件开发相比,现在有更多的技术可供我们选择。现在也更流行在单个项目中使用越来越多的不同技术。这一事实意味着我们的软件系统的技术栈更加复杂,并且有更大的概率发生变化。

组织的业务也是导致软件系统变化的一个恒定的来源,包括功能需求上的更改、对新特性的需求、改进场景质量的需求、跟上(或领先)竞争对手的需求、市场的变化和监管变化。组织还可能经历合并、收购、业务/收入模型的变化,以及引入新产品的需要。与过去相比,用户对他们的软件系统有了更高的期望,并且用户想从软件中得到的东西可能会随着时间的推移而改变。组织必须能够响应市场和用户的变化。

期待改变

不管导致变化的原因是什么,大多数软件系统在其生命周期中都会收到一些变化的影响。虽然我们可能无法预测会发生什么技术或业务变化,但我们确实知道,除了极个别例子外,软件系统必将经历变化。

软件架构师应该预料到变化,并依据变化设计他们的软件系统,以便系统能够承受和适应变化。设计一个演进的软件架构让我们能处理不可避免的变化。在本章后面的*设计演进架构*部分,我们将介绍如何设计能够适应变化的软件架构,不过首先让我们看看软件演进的起源。

Lehman 的软件演进法则

软件演进是指先开发一个软件系统,然后在其基础上进行迭代更改的过程。从 20 世纪 70 年代开始,Manny Lehman 和他的同事们研究了软件系统的演变。他们定义了一系列后来被称为**"Lehman 软件演进法则"**(Lehman's laws of software evolution)的行为集。Lehman 对软件持续修改及其长期影响的研究为他赢得了*"软件进化之父"*的称号。

Lehman 的软件分类

Lehman 定律考虑到软件系统存在不同类型这一事实。在他的论文《程序、生命周期和软件演进法则》(*Programs*,*Life Cycles*,*and Laws of Software Evolution*)中,Lehman 将系统分成三种不同类型:

- S 型系统;
- P 型系统;
- E 型系统。

在本节中,让我们了解一下这三种类型的系统,并学习哪一种适用于 Lehman 的软件演进法则。

S 型系统

S 型系统是特别具体的,因为它有一个众所周知的、精确的规格,并且可以依据该规格进行开发。它可以被正式地描述,同时此系统的解决方案可以被人们很好地理解。它可以非常明确地判断程序是否正确,也存在一个完全正确的解决方案。S 型系统的需求不太可能发生改变,也不会演进。

这种系统的例子包括:计算器程序或涉及精确数学计算的程序。这类程序的逻辑是不变的。这种类型的系统是三种类型中最简单而且很少见的。由于这些系统几乎不可能发生改变,因此 Lehman 的法则对其并不适用。

P 型系统

P 型系统是可以精确阐述问题的系统。最终的产出可以被明确知晓,甚至可以为系统提供一个精确的规格。然而,与 S 型系统不同的是,要么它的解决方案没有被很好地理解,要么解决方案并不可行。

P 型系统的一个常见例子是一国际象棋程序,它在下棋时总是在每一回合都尽可能走最优解。虽然在理论上可以开发出遍历所有逻辑集来确定程序可以做什么,但在实践中并不可行。逻辑的复杂性是如此之高,以至于系统要花费太多的时间来计算每一步。如果不允许我们应用启发式来减少计算工作量并采取逻辑捷径,那么解决方案就不现实。Lehman 定律也不适用于 P 型系统。

E 型系统

E 型或嵌入型系统是基于真实世界的流程和人员建模的。大多数软件系统是 E 型系统。术语"嵌入"并不是指软件被嵌入到某些设备中,而是指系统被嵌入到现实世界中。

E 型系统会影响它所在的世界,这会为变更创造一种演进压力。此外,建模的世界在不断发生变化。业务或用户需求的改变,将会促使系统作出改变。E 型系统必须不断发展,以便继续发挥作用。基于以上原因,Lehman 的软件进化定律适用于 E 型系统。

法则

Lehman 和他的同事发现的与软件演进相关的现象和行为被称为 *Lehman 软件演进定律*。有八条法则:

- 法则一:持续变更;
- 法则二:复杂性递增;
- 法则三:自我调节;
- 法则四:组织稳定性;
- 法则五:熟悉度恒定;
- 法则六:持续增长;
- 法则七:质量衰减;
- 法则八:反馈系统。

让我们来逐一详细了解一下这些法则。

法则一:持续变更

软件系统必然经历持续的变更,否则它们将逐渐变得不可用。如果一个软件系统不能适应业务和用户不断变化的需求,它的满意度就会逐渐下降。

法则二:复杂性递增

随着时间的推移,软件系统在演进中更改的次数会不断增加,除非我们采取措施减少其复杂性,否则软件系统的复杂性也会随之不断增加。我们在第 14 章"*遗留应用架构程序*"中讨论过软件熵的概念。软件系统中的无序状态,即所谓的软件熵,会随着对系统修改的次数的增加而增加。

法则三:自我调节

软件系统的演进具有自我调节的特性。特别是对于大型系统,一些结构性和组织性的因素会对软件系统的变更做出影响和约束。结构性因素包括软件系统的大小和复杂性。随着软件系统的膨胀,系统会更大更复杂,从而越来越难以进行后续的更改。基于这个原因,一般典型的软件系统变陈旧时,它的增长也会放缓。

组织性因素,例如在决策上只有获得统一意见并获得批准,才能推进拟议的变更,这将会影响软件系统中实际发生的变更的数量。

法则四:组织稳定性

在软件系统的生命周期中,它的总体开发速度是相对稳定的,并且与分配给它的设计和开发的资源无关。有些资源比其他资源更有生产力,但不管资源是什么,软件项目的工作输出是非常稳定的。

法则五:熟悉度恒定

在软件系统的发展中,开发团队成员都必须始终对系统保持相同水平的熟悉度,这样系统才能在不损害质量的情况下进行演进。如果我们想要应对任何影响软件系统的变更来源,并高效地对其进行修改,我们必须时刻保持对系统的深刻理解。

系统增长过快会降低人们对它的熟悉度,因为我们将越来越难以在系统的技术和功能层面保持相同的知识水平。基于此,在软件系统的生命周期内,让每个版本中的变更量保持大致相同,是最理想的状态。

法则六:持续增长

这一法则表明,随着软件系统的发展,它可以持续发挥作用并满足用户的需求,同时它的规模也将持续扩大。功能数量的增加,意味着技术实现也将变多。这个法则与法则二(复杂性递增)相关,因为随着软件系统规模的增长,复杂性的水平也会提升。

法则七:质量衰减

随着软件系统的发展,它的质量将会下降,除非大家齐心协力来维持高水平的质量。在软件系统的生命周期内,必须持续专注、纪律和严格努力,才能使引入缺陷的数量最小。

随着更多的代码在系统的活跃周期内被添加进来,缺陷数量就会有增加的可能。设计不得当的优化可能包含 bug 或无法满足某些需求。随着软件系统规模和复杂性的增加,保持相同的质量水平会变得非常困难。

法则八:反馈系统

软件演进是一个复杂的过程。它需要收集来自各个利益相关者的反馈,来确保做出恰当的更改,并确保软件的演进方向能让改进效果显著且有价值。

我们应该制定相应的流程,以便能够接收到反馈并进行正确的分析。只要这样做了,我们就必须采取适当的行动将反馈纳入系统。为了系统的持续发展,我们必须根据反馈对它作出修改,以确保这个系统持续发挥它的作用。

设计演进架构

我们知道,对于我们所开发的软件系统的变更是不可避免的,这些软件系统必须适应以便它们能够持续发挥作用。作为软件架构师,我们如何创建一个可以支持变更的架构呢?

在第 1 章"*软件架构的含义*"中,我们讨论了软件架构由什么组成。在某种程度上,它由软件系统核心切面的设计决策组成。它们是软件系统最早做出的决策之一,而且可能是最难以更改的。正如我们努力将软件系统的其他方面设计为高度可维护性和易于更改一样，演进体系架构的核心思想就是我们也能够轻松地更改软件架构。一个演进的软件架构还应该支持那些不涉及架构变更的其他类型的修改。

在《演进式架构设计》(*Building Evolutionary Architectures*)一书中，作者 Rebecca Parsons，Neal Ford 和 Patrick Kua 用以下方式定义了演进架构：

"一个演进的架构支持跨多个维度的受引导的增量变更。"

在这个定义中有几个重要的概念，让我们进一步研究它们。

进行受引导的架构变更

软件架构师应该引导软件系统架构所发生的任何更改，来保证架构的特征保持稳定。软件架构是由设计决策所塑造的，这些设计决策赋予软件特定的属性，并支持特定的质量属性。

当架构必须适配一些技术或业务更改时，不能只是简单地把随意一个能支持该适配修改上线。软件系统是动态的，对它们的修改可能会产生意想不到的后果。随着时间的推移，对软件系统及其架构所做的更改越来越多，缺乏监督会导致质量败坏。软件架构的特征可能会以不可预知的方式被篡改，可能将不再达成其预期的目的。

软件架构师必须对变更有所引导，以确保软件系统的需求持续得到满足，并且架构继续满足所有目标。适应函数是一种引导架构变更方法，它可以帮助软件架构师确定修改的影响。

适应函数

在演进计算中，适应函数(fitness function)是一种目标函数，用于确定给定的解决方案与预期结果的差距。适应函数可返回解决方案的合适程度。它们被用于遗传算法的设计，并能生成给定问题的最优解。

适应函数可以应用到软件架构中，来确定所设计的解决方案与达成所需的架构特征有多接近。它们是评估软件架构特征的一种客观方法。我们应该清晰地定义适应函数，并提供一个定量的度量方法来衡量一个解决方案对于特定问题的适合程度。一个量化的结果能让我们在引入变更前后比较架构。它们还让我们能比较同一问题的不同解决方案，并确定哪一个是最优解决方案。

适应函数的分类

适应函数有不同的分类,它们并不互斥。例如,适应函数可以是原子的,也可以是时间的。不同的适应函数类别包括:

原子与整体

原子适应函数专注于单个上下文和单个架构特征。例如,为单一架构特征设计的进行单元测试是原子的。一个整体的适应函数同时考虑了多种架构特征。

同时拥有原子和整体型适应函数是大有用处的,因为某个特征在原子测试中运行良好,但在与其他特征结合时可能会失败。对所有架构特征的各种组合都进行测试是不切实际的,但是软件架构师可以选择重要的特征组合进行测试。

触发和连续

触发适应函数会基于某个事件被执行。例如,它们可以作为构建的一部分或单元测试的一部分被触发。一个连续的适应函数会一直持续执行,它的执行并不依赖于某些事件的发生。比如有的测试里监控工具可能会不断地执行,当满足某个条件时就会产生警报,这就是连续适应函数的例子。

静态与动态

当我们要测试的条件值恒定时,就是静态适应函数。测试可能想要确保结果小于某个静态数值,或者确保返回 true 或 false 的返回值符合我们的期望值。相反,动态适应函数的可接受值可能因为上下文的不同而改变。例如,根据当前的可扩展性级别,性能测试的预期结果可能会有所不同。如果可扩展性很高,那较低的性能也是可以接受的。

自动和手动

自动适应函数是自动触发的。它们可以是自动化单元测试或自动化构建过程的一部分。如果可能,自动适应函数是最理想的。然而,有时你可能需要或希望手动执行适应函数。

时间

时间适应函数基于特定的时间量。其他适应函数可能着重于系统中的变化,而时间函数则是基于时间触发的。例如,某个适应函数可以用来确保,如果一个补丁文件可以用于现在正在使用的框架,那么它将在一定天数内被应用。

有意和浮现

只要了解了架构的一些特征,许多适应函数可以在项目的早期被定义。这些被称为有意适应函数。然而,有些架构特征在项目开始时并不为人所知,而会随着系统的继续开发而浮现出来。这些适应函数被称为涌现函数。

特定领域的

特定领域的适应度函数是基于一些业务领域中出现的特定问题。一些例子包括法规、安全性和个人可识别信息(**personally identifiableinformation, PII**)要求。特定领域的适应函数可以确保架构持续符合这些需求。

适应函数的例子

适应函数可能以测试(自动或手动)、监控和指标收集的形式出现。并不是所有的测试都是适应函数。只有那些确实对特定架构特征起到评估作用的函数才是适应函数。

例如,我们可以创建适应函数来计算和使用各种软件指标。这些可以确保软件架构是否可以持续满足可维护性需求。在第 4 章"*软件质量属性*"中,我们讨论了诸如**圈复杂度**、**代码行数**(**cyclomatic complexity, lines of code, LOC**)和**继承树深度**(**depth of inheritance tree, DIT**)等软件指标,作为可维护性的度量方式。适应函数可以让你知道软件系统何时超过了指标的可接受级别,从而让你有机会分析最近的更改并确定是否需要重构。

可以执行性能测试来确保软件架构持续满足需求,并且可以保证近期对软件系统的任何更改都没有对其性能产生负面影响。安全测试可以关注软件系统的安全维度,以确保更改没有引入安全漏洞。

另一个关于适应函数的例子是使用**弹性工程**(**resilience engineering**)(也称为**混沌工程**)工具,如混乱猴子军团。混乱猴子军团是一个整体的、连续的适应函数的例子,用于揭示软件应用程序中的系统缺陷。这个由 Netflix 创建的工具,通过故意禁用系统中的计算机,来确定它是否能够适当地容忍系统故障。这个特定的适应函数是定期执行的,并且总是安排在工作时间(而不是周末和假日)运行,以确保如果系统没有按照预期运行,工程师可以对问题作出响应。

在变更因引入和架构不断演进时,整体架构在这个过程中是否适应的信息,可以通过使用不同类型的适应函数为软件架构师提供。它们提供了一种方式让软件架构师确信系统仍然有运作的能力,还能告知你系统的质量是否已出现下滑。适应函数促进了可演进架构的创造。

进行增量变更

一个演进架构的特征是,软件系统的更改是增量进行的。进行增量变更包括我们如何变更系统、如何构建系统,以及如何部署系统。

为了设计一个演进的软件架构,我们必须让人更容易理解软件系统中正在发生的事情。我们进行更改的难易程度与我们对系统的理解程度息息相关。在较小的范围内进行更改可以让我们更容易地理解正在更改的内容,同时减少引入缺陷的风险。它还使代码评审和测试系统更改变得更容易。

你可能还记得在本章前面的 *Lehman 软件演进法则* 部分中,法则 8 强调了拥有一个反馈系统的重要性,该系统允许重要的利益相关者对系统提供反馈。然后就可以根据反馈对系统进行更改。软件敏捷开发方法的迭代特征和 DevOps 实践,如**持续集成(continuous integration,CI)** 和 **持续交付(continuous delivery,CD)**,促进反馈的提供,并让反馈更快地被接收,从而让有益的改进能够更快地交付到客户手上。

在第 13 章 *"DevOps 和软件架构"* 中,我们讨论了 CI 和 CD。进行增量变更的一个重要部分是让开发人员不断地将他们的变更集成到系统中。通过频繁地向代码控制仓库中提交更改,可以减少合并冲突的机会,从而更容易地解决发生的任何冲突。包含自动化测试的自动化构建能够快速地给我们关于变更的反馈。即便一组更改存在问题,它们也更容易修复,因为自上次构建以来只提交了有限数量的更改。

CD 是一种能够以安全、可重复和可持续的方式将变更发布到生产中的实践。具有高度适应性的系统能够快速响应变更并快速发布新版本。向用户快速发布增量变更会使你的系统具有高度可演进性。CD是指生成低风险高质量的软件发布,同时具备更快的上线时间。

跨多个维度的架构变更

Rebecca Parsons,Neal Ford 和 Patrick Kua 提出的演进架构定义的最后一部分指出,演进架构是一种可以支持跨多个维度变化的架构。一个软件系统由不同的维度组成,软件架构师必须考虑所有的维度来构建一个可以发展的系统。

软件架构师往往都会关注架构的技术方面,比如它的编程语言、框架和第三方库。然而,软件架构师还必须关注软件系统的其他各个方面。数据库(及其数据)、安全性、性能及其部署环境都属于软件系统其他维度。为了成功地维护可演进的架构,软件架构师必须在对其进行更改时考虑所有这些维度。

松耦合的架构

在设计演进架构时,它的组件应该是松耦合的。在第 6 章"*软件开发原则与实践*"中,我们讨论了松耦合代码的重要性。耦合指的是组件之间的依赖程度。

如果模块是紧耦合的,那么更改就会更加困难。对某一个组件的更改更有可能影响到其他组件,从而增加必须被更改的模块总数。当你需要修改一个紧耦合的系统时,将需要更多的时间和精力用于开发和测试。

为了让更改软件系统变得更加容易,我们应该尽量减少组件之间的依赖关系,并且应该把所有组件设计成尽可能相互独立的。松耦合的组件降低了复杂性(通常增加了内聚性),使你的架构更容易维护。

有一个演进体系架构松耦合的例子,将软件系统的横切关注点与应用程序的其他关注点的逻辑松耦合。通过解耦这种类型的逻辑,每个横切关注点都可以与任何它的使用者相互独立地发展。正如我们在第 9 章 "*横切关注点*"中学到的,横切关注点的逻辑可能在整个应用程序中都被需要,因此你应该让它与应用程序的其他部分松耦合。这将减少重复代码并提升可维护性。

做到这一点的一个方法是让每个横切关注点都各自成为自己的服务。需要这些服务的逻辑必须依赖于服务的接口,这样能让服务实现被修改而不影响应用程序的其他部分。这样就能让横切关注点,如缓存和日志记录,随着时间的推移而不断发展。

设计可发展的 API

设计演进架构的另一个重要方面是设计正确的 API。我们无法预测应用程序接口需要做哪些更改。当软件系统需要适应变化时,用于与 API 的通信的消息契约可能也需要修改。修改 API 的例子包括发送或接收的信息量、单个数据块的名称、数据类型,以及引入新的数据表征形式来支持不同类型的客户机。

维护一个可以发展的系统需要适当地考虑对 API 进行更改,特别是在 API 发布之后。你的 API 应该支持演进,允许它们适应变化,但又不会破坏已经依赖它们的客户端。

将 Postel 法则应用于 API

有一个非常有用的消息契约设计指导原则叫做**坚固性原则**(**Robustness Principle**),也称为**Postel 法则**(**Postel's Law**)。Postel 法则背后的理念是,你应该在你所做的事情上保持保守,而在你从别人那里接受的事情上保持自由。这个原则最初是在设计传输控制协议 TCP 协议时提出的,但它也适用于消息契约。我们应该在发出的东西上保守,在接受的东西上自由。换句话说,应该将必要的数据信息最低限度地发送到系统外。消息发送者必须遵守消息契约,减少 API 暴露的数据量,这样造成破坏性的机会就会减少。

所谓的在接受时自由,是指当软件系统使用 API 时,它应该只从消息中提取需要的内容而忽略掉不需要的部分。这种方法能最大限度地减少软件系统对特定消息的依赖,并提高了它对更改的适应能力。如果以后对本不需要的部分进行了更改,软件系统将不会受到影响。

在软件系统中运用标准

在软件系统中运用标准有助于创建演进架构。在做出技术选择和设计决策时,运用标准可以让软件系统随着时间的推移更容易适应。使用标准,例如编程语言、框架、第三方库、通信协议、数据库、数据交换格式、开发工具或其他设计选择,可以提高可维护性,并让你的系统更易演进。

标准化的使用通常让其他系统的集成更容易完成。此外，不仅在初始开发期间，在可能存在的长期维护期间，也更容易寻找到熟悉你所选技术的资源来开发你的软件系统。

当面对不同的选择时，使用标准方法未必总是最优选择。然而，鉴于标准化带来的诸多好处，软件架构师还是应该考虑这个因素。

最后责任时刻

最后的责任时刻（last responsible moment，LRM）是一种策略，该策略推迟决策直到不做决定的成本大于做决定的成本的时刻。软件架构所做的设计决策对于软件系统来说是最重要的决策质疑，而且是以后最难更改的决策之一。

在传统的软件架构中，决策是在项目的早期做出的。为了设计一个演进的软件架构，最好将决策推迟到 LRM。这减少了做出不成熟决策的可能性。过早做出决定是非常危险的，因为它们可能会产出不正确的结果，还要以高昂的代价返工。

只要延迟做决定的成本不大于做决定的成本，尽可能晚地做出决定可以确保你能获得最多的信息。这有助于你做出明智的决定。

LRM 策略的挑战在于很难确定 LRM 到底在何时发生。成本和收益是会变化的，人们往往是在最佳时机过去之后才发现什么时候最佳。即使有好处，延迟对架构不太重要的决策通常没有那么有益。然而，对于重要的决策，你需要收集尽可能多的信息，以便在适当的时候做出正确的决策。

总结

应用程序总要因为各种各样的原因需要更改，所以软件系统的变化是不可避免的。软件架构师应该预料到变化，并在设计软件架构时考虑到这一点。

为了创建一个能够适应变化的演进架构，软件架构师应该引导架构的修改，以确保架构的特征及其质量水平保持不变。适应函数可用于帮助确定架构是否可以继续实现所需的架构特征。

当确实需要对应用程序进行更改时，多进行一些实践（例如进行增量更改并确保架构组件是松耦合的)将有助于进行修改。

在下一章中,我们将仔细研究如何成为一个更好的软件架构师。一名优秀的软件架构师需要不断地自我提升来维持你的技能并获得新的技能。我们会详细介绍各种不同的活动,让你在这个角色中成长。

17

成为更好的软件架构师

只要你在职业生涯中取得进步，成为一名软件架构师，那么你的自我提升和技能精进之旅就远没有结束。软件架构师的角色极具挑战性，同时软件开发领域又是不断变化的。软件架构师必须紧跟最新的趋势，并确保他们的技能保持相关性。

本章将重点介绍多种促进你成为更好的软件架构师的手段。通过学习新事物、参与开源项目、编写自己的博客、尝试新技术和参与会议，我们可以深入了解作为软件架构师我们应该如何提升。

本章将涵盖以下内容：

- 持续学习；
- 参与开源项目；
- 撰写博客；
- 花时间教别人；
- 尝试新技术；
- 继续编写代码；
- 参与用户组和会议；
- 对你的工作负责；
- 为你的工作感到骄傲。

持续学习

专业的软件架构师的一个重要工作,就是要不断改进你的知识组合。在软件开发行业中,技术和开发方法是不断变化的。正如软件系统必须适应不断变化的环境一样,软件架构师也必须适应。现有的技能可能会过时,而保持你自身价值的一个重要部分就是确保你的技能保持相关性。每个软件架构师都应该保持谦虚的态度,并明白还有很多他们不知道的东西。

能把真正优秀的软件架构师与平庸的软件架构师或一般开发人员区分开来的重要一点是,脱颖而出的人永远是在不断地努力提高自己。他们不满足于现有的知识储备,总是希望学习新的事物。优秀的软件架构师明白软件开发领域是不断变化的,为了在他们的职业中保持卓越,他们必须紧跟节奏。

即使你在某一特定语言、工具或框架方面十分精通,这些技能也会随着技术的发展而变得陈旧。例如,如果你认为自己是 C♯/. NET 的专家,但是只要远离这些技能一段时间,你可能在某种程度上丢失这些能力。此外,特定的语言和/或框架将随着时间的推移而发展,如果你不跟上这些变化,你可能无法维持自己的专业知识水准。

提高知识的广度和深度

在第 1 章"软件架构的含义"中,我们讨论了知识的 *广度* 和 *深度*。知识的深度是指你在某学科中对某一特定主题所具备的专业知识的广度,而知识的广度是指你在某一学科中专业知识的掌握范围。

如果你正在扮演软件架构师的角色,那么你无疑具有一定的知识广度和深度。持续学习不仅仅提高了广度和深度,它还包括随着时间的推移两者共同的提升。有时你应当专注于一个特定的主题来增加你的知识深度,有时你也应当通过扩展你的知识体系和探索新的主题来增加你的知识深度。

软件架构师应该拥有丰富的知识,因为他们需要了解与软件开发相关的各种内容。这本书涵盖了许多这样的主题。然而,单靠一本书可能不能准确阐明你在每个主题上需要的知识储备量。对于某些主题你也许已经掌握了大量的知识,但是对于那些你不太熟悉的主题,你应该花更多的时间去学习。你可以找一个自认薄弱的知识领域,然后把它变成强项。这种态度才会让人进步,才能让你成为更优秀的软件架构师。

规避工具定律

在考虑学习重点时,我们不仅要保持现有的技能,还要学习新的事物。跟上当前的趋势是持续学习的一个重要组成部分。

持续学习对于任何软件开发专业人员来说都是非常重要的,对于软件架构师来说更是如此。如果你对可应用于解决方案里的新兴技术和软件开发方法不够了解,那么在你面临设计问题的时候,你可能只能选取一种你早就使用过的技术。这一观点被称为**工具定律(law of instrument)**,有时也被称为"铁锤定律"或"马斯洛锤定律"。这一概念可以用一句名言来概括:如果你只拥有一把锤子,那么你看一切事物都像钉子。

然而,你熟悉的解决方案对于给定的问题可能并不是理想选择。这种时候拥有丰富的知识储备就显得尤为有用。通过拓宽你的知识面,你能获得更多工具供你使用。你可能无法成为所有方面的专家,但对某些问题的各种解决方案都有所了解,并能够理解不同技术的优缺点,能让你选出这种情况下的最优解决方法。

找时间学习

找时间学习和提高是很有挑战性的。在工作和个人生活之间,把更多的时间投入工作上是很困难的。然而,如果你对软件充满热情,你可能会愿意花时间学习该领域的新知识。

在工作和个人生活之间找到平衡是很重要的,这样你有可能给两者都留有充足的时间。找时间持续学习的关键是要持之以恒。给自己设定目标,这个目标要现实且能反映你想取得的收获。如果你能每周抽出一些时间,对你的事业将大有帮助。如果你很忙,可以尝试寻找同时处理多任务的方法。你可以在上下班路上听播客,在跑步机上看教学视频。

保持技能精进的方法

有很多方法可以实现你的学习目标。你正在阅读这本书这件事就能表明你正在致力于学习和提高你的技能。阅读书籍是学习新事物的好方法。现在书籍涉猎主题极其广泛,新的书籍也不断出版。电子书是一个特别方便的选择,因为它们便携、可搜索、立即可用。即使你有很多电子书,你也不需要用很多空间来储存它们,因为它们根本不占用物理空间。

当我们想到学习时,我们脑海中浮现的是正式学习。即使你已经完成了正规教育,还有一些很好的继续学习的办法,比如到正规机构去单次的或者成体系的进行课程学习。现在很多机构都提供在线课程,对在职的专业人士来说更加方便。

正规机构也不是进行课程学习的唯一途径。例如 Pluralsight、Lynda.com(领英学习)、Udemy、Coursea 和 Microsoft Virtual Academy 等学习网站都提供了许多优秀的在线课程。技术内容的学习网站尤其有帮助,因为有时候正规机构可能对最新的趋势的跟随上有些滞后。

还有一些其他方式能帮助你了解科技新闻和最新技术发展,比如阅读网站和博客上的文章、收听播客和在线观看视频。这些活动不需要像其他学习方式那样花费那么多时间。你可以在很短的时间内阅读一篇文章或博客文章,并且有选择性地一次阅读多少篇文章。你可以在做其他事情的时候听播客,比如在上班的路上。

出版书籍和创建课程需要时间,但高频发布的在线帖子、播客和视频则可以涵盖人们感兴趣的各种最新话题。

本章的许多其他主题例如参与开源项目、编写自己的博客、尝试新技术,就是可以帮你维持现有技能和学习新技能的方法。

参与开源项目

参与一个开源项目或创建一个新的开源项目应该是促使你成为更好的软件架构师的一种有益的方式。与你私下为了学习或者练习而编写的代码不同,你为开源项目编写的代码是公开的。如果代码被别人看到的话,人们会更倾向于写出更好的代码。开源项目的透明性有助于让人们写出更优秀的代码。

参与开源项目的另一个好处是,它可以提升你的个人品牌或你的组织品牌。如果人们熟悉你的工作或者你公司的工作,这可以促进你的职业生涯发展或给你的公司带来积极的关注。

与单纯的使用相比,组织如果积极参与维护他们使用的某个开源软件,组织也会对它更加熟悉。从维护开源软件中获得的知识使组织在日后更容易对其进行进一步的更改。该组织还能从社区其他成员的知识中获益,这些成员可以解答问题并提供有用的反馈。

从事更多的开源项目还可以帮助你求职。不仅仅是因为你正在提高自己的技能,还因为一些公司现在已经把技术资源的开源组合和活动作为招聘过程的一部分。虽然它在你寻求某个职位的过程中可能起不了决定性的作用,但它仍很有帮助,即使它只是帮助你获取到面试机会。

创建你自己的开源项目

如果你不想局限于参与已有的开源项目,你也可以创建你自己的项目。如果你意识到人们可能面临的一些需求或问题,你可以创建针对一个该问题的解决方案,并将其公之于众。也可能是你已经遇到过的问题,而且你可能已经写好了解决方案。

把你想开源的解决方案封装起来,这样其他人也可以轻松地使用。应确保你的代码是可理解的。遵循我们在本书中介绍的原则和实践,使之具有可维护性,因为其他人会使用和修改你的代码。创建自己的项目时,你应该提供单元测试、文档和自述文件。

你还需要考虑使用什么开源许可证(如果有的话)适合你的项目。开源许可定义了可以使用、修改和共享软件的条款和条件。

比较流行的开源许可是一组由 Open Source Initiative(OSI)批准的许可。经 OSI 批准的许可证包括(按字母顺序排列):

- Apache License 2.0;
- BSD 2—Clause "Simplified" or "FreeBSD" license;
- BSD 3—Clause "New" or "Revised" license;
- Common Development and Distribution License;
- Eclipse Public License;
- GNU General Public License (GPL);
- GNU Lesser General Public License (LGPL);
- MIT license;
- Mozilla Public License 2.0。

如果你正在参与一个现有的项目,最简单(也可能是必需的)的方法是使用项目现有的许可。如果你正在一个喜欢使用特定许可的团体中创建一个新项目,那么你也应该为你的项目使用该许可。

对于某些项目,你可以选择不使用任何许可证。默认情况下,任何创造性的工作,包括软件,都会有版权保护。除非另有特殊规定,未经作者授权,任何人不得使用、修改、发布或复制你的作品。在过去有一段时间,创作者必须明确地主张版权,但现在情况不再是这样了。

撰写自己的博客

维护自己的博客也是使你成为更好的软件架构师的一项活动。写一些技术内容可以让你更加熟悉它们。你可以利用这个机会去了解一些一直想了解的东西,然后把它写下来,这有助于巩固你所学到的知识。它提供了一个讨论区来展示你所知道的知识。

与其他软件开发专业人员分享你的知识是非常有益处的。告知别人某一知识,同时知道这样对他人可能有所帮助,将会是一次有价值的尝试。与推特或其他类型的社交媒体帖子不同,一篇写得好的文章可以在很长一段时间内被人看到和被人用到。

提升你的知名度

一个有优秀文章的博客会让你的整体知名度有所提升,也会为你在业内赢得良好的声誉。如果你的个人网站只有你的专业认证而没有博客,可能会给人留下陈腐的印象,也不会产生多少流量。如果你定期编写新的帖子,访问者将有理由多次访问网站,你也更有可能获得新的访问者。

一旦访问者来到你的网站,他们可能会看到你的线上简历和认证。有一个博客可以给你的职业生涯带来更多的机会。与你在开源项目的公开编码活动一样,如果你有个人网站雇主就可能注意到。这可能是你获得面试的一个机会。无论你是一个独立的顾问,或是经营自己的企业,或是在组织中工作,你的博客都可以作为一个营销工具,因为它可能吸引新的客户。

开启自己的博客

开启自己的博客很容易,因为进入门槛很低。任何人都可以在相对较短的时间内安装并将博客运作起来。即使你可能有能力从头开始开发一个网站,也应当考虑利用许多现成可用的博客平台。写博客的功能需要一些时间,所以与其花时间写代码,不如花时间为你的博客写内容。

像 WordPress 这样的博客平台基本可以提供所有你需要的功能。大多数平台提供了许多自定义站点的方法,包括各种各样的主题,这些主题可以让你选择网站的外观和风格。在选择一个博客平台之后,你需要选择并注册一个域名,选择一个主机,并配置或自定义你的网站。在那之后,就剩下撰写和发布新内容了。

你需要考虑博客的整体主题和专注方向。有些博客的范围宽泛,而有些则要狭窄得多。如果你对各种主题的博客都感兴趣,你也会希望你的博客覆盖更广泛的范围。然而,你也可能希望你的博客更有专注点。关注广泛能让你的博客涵盖更多的主题,但是更多的访问者可能会更倾向于订阅一个更专业化的博客,专注于他们感兴趣的主题。无论你决定博客的专注点和范围是什么,都要敬畏它,才能满足读者的期望。

维护个人博客最具挑战性的部分是坚持不懈地撰写新文章。然而,永远有数不清的话题能作为一个帖子选题。你总有一些正在做的事情有助于分享,总能从别人发布的博客里汲取到新的知识。

需规避事宜

如果你的博客专注于职业生活,你就不该包含太多与你的职业无关的内容。有些人喜欢在他们的网站上包含个人信息,这样人们就可以在这个层面上了解他们。如果你想的话,适度添加这样的内容是可以的,但是大多数情况下,你应该更专注于你的事业。

还有一件需要避免的事,就是搭建了博客后几个月甚至几年都不在你的博客上发表文章。如果你的上一篇文章很旧,访问者会认为整个网站已经过时并且不再维护。就像本章建议的其他活动一样,撰写博客需要时间,然而,你应该把它看作是你整个职业生涯的一项投资。

花时间教学

想成为一名更好的软件架构师，一个富有成效且有回报的方法是花时间为其他开发人员和软件架构师进行教学。当你教别人一门特定的课程时，你对这门课程的理解也会随之加深。

在你的教学准备过程中，你会审阅资料并咨询他人。在这个过程中，你可能会学到很多新的东西，或者重温记忆模糊的地方。另外你还有机会从你所教的人身上学到一些东西。

教别人可以提高你的组织能力和人际交往能力。你在准备要传授的课程时需要预先进行组织编排，与学生的互动还可以提高你的人际交往技能。这些技能还与诸如领导力之类的其他一些技能相关联，它最终可能对你的职业发展有所帮助。

寻找教学机会

教学的方式多种多样。它并不一定要在正式的会议或教室里进行。最合适也最常见的指导他人的机会也许就在你的工作中。在任何一个工作日都有教学的机会。

当你与你的开发团队一起工作时，你无疑会遇到许多情况是需要你进行解释、提供指导或推荐方案。你在进行设计或代码评审时，都是你可以向团队成员提出指点的绝佳时机。提供反馈时记得用积极和鼓励的方式。

分享过去的经验也是指导别人的好方法。作为一名软件架构师，你从过往的工作中获得了大量的经验。分享你职业生涯中的真实故事会让你的同事受益匪浅。

还有一种指导他人的方式是树立榜样。当你开始你的日常工作时，你周围的人也会观察你如何行为举止、如何解决问题、如何完成任务。如果你以正确的方式做事，别人会从你的示范中学习。

我们前面还讨论了一种对别人教学的方法，那就是撰写和维护博客。这种教学方法很有效，同时你能够接触到更多的受众。博客可以让你很容易地与那些你根本都不认识甚至身处非常遥远的人形成交流。在用户小组或会议中发言还提供了另一种传递知识的方式。

学习新事物有可能颇具挑战，掌握一门学科本就需要付出努力，所以要牢记在教别人的时候要有耐心。对老师和学生来说，耐心都是一种重要的品格。有些话题在最初可能很难理解。你不应为此感到沮丧，你也应当避免你的学生变得过于沮丧。

担任导师

指导是向他人传授知识的一种方式。在第 15 章 *"软件架构师的软技能"* 中，当我们谈到软技能时，指导他人也是领导力的一部分。指导你的开发团队也是作为软件架构师的角色的一部分。

指导包括建议、支持和教导他人。指导对你的学生有益，同时也让作为导师的你有所收获。这不仅会让你身心愉悦，还会提高你的领导能力，也积累了你在同事中的信誉。

一定要倾听你的学生，这样你才能明白他们想从你身上学习到什么。软件架构师不仅可以传授技术技能，还可以传授有关组织、职场关系和软技能。你可以利用你的个人经验，在职业生涯等话题上对他人进行指导，从而对他人形成帮助。

要提高对学生的期望。你对他们的期望（以及他们对自己的期望）会影响他们的表现。提高期望表明你对他们有信心，并鼓励他们走出自己的舒适区，这是真正的成长发生的地方。

尝试新技术

好的软件架构师会非常在意自己的技艺，并喜欢尝试新的技术和技法。这并不意味着你必须要在你的应用程序中成为这些新技术的先锋实践者，但是了解技术趋势是非常重要的。

软件架构师应当去学习新的技术、框架、语言、工具或其他技术，以便他们理解应用这些技术会面临的情况。你熟悉的技术越多，你可以使用的工具就越多。当你遇到不同的问题或想要利用某些机会时，熟知各种功能让你有能力为特定的工作选择最理想的工具。它会让你有能力明智地谈论不同的替代方案，并让你清楚地说出为什么一个解决方案比另一个解决方案更好。

我们已经讨论过一些学习新事物的方法，这些方法可以应用于理解新技术。我们不应满足于知道这些技术，更要深入地理解它们，软件架构师更应该上手应用它们。

无论是在工作中还是业余时间都要尝试新技术。其中很多都是免费供你尝试的。需要你购买的产品可能也会有一个免费试用许可证,目的就是让大家都有尝试的机会。

作为其他学习方式的补充,你可以亲身体验这些技术。你可以用一个真实存在的或人为设计的问题,并尝试使用技术来解决它。你可以创建解决方案的原型、概念验证(proof of concept,POC),来确定其在实际应用程序中的可行性。

随着你对它的了解越来越深,你就会对它的适用性、易用性和其他特性形成自己的看法。你会开始了解这项技术的优势和劣势。当有机会使用它时,你就有能力对是否应该使用它给出一个有见地的意见。

继续编写代码

为了让软件架构师不断自我提升,他们应该继续编写代码。第 1 章"软件架构的含义"中,我们讨论了象牙塔里的软件架构。他们在某种程度上是与团队其他成员隔离的架构师。他们并不准备亲自动手,而是在高层次上设计解决方案,但不参与解决方案的实际编码工作。

如果某种特定的技能,如编程,不去多加练习的话,久而久之这个技能就会开始被丢失。你会不了解实现不同的解决方案的涉及事项。还会慢慢无法理解开发人员面临的挑战和问题。

给自己分配编码任务

让自己参与编码的一种方法是将项目中的一些开发任务分配给自己。将编码任务分配给自己可以让你与开发团队的其他成员保持紧密联系。

如果没有为软件架构师规划代码工作,可以与你的项目经理谈谈,解释你想做什么。为了适应你的其他职责,你可以同意将编码任务限制在有限范围内,这样它们就不会占用你全部的时间。

开发自己的项目

我们前面已经讨论过参与开源项目和尝试新技术。这两种活动都可以让你保持编程技能的精进。除此之外,开发自己的项目是另一种成长为一名软件架构师的方式。

从事业余项目的好处与从事开源项目的好处非常相似。事实上,你的副项目也可以是一个开源项目。然而,你可能并不总能在现有开源项目中找到适合你开发的项目,同时对如何开设新开源项目一无所知。这不应阻止你创建自己的副项目,因为你可以单纯地私下开发项目。有的时候你只是想做一些不公开的事务。

做一个能挑战你现有技能的项目,来促进你的个人成长。例如,如果你擅长处理后端代码,那就可以专注于前端代码,反之亦然。

阅读代码

在你不怎么写代码的时候,还有一个精进你编程技能的方法是阅读别人的代码。当你成为软件架构师角色时,你确实可能会发现自己此时编写的代码比你作为开发人员时要少。

评审你项目的执行代码将使你非常熟悉开发团队的实现流程。除了你自己的项目,还应该仔细研读经验丰富的专业人员为其他项目编写的高质量代码。开源项目让研究不同类型的代码变得容易。你可以选择你感兴趣的项目并仔细研究代码。

还可以观看有名望程序员的实时流媒体编程会议或在线视频,从而受到启发,并为自己的代码寻求好的想法。与同事进行结对编程是熟悉之前不了解的代码的一种方式。

参加用户小组和会议

参与用户小组和会议是成为更好的软件架构师的一种有趣的方式。每年都会有许多不同的会议,涵盖了各种各样的主题。

听取各种演讲是一个很好的学习经验。有些演讲人本身就是行业领袖,你可以从他们身上学到很多。有些会议会为提问预留时间,你可以利用这个时间来消化刚才的内容。在会议结束后,你可能还有机会与主讲人交流和咨询。

参加用户小组或会议的好处是,在会议结束后,你可以与未参会的人分享你所学到的东西。你可以用所有获取到的新知识创建自己的演讲,然后与组织内的人员分享。

即使你不能去参加一些世界上规模最大质量最高的会议,在你的当地也会有一些。有些公司会实时直播他们的会议或制作会议的视频。

在用户小组或会议上发言

除了出席用户小组或会议,你还可以选择深度参与。会议和用户群需要演讲者,而下一次活动的演讲者可能正处于空缺。

虽然你不一定有机会在任何一个你选择的会议上发言,而且由于地点和费用等因素,参加某些会议对你来说可能非常困难,但你依然可以找到一个你可以参加的会议。在网上搜索或询问同事在你所在地区的用户小组,以及附近即将举行的会议。

许多用户组和会议都有网站和其他社交媒体账号,这些可以为你提供更多信息。对于你感兴趣的主题,你要有一个清晰的想法,并且要是你非常想要展示的内容。一旦你有了一个主题,要了解将要出席的观众。当你做演讲的时候要时刻考虑观众,包括你认为他们想从演讲中得到什么。

去弄清楚你参与到会议的话需要做哪些事情。你可能需要提交一份得到批准的提案。提案提交时要遵循用户小组或会议提供的所有指南。

一旦你被授予了演讲的机会,你就要开始准备了。在第 15 章 *"软件架构师的软技能"* 中,我们看了一些准备做演讲时需要考虑的事情,包括 *演示的 4Ps* 。这些包括规划、准备、练习和演讲时应该做的事情。制作演示内容时应该遵循这些指南。

结识新朋友

参加用户小组和会议的另一个好处是结识行业内的新朋友。与你当前职业和社交圈之外的人讨论你的专业会让你接触到不同的观点和想法。如果你只与开发团队中的人交流技艺,就会限制你获得见解的范围。

在用户小组和会议之前和之后建立社交联系将增加你的个人人际网络,并能带来更多的机会。与其他业内资深人士讨论你的经历,包括你曾面临的一些挑战,可以给你新的想法和见解。

对你的工作负责

优秀的软件架构师要对他们自己的工作负责。作为团队的领导者,非常重要的一点是要对你的工作负责并不推脱责任。当事情进展顺利时承担责任很容易,但作为领导者,这就意味着你在事情进展不顺利时也要承担责任。当事情出错时,与其找借口或责备他人,还不如利用这段时间和精力寻求解决问题的办法。我认为大多数人,包括我自己,都很尊重那些有主人翁精神和责任感的同事。

如果团队中的每个人都承担责任,这种集体的态度就可以预防软件系统中的*软件腐烂*或混乱。出现软件质量退化的原因有很多。一个典型的因素是整体工作环境文化。只要留下一个不解决的问题,那么其他出现的问题也很容易搁置不被解决。即使没有足够的时间立即解决问题,也要采取措施保护软件的其余部分不受错误代码的影响,比如将其注释掉。作为一名软件架构师,你要营造一种不可接受质量退化的文化。

有时候问题很细微,会随着时间的推移缓慢发作。一开始很容易忽视这些问题,但最终问题会失控。团队应该持续了解项目的当前状态和全局情况。软件架构师应该带头确保质量退化不会让团队措手不及。

关注你的健康

要成为更好的软件架构师还有一个关键方面与技术技能无关。我们不能忘记你在软件开发之外的生活,以及它可以对你的工作产生的积极或消极的影响。

做好工作的一部分就是在精神上和身体上照顾好自己。为了保持最佳状态,你需要付诸一些行动,比如充足的休息、锻炼以及吃健康的食物。

你必须要平衡你的生活,这样你才不会过度关注工作。记住要玩得开心,享受你的个人生活。利用工作中的休息和休假来充电,确保你有足够的时间做其他的事情。

为自己的工作感到骄傲

开发软件是有趣的、有回报的、有压力的、充满挑战的,虽无法时时顺利,但也可以非常愉快。当你努力成为你所能成为的最好的软件架构师时,不要忘记为所有的成就感到骄傲。世界上只有一部分人能做我们所做的事:制作软件。每个人都可以影响这个世界,即使只是以一些非常小的方式。其中一种方式,当然不是唯一的方式,就是你和我积极改变创造出来的软件产品。

也许我们正在让某人的工作变得更容易，帮助某人以更快的方式完成一项平凡的任务，让某人更有效率，从而使他们在个人生活中有更多的空闲时间，或者给某人的生活带来额外的快乐。当你知道别人正从你的工作中受益，并欣赏你所做的事情时，你会感到极大的满足。如果你对自己的工作不满意，想想你能做些什么来改变这种状况。

总结

成为一名软件架构师是一项伟大的成就。然而，你必须不断地进步来表现出色。你必须不断地学习新事物，以增加你知识的广度和深度。读书、上课、听播客、看博客、看视频都是你可以学到新东西的途径。

参与开源项目、撰写自己的博客、指导他人、尝试新技术、编写代码、参加用户小组和会议，这些都是你可以持续改进工作的方法。

保持好奇心，不断学习，永远不要停止发问。保持开放的心态，不断创造新事物。永远为创造出世界上最好的东西而努力。去成为一名软件架构师吧。